高等职业教育机电类系列教材

# 数控加工工艺编程与操作

主　编　丑幸荣

参　编　叶爱娟　程成　陈树晓　陈刚

机 械 工 业 出 版 社

本书根据机械制造业数控加工技术岗位的相关知识和能力需求，对数控加工工艺—数控编程—数控加工操作教学模块实施系统化串联。以目前应用最为广泛的数控系统之一的FANUC数控系统为基础，设置了数控车削、数控铣削（加工中心）加工的工艺分析、数控编程与加工操作项目共十三个。通过项目学习和训练，读者能够掌握数控加工工艺设计、数控程序编制和数控机床加工操作的知识和基本技能。

本书配有电子课件，凡使用本书作教材的教师可登录机械工业出版社教材服务网（http://www.cmpedu.com）下载，或发送电子邮件至cmpgaozhi@sina.com索取。咨询电话：010-88379375。

本书可作为高等职业院校数控技术专业及其他相近专业的教学用书或技能培训用书。

**图书在版编目（CIP）数据**

数控加工工艺编程与操作/丑幸荣主编．—北京：机械工业出版社，2013.5（2024.1重印）
ISBN 978-7-111-42086-6

Ⅰ.①数… Ⅱ.①丑… Ⅲ.①数控机床—加工 ②数控机床—程序设计 Ⅳ.①TG659

中国版本图书馆CIP数据核字（2013）第070652号

机械工业出版社（北京市百万庄大街22号 邮政编码100037）
策划编辑：王英杰 责任编辑：王英杰 武 晋
版式设计：霍永明 责任校对：肖 琳
封面设计：鞠 杨 责任印制：邓 博
北京盛通数码印刷有限公司印刷
2024年1月第1版第7次印刷
184mm×260mm · 18.75印张 · 465千字
标准书号：ISBN 978-7-111-42086-6
定价：49.80元

电话服务
客服电话：010-88361066
010-88379833
010-68326294

网络服务
机 工 官 网：www.cmpbook.com
机 工 官 博：weibo.com/cmp1952
金 书 网：www.golden-book.com
机工教育服务网：www.cmpedu.com

# 前　　言

目前，数控技术的应用已经得到我国各级政府和企业家的高度重视，数控加工技术已经成为机械加工标志性技术并逐渐得到普及，而数控加工高技能人才却是国家紧缺人才，社会需求巨大。

数控加工工艺、数控编程与数控加工操作是高等职业院校培养数控加工技术人才的三门核心课程。这三门课程理论知识与实践技能高度结合，直接面向高职数控专业学生的就业岗位。通过这三门课程的学习，使学生具备从事数控加工所必需的工艺分析、数据处理、编程、机床操作及工件加工等基本知识与技能。

本书解构高职数控专业原数控加工技术核心课程的理论与实践脱节、知识模块相互独立的传统知识体系，把职业岗位能力的培养融入到与就业岗位紧密相关且相互紧密关联的数控加工工艺、数控编程、数控加工操作的核心课程中；对该三门核心课程的内容和实训环节进行重构，实施数控加工工艺—数控编程—数控加工操作教学模块的系统化串联，并创新其教学模式。

本书推崇的教学模式是以机械制造业的典型零部件的数控加工过程为导向，实施项目化教学。在项目化教学过程中，以能力培养为主线，以能力训练为轴心，充分发挥学生学习的主动性，将理论知识和操作技能渗透到一系列的项目教学和实训中。使学生牢固掌握职业技能，熟悉企业的工作过程和工作环境，为学生就业打下坚实的基础。

本书根据岗位需求的相关知识和能力，采用目前应用最为广泛的数控系统之一的FANUC数控系统，设置了数控车削、数控铣削（加工中心）加工的工艺分析、数控编程与加工操作项目共十三个。每一项目包含以下四部分内容：

①项目导入。导入来自生产实际的项目。

②知识学习。学习与导入的项目相关的知识。

③项目实施。实施导入的项目。

④项目实训。作为大作业，在教师指导下独立完成一个项目。

通过由简单到复杂，由唯一到综合，由工艺设计、程序编制到机床加工操作的项目学习和训练，学生能够掌握相应的知识和技能，达到中级数控车削或数控铣削（加工中心）操作工的技能水平。

本书由杭州万向职业技术学院丑幸荣担任主编，负责全书的统稿和定稿工作，并编写概述、项目一、项目三、项目四、项目六、项目七、项目八、项目九；杭州美巴赫精密机械有限公司陈树晓编写项目二；嘉兴职业技术学院陈刚编写项目五；杭州万向职业技术学院叶爱娟编写项目十、项目十一；杭州万向职业技术学院程成编写项目十二、项目十三。

本书可作为高等职业院校数控技术专业及其他相近专业的教学用书或技能培训用书。

由于编者水平有限，书中难免有欠妥和错误之处，恳请读者批评指正。

编　者

# 目　录

# 概　　述

## 一、数控机床及其分类

数字控制机床（Numerical Control Machine Tools）简称数控机床，是一种将数字计算技术应用于机床的数控设备。它把机械加工过程中的各种控制信息用代码化的数字表示，通过信息载体输入数控装置，经运算处理由数控装置发出各种控制信号，控制机床的动作，按图样要求的形状和尺寸自动地将零件加工出来。数控机床较好地解决了复杂、精密、小批量、多品种的零件加工问题，是一种柔性的、高效能的自动化机床，代表了现代机床控制技术的发展方向。

数控机床按照不同的划分方式分为以下类型。

**1. 按数控机床加工方式和工艺用途分类**

（1）普通数控机床　普通数控机床一般指在加工过程中的一个工序上实现数字控制的自动化机床，如数控铣床、数控车床、数控钻床、数控磨床及数控齿轮加工机床等。普通数控机床在自动化程度上还不够完善，刀具的更换与零件的装夹仍由人工完成。

（2）加工中心　加工中心是带有刀库和自动换刀装置的数控机床，它将数控铣床、数控镗床及数控钻床的功能组合在一起，零件在一次装夹后，可以将其大部分加工面进行铣、镗、钻、扩、铰及攻螺纹等多工序加工。由于加工中心能有效地避免因多次安装造成的定位误差，所以它适用于更换频繁、零件形状复杂、精度要求高、生产批量不大而生产周期短的产品的加工。

**2. 按数控机床运动方式分类**

（1）点位控制数控机床　如图 0-1a 所示，数控系统只控制刀具或工作台从一点移至另一点的准确定位，然后进行定点加工，而点与点之间的路径不需要控制。采用这类控制的有数控钻床、数控镗床和数控坐标镗床等。

（2）点位直线控制数控机床　如图 0-1b 所示，数控系统除控制直线轨迹的起点和终点的准确定位外，还要控制在这两点之间以指定的进给速度进行直线切削。采用这类控制的有数控铣床、数控车床和数控磨床等。

（3）轮廓控制数控机床　如图 0-1c 所示，数控系统能够连续控制两个或两个以上坐标方向的联合运动。为了使刀具按规定的轨迹加工工件的曲线轮廓，数控装置具有插补运算的功能，使刀具的运动轨迹以最小的误差逼近规定的轮廓曲线，并协调各坐标方向的运动速度，以便在切削过程中始终保持规定的进给速度。采用这类控制的有数控铣床、数控车床、数控磨床和加工中心等。

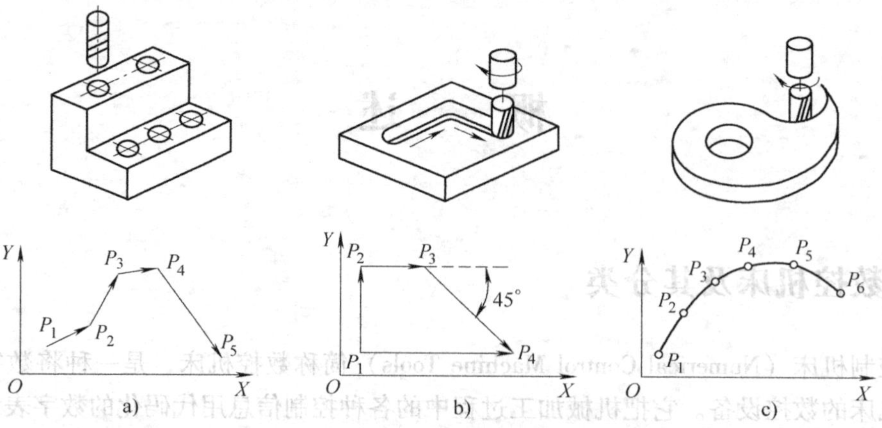


图 0-1　数控机床的运动控制方式

a）点位控制　b）点位直线控制　c）轮廓控制

**3. 按数控机床控制方式分类**

（1）开环控制系统　开环控制系统是指不带反馈装置的控制系统，由步进电动机驱动线路和步进电动机组成，如图 0-2 所示。数控装置经过控制运算发出脉冲信号，每一脉冲信号使步进电动机转动一定的角度，通过滚珠丝杠推动工作台移动一定的距离。

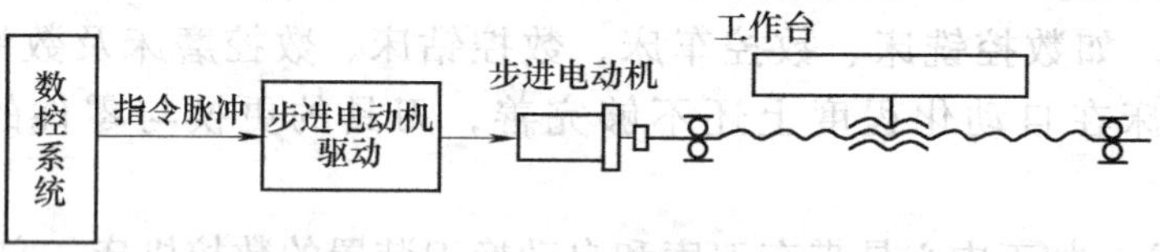


图 0-2　开环控制数控机床

这种伺服机构比较简单，工作稳定，容易掌握使用，但精度和速度的提高受到限制。

（2）半闭环控制系统　半闭环控制系统是在开环控制系统的伺服机构中装有角位移检测装置，通过检测伺服机构的滚珠丝杠转角间接检测移动部件的位移，然后反馈到数控装置的比较器中，与输入原指令位移值进行比较，用比较后的差值进行控制，使移动部件补充位移，直到差值消除为止的控制系统，如图 0-3 所示。

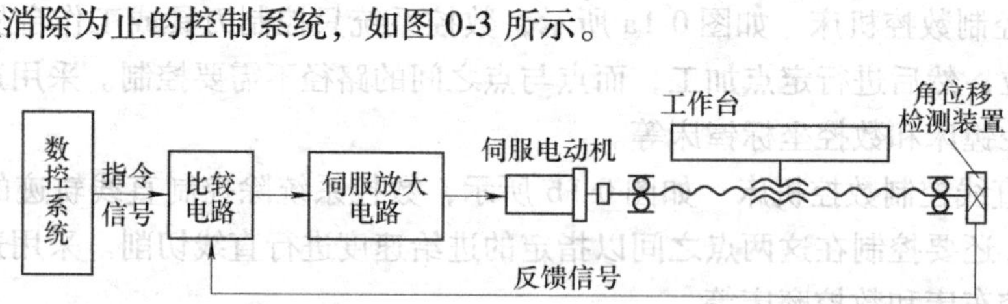


图 0-3　半闭环控制数控机床

这种伺服机构所能达到的精度、速度和动态特性优于开环伺服机构，为大多数中小型数控机床所采用。

（3）闭环控制系统　闭环控制系统是在机床移动部件位置上直接装有直线位置检测装置，将检测到的实际位移反馈到数控装置的比较器中，与输入的原指令位移值进行比较，用比较后的差值控制移动部件作补充位移，直到差值消除时才停止移动，达到精确定位的控制系统，如图 0-4 所示。

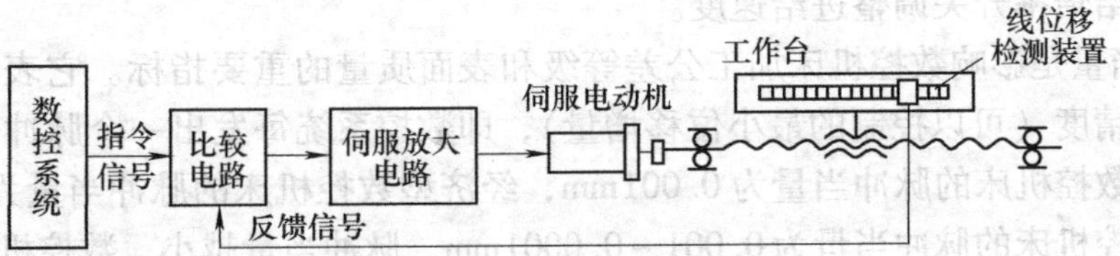


图 0-4　闭环控制数控机床

闭环控制系统的定位精度高于半闭环控制系统，但结构比较复杂，调试维修的难度较大，常用于高精度和大型数控机床。

**4. 按数控机床联动轴数分类**

数控系统控制几个坐标轴按需要的函数关系同时协调运动，称为坐标轴联动，数控机床能同时控制两个坐标轴联动，适于数控车床加工旋转曲面或数控铣床铣削平面轮廓。数控机床按照联动轴数可以分为：

（1）两轴联动　数控机床能同时控制两个坐标轴联动，可以铣削加工平面轮廓或车削加工回转体类零件。

（2）两轴半联动　在两轴联动的基础上增加了 $Z$ 轴的移动，当机床坐标系的 $X$、$Y$ 轴固定时，$Z$ 轴可以作周期性进给。两轴半联动加工可以实现分层加工。

（3）三轴联动　数控机床能同时控制三个坐标轴的联动，用于一般曲面的加工，一般的型腔模具均可以用三轴加工完成。

（4）多轴联动　数控机床能同时控制四个以上坐标轴的联动。多轴联动数控机床的结构复杂，精度要求高，程序编制复杂，适于加工形状复杂的零件，如叶轮叶片类零件。通常，三轴机床可以实现二轴、二轴半、三轴联动加工；五轴机床也可以只用到三轴联动加工，而其他两轴不联动。

## 二、数控机床的主要性能指标与功能

**1. 数控机床的主要性能指标**

（1）规格尺寸　数控车床的规格尺寸主要有床身与刀架最大回转直径、最大车削长度及最大车削直径等；数控铣床的规格尺寸主要有工作台尺寸、工作台 T 形槽尺寸及工作台行程等。

（2）主轴系统　数控机床主轴采用直流或交流电动机驱动，具有较宽的调速范围、较高的回转精度，以及较高的刚度和抗振性。目前，数控机床主轴普遍达到 5000～10000r/min，甚至更高的转速，对提高加工质量和各种小孔的加工极为有利。可以通过操作面板上的转速倍率开关直接改变主轴转速。

（3）进给系统　进给系统有进给速度、脉冲当量（最小位移量）、定位精度、重复定位精度及螺距范围等主要技术参数。

1）进给速度是影响加工质量、生产效率和刀具寿命的主要因素，直接受数控装置运算速度、机床运动特性和工艺系统刚度的限制。数控机床的进给速度可达到 10～30mm/min。

其中，最大进给速度为加工时的最大速度，最大快进速度为不加工时的最快速度。可通过操作面板上的进给倍率开关调整进给速度。

2）脉冲当量是影响数控机床加工公差等级和表面质量的重要指标。它表示机床坐标轴可达到的控制精度（可以控制的最小位移增量），即数控系统每发出一个脉冲时坐标轴移动的距离。普通数控机床的脉冲当量为0.001mm，经济型数控机床的脉冲当量为0.01mm，精密或超精密数控机床的脉冲当量为0.001～0.0001mm。脉冲当量越小，数控机床的加工公差等级和表面质量越高。

3）定位精度和重复定位精度。定位精度是指数控机床工作台或其他运动部件实际运动位置与指令位置的一致程度，其不一致的差值即为定位误差。引起定位误差的因素包括伺服系统、检测系统、进给系统误差，以及运动部件导轨的几何误差等。定位误差直接影响加工零件的尺寸精度。重复定位精度是指在相同的操作方法和条件下，在完成规定的操作次数后得到结果的一致程度。重复定位精度一般是呈正态分布的偶然性误差，它影响批量加工零件的一致性。

（4）刀具系统　刀具系统包括刀架工位数、刀具孔直径、刀杆尺寸、换刀时间及重复定位精度等内容。加工中心刀库容量与换刀时间直接影响其生产率。通常，中小型加工中心的刀库容量为16～60把，大型加工中心可达100把以上。换刀时间是指自动换刀系统将主轴上的刀具与刀库中的刀具进行交换所需要的时间，一般可在5～20s的时间内完成换刀。

（5）其他指标

1）电气，包括主电动机、伺服电动机的规格型号和功率等。

2）冷却系统，包括冷却箱容量、冷却泵输出量等。

3）外形尺寸，表示为机床长×宽×高。

4）机床重量。

**2. 数控机床的主要功能**

（1）可控轴数　可控轴数是指数控系统最多可以控制的坐标轴数目，包括移动轴和回转轴。

（2）插补功能　所谓插补，就是在工件轮廓的某起始点和终止点之间进行“数据密化”，并求取中间点的过程。插补功能是指数控机床能够实现的线性加工能力。

（3）进给功能　数控系统的进给功能包括快速进给、切削进给、手动连续进给、点动进给、进给倍率修调及自动加减速等功能。

（4）主轴功能　数控系统的主轴功能包括恒转速控制、主轴定向停止及主轴转速修调等。

（5）刀具补偿功能　刀具补偿功能包括刀具位置补偿、刀具半径补偿和刀具长度补偿。

（6）操作功能　数控机床通常有单程序段执行、跳段执行、试运行、图形模拟、机械锁住、暂停和急停等功能。有的还有软件操作功能。

（7）程序管理功能　数控系统的程序管理功能是指对加工程序的检索、编辑、修改、插入、删除、更名和程序的存储、通信等功能。

（8）图形显示功能　一般的数控系统都具有CRT显示，可以显示字符和图形、人机对话、自诊断等，具有刀具轨迹的动态显示功能。

（9）辅助编程功能　除基本的编辑功能外，数控系统通常还具有固定循环、镜像、图形缩放、子程序、宏程序、坐标系旋转和极坐标等编程功能。

（10）自诊断报警功能　现代数控系统具有人工智能的故障诊断系统，可以用来实现对整个加工过程的监视，诊断数控系统的故障，并及时报警。

（11）通信功能　数控系统一般都配有 RS－232C 或 RS－422 远距离串行接口，可以按照用户的格式要求与同一级计算机进行多种数据交换。现代数控系统大都具有制造自动化协议（Manufacture Automation Protocol，MAP）接口，并采用光缆通信，提高数据传送的速度和可靠性。

## 三、数控编程的内容与方法

数控加工按照事先编制好的零件加工程序，经机床数控系统处理后，使机床自动完成零件的加工。

零件加工程序的编制是根据零件的图样要求，将加工零件的全部工艺过程及工艺参数、位移数据、辅助运动（如主轴准停、切削液开关和自动换刀等），以规定的指令代码及程序格式编制成加工程序，经过调试后传送或输入到数控装置中，从而控制机床加工零件。

数控机床程序编制的步骤为：分析零件图样→制订工艺方案→数值计算→编写加工程序→加工程序的输入→程序校验和试切。

### 1. 数控编程的内容

（1）分析零件图样　编程人员首先要根据零件图，分析零件的材料、形状、尺寸、精度、毛坯形状和热处理要求等，明确加工的内容和要求。

（2）制订工艺方案　在详细分析零件图样的基础上，拟订零件加工方案，确定加工顺序、进给路线、定位与装夹方法、刀具及合理的切削用量等，并选择合适的数控机床，充分发挥机床的效能。零件的装夹次数应尽可能少，加工路线应尽可能短，要正确选择对刀点、换刀点，减少换刀次数，在保证零件加工质量的前提下，降低加工成本，提高加工效率。此外，还应填写有关的工艺文件，如数控加工工序卡片、数控刀具卡片、工件装夹和零点设定卡片等。

（3）数值计算　在确定了工艺方案后，需要根据零件的几何尺寸、加工路线和允许的编程误差等，计算机床数控系统所需要输入的数据，称为数值计算。

（4）编写加工程序　根据所计算出的刀具运动轨迹坐标值、已经确定的切削用量以及辅助动作，使用数控系统规定的功能指令代码及程序段格式，编写零件加工程序。

（5）加工程序的输入　编写的零件加工程序可以直接用键盘手工输入或通过通信传输的方式输入到数控系统。

（6）程序校验和试切　在正式加工之前，必须对程序进行校验和试切。通常可采用机床空运行的功能来检查机床动作和运动轨迹的正确性，以检验程序。在具有图形模拟功能的数控机床上，可通过显示进给轨迹或模拟刀具对工件的切削过程对程序进行检查。但是，这些方法只能检验出运动是否正确，不能检验被加工零件的加工公差等级。因此，要进行零件的试切。试切发现加工误差超差时，应分析超差产生的原因，采取误差补偿措施，加以修正。

**2. 数控编程的方法**

数控程序的编制方法有手工编程和自动编程两种。

（1）手工编程　手工编程就是从分析零件图样、制订工艺方案、图形的数学处理、编写零件加工程序单、制备控制介质到程序的校验等主要由人工完成的编程方法。

对于几何形状简单、计算量不大、程序段不多的零件，采用手工编程即可实现，而且较为经济、及时。因此，手工编程广泛应用于点位加工或由直线与圆弧组成的轮廓加工中。但对于形状复杂的零件，特别是由非圆曲线、空间曲线及曲面等几何要素组成的零件，用手工编程计算量大而烦琐，且容易出错，有时甚至手工编程无法完成，必须采用自动编程的方法。

（2）自动编程　自动编程是指在编程过程中，除了分析零件图样和制订工艺方案由人工进行外，其余工作均由计算机辅助完成的编程方法。

采用计算机自动编程时，数学处理、编写程序、检验程序等工作是由计算机自动完成的，编程人员只需按零件图样的要求将加工信息输入到计算机。计算机完成数值计算和后置处理后，编制出零件加工程序单。由于计算机可自动绘制出刀具中心的运动轨迹，使编程人员可及时检查和修改程序。

自动编程可以大大减轻编程人员的劳动强度，提高编程效率和编程质量，同时解决了手工编程无法解决的复杂零件的编程难题。

自动编程的方法主要有如下两种：

1）用编程语言编程。程序员根据拟订好的工艺方案，使用规定的数控语言（例如 GB/T 12646—1990《数字控制机床的数控处理程序输入基本零件源程序参考语言》）编制一个工件源程序。然后，利用计算机和相应的前置处理程序、后置处理程序对零件的源程序进行处理，得到加工程序。

2）用 CAM（计算机辅助制造）软件编程。将加工零件以图形形式输入计算机，由计算机自动进行数值计算、前置处理，在屏幕上形成加工轨迹并及时修改，再通过后置处理形成加工程序，输入数控机床进行加工。这种编程方法实现了 CAM 与 CAD（计算机辅助设计）的高度结合，是自动编程系统的发展方向。

## 四、数控机床坐标系

数控机床加工零件时，刀具与工件的相对运动必须在确定的坐标系中，数控机床才能按编制的程序进行加工。

**1. 坐标系的确定原则**

我国根据 ISO 国际标准制订了 GB/T 19660—2005《工业自动化系统与集成　机床数值控制坐标系和运动命名》，对数控机床的坐标和运动方向作了明文规定。它与 ISO841 等效。

（1）机床相对运动的规定　为了使编程人员在不考虑机床上工件与刀具具体运动的情况下，就可以依据零件图样，确定机床的加工过程。特规定：假定刀具相对于静止的工件坐标系而运动。

（2）标准坐标系的规定　数控机床上的坐标系采用标准的右手笛卡儿直角坐标系，如图 0-5 所示。伸出右手的大拇指、食指和中指，并互为 90°，大拇指的指向为 $X$ 坐标的正方向，食指的指向为 $Y$ 坐标的正方向，中指的指向为 $Z$ 坐标的正方向。

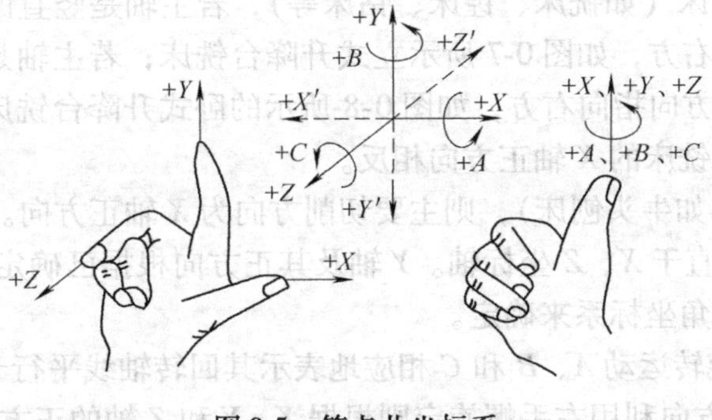


图 0-5　笛卡儿坐标系

围绕 $X$、$Y$、$Z$ 坐标旋转的旋转坐标分别用 $A$、$B$、$C$ 表示，根据右手螺旋定则，大拇指的指向为 $X$、$Y$、$Z$ 坐标中任意轴的正向，则其余四指的旋转方向即为旋转坐标 $A$、$B$、$C$ 的正向。

对于工件运动而刀具不动的数控机床，其实际运动的坐标轴用带“′”的字母表示，如 $X'$、$Y'$、$Z'$等。其运动方向与 $X$、$Y$、$Z$ 相反。

（3）运动方向的规定　机床某一部件运动的正方向是增大刀具与工件之间距离的方向。

**2. 坐标轴的确定**

确定机床坐标轴时，一般先确定 $Z$ 轴，再依次确定 $X$ 轴和 $Y$ 轴。

（1）$Z$ 轴　规定平行于机床主轴轴线的坐标轴为 $Z$ 轴，并取刀具远离工件的方向为其正方向。

如图 0-6、图 0-7 所示，在车床和铣床上加工零件，主轴方向为 $Z$ 轴方向，其切削进给方向为 $Z$ 轴的负方向，而退刀方向为 $Z$ 轴的正方向。

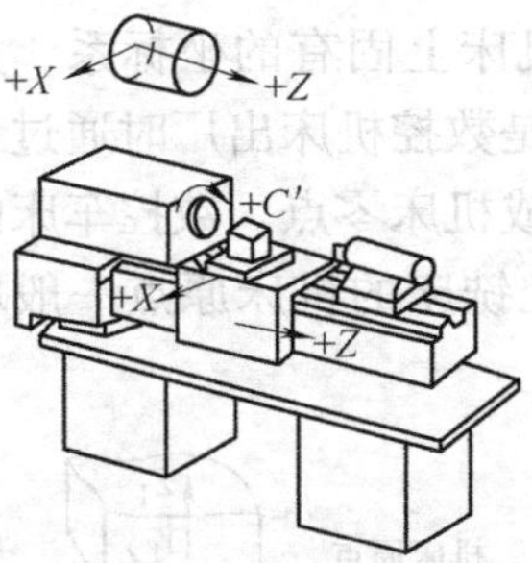


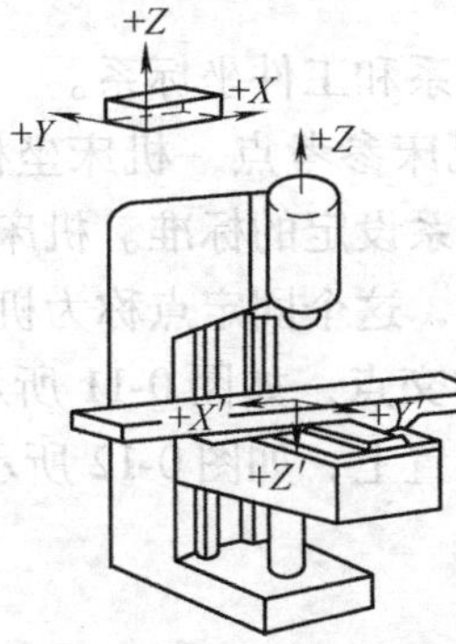


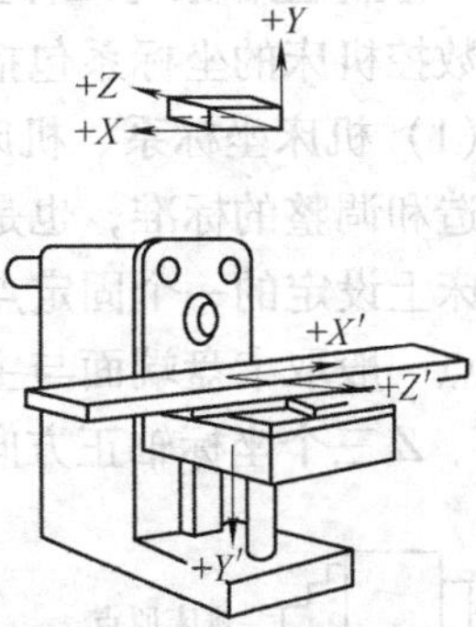


图 0-6　数控车床　　图 0-7　立式升降台铣床　　图 0-8　卧式升降台铣床

若机床无主轴，如牛头刨床，则规定垂直于工件装夹平面的方向为 $Z$ 轴方向。

若有多根主轴，则选垂直于工件装夹面的主轴为主要主轴，$Z$ 轴则平行于该主轴轴线。如龙门刨床。

（2）$X$ 轴　$X$ 轴平行于工件的装夹面，一般是水平的，且垂直于 $Z$ 轴。对于工件旋转的机床，例如图 0-6 所示的车床，$X$ 轴的方向在工件的径向上，且平行于横向拖板。刀具离开工件旋转轴的方向为 $X$ 轴的正方向。

对于刀具旋转的机床（如铣床、镗床、钻床等），若主轴是竖直的，当从主轴向立柱看时，$X$ 轴的正方向指向右方，如图 0-7 所示立式升降台铣床；若主轴是水平的，当从主轴向机床看时，$X$ 运动的正方向指向右方，如图 0-8 所示的卧式升降台铣床。因此，当面对机床看时，立式铣床与卧式铣床的 $X$ 轴正方向相反。

对于无主轴机床（如牛头刨床），则主要切削方向为 $X$ 轴正方向。

（3）$Y$ 轴　$Y$ 轴垂直于 $X$、$Z$ 坐标轴。$Y$ 轴及其正方向根据已确定的 $X$ 和 $Z$ 轴及其正方向，按照右手笛卡儿直角坐标系来确定。

（4）旋转运动　旋转运动 $A$、$B$ 和 $C$ 相应地表示其回转轴线平行于 $X$、$Y$ 和 $Z$ 轴的旋转运动。$A$、$B$ 和 $C$ 的正方向利用右手螺旋定则根据 $X$、$Y$ 和 $Z$ 轴的正方向确定。

（5）附加坐标系　如果在基本的直角坐标轴 $X$、$Y$、$Z$ 运动之外，还有平行于 $X$、$Y$、$Z$ 轴线的其他运动，则可建立相应的第二辅助坐标 $U$、$V$、$W$ 及第三辅助坐标 $P$、$Q$、$R$，如图 0-9、图 0-10 所示。

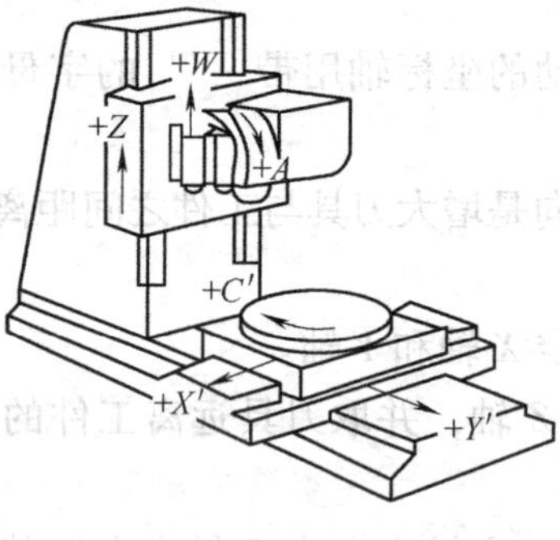

图 0-9　立式五轴数控铣坐标轴

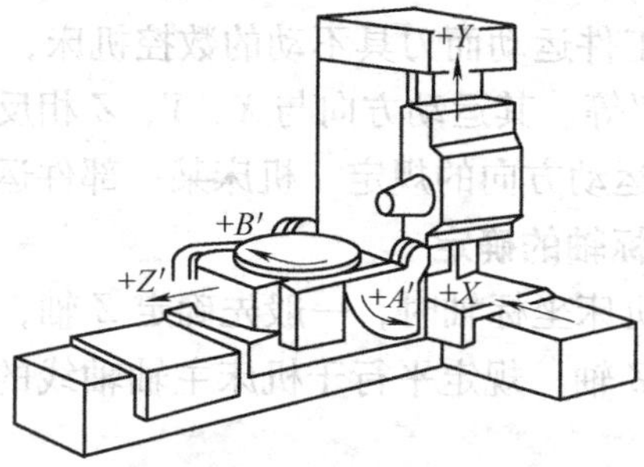

图 0-10　卧式五轴数控铣坐标轴

**3. 机床坐标系与工件坐标系**

数控机床的坐标系包括机床坐标系和工件坐标系。

（1）机床坐标系、机床原点与机床参考点　机床坐标系是机床上固有的坐标系，是机床制造和调整的标准，也是工件坐标系设定的标准。机床坐标系是数控机床出厂时通过预先在机床上设定的一个固定点来建立的，这个固定点称为机床原点或机床零点。数控车床的机床原点一般取卡盘端面与主轴轴线的交点，如图 0-11 所示；数控铣床的机床原点一般取在 $X$、$Y$、$Z$ 三个坐标轴正方向的极限位置上，如图 0-12 所示。

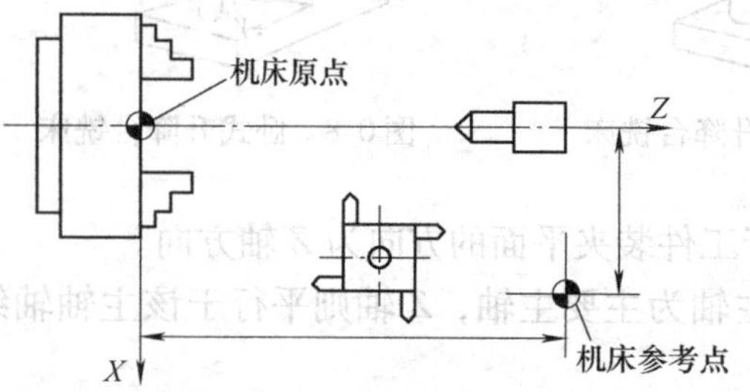

图 0-11　数控车床的机床坐标系

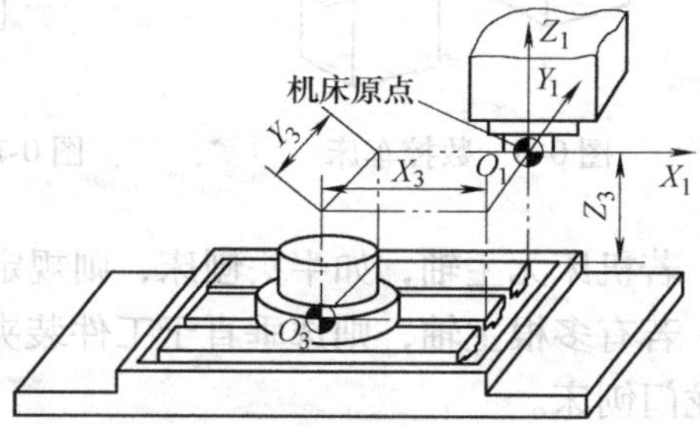

图 0-12　数控铣床的机床坐标系

机床参考点是数控机床上又一个重要的固定点，其与机床原点之间的位置用行程开关精确设定，与机床原点的相对位置是固定的，用于对机床运动进行检测和控制。大多数机床将刀具沿坐标轴正向运动的极限点作为参考点（见图0-11）。通常数控铣床的机床原点和机床参考点是重合的，加工中心的参考点一般为机床的自动换刀位置。机床参考点的位置在机床出厂时已经调整好，一般不作变动。

数控机床开机时，必须先确定机床原点，而确定机床原点的过程就是刀架返回参考点。通过确认参考点，即可确定机床原点。只有机床参考点被确认后，刀具（或工作台）移动才有基准。

（2）工件坐标系　工件坐标系，又称为编程坐标系，是编程人员在编写程序时，根据零件图样及加工工艺，以工件上某一固定点为原点建立的笛卡儿坐标系。工件坐标系中各轴的方向应该与所使用的数控机床相应的坐标轴方向一致。

工件坐标系的原点位置为工件原点，亦称工件零点或编程零点，其位置是由编程人员自行确定的。工件原点的确定原则是简化编程计算，故应尽量将工件原点设在零件图的尺寸基准或工艺基准处。数控车床的工件原点一般设在主轴中心线与工件右端面或左端面的交点处，如图0-13所示。数控铣床 $X$、$Y$ 轴方向的工件原点可设在工件外轮廓的某一个角上，或设在工件的对称中心线上，如图0-14所示。$Z$ 轴方向的零点设在工件的表面上便于对刀。

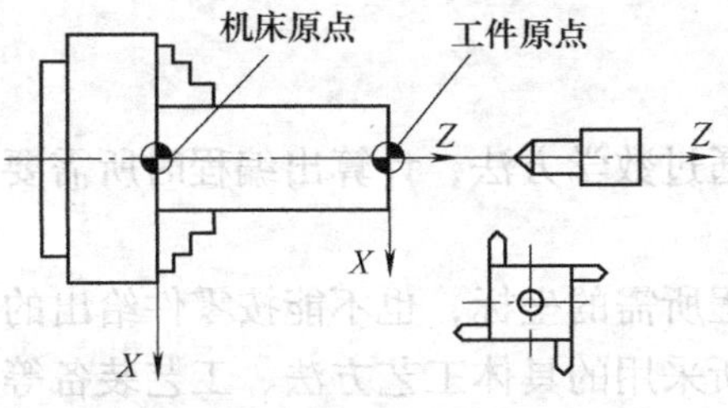


图0-13　数控车床坐标系

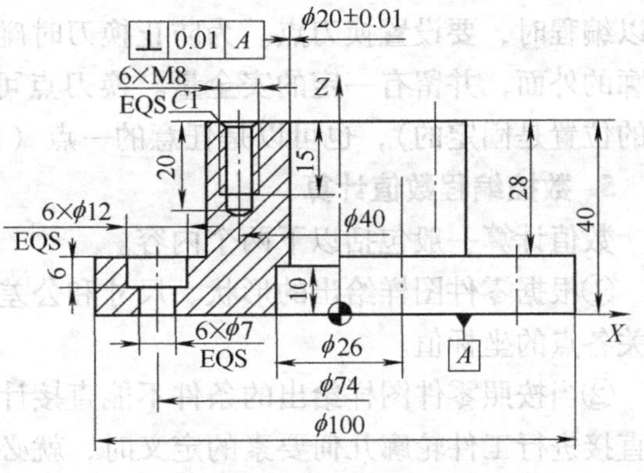


图0-14　铣削工件坐标系

此外，工件原点尽量选在精度较高的工件表面上，以提高被加工零件的加工公差等级；应将刀具起点和程序原点设在同一处，这样可以简化程序，便于计算。

**4. 对刀点和换刀点的确定**

工件加工前，必须通过对刀来建立机床坐标系和工件坐标系的位置关系。所谓对刀，就是将刀具移向对刀点，并使刀具的刀位点和对刀点重合的操作。

（1）刀位点　刀位点是指刀具的定位基准点。在进行数控加工编程时，往往是将整个刀具视为一个点，就是刀位点。它是在刀具上用于表现刀具位置的参照点。车刀、镗刀的刀位点一般是指刀尖或刀尖圆弧中心，圆弧形车刀的刀位点为圆弧中心。常用车刀的刀位点如图0-15所示。立铣刀、面铣刀的刀位点是刀具底面的中心；球头铣刀的刀位点是球头的球心点或球头顶点；钻头的刀位点是钻尖，如图0-16所示。

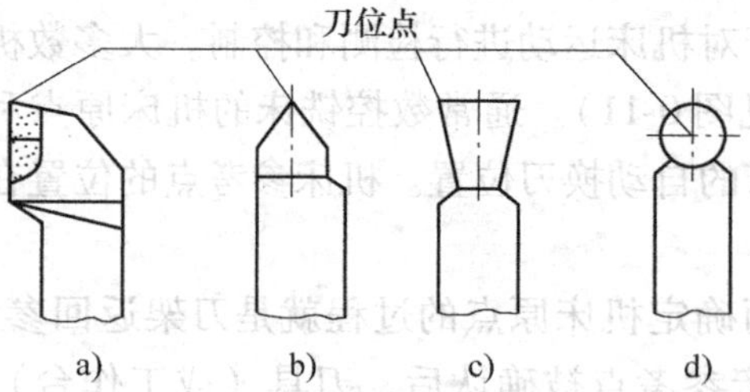


图 0-15　车刀刀位点

a）90°偏刀　b）螺纹车刀　c）切断刀　d）圆弧车刀

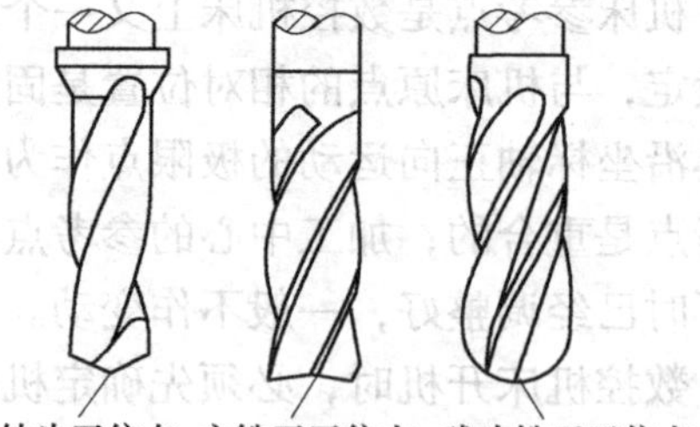


图 0-16　钻头和铣刀刀位点

（2）对刀点　对刀点是指通过对刀确定刀具与工件相对位置的基准点。对于数控机床来说，在加工开始时，确定刀具与工件的相对位置是很重要的。对刀点可以设置在被加工零件上，也可以设置在夹具上与零件定位基准有一定尺寸联系的某一位置。对刀点的选择原则如下：

①应尽量选在零件的设计基准或工艺基准上，以提高零件的加工公差等级。

②对刀点应选择在容易找正、加工过程中便于检查的位置。

③为便于坐标值的计算，最好选在坐标系的原点上，或选在已知坐标值的点上。

（3）换刀点　加工中心、数控车床等多刀加工的机床，常需要在加工过程中自动换刀，所以编程时，要设置换刀点。为防止换刀时碰伤零件或夹具，换刀点常常设置在被加工零件轮廓的外面，并留有一定的安全量。换刀点可以是某一固定点（如加工中心，其换刀机械手的位置是固定的），也可以是任意的一点（如数控车床）。

**5. 数控编程数值计算**

数值计算一般包括以下两个内容。

①根据零件图样给出的形状、尺寸和公差等直接通过数学方法，计算出编程时所需要的有关各点的坐标值。

②当按照零件图样给出的条件不能直接计算出编程所需的坐标，也不能按零件给出的条件直接进行工件轮廓几何要素的定义时，就必须根据所采用的具体工艺方法、工艺装备等加工条件，对零件原图形及有关尺寸进行必要的数学处理或改动，才可以进行各点的坐标计算和编程工作。

（1）基点和节点的坐标计算　零件的轮廓是由直线、圆弧、二次曲线等几何要素组成的，各几何要素之间的连接点称为基点。如两直线的交点、直线与圆弧、或圆弧与圆弧的交点或切点、圆弧与其他二次曲线的交点或切点等。基点坐标是编程中必需的重要数据，如图 1-17 所示。

数控系统一般均具有直线插补与圆弧插补功能，对于加工由圆弧和直线组成的较简单的零件，只需要计算出基点，就能满足编程要求。当零件的几何形状比较复杂，具有非圆曲线等二次曲线轮廓时，用只有直线和圆弧插补功能的数控机床加工就需要做一定的数学处理。数学处理的方法是：在允许的编程误差条件下，用若干直线段或圆弧段逼近零件轮廓非圆曲线，这些逼近线段与被加工曲线的交点或切点称为节点。如图 0-18 所示，对图中曲线用直线逼近时，其交点 $A$、$B$、$C$、$D$、$E$、$F$ 等即为节点。

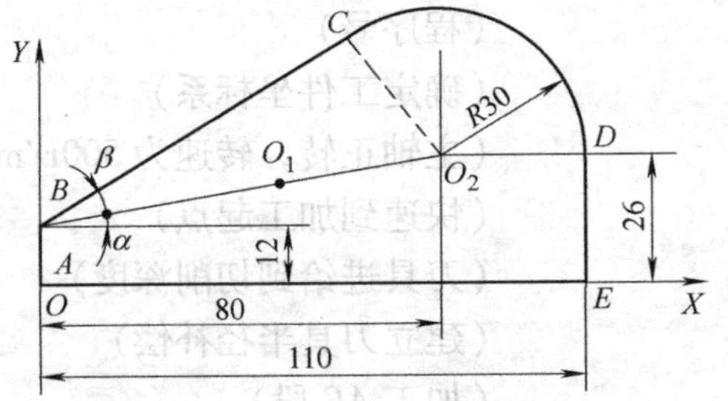


图 0-17　零件轮廓的基点

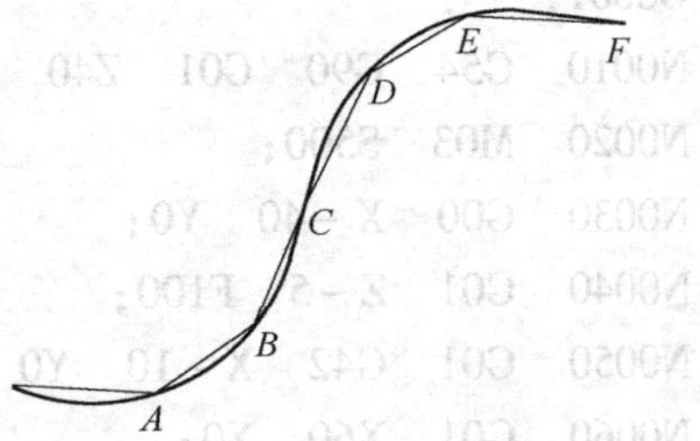


图 0-18　零件轮廓的节点

在编程时，一般按节点划分程序段。逼近线段的近似区间越大，则节点数越少，程序段也会越少，但逼近误差越大。逼近误差应小于或等于编程允许误差。考虑到工艺系统及计算误差的因素，一般取编程允许误差为零件公差的 1/10～1/5。

（2）刀位点轨迹的计算　刀位点的坐标是标志刀具所处位置的坐标点。数控系统从对刀点开始控制刀具刀位点运动，并由刀具的切削刃加工出所要求的零件轮廓。对于具有刀具半径补偿功能的数控机床，只要在编写程序时，在程序的适当位置写入建立刀具补偿的有关指令，就可以保证在加工过程中使刀位点按一定的规则自动偏离编程轨迹，达到正确加工的目的。可直接按零件轮廓形状计算各基点和节点坐标，并作为编程时的坐标数据。

对于没有刀具半径补偿功能的数控机床，编程时，需按刀具的刀位点轨迹计算基点和节点坐标值，作为编程时的坐标数据，按零件轮廓的等距线编程。

## 五、数控程序的结构与格式

为了满足设计、制造、维修和普及的需要，在输入代码、坐标系统、加工指令、辅助功能及程序格式等方面，国际上已形成了由国际标准化组织（ISO）和美国电子工业协会（EIA）分别制订的两种标准。我国也根据 ISO 标准制订了相应标准。但是由于各个数控机床生产厂家所用的标准尚未完全统一，其所用的代码、指令及其含义不完全相同，因此，在数控编程时必须按所用数控机床编程手册中的规定进行。目前，数控系统中常用的代码有 ISO 代码和 EIA 代码。

**1. 数控程序的结构**

**举例**　图 0-19 所示零件图样的加工程序（铣刀直径 10mm，切削深度 5mm）：

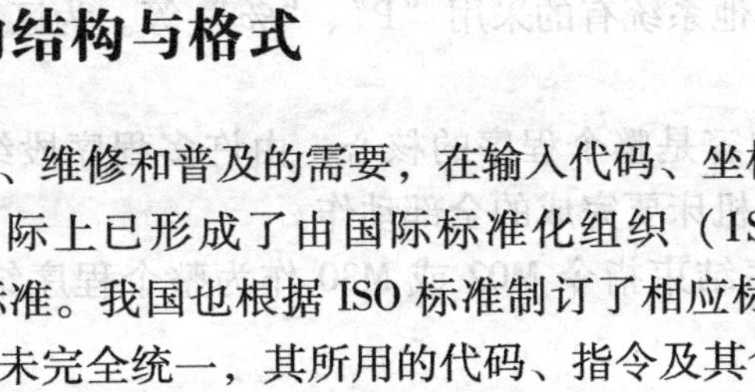


图 0-19　零件样图

| 程序 | 说明 |
|---|---|
| O0001; | （程序号） |
| N0010 G54 G90 G01 Z40 F2000; | （确定工件坐标系） |
| N0020 M03 S500; | （主轴正转，转速为500r/min） |
| N0030 G00 X-40 Y0; | （快速到加工起点） |
| N0040 G01 Z-5 F100; | （刀具进给到切削深度） |
| N0050 G01 G42 X-10 Y0 D01; | （建立刀具半径补偿） |
| N0060 G01 X60 Y0; | （加工 *AB* 段） |
| N0070 G03 X80 Y20 R20; | （加工 *BC* 段） |
| N0080 G03 X40 Y60 R40; | （加工 *CD* 段） |
| N0090 G01 X0 Y40; | （加工 *DE* 段） |
| N00100 G01 X0 Y-10; | （加工 *EA* 段） |
| N00110 G01 G40 X0 Y-40; | （取消刀具半径补偿） |
| N00120 G01 Z40 F2000; | （主轴抬起） |
| N00130 M05; | （主轴停止） |
| N00140 M30; | （程序结束） |

每一个程序都是由程序号、程序内容和程序结束三部分组成。程序内容则由若干程序段组成，程序段由若干字组成，每个字又由字母和数字组成。

（1）程序号　程序号为程序的开始部分，一般由规定的英文字母开头，后面紧跟若干位数字组成。不同的数控系统，其程序号命名不同。在FANUC系统中，采用英文字母“O”开头加4位数字组成，而其他系统有的采用“P”、“%”等。为区别存储器中的程序，每个程序都要有程序编号。

（2）程序内容　程序内容是整个程序的核心，由许多程序段组成，每个程序段由一个或多个指令组成，表示数控机床要完成的全部动作。

（3）程序结束　以程序结束指令M02或M30作为整个程序结束的符号，来结束整个程序。

**2. 数控程序的格式**

零件的加工程序是由程序段组成，程序段是组成程序的基本单元。程序段由若干个程序字（或功能字）组成，用来表示机床执行的某一个或一组动作。程序字由英文字母表示的地址符和若干位数字组成。程序段格式是指一个程序段中字、字符、数据的书写规则。通常有字-地址可变程序段格式、使用分隔符的程序段格式和固定程序段格式，其中最常用的为字-地址可变程序段格式。

字-地址可变程序段格式由程序段号、程序字和程序段结束符组成。

字-地址可变程序段格式见表0-1。

上述程序段中包括的各种指令并非在加工程序的每个程序段中都必须有，而是根据各程序段的具体功能来编入相应的指令。

例如：N20　G01　X35　Y-46　F100。

（1）程序段号　程序段号用以识别程序段的编号，位于程序段之首，由地址码N和后面的若干位数字组成。例如，N20表示程序段号为20。

数控机床加工时，数控系统是按照程序段的先后顺序执行的，与程序段号的大小无关，程序段号只起一个标记的作用，以便于程序的校对和检索修改。

**表 0-1　字－地址可变程序段格式**

| 1 | 2 | 3 | 4 | 5 | 6 | 7 | 8 | 9 | 10 | 11 |
|---|---|---|---|---|---|---|---|---|---|---|
| N__ | G__ | X__<br>U__<br>P__ | Y__<br>V__<br>Q__ | Z__<br>W__<br>R__ | I__　J__<br>K__　R__ | F__ | S__ | T__ | M__ | ; |
| 程序段号 | 准备功能字 | 尺寸字 | | | | 进给功能字 | 主轴功能字 | 刀具功能字 | 辅助功能字 | 结束代码 |

（2）程序字　程序字通常由地址符、数字和符号组成。程序字的功能类别由地址符决定，程序字的排列顺序要求不太严格，数据的位数可多可少，不需要的字以及上一程序段相同的程序字可以省略不写。地址符的含义见表 0-2。

**表 0-2　程序字与地址符的意义**

| 程序字 | 地址符 | 意义 | 说明 |
|---|---|---|---|
| 程序号 | O、P、%， | 用于指定程序的编号 | 主程序编号，子程序编号 |
| 程序段号 | N | 又称顺序号，是程序段的名称 | 由地址码 N 和后面的若干位数字组成 |
| 准备功能字 | G | 用于控制系统动作方式的指令 | 用地址符 G 和两位数字表示，G00 ~ G99 共 100 种。G 功能是使数控机床做好某种操作准备的指令，如 G01 表示直线插补运动 |
| 尺寸字 | X、Y、Z、U、V、W、R、A、B、C、I、J、K | 用于确定加工时刀具运动的坐标位置 | X、Y、Z 用于确定终点的直线坐标尺寸；A、B、C 用于确定附加轴终点的角度坐标尺寸；I、J、K 用于确定圆、圆弧的圆心坐标；R 用于确定圆弧半径 |
| 补偿功能 | D、H | 用于补偿号的指定 | D 通常为刀具半径补偿号指定；H 为刀具长度补偿号的指定 |
| 进给功能字 | F | 用于指定切削的进给速度 | 表示刀具中心运动时的进给速度，由地址码 F 和后面数字构成。单位为 mm/min 或 mm/r |
| 主轴转速功能字 | S | 用于指定主轴转速 | 由地址码 S 和在其后面的数字组成，单位为 r/min。对于数控铣床指定恒线速切削时，S 指令用来指定铣削加工的线速度 |

（续）

| 程序字 | 地址符 | 意义 | 说明 |
| --- | --- | --- | --- |
| 刀具功能字 | T | 用于指定加工时所用刀具的编号 | 由地址码 T 和其后面的数字组成，数字指定刀具的刀号，数字的位数由所用的系统决定。对于数控铣床，T 后面还有指定刀具补偿号的数字 |
| 辅助功能字 | M | 用于控制机床或系统的辅助装置的开关动作 | 由地址码 M 和后面的两位数字组成，M00～M99 共 100 种。各种机床的 M 代码规定有差异，必须根据说明书的规定进行编程 |

（3）程序段结束符　程序段结束符写在每一程序段之后，表示程序段结束。在 ISO（国际标准化组织）标准代码中，结束符为“NL”或“LP”；在 EIA（美国电子工业协会）标准代码中，结束符为“CR”；有的数控系统的程序段结束符用“;”或“＊”。也有的数控系统不设结束符，直接回车即可。

## 习　题

### 一、问答题

1. 数控机床按工艺用途分类有哪些类型？
2. 什么是开环、闭环、半闭环数控机床？它们之间有什么区别？
3. 数控机床的主要功能有哪些？
4. 简述数控编程的内容和步骤。
5. 何谓机床坐标系和工件坐标系？
6. 判定数控机床坐标系的方法和步骤是什么？
7. 什么是工件原点？工件原点如何选定？
8. 什么是刀位点？试举例说明。
9. 什么是节点和基点？其数值处理时有何不同？
10. 数控程序由哪几部分组成？试述字地址程序段的构成与格式。

### 二、选择题

1. 开环伺服系统的主要特征是系统内（　　）位置检测反馈装置。

A. 有　B. 没有　C. 某一部分有　D. 可能有

2. 采用轮廓控制的数控机床是（　　）。

A. 数控钻床　B. 数控铣床

C. 数控注塑机床　D. 数控平面磨床

3. 对于刀具旋转的机床（如铣床），如果 $Z$ 轴是竖直的，则从主轴向立柱看，对于单立柱机床，（　　）。

A. $X$ 轴的正向指向右边　B. $X$ 轴的正向指向左边

C. $Y$ 轴的正向指向右边　D. $Y$ 轴的正向指向左边

4. 有关数控机床坐标系的说法，其中（　　）是正确的。
A. 主轴旋转的正方向与 $Z$ 轴的正方向无关
B. $Z$ 轴的正方向是使刀具趋近工件的方向
C. 工件相对于静止的刀具而运动的原则
D. 刀具相对于静止的工件而运动的原则
5. 数控机床的旋转轴之一 $B$ 轴是绕（　　）直线轴旋转的轴。
A. $X$ 轴　B. $Y$ 轴　C. $Z$ 轴　D. $W$ 轴
6. 数控系统所规定的最小设定单位就是（　　）。
A. 数控机床的运动精度　B. 数控机床的加工公差等级
C. 脉冲当量　D. 数控机床的传动精度
7. 脉冲当量是指（　　）。
A. 一个脉冲电动机转过的角度　B. 一个脉冲丝杠转过的距离
C. 一个脉冲工作台移动的距离　D. 数控机床的定位精度
8. 有关程序结构，下面哪种叙述是正确的（　　）。
A. 程序由程序号、指令和地址符组成　B. 地址符由指令字和字母数字组成
C. 程序段由顺序号、指令和 EOB 组成　D. 指令由地址符和 EOB 组成
9. 进给功能用于指定（　　）。
A. 切削深度　B. 进给速度　C. 进给转速　D. 进给方向
10. 下列哪个不是数控机床的特点（　　）。
A. 加工精度高　B. 生产率高
C. 减轻劳动强度　D. 调试简单方便

**三、判断题（请将判断结果填入括号中，正确的填“√”，错误的填“×”）**

1. 数控钻床一般采用直线控制方式。（　　）
2. 开环控制系统的精度要优于闭环控制系统。（　　）
3. $Z$ 坐标的正方向是刀具远离工件和方向。（　　）
4. 在确定机床坐标系的方向时规定：永远假定工件相对于静止的刀具而运动。（　　）
5. 加工中心与数控铣床的主要区别是机床精度不同。（　　）
6. 确定数控机床坐标系时首先要确定 $Y$ 轴。（　　）
7. 四轴数控铣床是在三轴数控铣床上增加一个数控回转工作台。（　　）
8. 基点是构成轮廓的不同几何素线的交点或切点。（　　）
9. 对刀点不可以选在工件上。（　　）
10. 加工大批量的零件，宜采用数控加工设备。（　　）

# 模块一　数控车削加工工艺、编程与操作

## 项目一　数控车削加工工艺分析

【知识目标】

1. 了解数控车床的类型、加工对象以及工艺特点，了解数控车削工艺分析内容。
2. 掌握数控车削加工工艺路线的拟订方法。
3. 掌握数控车削加工零件的定位与夹具的选择、加工刀具及其切削用量的选择。
4. 掌握数控加工工艺文件编制。

【能力目标】

1. 能根据加工对象确定数控车削加工的内容。
2. 能分析典型零件的数控车削加工工艺，确定相关数据。
3. 能够编制典型零件数控车削加工工艺文件。

### 1.1　项目导入

图 1-1 所示为一轴承座零件，材料为 45 钢，毛坯为 $\phi80\mathrm{mm}\times120\mathrm{mm}$ 棒料，小批量生产。要求分析其数控车削加工工艺，编制数控加工工序卡、数控车削加工刀具卡。

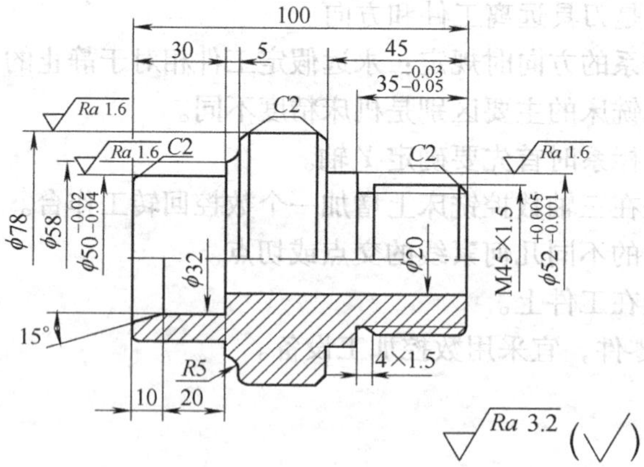


图 1-1　轴承座零件图

## 1.2 知识学习

### 1.2.1 数控车床的类型和主要加工对象

**1. 数控车床的分类**

随着数控车床制造技术的不断发展，为了满足不同的加工需要，数控车床的品种越来越多。对数控车床的分类可以采用不同的方法。

（1）按主轴的位置分类

1）立式数控车床。其车床主轴垂直于水平面，如图1-2所示。这类车床主要用于加工径向尺寸大而轴向尺寸相对较小的大型复杂零件。

2）卧式数控车床。其车床主轴平行于水平面，如图1-3所示。这类车床主要用于尺寸较小或轴向尺寸相对较大的零件。

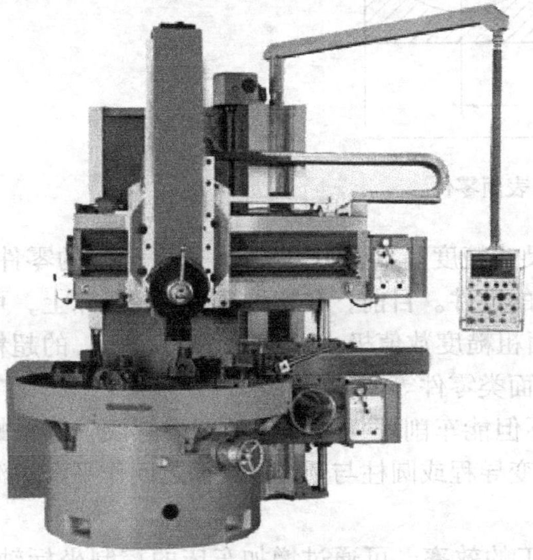

图1-2　立式数控车床

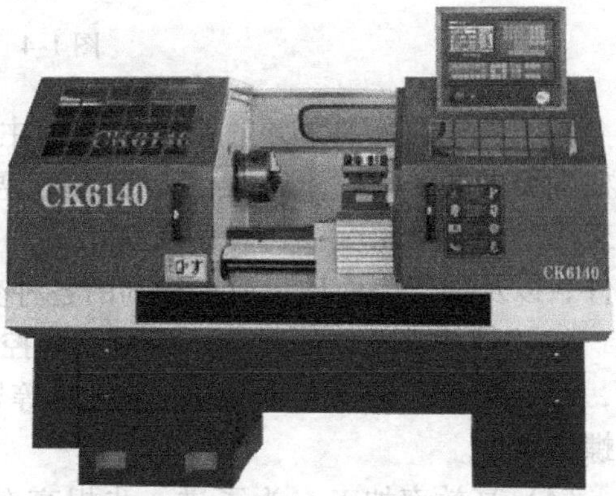


图1-3　卧式数控车床

（2）按数控系统的功能分类

1）经济型数控车床。它一般是以普通车床的机械结构为基础设计而成的，或是对普通车床直接进行改造而成的。采用由步进电动机驱动的开环伺服系统，结构简单，价格低廉，一般只能进行两轴联动。

2）全功能型数控车床。它的控制系统是全功能型的，带有高分辨率的CRT和通信、网络接口，有各种显示、图像仿真、刀具和位置补偿等功能。一般采用闭环或半闭环控制的数控系统，可进行多轴联动。这类数控车床具有高精度、高强度和高效率等特点。

3）车削中心。它是以全功能型数控车床为主体，配备刀库、自动换刀装置、分度装置和机械手等部件，实现多工序复合加工的机床。车削中心的功能全面，加工质量和加工速度很高，价格也很高。

**2. 数控车床的主要加工对象**

数控车床主要用于精度要求高，表面粗糙度值要求小，零件形状复杂，单件、小批量生产的轴套类、盘类等回转表面的加工；也可以进行钻孔、扩孔、镗孔以及切槽加工；还可以在内、外圆柱表面上及内、外圆锥表面上加工各种螺距的螺纹。与普通车削加工相比，数控车削在以下几方面更具有优势。

（1）轮廓形状特别复杂或难于控制尺寸的回转体零件加工　车床数控装置都具有直线和圆弧插补功能，部分车床数控装置还具有某些非圆曲线的插补功能，所以能车削任意平面曲线轮廓所组成的回转体零件，包括通过拟合计算处理后的、不能用方程描述的列表曲线类零件，以及难于控制尺寸的零件，如具有封闭内成形面的壳体类零件以及图 1-4 所示的“口小肚大”的特形内表面零件。

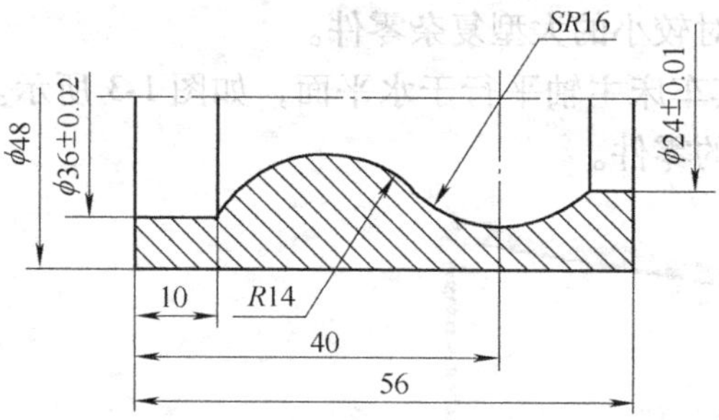


图 1-4　特形内表面零件

（2）高精度零件加工　高精度零件主要指尺寸精度高（达 0.001mm 或更小）的零件、圆柱度要求高的圆柱体零件、素线直线度要求高的零件。目前，在特种精密数控机床上，可加工出几何轮廓精度极高（达 0.0001mm）、表面粗糙度数值极小（达 *Ra* 0.02 μm）的超精零件，以及加工表面质量要求很高的各种变径表面类零件等。

（3）带特殊螺纹的回转体零件　数控车床不但能车削任何等导程的圆柱螺纹、圆锥螺纹，而且能车削非标准导程、变导程、等导程与变导程或圆柱与圆锥螺旋面之间作平滑过渡的螺旋零件。

（4）高效率加工　为了进一步提高车削加工的效率，可通过增加车床的控制坐标轴，从而能在一台数控车床上同时加工出两个多工序的相同或不同的零件。

## 1.2.2　零件图工艺性分析

零件的数控加工工艺性问题涉及面很广，首先应熟悉零件在产品中的作用、位置、装配关系和工作条件，搞清楚各项技术要求对零件装配质量和使用性能的影响，找出主要的和关键的技术要求，然后对零件图样进行分析。

**1. 尺寸标注方法分析**

尺寸标注方法应适应数控加工的特点。在数控编程中，所有点、线、面的尺寸和位置都是以编程原点为基准的，因此，零件图样上最好直接给出坐标尺寸，或尽量以同一基准标注尺寸。这样，也有利于设计基准、工艺基准、测量基准和编程原点的统一。

**2. 零件图的完整性和正确性分析**

构成零件轮廓的几何要素的条件（如相切、相交、垂直和平行等）是数控编程的重要依据，应完整、准确。在自动编程时要对零件轮廓的所有几何元素进行定义，手工编程时要计算出每个刀位点的坐标，无论哪一点不明确或不确定，编程都无法进行。因此，在分析零件图样时，务必要分析零件几何元素的给定条件是否充分，发现问题及时与设计人员协商解决。

**3. 精度及技术要求分析**

分析零件的精度及技术要求是否齐全、是否合理。若数控车削精度达不到图样要求，则需采取其他加工方式（如磨削）进一步加工，并应留有加工余量；有位置精度要求的表面应在一次安装下完成；表面粗糙度相同的表面，应确定用恒线速切削。只有在精度及技术要求分析的基础上，才能正确合理地选择加工方法、装夹方式、刀具及切削用量等。

**4. 零件的材料分析**

分析所提供的毛坯材质的机械性能和热处理状态，毛坯的铸造品质和被加工部位的材料硬度。判断其加工的难易程度，为选择刀具材料和切削用量提供依据。

### 1.2.3　数控车削工艺路线的拟订

**1. 加工方法和加工顺序的确定**

（1）加工方法的确定　确定加工方法时，应结合零件的加工公差等级、表面粗糙度、材料、结构形状、尺寸及生产类型等因素，确定零件表面的数控车削加工方法及加工方案。

1）加工公差等级为IT11级以下、表面粗糙度值为$Ra$12.5～50 μm、除淬火钢以外的常用金属，可采用普通型数控车床，按粗车方案加工。

2）加工公差等级为IT8～IT10级、表面粗糙度值为$Ra$3.2～6.3 μm、除淬火钢以外的常用金属，可采用普通型数控车床，按粗车→半精车的方案加工。

3）加工公差等级为IT7～IT8级、表面粗糙度值为$Ra$0.8～1.6 μm、除淬火钢以外的常用金属，可采用普通型数控车床，按粗车→半精车→精车的方案加工。

4）加工公差等级为IT6～IT7级、表面粗糙度值为$Ra$0.2～0.63 μm、除淬火钢以外的常用金属，可采用精密型数控车床，按粗车→半精车→精车→精密车的方案加工。

（2）加工顺序的确定　在数控车床上加工零件，安排零件车削加工顺序一般遵循下列原则。

1）先粗后精原则。零件各表面的加工顺序按照先粗加工，再半精加工，最后精加工和光整加工的顺序依次进行，逐步提高表面的加工公差等级和减小表面粗糙度值。

粗加工阶段是在较短的时间内，切除各表面上的大部分余量，目的是为了提高加工效率。

半精加工阶段完成次要表面的加工，并为主要表面的精加工作准备，尽量满足精加工余量均匀性的要求。

精加工阶段要一刀切出图样要求的零件轮廓，保证加工公差等级，保证各主要表面达到图样规定的要求。精加工阶段关键是保证加工质量。

2）先近后远原则。在一般情况下，通常安排离换刀点近的部位先加工，离换刀点远的部位后加工，以便缩短刀具移动距离，减少空行程时间。

3）内外交叉原则。对既有内表面，又有外表面需加工的零件，通常应先进行内外表面粗加工，后进行内外表面精加工。

4）刀具集中原则。同一把刀连续加工完成相应各部位后，再更换另一把刀，加工零件相应的其他部位，以减少空行程和换刀时间。

5）基面先行原则。用作精基准的表面，要首先加工，因为定位基准的表面越精确，装夹误差就越小。例如轴类零件加工时，先加工中心孔，再以中心孔为精基准加工外圆表面和端面。

**2. 工序的划分**

零件的加工工序通常包括切削加工工序、热处理工序和辅助工序。合理安排好加工工序，并解决好工序间的衔接问题，可以提高零件的加工质量、生产效率，降低加工成本。

在数控机床上加工的零件，一般按工序集中原则划分工序，常用下列划分方法。

（1）按粗、精加工划分　数控加工要求工序尽可能集中，通常粗、精加工可在一次装夹下完成。为减少热变形和切削力对工件的尺寸、形状、位置精度和表面粗糙度的影响，应将粗、精加工分开进行。对一般轴类或盘类零件，将待加工面先粗加工，留少量余量精加工，以保证工件表面的质量要求。对轴上有孔、螺纹需加工的工件，应先加工表面，而后加工孔、螺纹。要求较高时，可将粗车安排在精度较低、功率较大的数控车床上，将精车安排在精度较高的数控车床上进行，以保证零件的加工公差等级。

（2）按所用刀具划分　为减少换刀次数，节省换刀时间，应尽量将使用同一把刀的加工部位全部完成后，再换另一把刀来加工其他部位，即以同一把刀具加工的那一部分工艺过程为一道工序。对于加工内容较多、较复杂的零件，按零件结构特点将加工内容组合分成若干部分，每一部分用一把典型刀具加工。同时应尽量减少空行程，用同一把刀加工工件的多个部位时，应以最短的路线到达各加工部位。

（3）按零件装夹定位方式划分　以一次安装完成的那一部分工艺过程为一道工序。由于每个零件结构形状、表面的技术要求等都有所不同，故加工时其定位方式各有差异。将位置精度要求较高的表面安排在一次安装下完成，以免多次安装所产生的安装误差影响位置精度。一般在加工外形时，以内形定位；在加工内形时，则以外形定位。因而可根据定位方式的不同来划分工序。

（4）按加工部位划分　以完成相同型面的那一部分工艺过程为一道工序。对于加工表面多而复杂的零件，可按其结构特点将加工部位划分成多道工序，如内腔、外形、曲面或平面，并将每一部分的加工作为一道工序。

**3. 进给路线的确定**

刀具刀位点相对于工件的运动轨迹和方向称为进给路线，即指刀具从起刀点开始运动起，直至返回该点并结束加工程序所经过的路径，包括切削加工的路径及刀具切入、切出等非切削空行程。

因精加工切削过程的进给路线基本上都是沿其零件轮廓顺序进行的，所以确定进给路线的重点在于确定粗加工及空行程的进给路线。

（1）轮廓粗车进给路线　在保证加工质量的前提下，最短的切削进给路线可有效地提高生产效率，减少不必要的刀具消耗及机床部件的磨损等。在确定粗车进给路线时，要以最短切削路线为原则，同时兼顾被加工零件的刚性及加工的工艺性等要求。

图 1-5 所示为粗车零件时三种不同切削进给路线的示意图。图 1-5a 所示为利用数控系统具有的封闭式复合循环功能控制车刀沿着工件轮廓进行进给的路线，此种加工路线刀具切削

总行程最长；图 1-5b 所示为利用其程序固定循环功能进行的三角形进给路线；图 1-5c 所示为利用其矩形循环功能进行的矩形进给路线，刀具进给长度总和最短，刀具的损耗也最小。因此，在同等条件下应选择图 1-5c 所示的方案。但是，此方案也有缺陷：粗加工后的精加工余量不均匀。

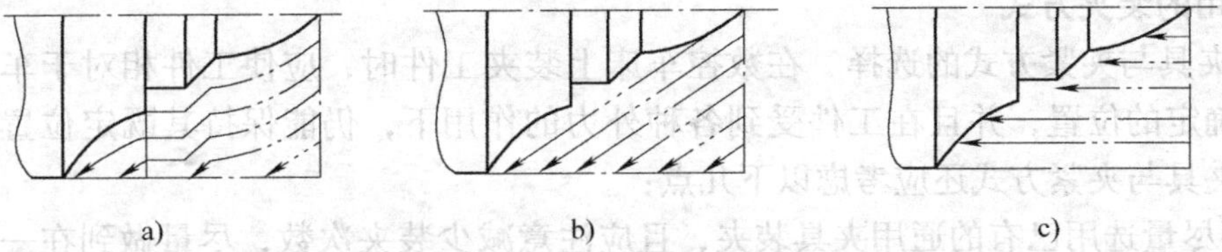

图 1-5 常用的粗车进给路线

a）沿轮廓进给的路线 b）三角形进给路线 c）矩形进给路线

（2）刀具切入、切出 数控车削加工，尤其是精车时，要安排好刀具的切入、切出路线，尽量使刀具沿轮廓的切线方向切入、切出，避免在轮廓处停刀或垂直切入、切出工件，否则会因切削力突然变化而造成弹性变形，致使光滑连接轮廓上产生表面划伤、形状突变或留下刀痕。

（3）零件轮廓精加工应一次进给完成 零件的完工轮廓应由最后一刀连续加工而成。尽量不要在连续的轮廓中安排切入、切出或换刀及停顿，以免因切削力突然变化而造成弹性变形，致使光滑连接轮廓上产生表面划伤、形状突变或滞留刀痕等缺陷。

## 1.2.4 零件的定位与装夹

### 1. 定位基准的选择

在零件的加工过程中，合理选择定位基准对保证零件的尺寸精度和位置精度起决定性作用。在数控车削中，应尽量让零件在一次装夹中完成大部分甚至全部表面的加工。

（1）粗基准的选择 选择粗基准时，必须达到两个基本要求：首先应该保证所有加工表面都有足够的加工余量；其次应该保证零件上加工表面和不加工表面之间具有一定的位置精度。粗基准的选择原则如下：

1）选择不加工表面作为粗基准。

2）对所有表面都要加工的零件，应根据加工余量最小的表面找正。

3）应该选用比较牢固可靠的表面作为基准，否则会使工件夹坏或松动。

4）粗基准应选择平整光滑的表面。

5）粗基准不能重复使用。

（2）精基准的选择原则

1）基准重合原则。尽可能采用设计基准或装配基准作为定位基准，并使定位基准和测量基准重合。

2）基准统一原则。除第一道工序外，其余工序尽量采用同一个精基准。因为基准统一后，可以减少定位误差，提高加工公差等级，使装夹更方便。

3）自为基准原则。某些加工余量小而均匀的精加工工序，选择加工表面本身作为定位基准，称为自为基准原则。

4）互为基准原则。当对工件上两个相互位置精度要求很高的表面进行加工时，需要用两个表面互相作为基准，反复进行加工，以保证位置精度要求。

5）便于装夹原则。选择精度较高、装夹稳定可靠的表面作为精基准，并尽可能选用形状简单和尺寸较大的表面作为精基准，使夹具设计简单，操作方便。

**2. 常用的装夹方式**

（1）夹具与夹紧方式的选择　在数控车床上装夹工件时，应使工件相对于车床主轴轴线有一个确定的位置，并且在工件受到各种外力的作用下，仍能保持其既定位置。除此以外，选择夹具与夹紧方式还应考虑以下几点：

1）要尽量选用已有的通用夹具装夹，且应注意减少装夹次数，尽量做到在一次装夹中加工完成零件的大部分甚至全部要加工的表面。

2）夹具要开敞，加工部位开阔，夹具上各零部件应不妨碍机床对零件各表面的加工。

3）零件的装卸要快速、方便、可靠，以缩短机床的停顿时间，从而充分发挥数控机床的效能。

4）为提高数控加工效率，批量较大的零件加工可采用气动或液压夹具、多工位夹具。

5）为满足数控加工公差等级，要求夹具精度高，且定位精度高。

6）夹紧力的作用点应落在工件刚性较好的部位。

（2）常用的装夹方式

1）自定心卡盘装夹。自定心卡盘装夹工件方便、省时，自动定心好，但夹紧力较小，所以适用于装夹外形规则的中、小型圆柱形、正三边形或正六边形工件。自定心卡盘可装成正爪或反爪两种形式。反爪用来装夹直径较大的工件。

2）卡盘和顶尖装夹。车削轴类工件，尤其是质量较大工件，还可使用尾座顶尖支持工件。即一端用卡盘夹住，另一端用顶尖支承，如图 1-6 所示。这种方法装夹牢靠，定位精度较高。

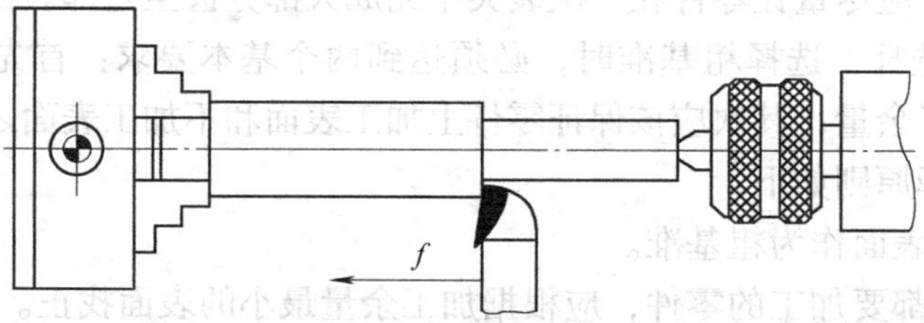


图 1-6　卡盘和顶尖装夹

3）两顶尖及鸡心夹头。对于长度尺寸较大或加工工序较多的轴类工件，为保证每次装夹时的装夹精度，可用两顶尖装夹。两顶尖装夹工件方便，不需找正，装夹精度高，但必须先在工件的两端面钻出中心孔。两顶尖装夹一般配合鸡心夹头使用。如图 1-7 所示，通过主轴头上安装的卡盘拨动鸡心夹头转动，由于鸡心夹头紧紧地夹在工件上，工件自然随着转动。

4）单动卡盘装夹。单动卡盘的四个卡爪是各自独立运动的，可以调整工件夹持部位在主轴上的位置，使工作加工面的回转中心与车床主轴的回转中心重合。单动卡盘适用于加工各种不规则的工件。如图 1-8 所示，用单动卡盘找正，加工偏心距为 $e$ 的偏心轴。但单动卡盘找正比较费时，只能用于单件小批量生产。

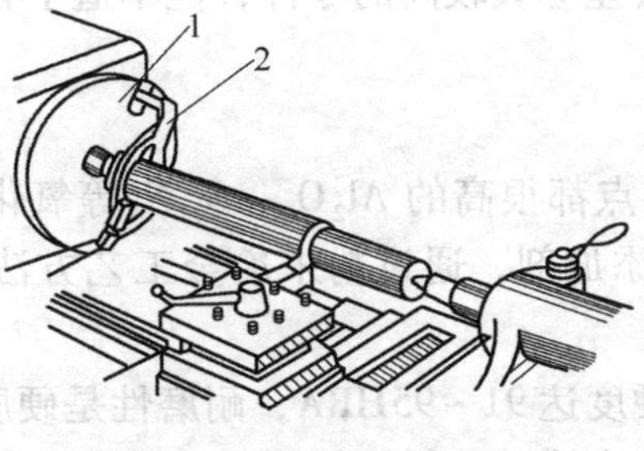


图 1-7　两顶尖及鸡心夹头安装

1—拨盘　2—鸡心夹头

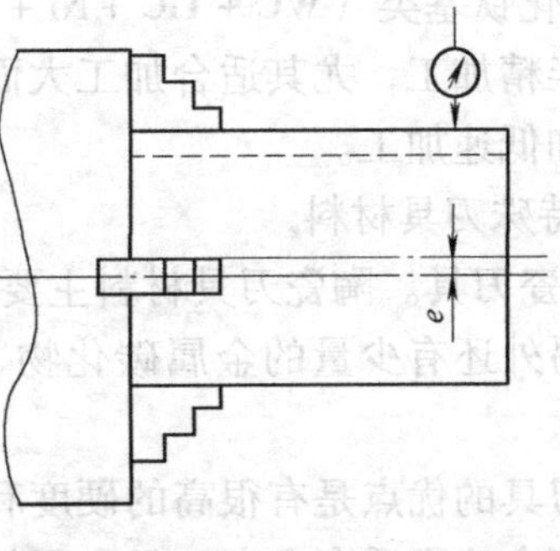


图 1-8　单动卡盘加工偏心轴

## 1.2.5　数控车削加工刀具及其选用

### 1. 车削刀具的材料

金属切削加工中常用的刀具材料有高速钢、硬质合金、陶瓷、立方氮化硼和金刚石等五类。目前数控加工中用得最普遍的刀具是高速钢刀具和硬质合金刀具。

（1）高速钢　高速钢是一种加入了较多的钨、铬、钒、钼等合金元素的高合金工具钢，具有良好的综合性能。其强度是现有刀具材料中最高的，韧性也最好。高速钢的制造工艺简单，容易刃磨，锻造、热处理变形小，目前在复杂的刀具，如麻花钻、丝锥和成形刀具制造中，仍占有主要地位。

1）普通高速钢。普通高速钢具有一定的硬度和耐磨性、较高的强度和韧性，如 W18Cr4V 广泛用于制造各种复杂刀具。其切削速度一般不太高，切削普通钢料时为 40 ~ 60m/min。不适合高速切削和硬材料的切削。

2）高性能高速钢。高性能高速钢是在普通高速钢中再增加一些含碳量、含钒量及添加钴、铝等元素冶炼而成的。如 W12Cr4V4Mo，用它制成的刀具寿命为普通高速钢刀具寿命的 1.5 ~ 3 倍。但这类钢的综合性能不如普通高速钢。

（2）硬质合金　硬质合金是由难熔金属碳化物（如 TiC、WC、NbC 等）和金属粘结剂（如 Co、Ni 等）经粉末冶金方法制成。国产普通硬质合金按其化学成分的不同，可分为以下 4 类：

1）钨钴类（WC + Co）。合金代号为 YG（国际标准 K 类），适合切削短切屑的黑色金属、有色金属和非金属材料。此合金钴含量越高，韧性越好，适于粗加工；钴含量低的，适于精加工。

2）钨钛钴类（WC + TiC + Co）。合金代号为 YT（国际标准 P 类），此类合金有较高的硬度和耐热性，主要用于加工长切屑的钢件等塑性材料。合金中 TiC 含量越高，则耐磨性和耐热性越高，但强度低。因此粗加工一般选择 TiC 含量少的牌号，精加工选择含量多的牌号。

3）钨钛钽（铌）钴类（WC + TiC + TaC（NbC） + Co）。合金代号为 YW（国际标准 M 类），此类合金适用于加工冷硬铸铁、有色金属及合金的半精加工和高锰钢、淬火钢、合金钢及耐热合金钢的半精加工和精加工。

4）碳化钛基类（WC + TiC + Ni + Mo）。合金代号为 YN（国际标准 P01 类），一般用于精加工和半精加工，尤其适合加工大而长、加工公差等级较高的零件，但不适于有冲击载荷的粗加工和低速加工。

（3）特殊刀具材料

1）陶瓷刀具。陶瓷刀具材料主要由硬度和熔点都很高的 $Al_2O_3$、$Si_3N_4$ 等氧化物、氮化物组成。另外还有少量的金属碳化物、氧化物等添加剂，通过粉末冶金工艺方法压制烧结而成。

陶瓷刀具的优点是有很高的硬度和耐磨性，硬度达 91 ~ 95HRA，耐磨性是硬质合金的 5 倍；刀具寿命比硬质合金高；具有很好的热硬性；摩擦系数低，切削力比硬质合金小，用该类刀具加工能降低被加工件的表面粗糙度值。

因陶瓷的脆性大，所以陶瓷刀具强度和韧性差，热导率低。此类刀具一般用于钢、铸铁，高硬度材料及高精度零件的高速精细加工。

2）金刚石刀具。金刚石具有极高的硬度。现用的金刚石刀具有 3 类：天然金刚石刀具、人造聚晶金刚石刀具、复合聚晶金刚石刀具。

金刚石刀具的优点是：具有极高的硬度和耐磨性，人造金刚石显微硬度达 10000HV，耐磨性是硬质合金的 60 ~ 80 倍；切削刃锋利，能实现超精密微量加工和镜面加工；有很高的导热性。

金刚石刀具的缺点是：耐热性差，强度低，脆性大，对振动很敏感，对铁组材料的亲和力大，一般不宜加工黑色金属，主要用于有色金属及其合金和非金属材料的高速精细加工。

3）立方氮化硼刀具。立方氮化硼（简称 CBN）是人工合成的超硬刀具材料。其硬度仅次于金刚石，可达 7300 ~ 9000HV；热稳定性好，可耐 1300 ~ 1500℃ 高温，有较高的导热性和较小的摩擦系数。但其强度和韧性较差，抗弯强度仅为陶瓷刀具的 1/5 ~ 1/2。

立方氮化硼刀具适用于加工高硬度淬火钢、冷硬铸铁和高温合金材料。它不宜加工塑性大的钢件和镍基合金，也不适合加工铝合金和铜合金，通常采用负前角的高速切削。

（4）涂层刀具　涂层刀具是在韧性较好的硬质合金基体上或高速钢刀具基体上涂覆一层耐磨性较高的难熔金属化合物而制成的。常用的涂层材料有 TiC、TiN、$Al_2O_3$ 等。TiC 的硬度比 TiN 高，抗磨损性能好。不过 TiN 与金属亲和力小，在空气中抗氧化能力强。因此，对于摩擦剧烈的刀具，宜采用 TiC 涂层，而在容易产生粘结的条件下，宜采用 TiN 涂层刀具。

涂层刀具具有高的抗氧化性能和抗粘结性能，因此具有较高的耐磨性。涂层摩擦系数较小，可降低切削时的切削力和切削温度，提高刀具寿命，高速钢基体涂层刀具寿命可提高2 ~ 10 倍，硬质合金基体刀具寿命可提高 1 ~ 3 倍。加工材料硬度越高，涂层刀具效果越好。

**2. 数控车刀的类型**

与普通车削相比，数控车削对刀具的要求更高，不仅要求精度高、刚度好、刀具寿命高，而且要求尺寸稳定、安装调整方便。

选择数控车削刀具通常要考虑数控车床的加工能力、工序内容及工件材料等因素。根据与刀体的连接方式不同，常用的数控车刀有焊接式车刀和机夹可转位车刀（机夹刀）两大类。

（1）焊接式车刀　焊接式车刀是将硬质合金刀片用焊接的方法固定在刀体上，形成一个整体。此类刀具结构简单，制造方便，刚性较好。但由于受焊接工艺的影响，刀具的使用性能受到影响，另外，刀杆不能重复使用，造成刀具材料的浪费。

根据工件加工表面的形状以及用途不同，车刀可分为外圆车刀、内孔车刀、切断（切槽）刀、螺纹车刀及成形车刀等，如图1-9所示。

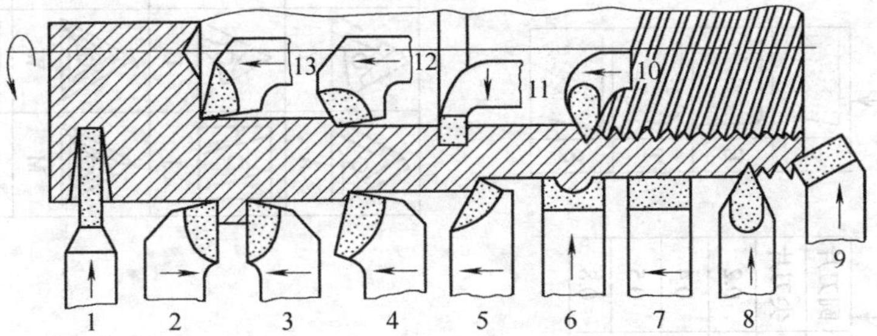


图1-9　常用车刀的种类

1—切断刀　2—90°左偏刀　3—90°右偏刀　4—弯头车刀　5—直头车刀　6—成形车刀　7—宽刃车刀　8—外螺纹车刀　9—端面车刀　10—内螺纹车刀　11—内沟槽刀　12—通孔车刀　13—不通孔车刀

（2）机夹可转位车刀　机夹可转位车刀是已经实现机械加工标准化、系列化的车刀。数控车床常用的机夹可转位车刀结构形式如图1-10所示，主要由刀杆1、刀片2、刀垫3及夹紧元件4组成。其刀柄和刀头都有国家标准及系列化型号。

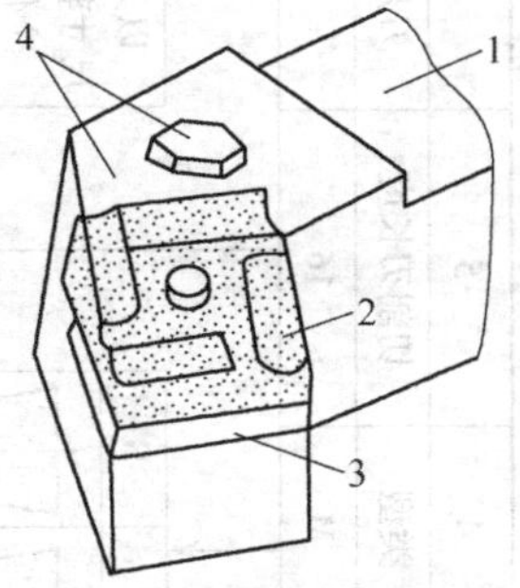


图1-10　机夹式可转位车刀

1—刀杆　2—刀片

3—刀垫　4—夹紧元件

机夹可转位车刀就是把经过研磨的可转位多边形刀片用夹紧组件夹在刀杆上。车刀在使用过程中，一旦切削刃磨钝后，通过刀片的转位即可用新的切削刃继续切削，只有当多边形刀片所有的切削刃都磨钝后，才需要更换刀片。

国际标准ISO 1832—1985规定了机夹可转位刀片的代码表示方法。代码由10位字符串组成，其中每个字符所表达的含义见表1-1。

一般情况下，第8位和第9位代码在有要求时才被填写使用。第10位代码根据具体厂商的不同而不同，例如，SANDVIK公司用来表示断屑槽形代号或代表设计有断屑槽等。

根据可转位刀片切削方式的不同，通常分别按照车、铣、钻、镗的工艺来叙述可转位刀片代码的具体内容。

例如，车刀可转位刀片TNUM160408ERA2表示的含义为：

T—60°三角形刀片形状；N—法后角为0°；U—内切圆直径 $d$ 为6.35mm时，刀尖转位尺寸极限偏差为±0.13mm，内接圆极限偏差为±0.08mm，厚度极限偏差为±0.13mm；M—圆柱孔单面断屑槽；16—切削刃长度为16mm；04—刀片厚度为4.76mm；08—刀尖圆弧半径为0.8mm；E—切削刃倒圆；R—向左方向切削；A2—直沟卷屑槽槽宽为2mm。

**表 1-1　机夹可转位车刀刀片的标记方法**

| 号位 | 1 | 2 | 3 | 4 | 5 | 6 | 7 | 8 | 9 | 10 |
|---|---|---|---|---|---|---|---|---|---|---|
| 表达特性 | 刀片形状 | 后角 | 偏差等级 | 类型 | 切削刃长度 | 刀片厚度 | 刀尖圆弧半径 | 刃口形状 | 切削方向 | 卷屑槽型与宽度 |
| 举例 | T | N | U | M | 16 | 04 | 08 | E | R | A2 |

1 刀片形状：

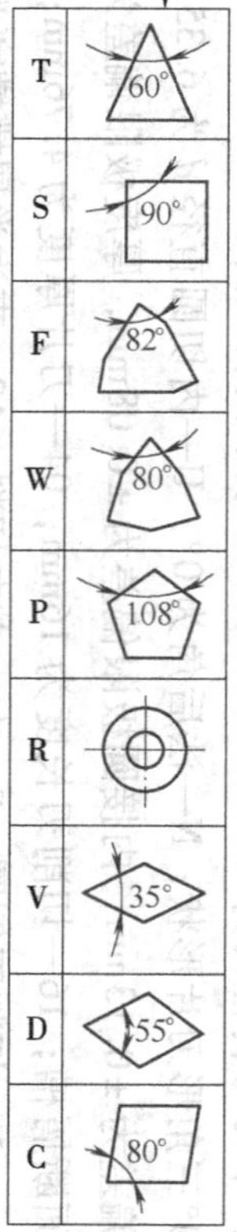


2 后角：

| A | B | C | D | E | F | G | N | P | Q |
|---|---|---|---|---|---|---|---|---|---|
| 3° | 5° | 7° | 15° | 20° | 25° | 30° | 0° | 11° | 其他 |

3 偏差等级：

| 内切圆直径 $d$ | $d$（±） G | $d$（±） M | $d$（±） U | $m$（±） G | $m$（±） M | $m$（±） U | 刀片厚度 $S$（±） G.M.U |
|---|---|---|---|---|---|---|---|
| 6.35 | 0.025 | 0.05 | 0.08 | 0.025 | 0.08 | 0.13 | 0.13 |
| 9.525 | | 0.05 | 0.08 | | 0.08 | 0.13 | |
| 12.70 | | 0.08 | 0.13 | | 0.13 | 0.20 | |
| 13.375 | | 0.10 | 0.18 | | 0.15 | 0.27 | |
| 19.05 | | 0.10 | 0.18 | | 0.15 | 0.27 | |
| 25.40 | | 0.13 | 0.25 | | 0.18 | 0.38 | |

4 类型：

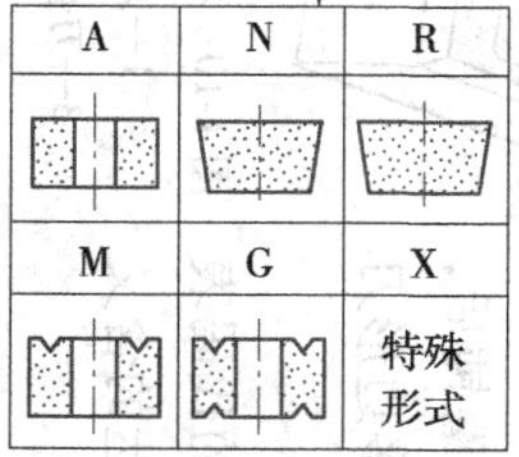


5 切削刃长度：

| 以主切削刃尺寸整数表示个位数前加0，圆刀片用直径表示 | |
|---|---|
| 9.525 | 09 |
| 12.70 | 12 |

6 刀片厚度：

| 以刀片厚度尺寸整数表示个位数前加一个0 | |
|---|---|
| 3.18 | 0.3 |
| 4.76 | 0.4 |
| 6.38 | 0.6 |
| 7.93 | 0.7 |

7 刀尖圆弧半径：

| 00 | 圆刀片 |
|---|---|
| 00 | 尖刀片 |
| 0.2 | 0.2 |
| 0.4 | 0.4 |
| 0.5 | 0.5 |
| 0.8 | 0.8 |

8 刃口形状：

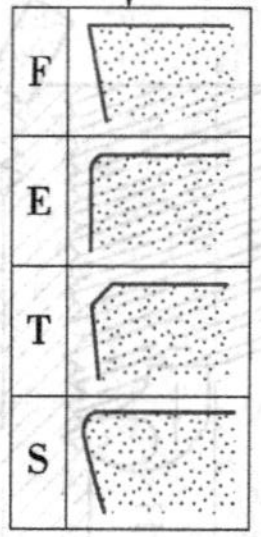


9 切削方向：

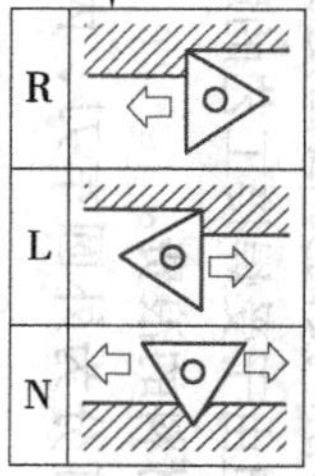


10 卷屑槽型与宽度：

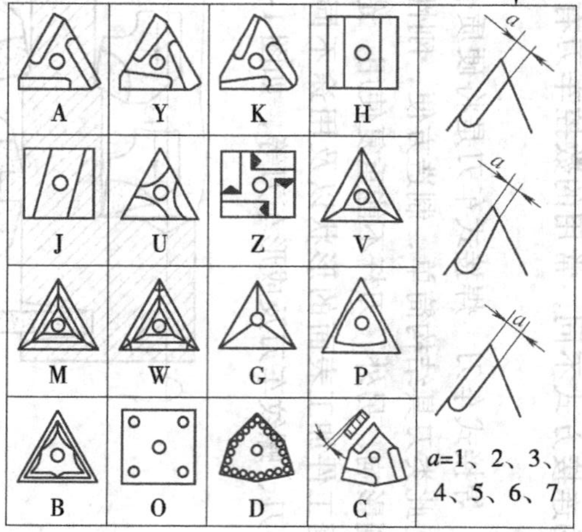

### 3. 数控车刀的选用

（1）车刀切削刃类型的选用　数控车刀根据其切削刃类型不同，一般有尖形车刀、圆弧形车刀和成形车刀3类。

1）尖形车刀。以直线形切削刃为特征的车刀一般称为尖形车刀。这类车刀的刀尖（同时也为其刀位点）由直线形的主、副切削刃构成，如90°内、外圆车刀，左、右端面车刀，切槽（断）车刀及刀尖倒棱很小的各种外圆和内孔车刀。

用这类车刀加工零件时，其零件的轮廓形状主要由一个独立的刀尖或一条直线形主切削刃位移后得到。

尖形车刀几何参数的选择方法与普通车削时基本相同，但应结合数控加工的特点，如进给路线、加工干涉等进行全面考虑。加工图1-11所示的零件时，若使其左右两个45°锥面由一把车刀加工出来，则车刀的主偏角应取50°~55°，副偏角取50°~52°。这样既保证了刀头有足够的强度，又利于主、副切削刃车削圆锥面时不致发生加工干涉。

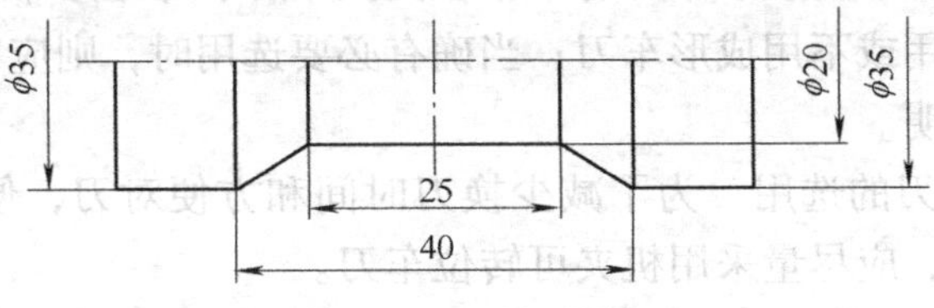


图1-11　45°锥面轴零件

判别尖形车刀的几何角度是否发生干涉，可用作图或计算的方法确定。副偏角大于不发生干涉的极限角度值6°~8°即可。

2）圆弧形车刀。圆弧形车刀的特征是：主切削刃形状为一圆度误差或线轮廓度误差很小的圆弧，如图1-12所示。该圆弧刃上每一点都是圆弧形车刀的刀尖，因此，刀位点不在圆弧上，而在该圆弧的圆心上，编程时要进行刀具半径补偿。

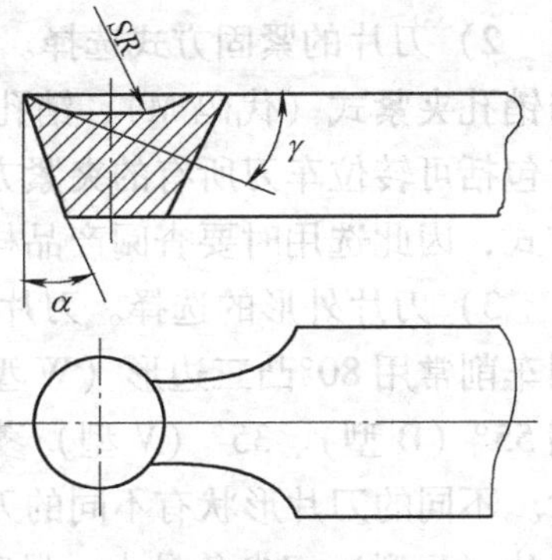


图1-12　圆弧形车刀

圆弧形车刀可以用于车削内、外圆表面，特别适宜于车削精度要求较高的凹曲面或半径较大的凸圆弧面。

圆弧形车刀具有宽刃切削（修光）性质，能使精车余量相当均匀而改善切削性能，还能一刀车出跨多个象限的圆弧面。

例如，当图1-13所示零件的曲面精度要求不高时，可以选用尖形车刀进行加工。当曲面精度要求较高时，选择尖形车刀加工就不合适了。因为车刀的实际背吃刀量在圆弧轮廓段是不均匀的，当车刀主切削刃靠近其圆弧终点时，背吃刀量（$a_{p1}$）将大大超过其圆弧起点位置上的背吃刀量（$a_p$），致使切削阻力增大，可能产生较大的线轮廓度误差，并增大其表面粗糙度数值。此时应选择圆弧形车刀切削，如图1-14所示。

圆弧形车刀的几何参数除了前角及后角外，其主要几何参数是车刀圆弧切削刃的形状及半径。选择车刀圆弧半径的时，应考虑两点：一是车刀切削刃的圆弧半径应当小于或等于零件凹形轮廓上的最小曲率半径，以免发生加工干涉；二是该半径不宜选择太小，否则既难于制造，还会因其刀头强度太弱或刀体散热能力差，使车刀容易损坏。

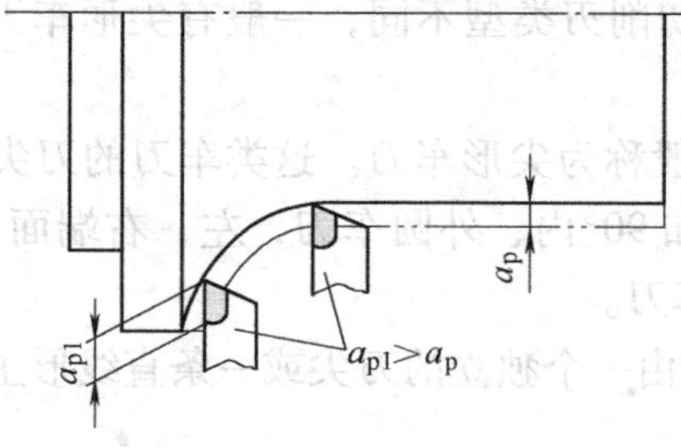

图 1-13 尖形车刀车削曲面示例

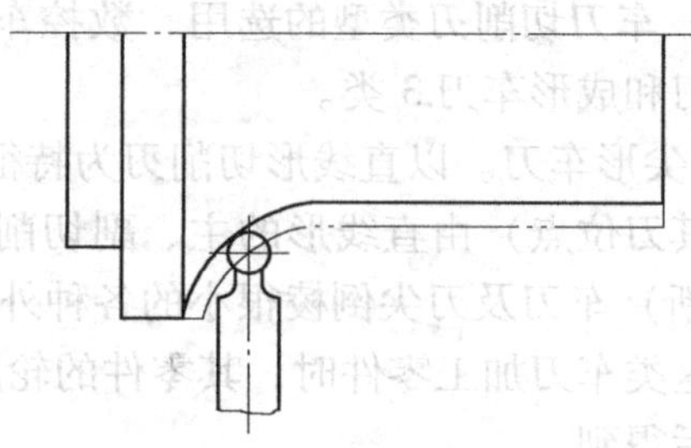
图 1-14 圆弧车刀车削曲面示例

3）成形车刀。成形车刀俗称样板车刀，其加工零件的轮廓形状完全由车刀切削刃的形状和尺寸决定。

数控车削加工中，常见的成形车刀有小半径圆弧车刀、非矩形车槽刀、螺纹车刀等。在数控加工中，应尽量少用或不用成形车刀；当确有必要选用时，则应在工艺准备的文件或加工程序单上进行详细说明。

（2）机夹可转位车刀的选用 为了减少换刀时间和方便对刀，便于实现机械加工的标准化，数控车削加工时，应尽量采用机夹可转位车刀。

1）刀片材质的选择。常见刀片材料有高速钢、硬质合金、涂层硬质合金、陶瓷、立方氮化硼和金刚石等，其中应用最多的是硬质合金和涂层硬质合金刀片。选择刀片材质的主要依据是被加工工件的材料、被加工表面的精度、表面质量要求、切削载荷的大小以及切削过程有无冲击和振动等。

2）刀片的紧固方式选择。在国家标准中，一般紧固方式有上压式（代码为 C）、上压与销孔夹紧式（代码 M）、销孔夹紧式（代码 P）和螺钉夹紧式（代码 S）四种。但这仍没有包括可转位车刀所有的夹紧方式，而且，各刀具商所提供的产品并不一定包括所有的夹紧方式，因此选用时要查阅产品样本。

3）刀片外形的选择。刀片外形与加工的对象、刀具的主偏角、刀尖角等有关。一般外圆车削常用 80°凸三边形（W 型）、四方形（S 型）和 80°棱形（C 型）刀片。仿形加工常用 55°（D 型）、35°（V 型）菱形和圆形（R 型）刀片。90°主偏角常用三角形（T 型）刀片。不同的刀片形状有不同的刀尖强度，圆刀片（R 型）刀尖角最大，强度最大；35°菱形刀片（V 型）刀尖角最小，强度也最小。在选用时，应根据加工条件恶劣与否，按重、中、轻切削有针对性地选择。粗加工应选用刀尖角较大的刀片，精加工时宜选用较小刀尖角的刀片。

4）刀片后角的选择。常用的刀片后角有 N（0°），C（7°）、P（11°）、E（20°）等。一般粗加工、半精加工可用 N 型；半精加工、精加工可用 C、P 型，也可用带断屑槽形的 N 型刀片；加工铸铁、硬钢可用 N 型；加工不锈钢可用 C、P 型；加工铝合金可用 P、E 型等；加工弹性恢复性好的材料可选用较大一些的后角；一般孔加工可选用 C、P 型，大尺寸孔可选用 N 型。

5）左右手刀柄的选择。左右手刀柄有 R（右手）、L（左手）、N（左右手）3 种。要注意区分左、右刀的方向。选择时要考虑车床刀架是前置式还是后置式、前刀面向上还是向下、主轴的旋转方向以及需要的进给方向等。

6）刀尖圆弧半径的选择。刀尖圆弧半径不仅影响切削效率，而且关系到被加工表面的粗糙度及加工公差等级。从刀尖圆弧半径与最大进给量关系来看，最大进给量不应超过刀尖圆弧半径尺寸的80%，否则将恶化切削条件，甚至出现螺纹状表面和打刀等问题。刀尖圆弧半径还与断屑的可靠性有关，为保证断屑，切削余量和进给量有一个最小值，当刀尖圆弧半径减小，所得到的这两个最小值也相应减小。因此，从断屑可靠出发，通常小余量、小进给量车削加工应采用小的刀尖圆弧半径，反之宜采用较大的刀尖圆弧半径。粗加工时，注意以下几点：

①为提高切削刃强度，应尽可能选取大刀尖半径的刀片，大刀尖半径可允许大进给。

②在有振动倾向时，选择较小的刀尖圆弧半径。

③常用刀尖圆弧半径为1.2～1.6mm。

④粗车时，进给量不能超过表1-2给出的最大进给量。作为经验，一般进给量可取为刀尖圆弧半径的一半。

精加工时，注意以下几点：

①精加工的表面质量不仅受刀尖圆弧半径和进给量的影响，而且受工件装夹稳定性、夹具和机床的整体条件等因素的影响。

②在有振动倾向时选较小的刀尖圆弧半径。

③非涂层刀片比涂层刀片加工的表面质量高。

**表1-2　不同刀尖圆弧半径的最大进给量**

| 刀尖半径/mm | 0.4 | 0.8 | 1.2 | 1.6 | 2.4 |
|---|---|---|---|---|---|
| 最大进给量/（mm/r） | 0.25～0.35 | 0.4～0.7 | 0.5～1.0 | 0.7～1.3 | 1.0～1.8 |

7）断屑槽形的选择。断屑槽的参数直接影响着切屑的卷曲和折断。目前刀片的断屑槽形式较多，槽形根据加工类型和加工对象的材料特性来确定。基本槽形按加工类型有精加工（代码F）、普通加工（代码M）和粗加工（代码R）；加工材料按国际标准有加工钢的P类、不锈钢、合金钢的M类和铸铁的K类。这两种情况一组合就有了相应的槽形，比如FP就指用于钢的精加工槽形，LK是用于铸铁普通加工的槽形等。如果加工向两个方向扩展，如超精加工和重型粗加工，以及材料也扩展，如耐热合金、铝合金、有色金属等，就有了超精加工、重型粗加工和加工耐热合金、铝合金等补充槽形，选择时可查阅具体的产品样本。

### 1.2.6　数控车削加工的切削用量选择

数控编程时，编程人员必须确定每道工序的切削用量，并以指令的形式写入程序中。切削用量包括主轴转速 $n$（切削速度 $v_c$）、背吃刀量 $a_p$ 和进给量 $f$，如图1-15所示。

对于不同的加工方法，需要选用不同的切削用量。切削用量的选择原则是：在保证零件加工公差等级和表面粗糙度的前提下，充分发挥机床的性能，最大限度地提高生产率，降低成本。

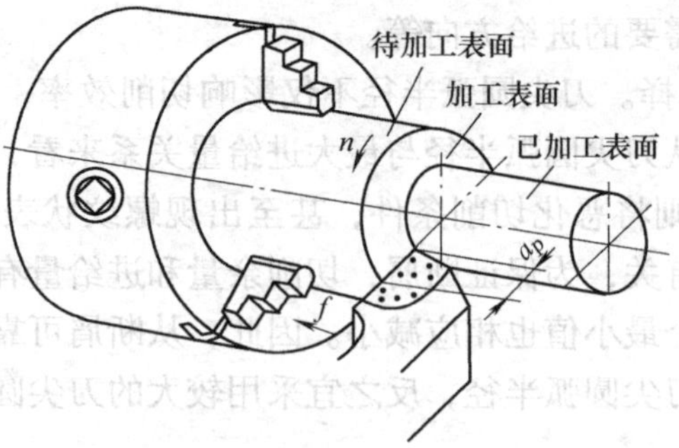


图 1-15　切削用量的确定

**1. 主轴转速 $n$ 的确定**

（1）车光轴时的主轴转速　车光轴时，主轴转速 $n$ 的确定应根据零件上被加工部位的直径，并按零件、刀具的材料及加工性质等所允许的切削速度 $v_c$ 来确定。

在实际生产中，主轴转速可用下式计算

$$n = \frac{1000v_c}{\pi d} \tag{1-1}$$

式中　$v_c$——切削速度（m/min），由刀具寿命决定；

$d$——零件待加工表面的直径（mm）；

$n$——主轴转速（r/min），要根据计算值在机床说明书中选取标准值，并填入程序单中。

在确定主轴转速时，还应考虑以下几点：

1）应尽量避开积屑瘤产生的区域。

2）在易发生振动的情况下，应避开自激振动的临界速度。

3）加工带外皮的工件或断续切削时，要适当降低切削速度。

4）加工大件、细长件及薄壁工件时，应选用较低的切削速度。

（2）车螺纹时的主轴转速　车螺纹时，车床主轴转速受螺纹的导程、电动机调速及螺纹插补运算等因素的影响，转速不能过高。大多数经济型车床数控系统推荐车螺纹时主轴转速为

$$n \leqslant \frac{1200}{P_h} - k \tag{1-2}$$

式中　$P_h$——被加工工件螺纹导程（mm）；

$k$——保险系数，一般为 80。

**2. 背吃刀量 $a_p$ 的确定**

背吃刀量根据机床、工件和刀具的刚度来决定。在刚度允许的条件下，应尽可能选择较大的背吃刀量，最大等于工件的加工余量，这样可以减少进给次数，提高生产效率。对于表面粗糙度和精度要求较高的零件，要留有精加工余量。数控加工的精加工余量可比通用机床加工的余量小一些，一般为 0.1～0.5mm。

**3. 进给量 $f$ 的确定**

进给量 $f$ 是指工件每转一周，车刀沿进给方向移动的距离。它是数控机床切削用量中的

重要参数，其大小直接影响工件表面粗糙度和车削效率。应在保证表面质量的前提下，选择较大的进给量。一般应根据零件的表面粗糙度、刀具、工件材料等因素查阅切削用量手册选取。最大进给量受机床、刀具、工件系统刚度和进给驱动及控制系统的限制。

当加工公差等级、表面粗糙度要求高时，进给量应选小些，一般选取 0.1～0.3mm/r；粗加工时，为缩短切削时间，进给量就取得大些，一般取为 0.3～0.8mm/r；切断时宜取 0.05～0.2mm/r。工件材料较软时，可选用较大的进给量；反之，应选较小的进给量。

实际应用时，进给量可根据工件表面粗糙度要求从表 1-3 中查取。

**表 1-3 按表面粗糙度选择进给量的参考值**

| 工件材料 | 表面粗糙度 $Ra$/μm | 切削速度范围 $v_c$/（m/min） | 刀尖圆弧半径 $r_\varepsilon$/mm | | |
|---|---|---|---|---|---|
| | | | 0.5 | 1.0 | 2.0 |
| | | | 进给量 $f$/（mm/r） | | |
| 铸铁<br>青铜<br>铝合金 | >5～10 | 不限 | 0.25～0.40 | 0.40～0.50 | 0.50～0.60 |
| | >2.5～5 | | 0.15～0.25 | 0.25～0.40 | 0.40～0.60 |
| | >1.25～2.5 | | 0.10～0.15 | 0.15～0.20 | 0.20～0.35 |
| 碳钢<br>合金钢 | >5～10 | <50 | 0.30～0.50 | 0.45～0.60 | 0.55～0.70 |
| | | >50 | 0.40～0.55 | 0.55～0.65 | 0.65～0.70 |
| | >2.5～5 | <50 | 0.18～0.25 | 0.25～0.30 | 0.30～0.40 |
| | | >50 | 0.25～0.30 | 0.30～0.35 | 0.30～0.50 |
| | >1.25～2.5 | <50 | 0.10～0.15 | 0.11～0.15 | 0.15～0.22 |
| | | 50～100 | 0.11～0.16 | 0.16～0.25 | 0.25～0.35 |
| | | >100 | 0.16～0.20 | 0.20～0.25 | 0.25～0.35 |

注：$r_\varepsilon$=0.5mm，用于 12mm×12mm 以下刀杆；$r_\varepsilon$=1mm，用于 30mm×30mm 以下刀杆；$r_\varepsilon$=2mm，用于 30mm×45mm 及以上刀杆。

进给速度 $v_f$是指在单位时间里，刀具沿进给方向移动的距离，其计算公式为

$$v_f = nf \tag{1-3}$$

式中 $f$——进给量（mm/r）；

$n$——主轴转速（r/min）；

$v_f$——进给速度（mm/min）。

**4. 切削用量选择的一般原则**

应根据机床说明书、切削用量手册的说明并结合实际经验确定切削用量，使主轴转速、背吃刀量及进给量三者能相互适应，最终确定合适的切削用量。一般考虑以下原则。

（1）粗车切削用量的选择 粗车时，一般以提高生产率为主，但也应考虑经济性和加工成本。首先选择大的背吃刀 $a_p$；其次选择较大的进给量 $f$，增大进给量 $f$ 有利于断屑；最后根据已选定的背吃刀量和进给量，并在工艺系统刚性、刀具寿命和机床功率许可的条件下选择一个合理的切削速度 $v_c$。

（2）半精车或精车切削用量的选择 半精车或精车时，加工公差等级和表面粗糙度要求较高，加工余量不大且均匀，应在保证加工质量的前提下，兼顾切削效率、经济性和加工

成本，通常选择较小的背吃刀量 $a_p$ 和进给量 $f$，并选用切削性能高的刀具材料和合理的几何参数，以尽可能提高切削速度，从而保证零件加工公差等级和表面粗糙度。

表 1-4 为数控车削切削用量参考数据，供编制数控车削工艺时参考。

**表 1-4　数控车削切削用量参考数据**

| 工件材料 | 加工方式 | 背吃刀量/mm | 切削速度/（m/min） | 进给量/（mm/r） | 刀具材料 |
|---|---|---|---|---|---|
| 碳素钢 | 粗加工 | 5~7 | 60~80 | 0.2~0.4 | YT 类 |
| | 粗加工 | 2~3 | 80~120 | 0.2~0.4 | |
| | 精加工 | 0.2~0.3 | 120~150 | 0.1~0.2 | |
| | 车螺纹 | ~ | 70~100 | 导程 | |
| | 钻中心孔 | ~ | 500~800r/min | − | W18Cr40V |
| | 钻孔 | ~ | ~30 | 0.1~0.2 | |
| | 切断（宽度<5mm） | | 70~110 | 0.1~0.2 | YT 类 |
| 合金钢 | 粗加工 | 2~3 | 50~80 | 0.2~0.4 | YT 类 |
| | 精加工 | 0.1~0.15 | 60~100 | 0.1~0.2 | |
| | 切断（宽度<5mm） | | 40~70 | 0.1~0.2 | |
| 铸铁 200HBW 以下 | 粗加工 | 2~3 | 50~70 | 0.2~0.4 | YT 类 |
| | 精加工 | 0.1~0.15 | 70~100 | 0.1~0.2 | |
| | 切断（宽度<5mm） | | 50~70 | 0.1~0.2 | |
| 钢 | 粗加工 | 2~3 | 600~1000 | 0.2~0.4 | YG 类 |
| | 精加工 | 0.1~0.15 | 800~1200 | 0.1~0.2 | |
| | 切断（宽度<5mm） | | 600~1000 | 0.1~0.2 | |
| 黄铜 | 粗加工 | 2~4 | 400~500 | 0.2~0.4 | YG 类 |
| | 精加工 | 0.1~0.15 | 450~600 | 0.1~0.2 | |
| | 切断（宽度<5mm） | | 400~500 | 0.1~0.2 | |

## 1.2.7　数控加工的工艺文件编制

编制数控加工的工艺文件是数控加工工艺设计的内容之一。这些技术文件既是数控加工、产品验收的依据，也是操作者遵守、执行的规程。工艺文件是对数控加工的具体说明，目的是使操作者更明确加工程序的内容、装夹方式、各个加工部位所选用的刀具及其他技术问题。数控加工工艺文件主要有：数控编程任务书、数控加工工序卡，数控加工进给路线图、数控刀具卡、数控加工程序单等。不同的企业、不同的机床或不同的加工目的可能会需要不同形式的数控加工工艺文件。

### 1. 数控编程任务书

数控编程任务书阐明工艺人员对数控加工工序的技术要求、工序说明，以及进行数控加工前应保证的加工余量。它是编程人员和工艺人员协调工作和编制数控程序的重要依据之一，见表 1-5。

表 1-5　数控编程任务书

| | | | | | |
|---|---|---|---|---|---|
| 工艺处 | 数控编程任务书 | 产品零件图号 | | 任务书编号 | |
| | | 零件名称 | | | |
| | | 使用数控设备 | | 共　页　第　页 | |

主要工序说明及技术要求：

| | | | | | | | | | |
|---|---|---|---|---|---|---|---|---|---|
| | | | | 编程收到日期 | | | 经手人 | | |
| 编制 | | 审核 | | 编程 | | 审核 | | 批准 | |

## 2. 数控加工工序卡

数控加工工序卡与普通加工工序卡不同的是：工序简图中应注明编程原点与对刀点，要进行简要编程说明（如所用机床型号、程序编号、刀具半径补偿、径向对称加工方式等）及切削用量（即程序编入的主轴转速、进给量、背吃刀量等）的选择，见表 1-6。

表 1-6　数控加工工序卡

| | | | | | | | | |
|---|---|---|---|---|---|---|---|---|
| （加工工序图） | | | 产品名称 | 零件名称 | | 零件图号 | | |
| | | | | | | | | |
| 工序号 | 程序编号 | 夹具名称 | | 夹具编号 | 使用设备 | | 车间 | |
| | | | | | | | | |
| 工步号 | 工步内容 | 切削用量 | | | 刀具 | | 量具名称 | 备注 |
| | | 主轴转速/（r/min） | 进给量/（mm/r） | 背吃刀量/mm | 编号 | 名称 | | |
| 1 | | | | | | | | |
| 2 | | | | | | | | |
| 编制 | 审核 | | 批准 | | 年　月　日 | | 共　页 | 第　页 |

## 3. 数控刀具卡

数控刀具卡主要反映数控刀具编号、刀具名称及规格、刀片型号和材料等。它是组装刀具和调整刀具的依据，见表 1-7。

表 1-7　数控刀具卡

| | | | | | | |
|---|---|---|---|---|---|---|
| 产品名称或代号 | | | 零件名称 | | 零件图号 | |
| 序号 | 刀具号 | 刀具名称及规格 | 数量 | 加工表面 | 刀尖圆弧半径/mm | 备注 |
| 1 | | | | | | |
| 2 | | | | | | |
| 编制 | | 审核 | 批准 | | 年　月　日 | 共　页　第　页 |

**4. 数控加工程序单**

数控加工程序单是编程员根据工艺分析，经过数值计算，按照机床特定的指令代码编制的，是记录数控加工工艺过程、工艺参数、位移数据的清单，是手动数据输入（MDI）以及实现数控加工的主要依据。数控加工程序单见表 1-8。

**表 1-8　数控加工程序单**

| 零件号 | | 零件名称 | | 编程原点 | |
|---|---|---|---|---|---|
| 程序号 | | 数控系统 | | 编制 | |
| 程序内容 | | | 简要说明 | | |
| | | | | | |

## 1.3　项目实施

对图 1-1 所示轴承座零件进行数控车削加工工艺设计。根据被加工零件的外形和材料等条件，选用 CAK6150DJ 型数控车床。

### 1.3.1　零件图工艺分析

该零件表面由圆柱、圆锥、圆弧及螺纹等表面组成。零件加工包括车端面、外圆、倒角、内锥面、圆弧、螺纹及退刀槽等。其中多个直径尺寸有较严的尺寸精度和表面粗糙度等要求。尺寸标注完整，轮廓描述清楚。零件材料为 45 钢，无热处理和硬度要求。

通过上述分析，可采用以下工艺措施：

1）对图样上给定的几个精度要求较高的尺寸，为保证加工公差等级，编程时取平均值。

2）左、右端面为多个尺寸的设计基准，相应工序加工前，应该先将左、右端面车出来。

3）零件在加工中需要两次调头装夹，工件坐标系原点均应选在零件装夹后的右端面。

4）内、外圆表面按粗车—精车进行，以满足其精度和表面粗糙度要求。

### 1.3.2　确定零件的装夹和定位方式

此工件加工采用自定心卡盘分两次装夹。工件右端外表面为螺纹，不适合做装夹表面，$\phi$52mm 圆柱面较短也不适合做装夹表面，所以第一次装夹工件使用自定心卡盘夹持右端，加工工件左端，如图 1-16 所示。完成左端面、$\phi$50mm 外圆、$\phi$58mm 台阶、$R$5mm 圆弧、$\phi$78mm 外圆的粗、精加工；内锥面、$\phi$32mm 内圆的粗、精加工。第二次装夹如图

1-17 所示，完成工件右端面、$\phi$52mm 外圆、轴肩、$C$2mm 倒角的粗、精加工；退刀槽、螺纹加工。

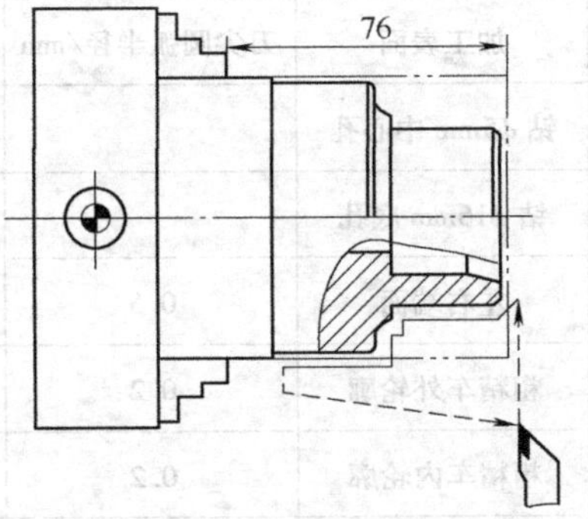


图 1-16　零件第一次装夹

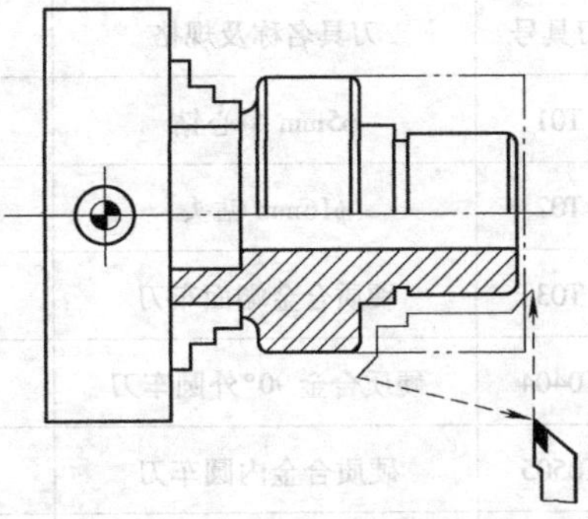

图 1-17　零件第二次装夹

## 1.3.3　确定加工顺序及进给路线

加工顺序按由粗到精、由近到远（由右到左）的原则确定：即先从右到左进行粗车（留精车余量），然后从右到左进行精车，最后车削螺纹。其外表面加工进给路线如图 1-16、图 1-17 所示。加工顺序为：

1）第一次装夹工件右端，加工左端面→钻中心孔→钻通孔→内锥面→$\phi$32 内圆→$C$2 倒角→$\phi$50mm 外圆→$\phi$58mm 台阶→$R$5mm 圆弧→$C$2mm 倒角→$\phi$78mm 外圆。

2）第二次装夹工件左端 $\phi$50mm 外圆，加工右端面→$C$2mm 倒角→螺纹外径→$\phi$52mm 外圆→轴肩→$C$2mm 倒角→退刀槽→螺纹。

## 1.3.4　刀具的选择

根据加工需要，所选刀具如图 1-18 所示。将所选定的刀具参数填入数控加工刀具卡片中，以便编程和操作管理，见表 1-9。

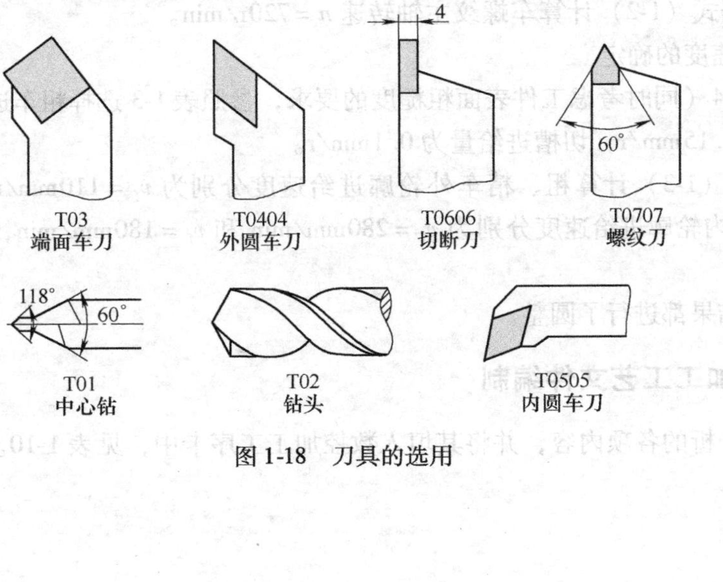


图 1-18　刀具的选用

表 1-9 数控刀具卡

| 产品名称 | | | | 零件名称 | 轴承座 | 零件图号 | 图 1-1 |
|---|---|---|---|---|---|---|---|
| 序号 | 刀具号 | 刀具名称及规格 | | 数量 | 加工表面 | 刀尖圆弧半径/mm | 备注 |
| 1 | T01 | $\phi$5mm 中心钻 | | 1 | 钻 $\phi$5mm 中心孔 | | |
| 2 | T02 | $\phi$16mm 钻头 | | 1 | 钻 $\phi$16mm 底孔 | | |
| 3 | T03 | 硬质合金端面车刀 | | 1 | 左右端面 | 0.5 | |
| 4 | T0404 | 硬质合金 90°外圆车刀 | | 1 | 粗精车外轮廓 | 0.2 | |
| 5 | T0505 | 硬质合金内圆车刀 | | 1 | 粗精车内轮廓 | 0.2 | |
| 6 | T0606 | 硬质合金 4mm 切断刀 | | 1 | 车退刀槽 | | |
| 7 | T0707 | 硬质合金 60°外螺纹车刀 | | 1 | 车螺纹 | | |
| 编制 | | 审核 | | 批准 | 年 月 日 | 共 页 | 第 页 |

## 1.3.5 切削用量的选择

（1）背吃刀量的选择 轮廓粗车循环时选 $a_p=2$mm，精车 $a_p=0.2$mm；螺纹粗车时选 $a_p=0.4$mm，逐刀减少，精车 $a_p=0.1$mm。

（2）主轴转速的确定

1）查表 1-4 选粗车切削速度 $v_c=90$m/min、精车切削速度 $v_c=120$m/min，切槽的切削速度 $v_c=80$m/min。

2）根据式（1-1）计算主轴转速 $n$（粗车外轮廓直径取 $D=80$mm，精车外轮廓直径取 $D=60$mm，内轮廓直径取 $D=30$mm，切槽直径取 $D=52$mm）：粗车外轮廓 $n=350$r/min、精车外轮廓 $n=650$r/min，粗车内轮廓 $n=950$r/min，精车内轮廓 $n=1250$r/min，切槽 $n=490$r/min；根据式（1-2）计算车螺纹主轴转速 $n=720$r/min。

（3）进给速度的确定

1）查表 1-4（同时考虑工件表面粗糙度的要求，参照表 1-3 选择粗车进给量为 0.3mm/r，精车进给量为 0.15mm/r，切槽进给量为 0.1mm/r。

2）根据式（1-3）计算粗、精车外轮廓进给速度分别为 $v_f=110$mm/min 和 $v_f=95$mm/min；粗、精车内轮廓进给速度分别为 $v_f=280$mm/min 和 $v_f=180$mm/min；切槽进给速度为 $v_f=49$mm/min。

以上计算结果都进行了圆整。

## 1.3.6 数控加工工艺文件编制

综合前面分析的各项内容，并将其填入数控加工工序卡中，见表 1-10。

表 1-10　轴承座数控加工工序卡

| (加工工序图) | | | | 产品名称 | 零件名称 | | 零件图号 | | |
|---|---|---|---|---|---|---|---|---|---|
| | | | | | 轴承座 | | 图 1-1 | | |
| 工序号 | 程序编号 | 夹具名称 | | 夹具编号 | 使用设备 | | 车间 | | |
| | | 自定心卡盘 | | | CAK6150DJ | | | | |
| 工步号 | 工步内容 | 切削用量 | | | 刀具 | | 量具名称 | | 备注 |
| | | 主轴转速 /(r/min) | 进给量 /(mm/r) | 背吃刀量 /mm | 编号 | 名称 | | | |
| 1 | 车端面 | 500 | 0.3 | | T03 | 端面车刀 | | | 手动 |
| 2 | 钻中心孔 | 600 | 0.05 | 2.5 | T01 | 中心钻 | | | 手动 |
| 3 | 钻底孔 | 200 | 0.1 | 8 | T02 | 钻头 | | | 手动 |
| 4 | 粗车内轮廓 | 950 | 0.3 | 2 | T0505 | 内圆车刀 | 游标卡尺 | | 自动 |
| 5 | 精车内轮廓 | 1250 | 0.15 | 0.2 | T0505 | 内圆车刀 | 游标卡尺 | | 自动 |
| 6 | 调头车端面 | 500 | 0.3 | | T03 | 端面车刀 | 游标卡尺 | | 手动 |
| 7 | 粗车外轮廓 | 350 | 0.3 | 2 | T0404 | 外圆车刀 | 游标卡尺 | | 自动 |
| 8 | 精车外轮廓 | 650 | 0.15 | 0.2 | T0404 | 外圆车刀 | 游标卡尺 | | 自动 |
| 9 | 车退刀槽 | 490 | 0.1 | 4 | T0606 | 外圆车刀 | 游标卡尺 | | 自动 |
| 10 | 车螺纹 | 720 | 1.5 | | T0707 | 外螺纹车刀 | 螺纹环规 | | 自动 |
| 编制 | 审核 | | 批准 | | 年　月　日 | | 共 1 页 | | 第 1 页 |

# 1.4　项目实训

## 1.4.1　实训任务

### 1. 实训内容

图 1-19 所示为一典型轴类零件，材料为 45 钢，毛坯为 $\phi$60mm × 180mm 棒料，小批量生产。要求分析其数控车削加工工艺，编制数控加工工序卡、数控车削加工刀具卡。

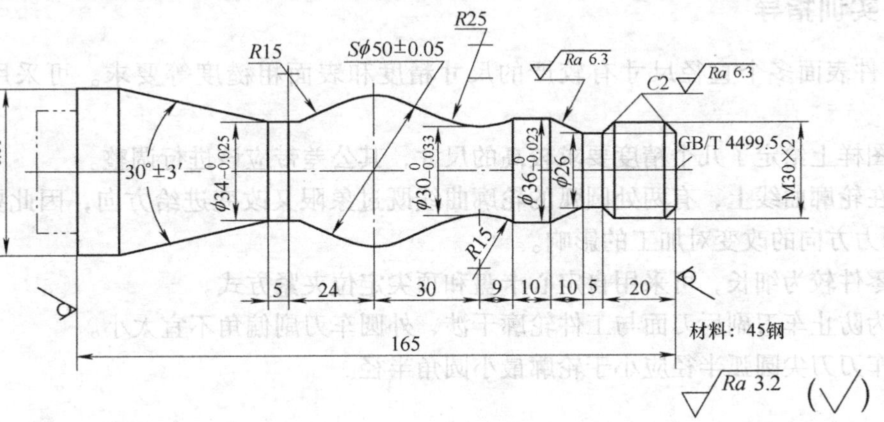


图 1-19　典型轴类零件图

**2. 实训目的**

1）熟悉数控车削工艺分析内容。

2）掌握数控车削加工工艺设计的方法。

3）掌握数控车削加工中零件的定位、夹具的选择、刀具及其切削用量选择。

4）掌握数控车削加工工艺文件的编制方法。

**3. 实训报告内容**

（1）数控车削加工工艺分析与设计。

（2）编制数控车削加工工艺文件。

（3）实训体会。

（4）填写实训评分表　实训评分表见表 1-11。

**表 1-11　实训评分表**

| 项目名称 | | 数控车削加工工艺分析 | | 零件编号 | | 图 1-19 |
|---|---|---|---|---|---|---|
| | | 序号 | 考核项目 | 配分 | 学生自评 | 教师评分 |
| 工作能力 | 专业能力 | 1 | 零件图样分析正确<br>公差带调整合理 | 10 | | |
| | | 2 | 夹具选择合理<br>零件的装夹和定位方式正确 | 10 | | |
| | | 3 | 确定加工顺序及进给路线合理 | 15 | | |
| | | 4 | 刀具选择合理<br>切削用量选择计算正确 | 10 | | |
| | | 5 | 数控加工工艺文件编制完整正确 | 15 | | |
| | 综合能力 | 6 | 实训报告完整规范 | 20 | | |
| | | 7 | 正确使用参考书、工具书 | 10 | | |
| | | 8 | 能独立分析问题和解决问题 | 5 | | |
| 工作态度 | | 9 | 行为规范、纪律表现好 | 5 | | |
| | | 综合得分 | | 100 | | |

## 1.4.2　实训指导

该零件表面多个直径尺寸有较严的尺寸精度和表面粗糙度等要求。可采用以下工艺措施：

1）图样上给定了几个精度要求较高的尺寸，其公差带应该进行调整。

2）在轮廓曲线上，有两处圆弧的轮廓曲线既过象限又改变进给方向，因此要注意在加工时切削力方向的改变对加工的影响。

3）零件较为细长，可采用自定心卡盘和顶尖定位夹紧方式。

4）为防止车刀副后刀面与工件轮廓干涉，外圆车刀副偏角不宜太小。

5）车刀刀尖圆弧半径应小于轮廓最小圆角半径。

# 习　题

## 一、问答题

1. 数控加工工艺主要包括哪些内容？其特点主要有哪些？
2. 目前数控刀具材料有哪些？其性能特点及适用范围如何？
3. 试述数控加工时工序划分的原则及编排原则。
4. 车刀刀头主要几何角度有哪些？各自有何功用及选用原则？
5. 切削用量是否合理的标准是什么？
6. 粗加工与精加工选择切削用量时有何不同？
7. 数控车床适合加工哪些回转体零件？
8. 数控车削加工安装工件时，定位基准的选择原则有哪些？常用装夹方式有哪些？
9. 确定数控车削进给路线的原则有哪些？
10. 数控车削加工进给速度应如何确定？

## 二、选择题

1. 在制订零件的机械加工工艺规程时，单件生产大都采用（　　）。

A. 工序集中法　B. 工序分散法　C. 流水作业法

D. 除工序集中法、工序分散法、流水作业法以外的其他方法

2. 加工时，使工件在机床或夹具中占据一正确位置所用的基准称为（　　）。

A. 设计基准　B. 定位基准　C. 测量基准　D. 安装基准

3. 车床上的卡盘、中心架等属于（　　）夹具。

A. 通用　B. 专用　C. 组合　D. 标准

4. F500 代表进给速度为（　　）。

A. 500cm/min　B. 500mm/min　C. 500mm　D. 500cm

5. 精基准是用（　　）作为定位基准面。

A. 未加工表面　B. 复杂表面　C. 切削量小的　D. 加工后的表面

6. 主轴加工采用两中心孔定位，能在一次安装中加工大多数表面，符合（　　）原则。

A. 基准统一　B. 基准重合

C. 自为基准　D. 同时符合基准统一和基准重合

7. 在精车圆弧面时，应（　　）进给速度以降低表面粗糙度值。

A. 增大　B. 不变

C. 减小　D. 增大，不变，减小均不对

8. （　　）是一种以内孔为基准装夹达到相对位置精度的装夹方法。

A. 一夹一顶　B. 两顶尖　C. 平口钳　D. 心轴

## 三、判断题（请将判断结果填入括号中，正确的填“√”，错误的填“×”）

1. 车削工件的外圆和内孔时，它们的背吃刀量和进给量通常是相同的。（　　）
2. 硬质合金是一种耐磨性好，耐热性高，抗弯强度和冲击韧度都较高的一种刀具材料。（　　）
3. 机床上的卡盘，中心架等属于组合夹具。（　　）
4. 选择定位基准时，粗基准可以使用两次。（　　）

5. 车细长轴时，可用中心架和跟刀架来增加工件的硬度。　　(　　)

**四、实训题**

图 1-20 所示为一轴套零件，材料为 45 钢，毛坯为 $\phi$50mm × 55mm 棒料，小批量生产。要求分析其数控车削加工工艺，编制数控加工工序卡、数控车削加工刀具卡。

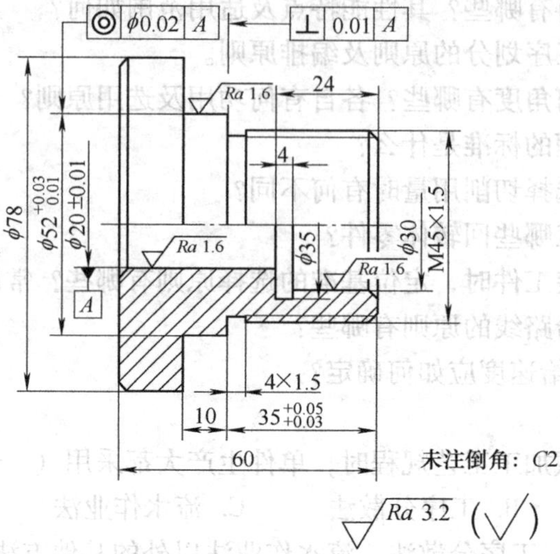


图 1-20　轴套

# 项目二　数控车床操作

【知识目标】

1. 了解数控车床操作面板。
2. 掌握数控车床操作步骤、数控车床程序编辑方法。
3. 掌握数控车床对刀的概念。

【能力目标】

1. 能正确操作数控车床。
2. 能进行数控车床程序编辑。
3. 能进行数控车床对刀及其参数输入。

## 2.1　项目导入

图 2-1 所示为一轴类零件，毛坯为 $\phi$20mm 的 20 钢棒料，下面是该零件的精加工程序。试对该零件进行数控加工操作，数控车床采用 FANUC 0i 系统。

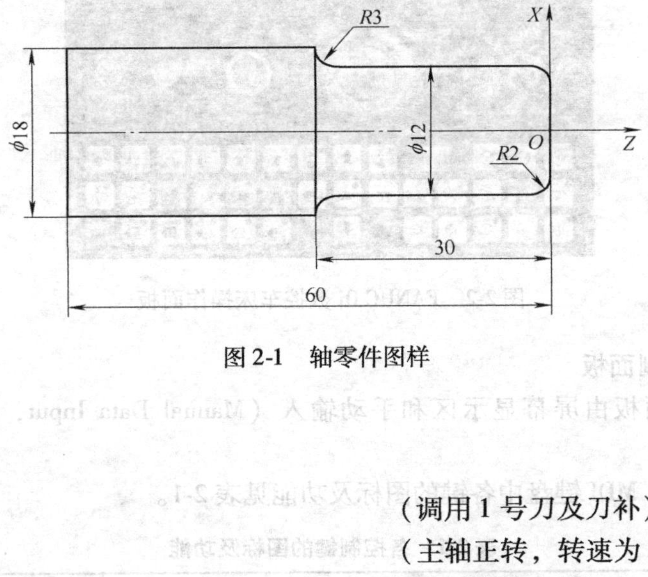


图 2-1　轴零件图样

参考程序如下：

```
O0002;
T0101;                          (调用 1 号刀及刀补)
M03  S500;                      (主轴正转，转速为 500r/min)
G00  X150.0  Z150.0;            (刀具快速定位)
X8.0  Z2.0;                     (进入切削起点)
G01  Z0.0  F0.15;               (刀具到达端面)
G03  X12.0  Z-2.0  R2.;         (车 R2mm 逆圆弧)
G01  Z-27.0;                    (车 ϕ12mm 圆柱面)
G02  X18.0  Z-30.0  R3.;        (车 R3mm 顺圆弧)
G01  Z-60.0;                    (车 ϕ18mm 圆柱面)
```

```
G01  X20.0;          (退出加工)
G00  X150.0;         (回刀具起点)
Z150.0;              (回刀具起点)
M05;                 (主轴停转)
M30;                 (程序结束)
```

## 2.2　知识学习

### 2.2.1　数控车床操作面板

某 FANUC 0i 数控车床操作面板如图 2-2 所示，一般分为两个区域：上半部分为数控系统控制面板，下半部分为机床操作面板。

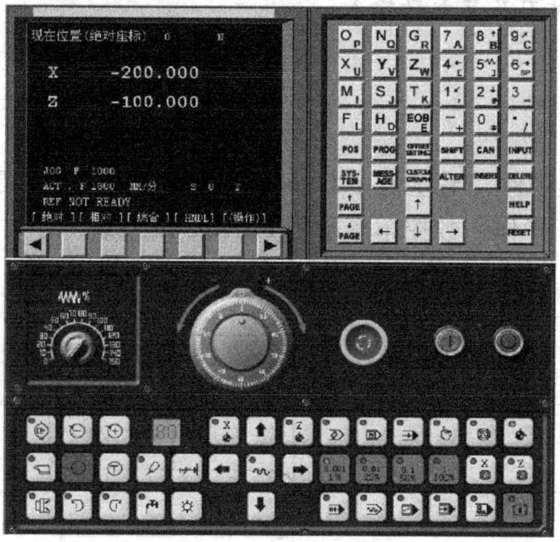


图 2-2　FANUC 0i 数控车床操作面板

**1. 数控系统控制面板**

数控系统控制面板由屏幕显示区和手动输入（Manual Data Input，MDI）键盘两部分组成。

（1）MDI 键盘　MDI 键盘中各键的图标及功能见表 2-1。

**表 2-1　各控制键的图标及功能**

| 名称 | 图标 | 功能 |
|---|---|---|
| 页面切换键 |  | 位置显示页面键。用于显示坐标位置屏幕 |
| |  | 程序显示与编辑页面键。用于显示程序屏幕，配合其他键可以在此页面内进行程序的编辑 |

（续）

| 名称 | 图标 | 功能 |
|---|---|---|
| 页面切换键 | OFFSET SETTING | 参数输入页面键。按第一次进入坐标系设置页面，按第二次进入刀具补偿参数页面 |
| | SYS-TEM | 系统参数页面键。用于显示系统参数屏幕 |
| | MESS-AGE | 信息页面键。用于显示屏幕中的信息，如报警信息 |
| | CUSTOM GRAPH | 图形参数设置页面键。用以显示用户宏屏幕（宏程序屏幕）和图形显示屏幕 |
| 光标移动键 | ↑ ← ↓ → | 用于将光标向上、下、左、右方向移动 |
| 翻页键 | ↑ PAGE | 该键用于将屏幕显示的页面往前翻页 |
| | ↓ PAGE | 该键用于将屏幕显示的页面往后翻页 |
| 编辑键 | SHIFT | 换挡键。键盘上的某些键具有两个功能，按下换挡键可以在这两个功能之间切换 |
| | CAN | 取消键。用于删除最后一个进入输入缓存区的字符或符号 |
| | INPUT | 输入键。当按下一个字母键或数字键时，数据被输入到缓冲区，并且显示在屏幕上，再按下该键，数据被输入到寄存器 |
| | ALTER | 替换键。按该键可用输入的数据替换光标所在处的数据 |
| | INSERT | 插入键。按该键可把输入区中的数据插入到当前光标之后的位置 |
| | DELETE | 删除键。按该键可删除一个程序或全部程序，或者删除光标所在的数据 |
| | RESET | 按下这个键可以使 CNC 复位或者取消报警等 |
| | HELP | 当对 MDI 键的操作不明白时，按下这个键可以获得帮助 |
| 地址/数字键 | $O_P$ $N_Q$ $G_R$ $7_A$ $8_B$ $9_C$<br>$X_C$ $Y_V$ $Z_W$ $4_I$ $5_J$ $6_{SP}$<br>$M_I$ $S_J$ $T_K$ $1$ $2_\#$ $3_=$<br>$F_L$ $H_D$ $EOB_E$ $-_+$ $0_*$ $._/$ | 地址/数字键。用于输入程序<br>其中，EOB E 键为分号输入键，用于结束一行程序的输入 |

（2）屏幕显示区　屏幕显示区位于系统控制面板的左侧，包括屏幕和软键两部分，如图 2-3 所示。

屏幕用来显示程序内容及各种参数的设定情况，并能实时监控切削加工。

软键区位于屏幕显示区下方。要显示一个更详细的画面时，可以在按下相应页面键后再按软键▢。软键的功能显示在屏幕的底端，如图 2-3 中［摩耗］、［形状］、［SETTING］、［坐标系］、［操作］。◀键为菜单返回键，▶键为菜单继续键。按下所选的内容软键，则所选内容的屏幕就显示出来。如果目标内容没有在屏幕上显示出来，可按下▶键进行查找；所需的目标内容屏幕显示出来后，按下［操作］软键，就可以显示要操作的屏幕菜单；如要重新显示前面内容，按下◀键即可。

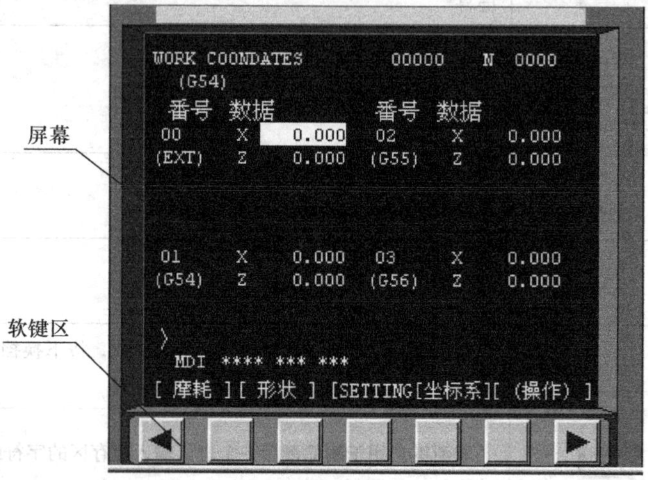


图 2-3　屏幕显示区

## 2. 机床操作面板

机床操作面板用于实现对机床的基本操作。机床操作面板上各种按键的功能说明见表 2-2。

表 2-2　机床操作面板按键及其功能

| 按键图标 | 功能 | 按键图标 | 功能 |
|---|---|---|---|
|  | 主轴正转 |  | 自动运行模式 |
|  | 主轴反转 |  | JOG 运行模式 |
|  | 主轴停止 |  | 编辑运行模式 |
|  | 主轴手动允许 |  | MDI 模式 |
|  | 主轴减速 |  | 手轮运行模式 |

（续）

| 按键图标 | 功能 | 按键图标 | 功能 |
|---|---|---|---|
|  | 主轴加速 |  | 循环保持 |
|  | 超程解除 |  | 循环启动 |
|  | 手动换刀 |  | 机床锁定 |
|  | 回参考点 *X* |  | 空运行 |
|  | 回参考点 *Z* |  | 跳段 |
|  | 回原点模式按钮 |  | 单段 |
|  | 手轮 *X* 轴选择按钮 | 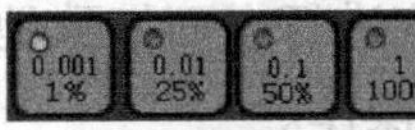 | 手轮进给倍率 |
|  | 手轮 *Z* 轴选择按钮 | 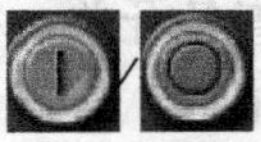 | 电源开/电源关 |
| 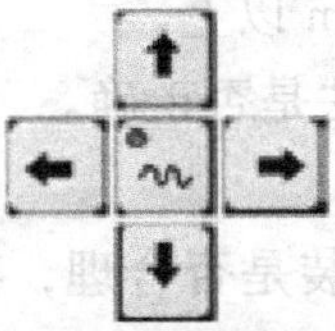 | 用来选择机床移动的轴和方向。其中  为快进开关，按下该键，某轴可快速向指定方向移动 | 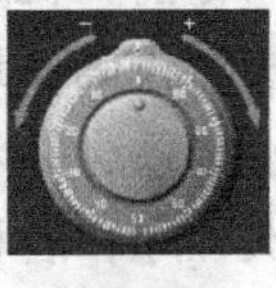 | 手轮 |
|  | 急停按钮 |  | 进给选择旋钮 |

## 2.2.2　数控车床操作基础

### 1. 数控车床的操作步骤

数控车床的操作步骤如图 2-4 所示。

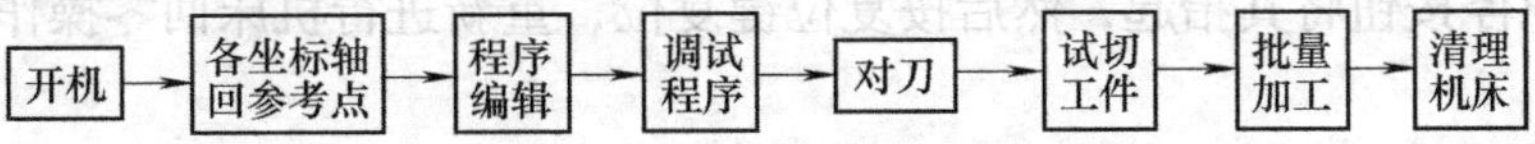


图 2-4　数控车床的操作步骤

（1）开机　闭合电源总开关，机床送电；按下控制面板上的电源按钮，数控系统上电；将急停按钮旋起，处于开启状态。

（2）各坐标轴回参考点　选择返回参考点方式，将 *X* 轴、*Z* 轴分别返回参考点。

（3）程序编辑　输入工件加工程序，保证输入无误。

（4）调试程序　锁住机床，空运行程序，验证程序的正确性。观察各程序字段的坐标尺寸是否有误，或直接采用图形验证。完毕后务必要撤销空运行操作。

（5）对刀设定刀具参数和工件坐标系　装夹毛坯和刀具，手动选择各个刀具，用试切法测量各刀的刀具补偿值，并置入程序规定的刀具补偿单元。

（6）试切工件　调出当前加工件的程序，选择自动操作方式，选择适当的进给倍率和较低的快速倍率，按循环启动键，自动循环加工。

（7）批量加工　首件加工完毕后，测量加工部位尺寸，修改刀具补偿值，然后加工第二件。确认尺寸无误后恢复快速倍率（100%），批量加工。

（8）清理机床并关机　手动操作机床，使刀架停在适当位置，清理机床。然后先按下操作面板上的急停按钮，再依次关掉操作面板电源、机床总电源和外部电源。

**2. 数控车床一般操作规程**

要保证数控车床操作安全，必须遵守操作规程。

1）操作人员必须熟悉数控车床的使用说明书等有关资料，如主要技术参数、主要结构、润滑部位及维护保养等一般知识。

2）开机前应对数控车床进行全面细致地检查，包括操作面板、导轨面、卡爪、尾座及刀架刀具，确认无误后方可操作。

3）数控车床通电后，检查各开关、按钮和按键是否正常、灵活，机床有无异常现象。

4）检查电压、油压是否正常，有手动润滑的部位先要进行手动润滑。

5）各坐标轴手动回零。回零前，机床各轴的位置要距离机械原点100mm以上。

6）程序输入后，应仔细核对代码、地址、数值、正负号、小数点及语法是否正确。

7）正确测量和计算工件坐标系，并对所得结果进行检查。

8）装工件前，空运行一次程序，看程序能否顺利运行，刀具和夹具安装是否合理，有无超程现象。

9）必须在确认工件夹紧后才能起动机床，严禁工件转动时测量、触摸工件。

10）试切时快速进给倍率开关必须打到较低挡位。

11）试切进刀时，在刀具运行至工件表面30～50mm处时，必须在进给保持下，验证$Z$轴和$X$轴坐标剩余值与加工程序是否一致。

12）操作中出现工件跳动、抖动、异常声音和夹具松动等异常情况时必须立即停机处理。

13）当数控车床出现异常情况时，须按下急停按钮，将机床锁住。解除方法是通过按箭头方向旋转急停按钮将其抬起，然后按复位键复位，重新进行机床回零操作，才能再次运行程序。

14）刀具超越了机床开关限位的行程范围或者进入由参数指定的禁止区域，机床显示“超程”并报警，刀具停止。此时用手动模式将刀具移向安全位置，然后按复位键解除报警。

15）数控系统对其软、硬件及故障具有自我诊断能力，可监视整个加工过程是否正常，并及时报警。若出现报警，应认真分析报警信息，排除故障后方可继续进行加工。

16）加工完毕，将机床清理干净。

**3. 手动操作**

手动操作主要包括手动返回机床参考点、手动移动刀具和手动主轴转动。

（1）手动返回机床参考点　电源接通后，首先要将刀具移到参考点。按下按钮选择返回参考点方式，先将 $X$ 轴回原点，按下操作面板上的“回参考点 X”按钮，此时 $X$ 轴回原点，$X$ 轴回参考点灯变亮；同样，再按下 $Z$ 轴方向回参考点按钮，$Z$ 轴回原点，$Z$ 轴回原点灯变亮。

（2）手动移动刀具　移动刀具方式包括手动进给、手动快速进给和手轮进给。

1）手动进给、手动快速进给。首先按下“JOG”模式键，系统进入手动进给方式。然后按下进给轴及方向选择开关，机床沿选定轴方向移动。若同时按下快进键，则机床沿选定轴方向快速移动。

2）手轮进给。首先按下手轮运行模式键，进入手轮进给方式。然后按手轮进给轴选择键或，选择机床要移动的轴，同时根据进给需要，选择手轮进给倍率，旋转手轮，刀具移动。

（3）手动主轴转动　在手动模式下，按，，按钮控制主轴的转动和停止。

**4. MDI 运行模式**

1）按下 MDI 运行模式键，系统进入 MDI 运行模式。

2）按系统控制面板上的PROG键，屏幕上显示 MDI 画面，像编制普通零件加工程序那样编制一段程序（命令行数由机床系统决定），如输入“M03　S500”，按下插入键INSERT，控制屏幕上出现程序段“M03　S500”。

3）按下循环启动键，执行程序，主轴旋转，否则机床不会运转。

4）运行中按下循环保持键，机床将减速直至停止运行；再按下启动键，机床恢复运行。

## 2.3　项目实施

采用宇龙仿真系统对该项目工件进行仿真加工。

### 2.3.1　数控车削仿真加工基本操作

**1. 启动仿真系统**

单击“开始”菜单→“程序”→“数控加工仿真系统”，运行仿真系统，如图 2-5 所示。

**2. 选择机床**

单击“机床”菜单→“选择机床”，打开“选择机床”对话框，如图 2-6 所示。本项目选择沈阳机床厂 FANUC 0i 控制系统数控车床，数控车床操作面板如图 2-2 所示。

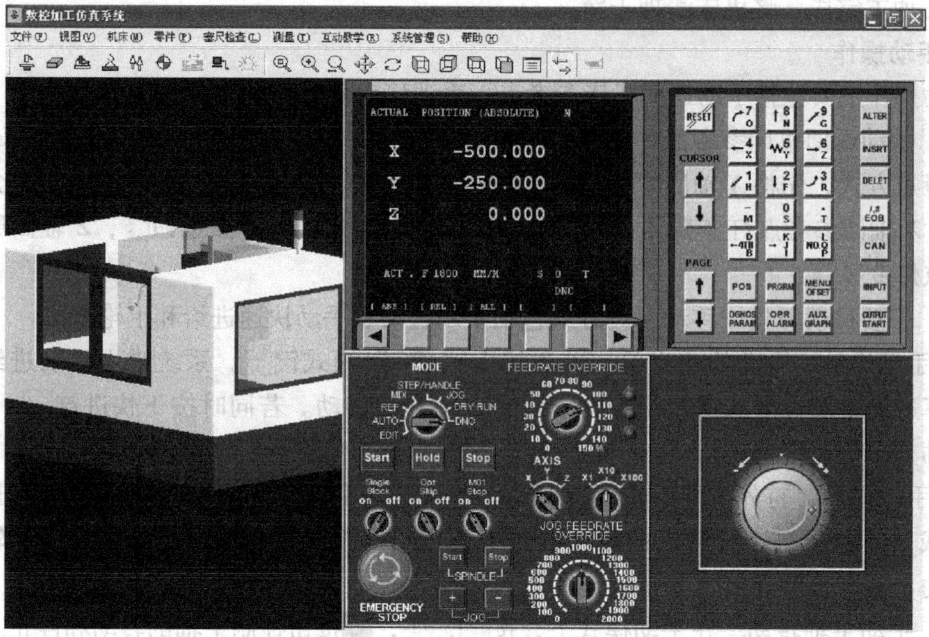


图 2-5　数控加工仿真系统

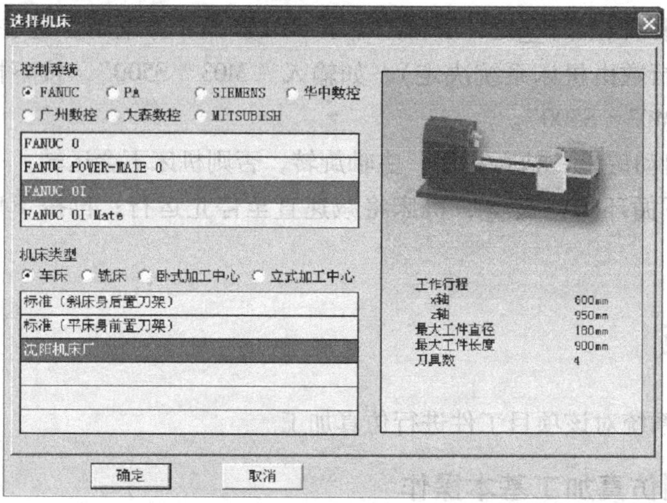


图 2-6　“选择机床”对话框

**3. 启动机床系统**

单击电源开按钮，单击急停按钮，使其处于松开状态。

**4. 车床回参考点**

单击回原点模式按钮，再单击操作面板上的“回参考点 X”按钮，*X* 轴向原点移动，直至该按钮上的灯变亮，*X* 轴回原点；同样，再单击“回参考点 Z”按钮，*Z* 轴向原点方向移动，直至该按钮上的灯变亮，*Z* 轴回原点。此时屏幕显示如图 2-7 所示。

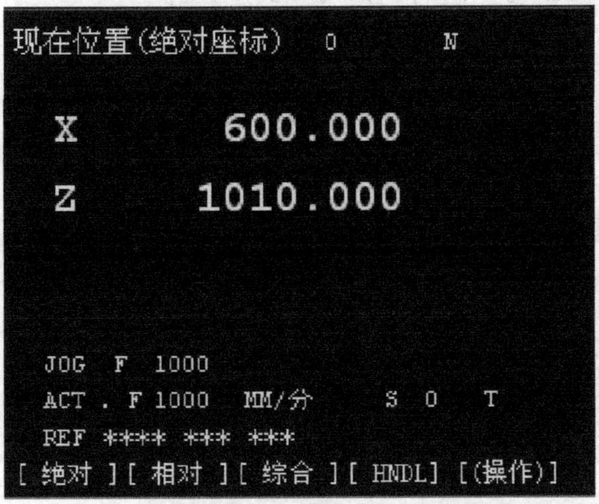


图 2-7　各轴回参考点屏幕显示

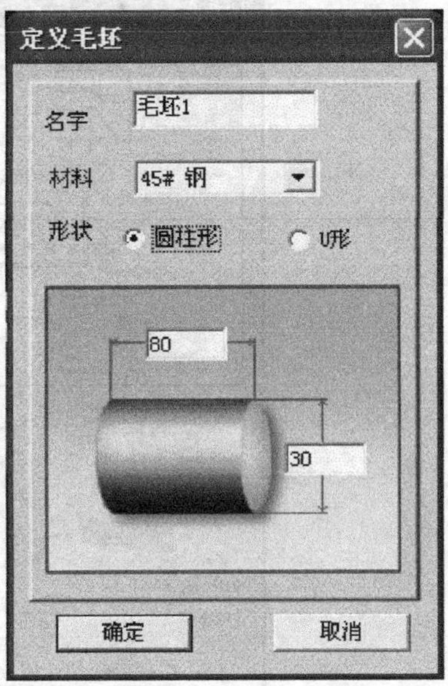


图 2-8　“定义毛坯”对话框

### 5. 定义/装夹毛坯

单击“零件”菜单→“定义毛坯”，打开“定义毛坯”对话框，如图 2-8 所示。本项目选择的毛坯尺寸是 $\phi$20mm × 80mm 的棒料；安装毛坯，单击“零件”菜单→“放置零件”，打开“选择零件”对话框，如图 2-9 所示，选择毛坯，单击“安装零件”按钮；安装中根据需要移动工件，改变工件的装夹位置，如图 2-10 所示。

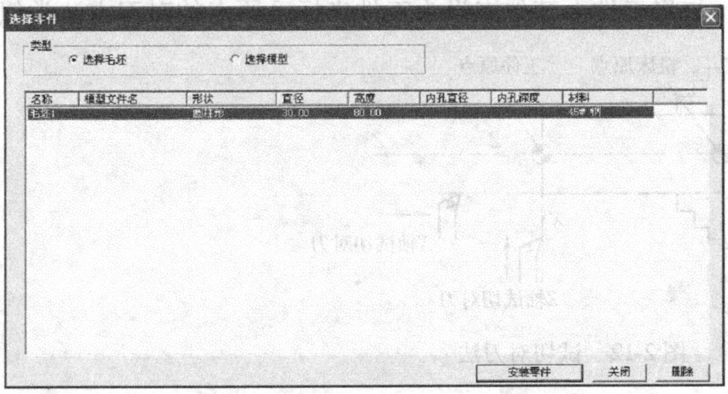


图 2-9　“选择零件”对话框

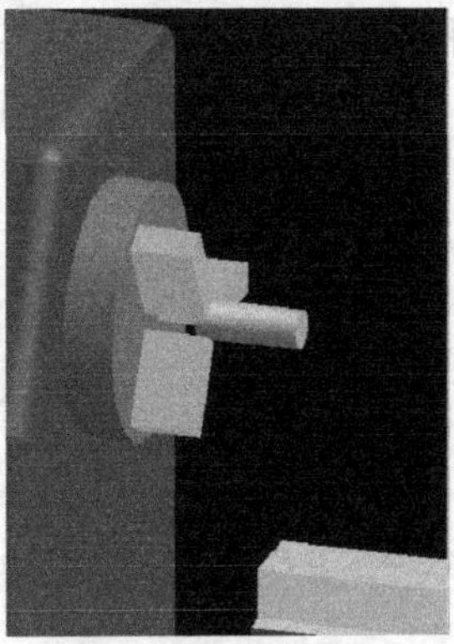

图 2-10　安装毛坯

### 6. 刀具选择及安装

单击“机床”菜单→“选择刀具”，打开“刀具选择”对话框，如图 2-11 所示，本项目选择一把 93°菱形外圆车刀，安装在 1 号刀架位置上。

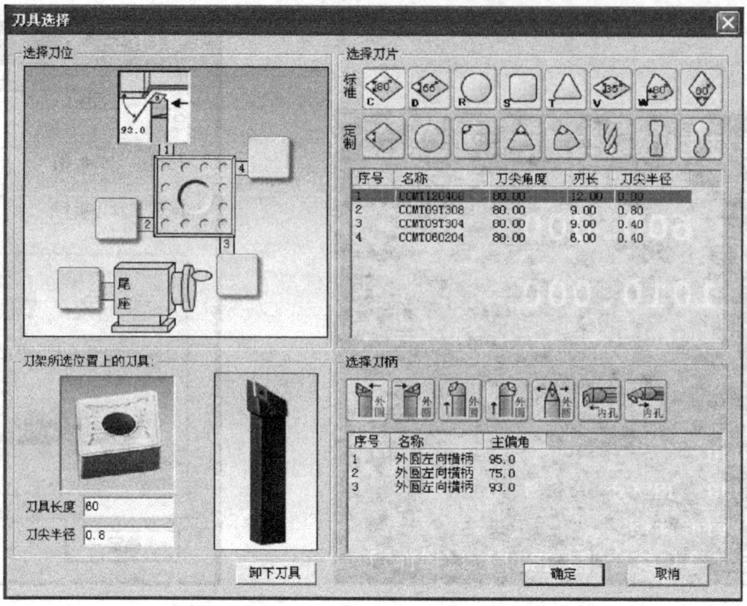


图 2-11 “刀具选择”对话框

## 2.3.2 对刀及其参数输入

数控程序一般按工件坐标系编程，对刀的过程就是建立工件坐标系与机床坐标系之间关系的过程。通过对刀操作，将测量和计算出的刀具偏置量输入数控系统，以建立工件坐标系与机床坐标系之间的关系。数控车床的对刀方法有三种：试切对刀法、机械对刀仪对刀法及光学对刀仪对刀法。以下介绍试切对刀法及刀偏值的设定。其中，将工件右端面中心点设为工件坐标系原点，如图 2-12 所示，与将工件上其他点设为工件坐标系原点的对刀方法类似。

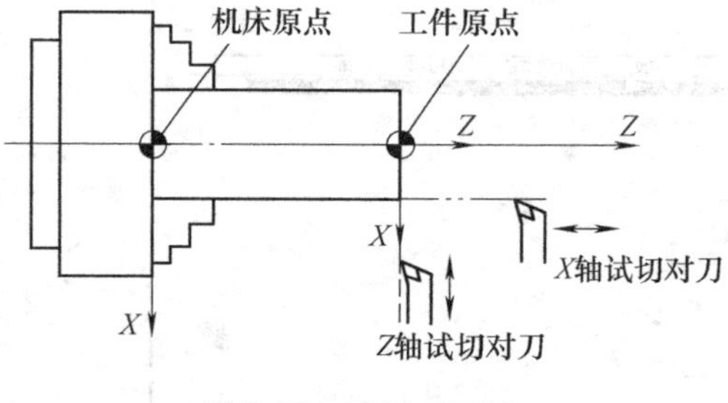


图 2-12 试切对刀法

### 1. Z 向对刀

*Z* 向对刀操作步骤如下：

1）在机床手动操作模式下，将刀具移至图 2-12 所示的“*Z* 轴试切对刀”位置（可切削少许端面）。

2）单击操作面板上的“主轴正转”按钮，主轴转动。

3）单击操作面板上的 *X* 轴负方向按钮，切削工件端面，然后单击 *X* 轴正方向按钮，*Z* 方向保持不动，刀具退出。

4）单击操作面板上的按钮，使主轴停止转动。

5）按参数输入页面键两次，进入刀具补正/形状画面，如图2-13所示。

6）将光标移动到与刀具号对应的偏置号处，输入“Z0”（若编程坐标系没有设在工件右端面的回转中心处，则测量编程坐标系的零点至右端面的距离，并输入该值）。

7）按软键［测量］，完成该刀具的 $Z$ 向对刀。

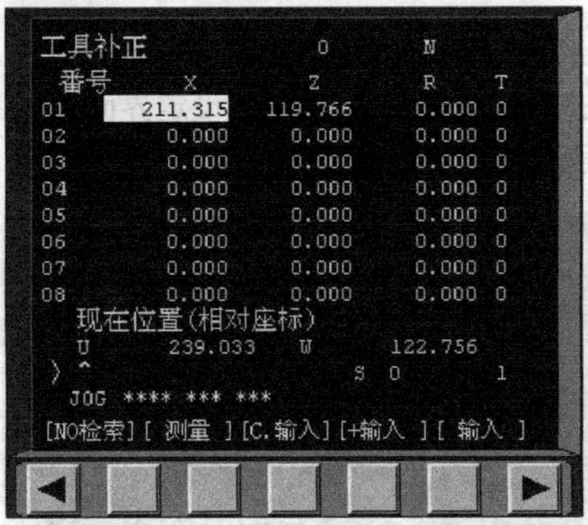


图2-13　刀具补正/形状画面

**2. $X$ 向对刀**

（1）$X$ 向对刀操作步骤

1）在机床手动操作模式下，将刀具移至图2-12所示的“$X$ 轴试切对刀”位置（可切削少许外圆）。

2）单击操作面板上的“主轴正转”按钮，主轴转动。

3）单击操作面板上的 $Z$ 轴负方向按钮，切削工件外圆5～10mm长，然后单击 $Z$ 轴正方向按钮，$X$ 方向保持不动，刀具退出。

4）单击操作面板上的按钮，使主轴停止转动。

5）测量切削位置的直径。单击菜单“测量/坐标测量”，打开车床“工件测量”对话框，如图2-14所示。单击试切外圆时所切线段，选中的线段由红色变为黄色。记住对话框中下面对应的 $X$ 的值（所测外圆的直径）。

6）按参数输入页面键两次，进入刀具补正/形状画面。

7）将光标移动到与刀具号对应的偏

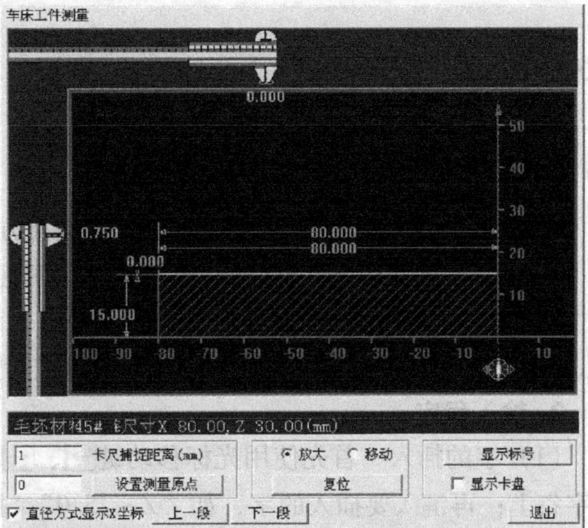


图2-14　工件测量对话框

置号处，输入“X __”，“__”为所测外圆的直径，按软键［测量］，完成该刀具的 $X$ 向对刀。

（2）注意事项

1）切削外圆段必须车光，否则，测量直径尺寸不准确，影响刀偏值的设定。

2）对所使用的每把刀具重复以上步骤，则其刀偏值可自动计算并设定。

**3. 摩耗补偿参数设定**

车削加工过程中，刀具磨损可通过修改 $X$、$Z$ 及 $R$ 值来补偿。具体操作方法如下：

1）按系统控制键，进入刀具补正/摩耗参数设定界面，如图 2-15 所示。

2）将光标移到相应刀号位置，输入补偿值。

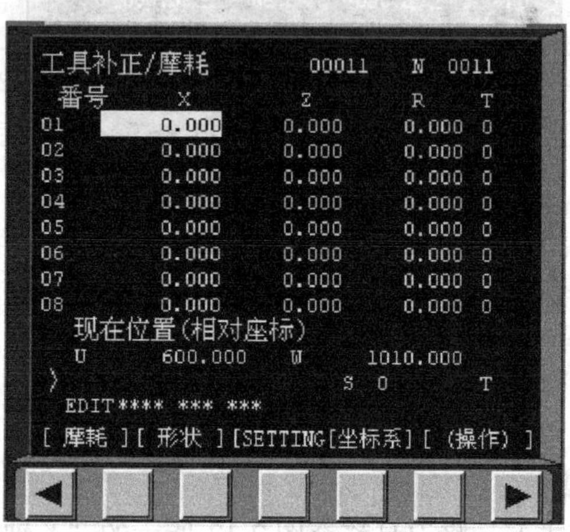


图 2-15　刀具补正/摩耗参数设定界面

## 2.3.3　数控程序的编辑

**1. 创建程序**

创建一个新数控加工程序，其步骤如下：

1）按下操作面板上的键，进入编辑运行方式。

2）按控制面板键，数控屏幕显示程序画面。

3）使用地址/数字键，输入程序号“O××××”，该项目输入“O0040”，按插入键，即创建了新程序。然后可使用 MDI 键盘进行数控程序输入。

**2. 输入程序**

（1）字的插入　首先使用光标移动键→、←、↓或↑，将光标移到需要插入字的后一位字符上；再键入要插入的字，如“Z－25.0”，按下插入键，则“Z－25.0”被插入。

（2）字的替换　首先使用光标移动键→、←、↓或↑，将光标移到需要替换的字上；再键入要替换的字，按替换键，则光标所在的字被替换。

（3）字的删除　首先使用光标移动键→、←、↓或↑，将光标移到需要删除的字符上；再按删除键，则光标所在的字被删除。

（4）返回程序头　当光标处于程序中间，而需要将其快速返回到程序头时，按下复位键，光标即可返回到程序头。

**3. 程序的检索**

数控机床使用中，往往会存储多个程序，可采用下列方式调用所需的程序：

1）按下操作面板上的键，进入编辑运行方式。

2）按控制面板键，在数控屏幕显示的程序画面中，按软键［DIR］进入加工程序名列表画面。

3）输入需检索的程序号“O××××”。

4）按软键［O检索］，则被检索的程序打开并显示在程序画面中。

**4. 程序的删除**

程序检索时出现程序列表画面后，输入需删除的程序号“O××××”，然后按系统控制面板的删除键，即完成删除。

## 2.3.4　试运行与自动加工

**1. 机床锁住**

按操作面板上机床锁住开关，自动运行加工程序时，机床刀架并不移动，屏幕上只显示各轴的移动位置。该功能可用于加工程序的检查。

注意事项：

1）使用机床锁住，自动运行后，可能会使工件坐标系和机床坐标系之间的位置关系发生变化。因此，使用机床锁住功能之后需执行手动返回参考点来确定工件坐标系。

2）当在机床锁住状态下发出G27、G28指令时，指令被接受，但刀具不能移动到参考点，而且返回参考点灯不亮。

**2. 空运行**

不装工件和刀具，按下机床操作面板上空运行开关，在自动运行状态运行程序，即进行机床空运行。该功能用于检查机床的运动。空运行时，机床按参数设定的速度移动而不以程序中指定的进给速度移动，并可用快速移动开关来改变进给速度。

**3. 单程序段**

在首件试切时，为了安全，可选择单段运行功能执行程序加工。通过一段一段地执行程序的方法来检查程序。

按操作面板上的单段键，进入单段运行方式；每按一下循环启动按钮，执行程序的一个程序段，然后机床停止。如此反复，直到执行完所有程序段。

**4. 跳段执行程序**

自动加工时，系统可跳过某些指定的程序段，称跳段执行。若按下操作面板上的跳段键，则在自动加工时，程序段前加“/”的程序段被跳过不执行；而当释放此按键后，“/”不起作用，则执行该程序段。

**5. 自动运行**

自动运行就是机床自动运行编制好的零件加工程序，其步骤如下：

1）调出已调试好的加工程序。

2）按自动运行模式键，进入自动运行方式。

3）按机床操作面板上的循环启动键，程序开始自动运行。

运行中按下循环保持键，机床停止运行；再按下启动键，机床恢复运行。

## 2.4 项目实训

### 2.4.1 实训任务

**1. 实训内容**

按下面给出的数控程序，在数控车床上完成图2-16所示工件（简单阶梯轴）的加工。工件毛坯：$\phi$30mm × 65mm，材料20钢。

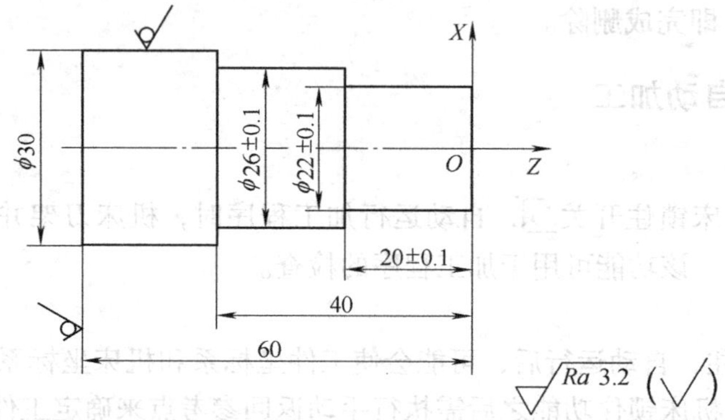


图2-16 简单阶梯轴

程序如下：

| | |
|---|---|
| O0003； | |
| T0101； | （调用1号刀及刀补） |
| M03 S500； | （主轴正转，转速为500r/min） |
| G00 X100.0 Z150.0； | （刀具快速定位） |
| X26.0 Z2.0； | （进入切削起点） |
| G01 Z-40.0 F0.15； | （车$\phi$26mm圆柱面） |
| G01 X31.0； | （刀具沿X方向退出） |
| G00 Z2.0； | （进入切削起点） |
| G00 X22.0； | （进入切削起点） |
| G01 Z-20.0； | （车$\phi$22mm圆柱面） |
| G01 X28.0； | （刀具沿X方向退出） |
| G00 X150.0； | （回刀具起点） |
| Z150.0； | （回刀具起点） |
| M05； | （主轴停转） |
| M30； | （程序结束） |

**2. 实训目的**

1）熟悉数控车床操作面板。

2）掌握数控车床基本操作方法、数控车床程序编辑方法。

3）掌握数控车床对刀及其参数输入的方法。

**3. 实训准备**

1）数控车床1台，端面车刀、90°外圆车刀各一把，游标卡尺、钢直尺等。

2）毛坯：$\phi$30mm×65mm，材料20钢。

3）机床说明书。

**4. 实训报告内容**

（1）数控车床基本操作步骤。

（2）对刀方法。

（3）实训体会。

（4）填写实训评分表　实训评分表见表2-3。

**表2-3　实训评分表**

| 项目名称 | | 数控车床操作 | | 零件编号 | | 图2-16 |
|---|---|---|---|---|---|---|
| | | 序号 | 检测项目 | 配分 | 学生自评 | 教师评分 |
| 基本检查 | 基本操作 | 1 | 设备操作、维护保养正确 | 10 | | |
| | | 2 | 安全、文明生产 | 10 | | |
| | | 3 | 加工准备工作完善 | 5 | | |
| | 加工操作 | 4 | 开机过程规范 | 5 | | |
| | | 5 | 回参考点操作正确 | 5 | | |
| | | 6 | 工件找正、安装正确、规范 | 5 | | |
| | | 7 | 刀具选择与安装正确、规范 | 5 | | |
| | | 8 | 程序的输入与调试 | 10 | | |
| | | 9 | 对刀操作正确 | 10 | | |
| | | 10 | 自动加工 | 5 | | |
| | | 11 | 工件检验方法正确熟练 | 5 | | |
| 工作态度 | | 12 | 行为规范、纪律表现好 | 5 | | |
| 外圆 | | 13 | $\phi$26mm±0.1mm | 5 | | |
| | | 14 | $\phi$22mm±0.1mm | 5 | | |
| 长度 | | 15 | 20mm±0.1mm | 3 | | |
| | | 16 | 40mm | 3 | | |
| | | 17 | 60mm | 2 | | |
| 表面粗糙度 | | 18 | $Ra$3.2μm | 2 | | |
| 综合得分 | | | | 100 | | |

## 2.4.2　实训指导

**1. 加工准备**

1）检查毛坯尺寸。

2）检查量具、工具。

**2. 开机与程序输入**

（1）开机　合上机床电源总开关；按下数控系统电源按钮，数控系统上电；将急停按钮旋起。

（2）回参考点。

（3）装夹工件　毛坯外伸45mm，自定心卡盘夹紧。

（4）装夹刀具　外圆车刀装在1号刀位，端面车刀装在2号刀位。

（5）输入数控程序。

（6）检查数控程序　调出加工程序，按下机床锁住开关，选择自动加工模式，运行加工程序，检查数控程序的正确性。

**3. 对刀与零件加工**

（1）切端面　手动模式下用端面车刀将工件右端面车平。

（2）对刀　手动模式下用外圆车刀完成 $X$ 向对刀和 $Z$ 向对刀，并设置偏置值。

（3）自动加工　回参考点，在自动加工模式下，按循环启动键，机床完成自动加工。

（4）检验工件。

**4. 关闭机床电源**

关闭数控系统电源，然后切断机床电源。

**5. 清理场地**

## 习　题

### 一、问答题

1. 试述数控机床回参考点的操作方法。
2. 在数控车床上是如何对刀的？
3. 机床锁住和循环保持的作用是什么？
4. 试述倍率修调的作用和意义。
5. 程序编辑中，“SHIFT”键（按钮）有何作用？
6. “RESET”键（按钮）具体有哪些功能？
7. 简述单程序段执行程序功能的作用。
8. 在MDI方式下编辑一小段程序，如：

O0001；

M03　S300；

按下循环启动键，为何机床的主轴不转动？请分析其原因。

### 二、选择题

1. 在（　　）操作方式下方可对机床参数进行修改。

A. JOG　　B. MDI　　C. EDIT　　D. AUTO

2. 自动运行时，不执行段前带“/”的程序段需按下（　　）功能按键。

A. 空运行　　B. 单段　　C. M01　　D. 跳段

3. 数控机床发生故障后操作人员首先应（　　）。

A. 立即报告维修人员　　B. 立即切断电源

C. 设法保持现状　D. 动手排除

4. 仿真软件可以检查（　　）。

A. 程序中的错误　B. 零件的加工公差等级

C. 形状精度　D. 表面粗糙度

5. 工作前必须穿戴好劳动保护品，操作时（　　），女工戴好工作帽，不准戴围巾。

A. 穿好凉鞋　B. 戴好眼镜　C. 戴好手套　D. 铁屑用手拿开

6. 若消除屏幕上的报警信息，则需要按（　）键。

A. RESET　B. HELP　C. INPUT　D. CAN

7. 数控车床 $X$ 轴对刀时，若工件直径车一刀后，测得直径值为 20.030mm，应通过面板输入 $X$ 值为（　　）。

A. X20.030　B. X－20.030　C. X10.015　D. X－10.015

8. 数控机床面板上 JOG 是指（　　）。

A. 快进　B. 手动　C. 自动　D. 暂停

9. 数控车床的开机操作步骤应该是（　　）。

A. 开电源，开急停开关，开 CNC 系统电源

B. 开电源，开 CNC 系统电源，开急停开关

C. 开 CNC 系统电源，开电源，开急停开关

D. 都不对

10. 数控机床超程报警的原因是（　　）。

A. 主轴转速过高　B. 刀具切削力过大

C. 进给速度过快　D. 工作台移动超出行程范围

**三、判断题（请将判断结果填入括号中，正确的填“√”，错误的填“×”）**

1. 在 CRT/MDI 面板的功能键中，显示机床现在位置的键是“PRGRM”。（　　）
2. 数控机床在手动和自动运行中，一旦发现异常情况，应立即按下急停按钮。（　　）
3. 数控机床工作时，当发生任何异常现象需要紧急处理时应启动暂停功能。（　　）
4. 按下操作面板上的循环保持按钮，机床保持原进给继续执行。（　　）
5. 数控车床接通电源后，最好作机械回零操作。（　　）
6. 数控加工程序编制完成后即可进行正式加工。（　　）

# 项目三　阶梯轴加工

【知识目标】

1. 掌握阶梯轴类零件的结构特点、加工工艺特点，掌握阶梯轴类零件的工艺编制方法。

2. 掌握 G00/G01/G90/S/T/F/M 等数控指令的编程格式及应用。

3. 掌握阶梯轴类零件的手工编程方法。

【能力目标】

1. 能分析阶梯轴类零件的结构特点和技术要求。

2. 能分析阶梯轴类零件的工艺性能，正确编制数控加工工艺卡。

3. 能够编制阶梯轴类零件的数控加工程序。

4. 能正确运用数控系统仿真软件，校验编写的零件数控加工程序。

## 3.1　项目导入

图 3-1 所示为一滑轮轴零件图，属阶梯轴零件。已知其材料为 45 热轧圆钢，毛坯为 $\phi$35mm × 72mm 棒料。要求制订零件的加工工艺，编写零件的数控加工程序，并通过数控仿真加工调试、优化程序。

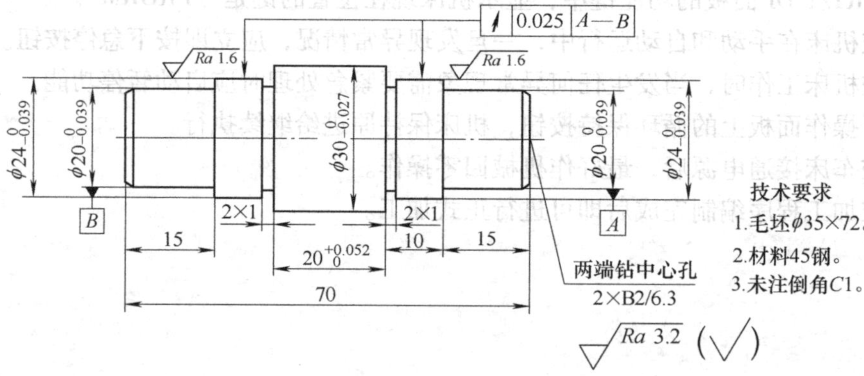


图 3-1　滑轮轴零件图

为完成本项目，首先学习与阶梯轴类零件相关的数控车削工艺知识和加工指令；其次，分析零件图样、零件的加工工艺性，设计加工工艺方案，编制工艺卡及刀具卡等数控加工技术文件；然后，应用数控指令编写数控加工程序，并在数控仿真系统上进行零件虚拟加工和程序校验，最后在数控车床上对零件进行实际加工。

## 3.2 知识学习

### 3.2.1 阶梯轴加工工艺特点

**1. 阶梯轴的结构工艺特点**

轴类零件的类型很多，常见轴的结构形状如图 3-2 所示。

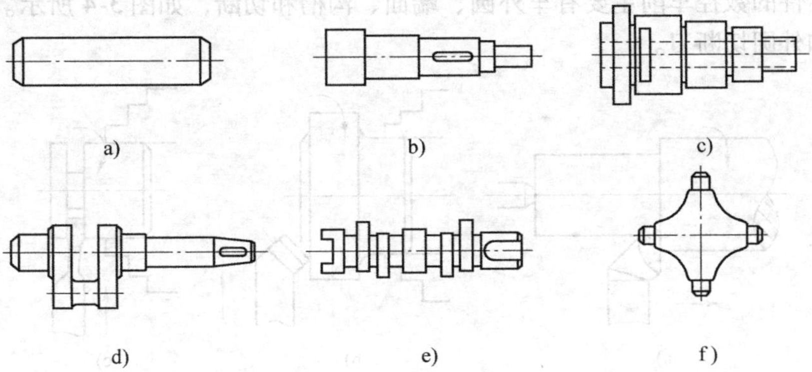


图 3-2　轴的结构

a）光轴　b）阶梯轴　c）空心轴　d）曲轴　e）凸轮轴　f）十字轴

轴类零件可由车床加工成形的表面有外圆柱面、内孔、圆锥面、螺纹面和圆弧面等，如图 3-3 所示。可见，阶梯轴的结构和表面形状是比较简单的。

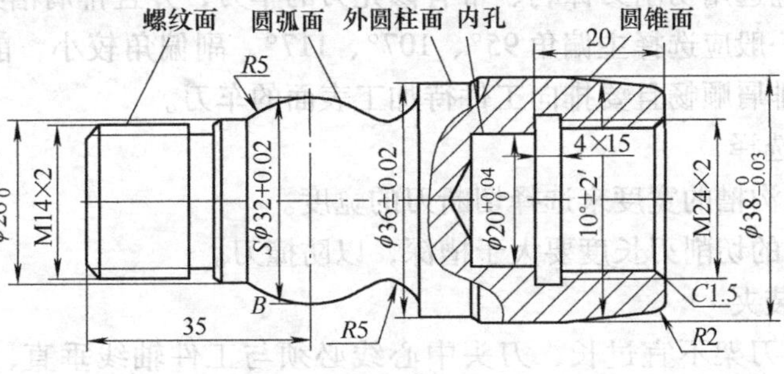


图 3-3　轴类零件表面

**2. 阶梯轴加工阶段的划分和加工顺序的安排**

为保证轴的加工公差等级和良好的切削加工性，一般把加工阶段划分为毛坯处理、粗加工、半精加工和精加工四个阶段。

（1）毛坯处理　包括毛坯备料、锻造和正火。

（2）粗加工阶段　车去多余部分，车端面、钻中心孔和荒车外圆等。

（3）半精加工阶段　半精加工前热处理：对于 45 钢，一般采用调质处理以达到 220～240HBW。半精加工包括半精车外圆、端面和钻、车内孔、车工艺锥面（定位锥孔）等。

（4）精加工阶段　对于轴表面硬度要求不高，精车就可满足精度和表面粗糙度要求的阶梯轴，可直接精车；对于轴表面硬度、精度和表面粗糙度要求较高的轴或轴段，精车无法满足要求，要进行磨削加工（局部高频淬火→粗磨→精磨）。

轴类零件各表面的先后加工顺序在很大程度上与定位基准的转换有关。当零件加工用的粗、精基准选定后，加工顺序就大致可以确定。各阶段开始总是先加工定位基准面，即先行工序必须为后面的工序准备好所用的定位基准。

**3. 阶梯轴零件加工的刀具选择**

阶梯轴零件的数控车削主要有车外圆、端面、沟槽和切断，如图 3-4 所示。常用的刀具有外圆车刀和外圆切断刀。

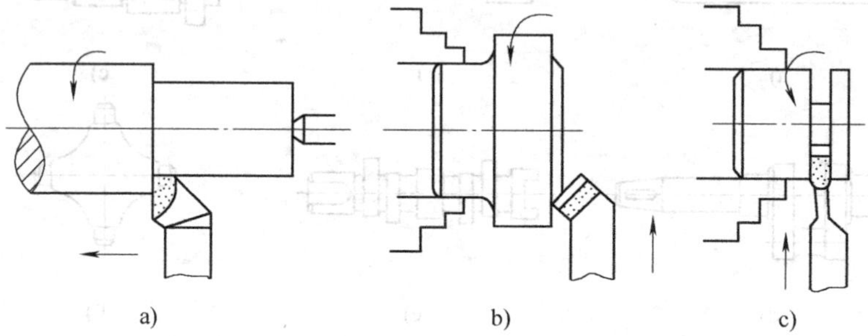

图 3-4　轴类零件的车削

a）车外圆　b）车端面　c）车沟槽或切断

（1）外圆车刀的选择　粗车削加工阶段应选用强度大、排屑好的车刀。一般应选择主偏角 90°、93°、95°，副偏角较小，前角和后角较小，刃倾角较小，排屑槽排屑顺畅的车刀。

精车加工阶段应选用切削刃锋利、带有修光刃的车刀，并且排屑槽必须使切屑排向工件待加工表面方向。一般应选择主偏角 95°、107°、117°，副偏角较小，前角和后角较大，刃倾角较大，排屑槽排屑顺畅且要排向工件待加工表面的车刀。

（2）切断刀的选择

1）要根据所切沟槽的宽度来选择切断刀的宽度。

2）选用切断刀的切削刃长度要大于槽深，以防撞刀。

（3）切断刀的装夹

1）切断刀伸出刀架不宜过长，刀头中心线必须与工件轴线垂直，以保证两副偏角相等、主切削刃与工件轴线平行。

2）切断实心工件时，切断刀刀尖必须与工件轴线等高。

**4. 阶梯轴的车削进给路线**

阶梯轴的车削方法分低台阶车削和高台阶车削两种方法。

（1）低台阶车削　相邻两圆柱体直径差较小，可用车刀一次切出。如图 3-5a 所示，加工路线为 $A \to B \to C \to D \to E$。

（2）高台阶车削　相邻两圆柱体直径差较大，采用分层切削，如图 3-5b 所示，粗加工路线依次为 $A_1 \to B_1$、$A_2 \to B_2$、$A_3 \to B_3$，精加工路线为 $A \to B \to C \to D \to E$。

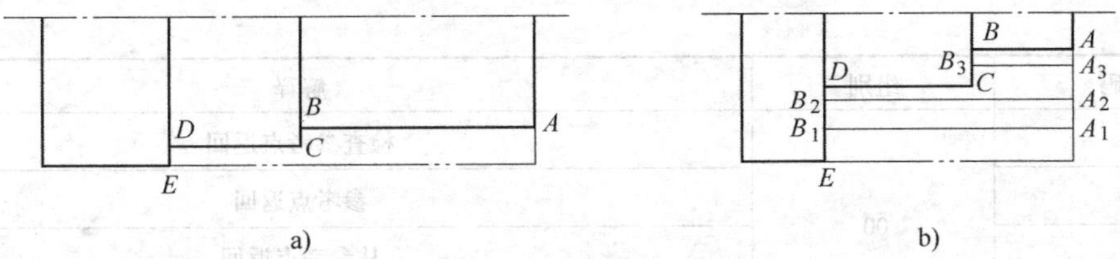


图 3-5　阶梯轴车削方法

### 3.2.2　数控系统功能指令

不同的数控系统，其指令的功能不同，编程时需要参考机床制造厂的编程说明书。本书介绍 FANUC 0i Mate TC 系统的编程指令。

**1. 准备功能（G 功能）**

（1）指令功能与格式　准备功能也叫 G 功能、G 代码或 G 指令，用于使机床或数控系统建立起某种加工方式。G 代码由地址 G 和后面的两位数字组成，从 G00 ~ G99 共 100 种。G 指令主要用于规定刀具和工件的相对运动轨迹（即插补功能）、机床坐标系、坐标平面以及刀具补偿等多种加工操作。G 代码见表 3-1。

（2）指令使用说明

1）FANUC0i Mate-TC 系统 G 代码有 A、B、C 三种类型代码之分，一般数控车床设定为 A 类型代码，表 3-1 中为 A 类型代码。

2）G 代码按其功能的不同分为若干组。不同组的 G 代码在同一个程序段中可以出现多个，但如果在同一个程序段中出现了两个或两个以上属于同一组的 G 代码时，只有最后面那个 G 代码有效。

3）G 代码有两类：模态式 G 代码和非模态式 G 代码。非模态式 G 代码只限于在被指定的程序段中有效，而模态式 G 代码具有续效性，在后续程序段中，同组其他 G 代码出现之前一直有效。00 组的 G 代码为非模态，其他均为模态 G 代码。

4）标“＊”号的为默认代码，即在数控系统上电时该功能被初始化。

**表 3-1　准备功能 G 代码**

| G 代码 | 组别 | 解释 |
|---|---|---|
| G00 | 01 | 定位（快速移动） |
| G01　＊ | | 直线插补 |
| G02 | | 顺时针圆弧插补（CW，顺时针方向） |
| G03 | | 逆时针圆弧插补（CCW，逆时针方向） |
| G04 | 00 | 暂停 |
| G09 | | 停于精确的位置 |
| G20 | 06 | 英制输入 |
| G21　＊ | | 米制输入 |
| G22 | 09 | 存储行程检查有效 |
| G23 | | 存储行程检查无效 |

（续）

| G 代码 | 组别 | 解释 |
|---|---|---|
| G27 | 00 | 检查参考点返回 |
| G28 | | 参考点返回 |
| G29 | | 从参考点返回 |
| G30 | | 回到第二参考点 |
| G32 | 01 | 切螺纹 |
| G40 * | 07 | 取消刀尖圆弧半径补偿 |
| G41 | | 刀尖圆弧半径左补偿 |
| G42 | | 刀尖圆弧半径右补偿 |
| G50 | 00 | 修改工件坐标；设置主轴最大转速 |
| G52 | | 设置局部坐标系 |
| G53 | | 选择机床坐标系 |
| G54 * | 14 | 选择坐标系 1 |
| G55 | | 选择坐标系 2 |
| G56 | | 选择坐标系 3 |
| G57 | | 选择坐标系 4 |
| G58 | | 选择坐标系 5 |
| G59 | | 选择坐标系 6 |
| G65 | 00 | 宏程序调用 |
| G66 | 12 | 宏程序模态调用 |
| G67 | | 宏程序模态调用取消 |
| G70 | 00 | 精加工复合循环 |
| G71 | | 内、外径粗加工复合循环 |
| G72 | | 端面粗加工循环 |
| G73 | | 固定形状粗加工复合循环 |
| G74 | | 端面深孔加工循环 |
| G75 | | $X$ 向切槽复合循环 |
| G76 | | 切螺纹循环 |
| G80 | 10 | 取消固定循环 |
| G83 | | 钻孔循环 |
| G84 | | 攻螺纹循环 |
| G85 | | 正面镗孔循环 |
| G87 | | 侧面钻孔循环 |
| G88 | | 侧面攻螺纹循环 |
| G89 | | 侧面镗孔循环 |

（续）

| G代码 | 组别 | 解释 |
|---|---|---|
| G90 | 01 | （内、外直径）切削循环 |
| G92 | | 切螺纹循环 |
| G94 | | 端面车削循环 |
| G96 | 12 | 恒线速度控制 |
| G97 * | | 恒线速度控制取消 |
| G98 | 05 | 每分钟进给量 |
| G99 * | | 每转进给量 |

**2. 辅助功能（M功能）**

（1）指令功能与格式　辅助功能也叫M功能或M代码。辅助功能是用地址M及两位数字表示的。它主要用来表示机床操作时各种辅助动作及其状态，其特点是靠继电器的得、失电（接通、断开）来实现其控制过程。辅助功能代码及其功能见表3-2。

**表3-2　辅助功能M代码表**

| 代码 | 功能 | 代码 | 功能 |
|---|---|---|---|
| M00 | 程序暂停 | M08 | 切削液开启 |
| M01 | 计划暂停 | M09 | 切削液关闭 |
| M02 | 程序结束 | M10 | 夹紧 |
| M03 | 主轴顺时针方向旋转 | M11 | 松开 |
| M04 | 主轴逆时针方向旋转 | M30 | 程序结束，返回开头 |
| M05 | 主轴旋转停止 | M98 | 调用子程序 |
| M06 | 自动换刀 | M99 | 子程序结束，返回主程序 |

（2）指令使用说明

1）执行M00指令后，暂停执行当前程序，以方便操作者进行刀具更换、工件的尺寸测量、工件调头或手动变速等操作。重新按下自动循环启动按钮，可使程序继续运行。

2）M01指令与M00指令作用相似，但M01指令可以用机床操作面板上的“任选停止按钮”选择是否有效；只有当“任选停止按钮”置于接通位置时，数控系统才执行该功能。执行完M01指令后，自动运行停止。

3）执行M02指令后，机床的主轴、进给及切削液全部停止，机床处于复位状态。若要重新执行该程序，必须重新调用该程序。

4）M06指令用于自动换刀或显示待换刀号。自动换刀数控机床的换刀方法有两种。一种是由刀架或多主轴转塔头转位实现换刀，换刀指令可实现主轴停止、刀架脱开、转位等动作。另一种是带有“机械手—刀库”的换刀，换刀过程为换刀和选刀两类动作，将刀具从主轴上取下，换上所选用的刀具。其大致过程为：主轴定向停—松开刀具—换刀—锁紧刀具—主轴起动。对显示换刀号的机床，换刀是用手动实现的。

5）M30指令与M02指令功能基本相同，只是执行M30指令后，返回到程序的开头，若要重新执行该程序，只需再次按下自动循环启动按钮即可。

**3. 主轴功能（S 功能）**

主轴功能用于指定机床主轴的转速大小，用地址 S 和其后的数字组成，其后数值表示主轴转速值。S 功能与 G96、G97 和 G50 配合使用，可以进行恒线速度控制、恒线速度取消和主轴最高速度限定控制。

（1）恒线速度控制（G96）

编程格式：G96　S _；

S 后面的数字表示的是恒定的线速度，单位为 m/min。

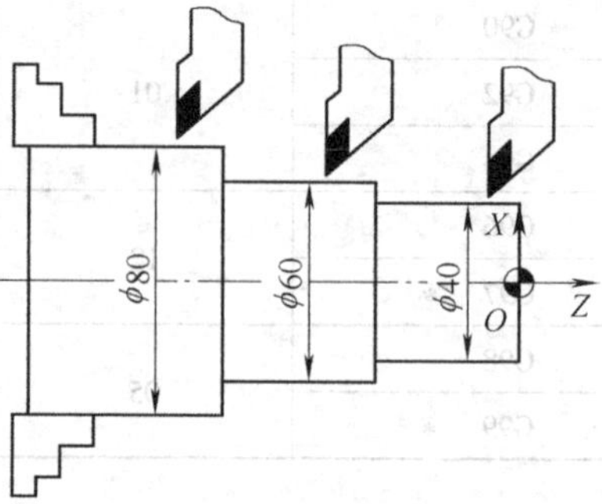

图 3-6　恒线速度切削

G96 是恒线速度控制的指令。当工件直径变化较大时，为了保证车削表面质量的一致性，常使用恒线速度控制。例如，如图 3-6 所示，用“G96　S150；”指令加工 $\phi$80mm、$\phi$60mm、$\phi$40mm 三段不同轴颈时，其切削点线速度控制在 150m/min，而主轴转速分别为：

加工 $\phi$80mm 轴颈，$n = 1000 \times 150 \div (\pi \times 80)$ r/min = 597r/min；

加工 $\phi$60mm 轴颈，$n = 1000 \times 150 \div (\pi \times 60)$ r/min = 796r/min；

加工 $\phi$40mm 轴颈，$n = 1000 \times 150 \div (\pi \times 40)$ r/min = 1194r/min。

（2）恒线速取消（G97）

编程格式：G97　S _；

G97 是取消恒线速度控制的指令。S 后面的数值表示恒线速度控制取消后的主轴每分钟的转数（单位为 r/min）。例如：“G97　S800；”表示主轴转速为 800r/min。此时加工图 3-6 所示的三个轴段的切削速度是不同的。

（3）主轴最高速度限定（G50）

编程格式：G50　S _；

指令功能是用 S 指定的数值设定主轴的最高转速。若用恒线速度控制加工锥度和圆弧，当刀具逐渐接近工件的旋转中心时，主轴转速太高，工件有从卡盘飞出的危险，所以用 G96 恒线速度控制时，有时必须用 G50 限定主轴最高转速。如“G50　S2000；”表示最高转速限定为 2000r/min。

**4. 进给功能（F 功能）**

进给功能用于指定刀具中心运动时的进给速度，用地址 F 和其后的数字组成。数字表示的进给速度的单位取决于 G99 指令或 G98 指令。

（1）每转进给量（G99）

编程格式：G99　F _；

进给量的单位为 mm/r。如“G99　F 0.2；”表示进给量为 0.2mm/r。

（2）每分钟进给量（G98）

编程格式：G98　F _；

进给量的单位为 mm/min。如“G98　F 200；”表示进给量为 200mm/min。

（3）指令使用说明

1）编写程序时，第一次编写直线（G01）或圆弧（G02/G03）插补指令时，必须编写

F 指令；否则，数控系统默认为 F0。

2）G98、G99 均为模态指令，实际切削进给的速度可由操作面板上的进给倍率修调旋钮在 0～150%之间来调节，但螺纹切削时无效。

**5. 刀具功能（T 功能）**

刀具功能用于指定加工所用刀具和刀具补偿号，用地址 T 和其后的两位数字或四位数字组成。

（1）编程格式：T __；

（2）指令使用说明　T 后面数值是两位数的，它表示所选择的刀具号码；T 后面是 4 位数字的，前两位是刀具号，后两位是刀具补偿号。例如，“T0202；”表示选用 2 号刀及 2 号刀具长度补偿、刀尖圆弧半径补偿号。“T0200；”表示取消刀具补偿。

## 3.2.3　轴类零件加工的基本编程指令

**1. 工件坐标系设定指令（G50）**

该指令的功能是规定刀具起刀点至工件原点的距离。

（1）编程格式

G50　X __　Z __；

式中　X、Z——起刀点刀尖（刀位点）相对于加工原点的位置。

在数控车床编程时，所有 *X* 坐标值均使用直径值，如图 3-7 所示，*A* 的值为 100，*B* 的值为 80，设置工件坐标系的程序段如下：

G50　X100.0　Z80.0；

执行该程序段后，系统内部即对（*X*100.0，*Z*80.0）进行记忆，并显示在显示器上，这就相当于在系统内部建立了一个以工件原点为坐标原点的工件坐标系。

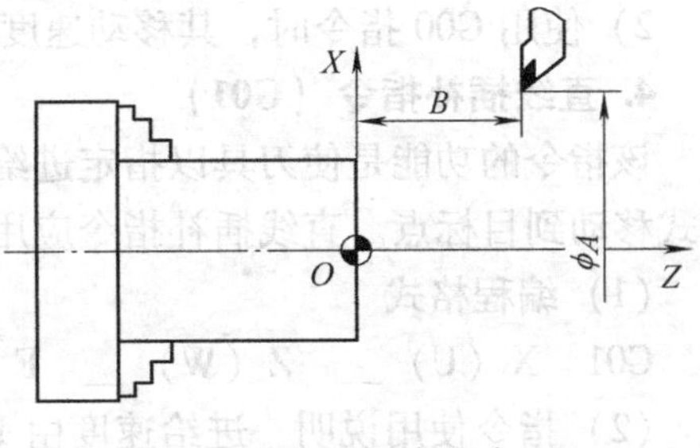

图 3-7　坐标系设定指令 G50

（2）指令使用说明　当 *X*、*Z* 值不同或改变刀具的当前位置时，所设定出的工件坐标系的原点位置也不同。因此在执行程序段“G50　X __　Z __；”前，必须先对刀，通过调整，将刀尖放在程序所要求的起刀点位置上。

**2. 公制/英制变换（G21、G20）**

该指令的功能是指定坐标尺寸的制式。G20 指令坐标尺寸以英制输入；G21 指令坐标尺寸以公制输入。

（1）编程格式

G20/G21；

（2）指令使用说明

1）必须在程序的开头用一个独立的程序段指定 G20 或 G21，然后才能输入坐标尺寸。

2）系统通电后，数控系统保留前次关机时的 G20 或 G21；程序运行中间，G20 和 G21 不能转换；G20 和 G21 相互转换时，偏移量相应转换。

3）FANUC 系统需使用小数点输入数字，用于输入十进制的距离、速度或角度。例如：“Z15.0”表示 *Z* 向 15mm 或 *Z* 向 15in；

“G98　F10.0”表示速度为10mm/min或10in/min；

“G04　X1.0”表示暂停1.0s。

**3. 快速点位运动指令（G00）**

该指令的功能是控制刀具以点位控制方式，从刀具当前点快速移动到目标点。

（1）编程格式

G00　X（U）__　Z（W）__；

式中　X（U）、Z（W）——刀具移动的目标点坐标。X、Z为绝对坐标，U、W为增量坐标。

如图3-8所示，刀具从A点快速移动到B点，绝对坐标编程格式为：

G00　X6.0　Z6.0；

增量坐标编程格式为：

G00　U4.0　W4.0；

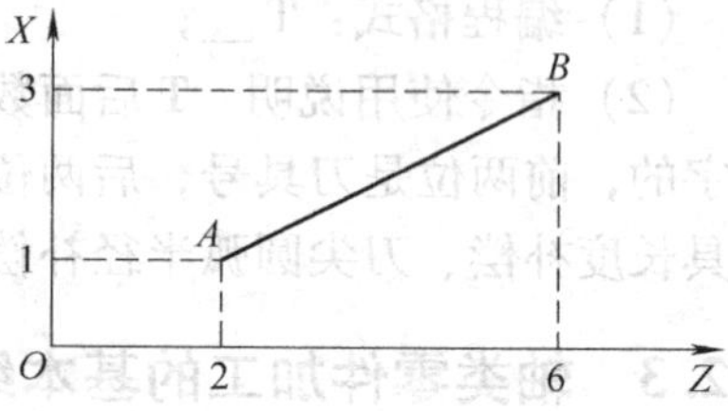


图3-8　刀具由A点移动到B点

（2）指令使用说明

1）使用G00指令时，刀具的实际运动路线因机床的数控系统而异，不一定是直线，有可能是折线。使用时，要了解具体的数控系统，要注意刀具是否与工件和夹具发生干涉。对于不适合联动的场合，可逐轴单动。

2）使用G00指令时，其移动速度由机床参数来设定，与F指令无关。

**4. 直线插补指令（G01）**

该指令的功能是使刀具以指定进给速度（由F指令指定），从当前点出发，以直线插补方式移动到目标点。直线插补指令应用于端面、内外圆柱和圆锥面的加工。

（1）编程格式

G01　X（U）__　Z（W）__　F__；

（2）指令使用说明　进给速度由F指令决定。F指令是模态指令，它可以用G00指令取消。如果没有F指令，则机床不运动。

（3）应用举例　刀具运动轨迹如图3-9所示，选右端面回转中心O为编程原点，编程如下。

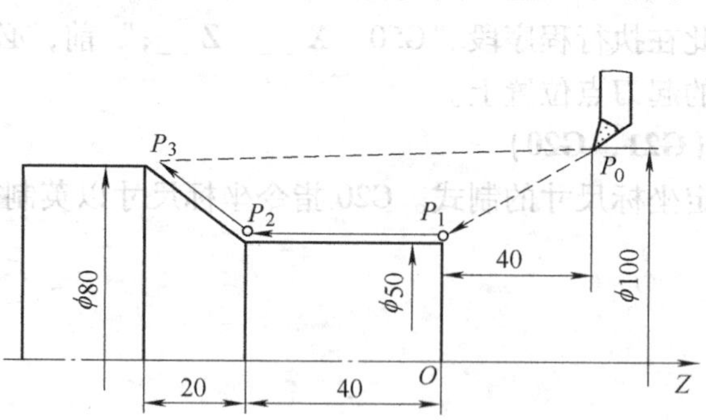


图3-9　直线插补指令G01举例

绝对值编程：

…

N10　G00　X50.0　Z5.0　S800　T0101　M03；　$(P_0 \rightarrow P_1)$

N20 G01 Z－40.0 F0.3； ($P_1 \to P_2$)

N30 X80.0 Z－60.0； ($P_2 \to P_3$)

N40 G00 X100.0 Z40.0； ($P_3 \to P_0$)

…

增量值编程：

…

N10 G00 U－50.0 W－35.0 S800 T0101 M03； ($P_0 \to P_1$)

N20 G01 W－45.0 F0.3； ($P_1 \to P_2$)

N30 U30.0 W－20.0； ($P_2 \to P_3$)

N40 G00 U20.0 W100.0； ($P_3 \to P_0$)

…

**5. 暂停指令（G04）**

该指令的功能是使刀具短时间停顿。车削沟槽或钻孔时，为提高槽底或孔底的表面加工质量及有利于切屑充分排出，在加工到孔底或槽底时，常用此指令暂停适当时间。

（1）编程格式

G04 X（P）__；

（2）指令使用说明 地址码X或P为暂停时间。其中，X后面可用带小数点的数，单位为s，如“G04 X5.0；”表示前面的程序执行完后，要经过5s的暂停，下面的程序段才执行；地址P后面不允许用小数点，单位为ms，如“G04 P1000；”表示暂停1s。

**6. 外径/内径单一固定循环指令（G90）**

单一固定循环可以将外径/内径加工的一系列连续动作（如“切入—切削—退刀—返回”）用一个循环指令完成，从而简化程序。圆柱面单一固定循环如图3-10a所示，圆锥面单一固定循环如图3-10b所示。

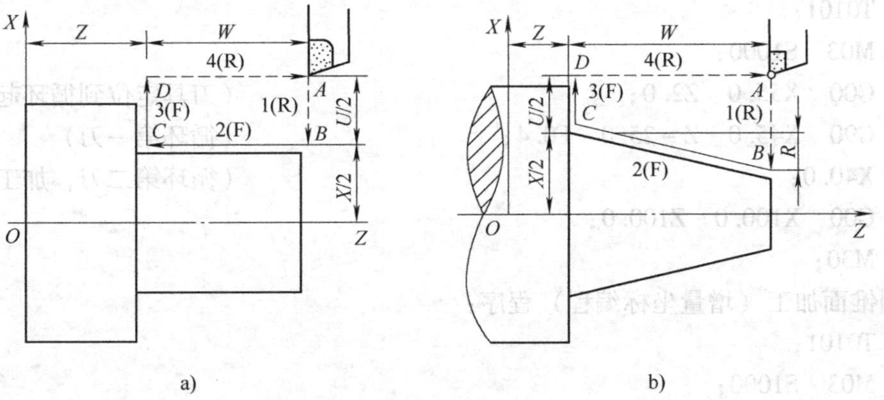


图3-10 单一固定循环指令（G90）
a）圆柱面单一固定循环 b）圆锥面单一固定循环

刀具从循环起点开始，按A→B→C→D进行自动循环，最后又回到循环起点$A$。图中虚线1（R）、4（R）表示快速移动，细实线2（F）、3（F）表示按指令F指定的进给速度移动。

（1）编程格式

1）圆柱面切削循环：G90　X（U）__　Z（W）__　F__；

2）圆锥面切削循环：G90　X（U）__　Z（W）__　R__　F__；

式中　X（U）、Z（W）——循环切削终点坐标：

X、Z——每次循环切削终点（图 3-10 中 *C* 点）的绝对坐标值；

U、W——每次循环切削终点相对于循环起点（图 3-10 中 *A* 点）的增量坐标值；

R——圆锥面切削的起点（如图 3-10 中 *B* 点）相对于终点的半径差。如果切削起点的 *X* 向坐标小于终点的 *X* 向坐标，R 值为负，反之为正。

（2）应用举例　应用 G90 指令编写图 3-11 所示的零件加工程序。

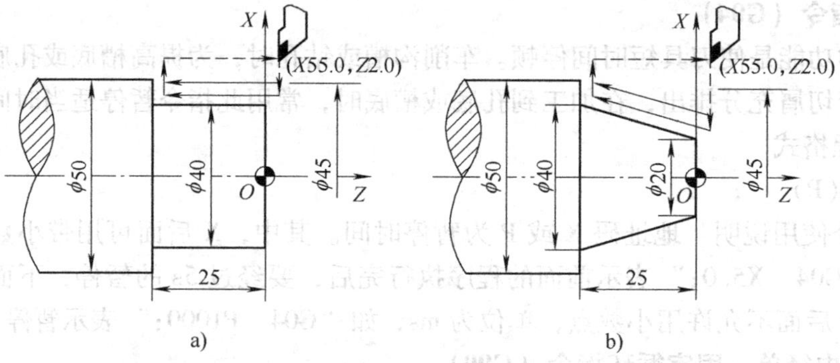


图 3-11　单一循环指令（G90）应用

a）圆柱面　b）圆锥面

1）圆柱面加工（绝对坐标编程）程序：

```
N10  T0101;
N20  M03  S1000;
N30  G00  X55.0  Z2.0;                      (刀具定位到循环起点)
N40  G90  X45.0  Z-25.0  F0.4;              (循环第一刀)
N50  X40.0;                                 (循环第二刀，加工到尺寸)
N60  G00  X100.0  Z100.0;
N70  M30;
```

2）圆锥面加工（增量坐标编程）程序：

```
N10  T0101;
N20  M03  S1000;
N30  G00  X55.0  Z2.0;                      (刀具定位到循环起点)
N40  G90  U-10.0  W-27.0  R-10.8  F0.4;     (循环第一刀)
N50  U-15.0;                                (循环第二刀，加工到尺寸)
N60  G00  X100.0  Z100.0;
N70  M30;
```

注意：G90 和尺寸代码都是模态代码。

## 3.3　项目实施

### 3.3.1　工艺分析

**1. 零件图分析**

图3-1所示为阶梯轴，该零件结构简单，有3个左右对称的台阶面，尺寸精度要求都较高，$\phi$24mm外圆有径向圆跳动公差要求，且$\phi$24mm表面粗糙度要求较高，为$Ra1.6\ \mu m$，其余为$Ra3.2\ \mu m$。轴向尺寸中需要控制总长70mm。

**2. 装夹方案**

为保证$\phi$24mm外圆的圆跳动公差，选用两顶尖装夹，以轴线定位，在保证几何公差的前提下加工此工件。选取工件右端面中心为工件坐标系原点。

**3. 确定加工顺序及走刀路线**

工序一：在普通车床上车两端面并钻好中心孔。

工序二：两顶尖装夹，车削右轮廓至尺寸要求。

工步一：粗车$\phi$30mm及右端$\phi$20mm、$\phi$24mm圆柱面。

工步二：车右端宽2mm的沟槽。

工步三：精车$\phi$30mm及右端$\phi$20mm、$\phi$24mm圆柱面至尺寸要求，倒角。

工序三：调头，两顶尖装夹，车削左轮廓至尺寸要求。

工步一：粗车左端$\phi$20mm、$\phi$24mm圆柱面。

工步二：车左端宽2mm的沟槽。

工步三：精车左端$\phi$20mm、$\phi$24mm圆柱面至尺寸要求，倒角。

**4. 刀具与工艺参数**

（1）确定刀具　车外圆选用93°外圆车刀（装刀架1号刀位）；切槽选用宽2mm切槽刀（装刀架2号刀位）。数控刀具卡见表3-3。

**表3-3　数控刀具卡**

| 产品名称或代号 | | | 零件名称 | | 滑轮轴 | 零件图号 | 图3-1 |
|---|---|---|---|---|---|---|---|
| 序号 | 刀具号 | 刀具名称及规格 | 数量 | 刀长/mm | 加工表面 | | 备注 |
| 1 | T0101 | 93°外圆车刀 | 1 | | 粗、精车外轮廓 | | |
| 2 | T0202 | 2mm切槽刀 | 1 | | 车2mm槽 | | |
| 编制 | | 审核 | 批准 | | 年　月　日 | 共　页 | 第　页 |

（2）确定切削用量

1）选择背吃刀量。轮廓粗车循环时选$a_p=2$mm，精车$a_p=0.2$mm。

2）选择主轴转速。查表1-4选粗车切削速度$v_c=100$m/min，精车切削速度$v_c=120$m/min，切槽切削速度$v_c=70$m/min。然后利用式（1-1）计算主轴转速$n$（粗车外轮廓直径取$D=35$mm，精车外轮廓直径取$D=30$mm，切槽取$D=24$mm）。经计算，粗车外轮廓$n=900$r/min，精车外轮廓$n=1250$r/min，切槽$n=900$r/min。

3）选择进给速度。查表1-4（同时考虑工件表面粗糙度的要求，参照表1-3）选择粗车、精车每转进给量。粗车每转进给量为 0.3mm/r，精车和切槽每转进给量为 0.15mm/r。

**5. 编写数控加工工序卡**

阶梯轴数控加工工序卡见表 3-4 和表 3-5。

**表 3-4 数控加工工序卡 1**

| （加工工序图） | | | | 产品名称 | | 零件名称 | | 零件图号 | |
|---|---|---|---|---|---|---|---|---|---|
| | | | | | | 滑轮轴 | | 图 3-1 | |
| 工序号 | 程序编号 | 夹具名称 | 夹具编号 | | | 使用设备 | | 车间 | |
| 001 | O0301 | 双顶尖 | | | | CAK6150DJ | | | |
| 工步号 | 工步内容 | | 切削用量 | | | 刀具 | | 量具名称 | 备注 |
| | | | 主轴转速/（r/min） | 进给量/（mm/r） | 背吃刀量/mm | 编号 | 名称 | | |
| 1 | 粗车 $\phi$30mm 及右端 $\phi$20mm、$\phi$24mm 外圆留 0.4mm 余量 | | 900 | 0.3 | 2 | T0101 | 93°外圆车刀 | 游标卡尺 | 自动 |
| 2 | 车右端 2mm 沟槽 | | 900 | 0.15 | | T0202 | 2mm 切槽刀 | 游标卡尺 | 自动 |
| 3 | 精车 $\phi$30mm 及右端 $\phi$20mm、$\phi$24mm 外圆至尺寸要求 | | 1250 | 0.15 | 0.2 | T0101 | 93°外圆车刀 | 游标卡尺 | 自动 |
| 编制 | | 审核 | | 批准 | | | 共 1 页 | 第 1 页 | |

**表 3-5 数控加工工序卡 2**

| （加工工序图） | | | | 产品名称 | | 零件名称 | | 零件图号 | |
|---|---|---|---|---|---|---|---|---|---|
| | | | | | | 滑轮轴 | | 图 3-1 | |
| 工序号 | 程序编号 | 夹具名称 | 夹具编号 | | | 使用设备 | | 车间 | |
| 002 | O0302 | 双顶尖 | | | | CAK6150DJ | | | |
| 工步号 | 工步内容 | | 切削用量 | | | 刀具 | | 量具名称 | 备注 |
| | | | 主轴转速/（r/min） | 进给量/（mm/r） | 背吃刀量/mm | 编号 | 名称 | | |
| 1 | 粗车左端 $\phi$20mm、$\phi$24mm 外圆留 0.4mm 余量 | | 900 | 0.3 | 2 | T0101 | 93°外圆车刀 | 游标卡尺 | 自动 |
| 2 | 车左端 2mm 沟槽 | | 900 | 0.15 | | T0202 | 2mm 切槽刀 | 游标卡尺 | 自动 |
| 3 | 精车左端 $\phi$20mm、$\phi$24mm 外圆至尺寸要求 | | 1250 | 0.15 | 0.2 | T0101 | 93°外圆车刀 | 游标卡尺 | 自动 |
| 编制 | | 审核 | | 批准 | | | 共 1 页 | 第 1 页 | |

## 3.3.2 编制加工程序

阶梯轴右端数控加工程序 O0301 见表 3-6，阶梯轴左端数控加工程序 O0302 见表 3-7。

**表 3-6　阶梯轴数控加工程序单 1（加工右端）**

| 零件号 | 02 | 零件名称 | 滑轮轴 | 编程原点 | 工件右端面中心处 |
|---|---|---|---|---|---|
| 程序号 | O0301 | 数控系统 | FANUC 0i Mate-TC | 编制 | |

| 程序 | 说明 |
|---|---|
| O0301 | 程序名 |
| M03　T0101　S900； | 主轴正转，转速 900r/min，调用 1 号刀 |
| G00　X35.0　Z2.0； | 快速定位到起刀点，准备车外圆 |
| G90　X30.4　Z－50.0　F0.3； | 粗车 $\phi$30mm 外圆，留 0.4mm 余量 |
| 　　X27.0　Z－25.0； | 粗车 $\phi$24mm 外圆第一刀 |
| 　　X24.4； | 粗车 $\phi$24mm 外圆第二刀，留 0.4mm 余量 |
| 　　X20.4　Z－15.0； | 粗车 $\phi$20mm 外圆，留 0.4mm 余量 |
| G00　X100.0　Z100.0； | 换切槽刀 |
| T0202； | 切槽定位 |
| X32.0　Z－25.0； | 切槽 |
| G01　X22.0　F0.15； | 暂停 1s |
| G04　X1.0； | 退刀 |
| G01　X32.0； | |
| G00　X100.0　Z100.0； | 精车，转速为 1250r/min |
| T0101　S1250； | 快速定位到精车起刀点 |
| G00　X18.0　Z2.0； | 工进到精车切削点 |
| G01　Z0.0　F0.15； | 倒角 |
| 　　X20.0　Z－1.0； | 精车 $\phi$20mm 圆柱面 |
| 　　Z－15.0； | 退刀 |
| 　　X24.0； | 精车 $\phi$24mm 圆柱面 |
| 　　W－10.0； | 退刀 |
| 　　X30.0； | 精车 $\phi$30mm 圆柱面 |
| 　　W－25.0； | 退刀 |
| 　　X35.0； | |
| G00　X100.0　Z100.0； | 主轴停转 |
| M05； | 程序结束 |
| M30； | |

**表 3-7　阶梯轴数控加工程序单 2（加工左端）**

| 零件号 | 02 | 零件名称 | 滑轮轴 | 编程原点 | 工件左端面中心处 |
|---|---|---|---|---|---|
| 程序号 | O0302 | 数控系统 | FANUC 0i Mate-TC | 编制 | |

| 程序 | 说明 |
|---|---|
| O0302 | 程序名 |
| M03　T0101　S900； | 主轴正转，转速 900r/min，调用 1 号刀 |
| G00　X35.0　Z2.0； | 快速定位到起刀点，准备车外圆 |

（续）

| 零件号 | 02 | 零件名称 | 滑轮轴 | 编程原点 | 工件左端面中心处 |
|---|---|---|---|---|---|
| 程序号 | O0302 | 数控系统 | FANUC 0i Mate-TC | 编制 | |
| 程序 | | | 说明 | | |
| G90　X31.0　Z-25.0　F0.3; | | | 粗车 $\phi$24mm 外圆第一刀 | | |
| X27.0; | | | 粗车 $\phi$24mm 外圆第二刀 | | |
| X24.4; | | | 粗车 $\phi$24mm 外圆第三刀，留 0.4mm 余量 | | |
| X20.4　Z-15.0; | | | 粗车 $\phi$20mm 外圆，留 0.4mm 余量 | | |
| G00　X100.0　Z100.0; | | | 换切槽刀 | | |
| T0202; | | | | | |
| X32.0　Z-25.0; | | | 切槽定位 | | |
| G01　X22.0　F0.15; | | | 切槽 | | |
| G04　X1.0; | | | 暂停 1s | | |
| G01　X32.0; | | | 退刀 | | |
| G00　X100.0　Z100.0; | | | | | |
| S1250; | | | 精车，转速 1250r/min | | |
| G00　X18.0　Z2.0; | | | 快速定位到精车起刀点 | | |
| G01　Z0.0　F0.15; | | | 工进到精车切削点 | | |
| X20.0　Z-1.0; | | | 倒角 | | |
| Z-15.0; | | | 精车 $\phi$20mm 圆柱面 | | |
| X24.0; | | | 退刀 | | |
| W-10.0; | | | 精车 $\phi$24mm 圆柱面 | | |
| X32.0; | | | 退刀 | | |
| G00　X100.0　Z100.0; | | | | | |
| M05; | | | 主轴停转 | | |
| M30; | | | 程序结束 | | |

### 3.3.3　仿真加工

**1. 进入数控车床仿真软件**

从“开始”菜单选择“程序”，选择“数控仿真系统”，运行仿真系统。

**2. 选择机床和数控系统并开机**

1）从机床列表项中选择“系统”、“机床类型”和“生产厂家”等信息。

2）启动系统。按下操作面板启动按钮，松开急停按钮。

3）机床各轴回机床参考点。进入数控系统后首先应将 $X$、$Z$ 轴返回参考点。注意先回 $X$ 轴，再回 $Z$ 轴。

**3. 安装工件**

单击菜单“零件/定义毛坯”，安装毛坯，安装中提示移动工件；然后，可以单击菜单的测量项。

**4. 安装刀具并对刀**

1）从“刀具设置”界面中选择切削刀具。

2）对刀，设定工件坐标系。

**5. 输入程序及加工与测量**

1）输入加工程序并检查调试。

2）手动移动刀具退到距离工件较远处。

3）自动加工。

4）测量工件。

## 3.4　项目实训

### 3.4.1　实训任务

**1. 实训内容**

加工图 3-12 所示阶梯轴类零件，材料为 45 钢，毛坯尺寸为 $\phi$40mm × 65mm，其中毛坯轴向余量为 5mm。要求：分析零件加工工艺，编制加工程序并完成该零件加工。

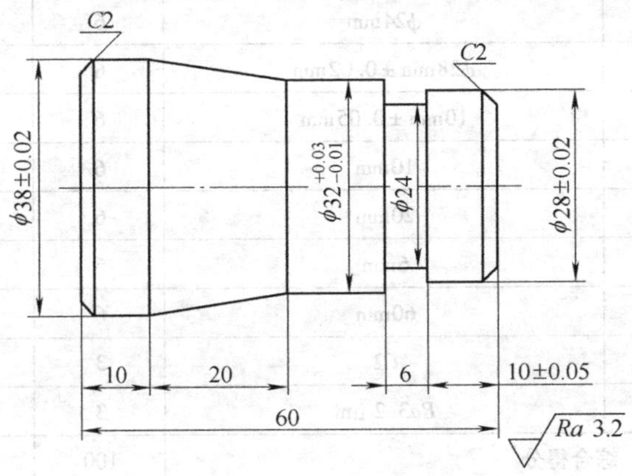


图 3-12　阶梯轴

**2. 实训目的**

1）掌握阶梯轴零件的工艺分析与数控编程。

2）掌握阶梯轴零件的数控加工。

**3. 实训准备**

1）数控车床 1 台，93°外圆车刀和 3mm 宽切槽刀各一把。

2）尺寸为 $\phi$40mm × 65mm 的 45 钢毛坯一个。

3）游标卡尺一把。

4）机床说明书。

**4. 实训报告内容**

（1）工艺分析、工艺参数、工艺文件。

（2）数控程序。

（3）实训体会。

（4）填写实训评分表　实训评分表见表 3-8。

表 3-8　实训评分表

| 班级 | | | 姓名 | | 学号 | |
|---|---|---|---|---|---|---|
| 课题 | | | 阶梯轴零件加工 | 零件编号 | 图 3-12 | |
| 基本检查 | | 序号 | 检测项目 | 配分 | 学生自评 | 教师评分 |
| 基本检查 | 编程 | 1 | 切削工艺制订正确 | 5 | | |
| | | 2 | 切削用量选择合理 | 5 | | |
| | | 3 | 程序正确、简单、规范 | 5 | | |
| | 操作 | 4 | 设备操作、维护保养正确 | 5 | | |
| | | 5 | 安全、文明生产 | 5 | | |
| | | 6 | 刀具选择、安装正确、规范 | 5 | | |
| | | 7 | 工件找正、安装正确、规范 | 5 | | |
| 工作态度 | | 8 | 行为规范、纪律表现好 | 5 | | |
| 外圆 | | 9 | $\phi$38mm ±0.02mm | 6 | | |
| | | 10 | $\phi 32^{+0.03}_{-0.01}$ mm | 6 | | |
| | | 11 | $\phi$24mm | 6 | | |
| | | 12 | $\phi$28mm ±0.02mm | 6 | | |
| 长度 | | 13 | 10mm ±0.05mm | 6 | | |
| | | 14 | 10mm | 6 | | |
| | | 15 | 20mm | 6 | | |
| | | 16 | 6mm | 6 | | |
| | | 17 | 60mm | 6 | | |
| 倒角 | | 18 | $C2$ | 3 | | |
| 表面粗糙度 | | 19 | $Ra3.2$ μm | 3 | | |
| 综合得分 | | | | 100 | | |

## 3.4.2　实训指导

**1. 技术要点**

1）装刀时，刀尖同工件中心高对齐；对刀前，先将工件端面车平。

2）加工宽度 6mm 槽时，可以用小于 6mm 宽切槽刀切削，但是要保证槽底不留刀痕。

3）一般切断刀对刀是以左侧刀尖为刀位点的，要保证右端 10mm ±0.05mm 的尺寸精度，就要考虑刀宽的误差。

4）$\phi$38mm 圆柱与圆锥交界处要有一定切削轨迹交叠，否则会由于刀尖圆角的存在出现刀痕。

5）首件加工初期，程序应在单段模式下运行，进给速度和快速倍率应设置较低挡。

**2. 实训步骤**

（1）工艺分析　选择刀具与工艺参数，填写数控加工刀具卡，确定装夹方式，填写数控工序卡。

（2）编写数控加工程序。

（3）数控加工

1）加工准备。

①检查毛坯尺寸。

②开机、回参考点。

③输入程序。把编写好的程序通过数控面板输入数控机床。

④装夹工件。把坯料装入自定心卡盘，伸出约55mm左右，夹紧。

⑤装夹刀具。把外圆粗车刀、外圆精车刀、切断刀按要求依次装入T01、T02、T03号刀位。安装切断刀应注意使刀杆垂直于工件轴线。

2）对刀。三把刀依次采用试切法对刀，通过对刀把操作得到的零偏值分别输入到各自的长度补偿中。

3）空运行及仿真。对输入的程序进行空运行或轨迹仿真，以检查程序是否正确。

4）零件自动加工方法及尺寸控制。打开零件加工程序，选择MEM（或AUTO）工作模式，调好进给倍率，按数控启动按钮进行自动加工。

精加工前要停机测量，进行补偿后再进行精加工。

（4）测量　用相应的量具对各尺寸进行检测，将检测结果填入实训评分表3-8。

（5）加工结束，清理机床与场地。

## 习　题

### 一、选择题

1. 数控机床有不同的运动形式，需要考虑工件与刀具相对运动关系及坐标系方向，编写程序时，采用（　　）的原则编写程序。

A. 刀具移动工件固定不动　　B. 工件移动刀具固定不动

C. 刀具和工件同时移动　　D. 由机床说明书说明

2. 数控机床主轴以800r/min转速正转时，其指令应是（　　）。

A. M03　S800　　B. M04　S800　　C. M05　S800　　D. M30　S800

3. M代码控制机床各种（　　）。

A. 运动状态　　B. 刀具更换

C. 辅助动作状态　　D. 固定循环

4. 进给功能用于指定（　　）。

A. 进刀深度　　B. 进给速度　　C. 进给转速　　D. 进给方向

5. 在使用G00指令时，应注意刀具的移动路线（　　）。

A. 先沿 $X$ 轴再沿 $Z$ 轴方向移动

B. 不一定是一条直线

C. 是一条折线

D. 一定是两个坐标轴同时移动

6. 在精车削圆弧面时，应（　　）进给速度以降低表面粗糙度值。

A. 增大　　B. 不变

C. 减小　　D. 增大，不变，减小均不对

7. 数控加工时，（　　）包括对零件轮廓形状、有关标注（尺寸精度、形状和位置精度

及表面粗糙度要求等）及材料和热处理等项要求所进行的分析。

A. 工艺分析　　B. 图样分析　　C. 生产过程　　D. 工艺过程

8. 粗车细长轴外圆时，刀尖的安装位置应比轴中心（　　）。

A. 稍低一些　　B. 稍高一些　　C. 稍前一些　　D. 稍后一些

**二、判断题（请将判断结果填入括号中，正确的填"√"，错误的填"×"）**

1. 在数控加工中，为提高生产率，应尽量遵循工序集中原则，即在一次装夹中车削尽可能多的表面。（　）

2. 精车加工选用车刀的刃倾角要稍大一些，保证排屑排向工件已加工表面。（　）

3. G00 的速度是在程序中设定的。（　）

4. 车削细长轴时，因为工件长，热变形伸长量大，所以一定要考虑热变形的影响。（　）

5. FANUC 系统中，在一个程序段中同时指令了两个 M 功能，则两个 M 代码均有效。（　）

6. 对刀点不可选在工件上。（　）

7. 采用绝对值编程时，必须首先设定工件坐标系。（　）

**三、实训题**

图 3-13 所示为销轴零件，材料为 45 钢，毛坯尺寸为 $\phi30mm\times45mm$。要求：分析零件加工工艺，编制加工程序并完成该零件加工。

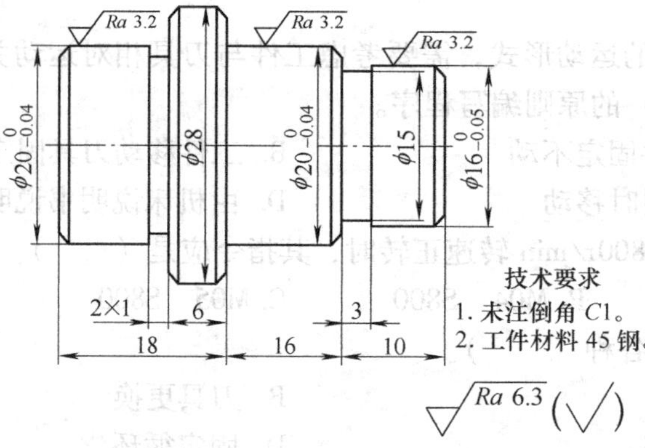


图 3-13　销轴零件图

# 项目四　螺纹轴加工

**【知识目标】**

1. 掌握含圆柱面、圆锥面、沟槽和螺纹要素轴类零件的结构特点和工艺特点，正确分析此类零件的加工工艺。
2. 掌握数控车削加工螺纹的工艺知识和编程指令。
3. 掌握复合循环指令 G71、G70 的编程格式与应用。

**【能力目标】**

1. 会分析螺纹轴零件的工艺，能编制数控加工工艺卡。
2. 能编制螺纹轴零件的数控加工程序，能完成零件的加工。
3. 能正确使用复合循环指令 G71、G70 编制粗、精加工程序。

## 4.1　项目导入

图 4-1 所示为螺纹轴，已知毛坯为 $\phi$35mm × 85mm 的棒料，材料为 45 钢，要求制订零件的加工工艺，编写零件的数控加工程序，并通过数控仿真加工调试、优化程序。

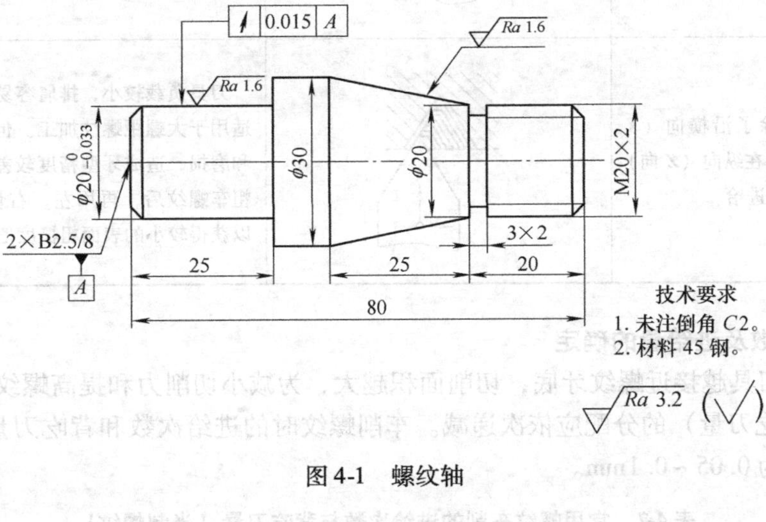


图 4-1　螺纹轴

## 4.2　知识学习

螺纹的类型有内外圆柱螺纹和圆锥螺纹、单线螺纹和多线螺纹、等螺距螺纹和变螺距螺纹等。本项目主要介绍工程中常用的单线、等螺距内外圆柱螺纹和圆锥螺纹的数控编程与加工，以及其相关指令：单一螺纹指令（G32）、螺纹固定循环指令（G92）及螺纹切削复合循环指令（G76）等。不同的数控系统，螺纹加工指令有差异，实际应用时按所使用数控机床的要求编程。

## 4.2.1　螺纹轴加工工艺

### 1. 螺纹车削的进给方法

螺纹车削加工需分粗、精加工工序，经多次反复切削完成，这样可以减小切削力，保证螺纹精度。螺纹车削加工多次反复切削的进给方法有 3 种，见表 4-1。

表 4-1　螺纹车削的进给方法

| 进给方法 | 图示 | 特点与用途 |
| --- | --- | --- |
| 直进法：车刀沿横向（$X$ 向）进给 | 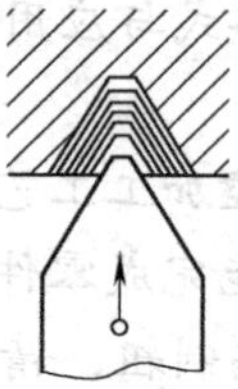 | 车螺纹牙型精度高，但是车刀两侧切削刃都参加切削，切削力较大，排屑困难，螺纹不易车光，并且容易产生“扎刀”现象。一般多用于小螺距螺纹加工 |
| 左右切削法：车刀除了沿横向（$X$ 向）进给外，还要在纵向（$Z$ 向）作微量左、右两个方向进给 | 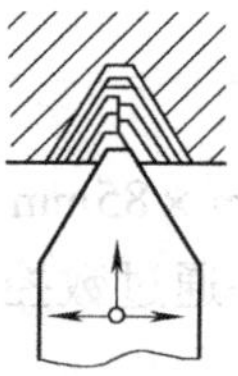 | 切削力小，螺纹表面粗糙度值小，不易“扎刀”，但牙型精度较低。适用于精车螺纹 |
| 斜进法：车刀除了沿横向（$X$ 向）进给外，还要在纵向（$Z$ 向）沿一个方向作微量进给 | 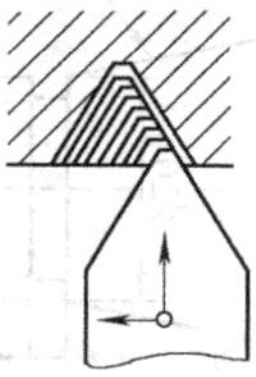 | 刀具负载较小，排屑容易，不易“扎刀”，适用于大螺距螺纹加工。但单侧刃容易损伤和磨损，造成牙型精度较差。一般用斜进法粗车螺纹后，再用左、右切削法精车螺纹，以获得较小的表面粗糙度值 |

### 2. 走刀次数及进给量的确定

螺纹加工刀具越接近螺纹牙底，切削面积越大，为减小切削力和提高螺纹加工质量，每次进给量（背吃刀量）的分配应依次递减。车削螺纹时的进给次数和背吃刀量见表 4-2。一般精加工余量为 0.05～0.1mm。

表 4-2　常用螺纹车削的进给次数与背吃刀量（米制螺纹）　（单位：mm）

| 螺距 | | 1.0 | 1.5 | 2.0 | 2.5 | 3.0 | 3.5 | 4.0 |
| --- | --- | --- | --- | --- | --- | --- | --- | --- |
| 牙型深度（半径值） | | 0.649 | 0.974 | 1.299 | 1.624 | 1.949 | 2.273 | 2.598 |
| 进给次数及背吃刀量（直径值） | 1 次 | 0.7 | 0.8 | 0.9 | 1.0 | 1.2 | 1.5 | 1.5 |
| | 2 次 | 0.4 | 0.6 | 0.6 | 0.7 | 0.7 | 0.7 | 0.8 |
| | 3 次 | 0.2 | 0.4 | 0.6 | 0.6 | 0.6 | 0.6 | 0.6 |

（续）

| 螺距 | | 1.0 | 1.5 | 2.0 | 2.5 | 3.0 | 3.5 | 4.0 |
|---|---|---|---|---|---|---|---|---|
| 牙型深度（半径值） | | 0.649 | 0.974 | 1.299 | 1.624 | 1.949 | 2.273 | 2.598 |
| 进给次数及背吃刀量（直径值） | 4次 | – | 0.15 | 0.4 | 0.4 | 0.4 | 0.6 | 0.6 |
| | 5次 | – | – | 0.1 | 0.4 | 0.4 | 0.4 | 0.4 |
| | 6次 | – | – | – | 0.15 | 0.4 | 0.4 | 0.4 |
| | 7次 | – | – | – | – | 0.2 | 0.2 | 0.4 |
| | 8次 | – | – | – | – | – | 0.15 | 0.3 |
| | 9次 | – | – | – | – | – | – | 0.2 |

**3. 螺纹车削前顶径计算**

（1）螺纹基本尺寸　普通内螺纹基本形状和尺寸如图4-2所示，参见国标GB/T 196—2003。

螺纹中径：

$$D_2 = D - 0.6495P$$

$$d_2 = d - 0.6495P$$

螺纹小径：

$$D_1 = D - 1.0825P$$

$$d_1 = d - 1.0825P$$

式中　$P$——螺纹的螺距（mm）；

$d$——外螺纹大径或公称直径（mm）；

$d_1$——外螺纹基本小径（mm）；

$d_2$——外螺纹基本中径（mm）；

$D$——内螺纹大径或公称直径（mm）；

$D_2$——内螺纹中径（mm）；

$D_1$——内螺纹小径（mm）；

考虑刀尖圆弧半径等因素的影响，螺纹实际牙型高度（螺纹牙深）即，$a_p \approx 0.65P$。

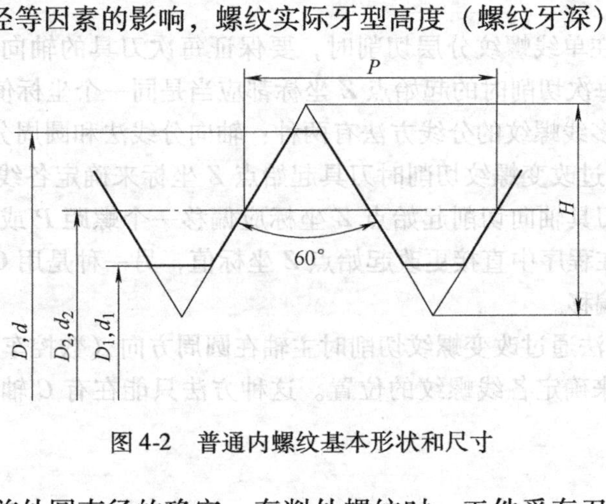


图4-2　普通内螺纹基本形状和尺寸

（2）外螺纹车削前外圆直径的确定　车削外螺纹时，工件受车刀挤压后会使螺纹大径尺寸胀大，因此车螺纹前的外圆直径应比螺纹大径（$d$）略小些。当螺距为1.5～3.5mm时，外径一般可以小0.15～0.25mm。

（3）内螺纹车削前内孔直径的确定　车削内螺纹时，因为车刀切削时的挤压作用，内孔直径会缩小（车削塑性材料较明显），所以车削内螺纹前的孔径应比内螺纹小径（$D_1$）略大些。实际生产中：

车削塑性金属的内螺纹时 $D_{孔} \approx D - P$

车削脆性金属的内螺纹时 $D_{孔} \approx D - 1.05P$

**4. 空刀导入量$\delta_1$和空刀退出量$\delta_2$**

车螺纹时，刀具沿螺纹方向的进给应与工件主轴旋转保持严格的速比关系。而刀具加减速时，驱动系统有一个过渡过程，会在螺纹切削起点和终点产生错误的导程。因此，在螺纹切削进刀和退刀时要留有一定的空刀导入量$\delta_1$和空刀退出量$\delta_2$，如图4-3所示。这样避免在加减速过程中进行螺纹切削而影响螺距的稳定。$\delta_1$、$\delta_2$的大小与螺距和转速有关：$\delta_1 = nP/180$；$\delta_2 = nP/400$（$n$为主轴转速，$P$为螺纹导程。）。一般可取$\delta_1$为2～5mm，$\delta_2$为$\delta_1$的1/2左右。

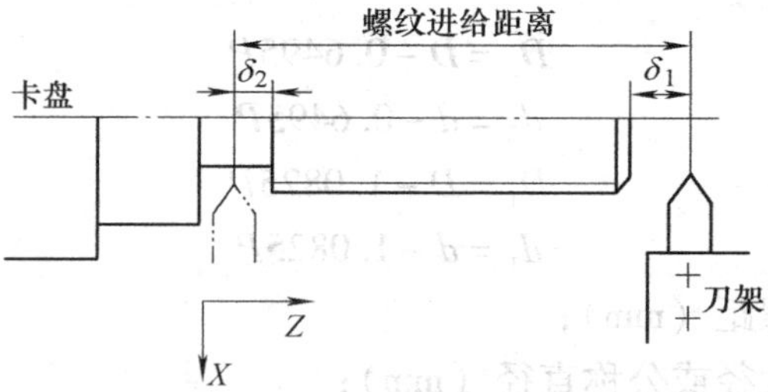


图4-3　切螺纹时的空刀导入量和空刀退出量

**5. 螺纹切削起点位置的确定**

在螺纹的反复切削过程中，螺纹的切削起点位置应始终设定为一个固定值，否则会使螺纹“乱扣”。而螺纹切削起始位置由两个因素决定：一是螺纹轴向起始位置；二是螺纹圆周起始位置。

（1）单线螺纹　在单线螺纹分层切削时，要保证每次刀具的轴向和圆周起始位置都是固定的，即轴向上，每次切削时的起始点$Z$坐标都应当是同一个坐标值。

（2）多线螺纹　多线螺纹的分线方法有两种：轴向分线法和圆周分度分线法。

1）轴向分线法通过改变螺纹切削时刀具起始点$Z$坐标来确定各线螺纹的位置。当换线切削另一条螺纹时，刀具轴向切削起始点$Z$坐标应偏移一个螺距$P$或螺距的倍数。偏移的方法有两种：一种是在程序中直接更改起始点$Z$坐标值，另一种是用G54～G59坐标系偏移指令或刀具偏置指令偏移。

2）圆周分度分线法通过改变螺纹切削时主轴在圆周方向（数控车床上称为$C$轴）起始点的$C$轴角位移坐标来确定各线螺纹的位置。这种方法只能在有$C$轴控制功能的数控车床上使用。

### 4.2.2　螺纹加工指令

**1. 单一螺纹指令（G32）**

该指令用于车削等螺距圆柱螺纹、圆锥螺纹。

（1）编程格式

G32　X（U）＿　Z（W）＿　F＿；

式中　X（U）、Z（W）——螺纹终点坐标，U、W 是螺纹终点相对于起点的增量值。

F——为螺纹导程。对圆锥螺纹，其斜角 $\alpha$ 在 45°以下时，螺纹导程以 $Z$ 轴方向值指定；$\alpha$ 为 45°～90°时，以 $X$ 轴方向值指定。

（2）指令使用说明

1）车削螺纹过程中不要使用恒线速度控制；车削螺纹过程中的进给速度倍率、主轴速度倍率无效（固定 100%）。

2）螺纹切削过程中，假如按下进给停止按钮，也必须等到螺纹切削完，在执行没有螺纹切削的程序段时，刀具才会停止。

（3）应用举例　用 G32 指令编程加工图 4-4 所示圆柱螺纹。螺纹外径已加工完成。查表 4-1，螺纹牙型深度约为 1.3mm，分 5 次进给，背吃刀量（直径值）分别为 0.9mm、0.6mm、0.6mm、0.4mm、0.1mm，空刀导入量为 4mm，空刀退出量为 2mm，采用绝对坐标编程。

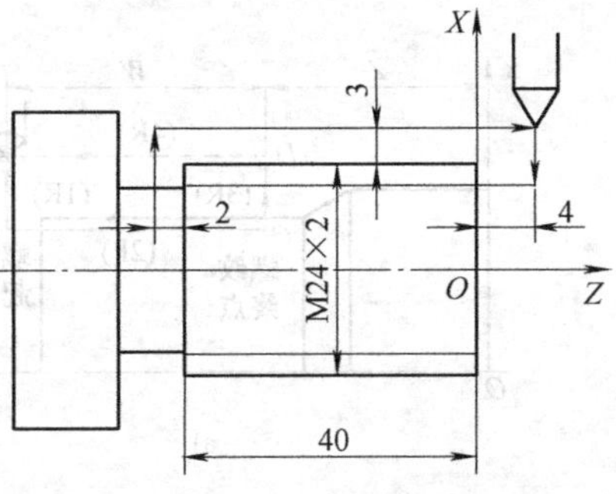

图 4-4　G32 指令应用实例

加工程序：

```
…
G00  X30.0  Z4.0;
X23.1;
G32  Z-42.0  F2.0;          (第一次车螺纹，背吃刀量为 0.9mm)
G00  X30.0;
Z4.0;
X22.5;
G32  Z-42.0  F2.0;          (第二次车螺纹，背吃刀量为 0.6mm)
G00  X30.0;
Z4.0;
X21.9;
G32  Z-42.0  F2.0;          (第三次车螺纹，背吃刀量为 0.6mm)
G00  X30.0;
Z4.0;
X21.5;
G32  Z-42.0  F2.0;          (第四次车螺纹，背吃刀量为 0.4mm)
```

G00　X30.0；

Z4.0；

X21.4；

G32　Z－42.0　F2.0；　　（第五次车螺纹，背吃刀量为 0.1mm）

G00　X30.0；

Z4.0；

…

**2. 螺纹车削单一循环指令（G92）**

螺纹切削循环指令把“切入—螺纹切削—退刀—返回” 4 个动作作为一个循环，如图 4-5所示。切削圆柱螺纹单一循环如图 4-5a 所示，切削圆锥螺纹单一循环如图 4-5b 所示。刀具从循环起点开始，按 $A \to B \to C \to D$ 进行自动循环，最后又回到循环起点 $A$。图中虚线 1（R）、3（R）、4（R）表示快速移动，实线 2（F）表示按指定的进给速度移动。

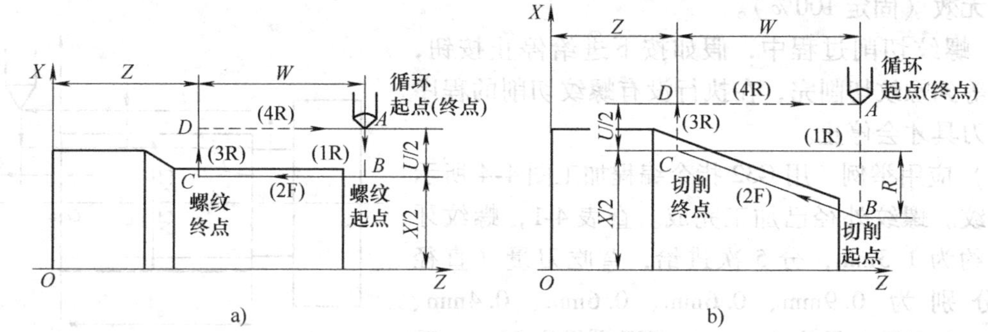


图 4-5　螺纹车削单一循环指令 G92

a）圆柱螺纹循环　b）圆锥螺纹循环

（1）编程格式

圆柱螺纹：G92　X（U）＿　Z（W）＿　F＿；

圆锥螺纹：G92　X（U）＿　Z（W）＿　R＿　F＿；

式中　X（U）、Z（W）——为螺纹终点坐标；

X、Z——螺纹终点（图 4-5 中 $C$ 点）的绝对坐标值；

U、W——螺纹终点相对于循环起点（图 4-5 中 $A$ 点）的增量坐标值。

R——螺纹的锥度，其值为圆锥螺纹切削起点与切削终点的半径之差。如果切削起点的 $X$ 向坐标小于终点的 $X$ 向坐标，R 值为负，反之为正。

F——螺纹导程。

（2）应用举例

1）试用螺纹单一固定循环指令 G92 编制加工图 4-4 所示圆柱螺纹程序（使用绝对坐标）。

…

G00　X30.0　Z4.0；

G92　X23.1　Z－42.0　F2.0；（第一次车螺纹，背吃刀量为 0.9mm）

X22.5；（第二次车螺纹，背吃刀量为0.6mm）

X21.9；（第三次车螺纹，背吃刀量为0.6mm）

X21.5；（第四次车螺纹，背吃刀量为0.4mm）

X21.4；（第五次车螺纹，背吃刀量为0.1mm）

…

2）试用螺纹单一固定循环指令 G92 编制加工图 4-6 所示圆锥螺纹程序（使用增量坐标）。毛坯的外圆已加工完成。

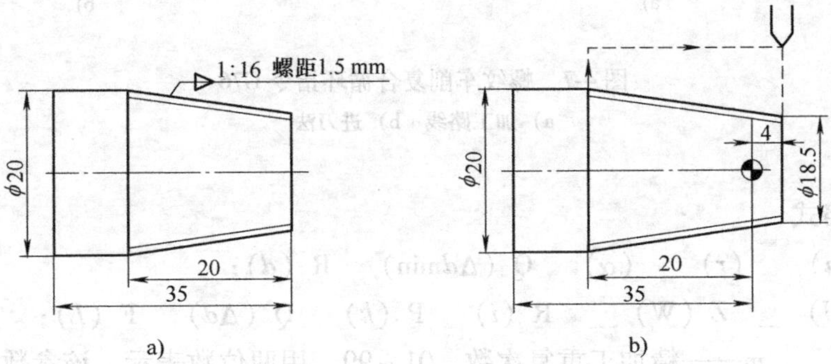


图 4-6　圆锥螺纹切削

a）圆锥螺纹图样　b）切削起点和终点

编程相关参数的确定：

①取空刀导入量 $\delta_1=4$mm，由圆锥螺纹的锥度可以计算 $Z=4$ 处圆锥小端 $X$ 坐标为 18.5；螺纹切削终点的 $Z$ 坐标始终为 -20.0，如图 4-6b 所示。

②$R$ 值的计算：$R=(18.5-20)/2=-0.75$；

③查表 4-2 得螺纹切削总余量 1.95mm，采用 4 次切削，背吃刀量依次为 0.8mm、0.6mm、0.4mm、0.15mm。

④设置循环起点的坐标为（25.0，4.0）。

编写加工程序（使用增量坐标）：

```
…
G00　X25.0　Z4.0；
G92　U-5.8　W-24.0　R-0.75　F1.5；
U-6.4；
U-6.8；
U-6.95；
…
```

### 3. 螺纹车削复合循环指令（G76）

该指令用于多次自动循环螺纹车削，在指令中定义好有关参数，就能自动进行循环，完成这段螺纹的加工。车削过程中，除第一刀的切削深度外，其余每刀的切削深度由系统自动计算生成。G76 采用的是斜进式切削方法，具有刀具负载小，排屑容易，不易“扎刀”的优点，尤其适合截面尺寸较大的螺纹（如梯形螺纹）加工。G76 螺纹车削复合循环指令的加工路线及进给法如图 4-7 所示。

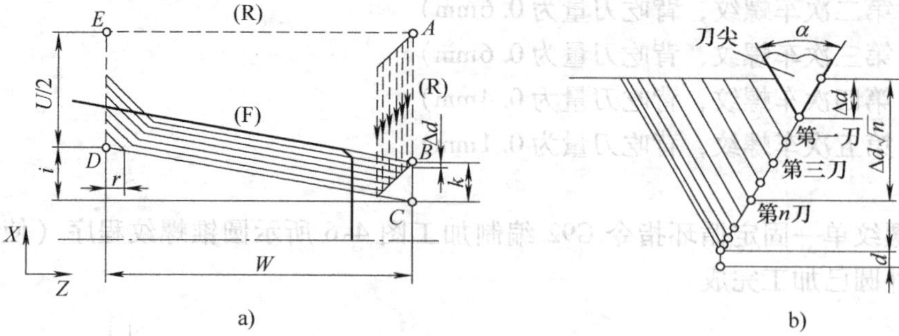


图 4-7　螺纹车削复合循环指令 G76
a）加工路线　b）进刀法

（1）编程格式

G76　P（$m$）　（$r$）　（$\alpha$）　Q（$\Delta d$min）　R（$d$）；

G76　X（U）＿　Z（W）＿　R（$i$）　P（$k$）　Q（$\Delta d$）　F（$L$）；

式中　$m$——精加工重复次数，01～99，用两位数表示，该参数为模态量；

$r$——螺纹尾端倒角值，该值的大小可设置为（0.0～9.9）$L$，系数应为0.1的整倍数，用00～99的两位整数表示，其中$L$为导程，该参数为模态量；

$\alpha$——刀尖角，可以选择80°，60°，55°，30°，29°和0°这6种中的1种，由两位整数表示，该参数为模态量，$m$、$r$、$\alpha$用地址P同时指定，例如，$m=2$，$r=1.2L$，$\alpha=60°$，表示为“P021260”；

$\Delta d$min——最小切削深度，用半径编程指定，单位为μm，车削过程中每次的背吃刀量为（$\Delta dn^{1/2}-\Delta d(n-1)^{1/2}$），当计算深度小于此极限值时，背吃刀量锁定在该值，该参数为模态量；

$d$——精加工余量，用半径编程指定，单位为μm，该参数为模态量；

X（U）、Z（W）——终点坐标；

$i$——螺纹锥度值，即螺纹切削起始点与切削终点的半径差，当$X$向切削起始点坐标小于切削终点坐标时，$i$为负，反之为正，加工圆柱螺纹时，$i=0$；

$k$——螺纹牙型高度，用半径值指定，单位为μm，通常为正值；

$\Delta d$——第一刀切削深度，$X$轴方向的半径值，单位为μm，通常为正值；

$L$——螺纹导程。

（2）应用举例　用G76指令加工图4-8所示螺纹（螺纹大径已经加工）。

原始数据：双线螺纹，螺纹公称直径M30mm，螺纹导程$P_h=4$mm，螺距$P=2$mm，螺纹长$l=40$mm。

确定指令参数：精加工两次，$m=02$；螺纹尾端倒角值$r=12$，实际退刀量$1.2L=$

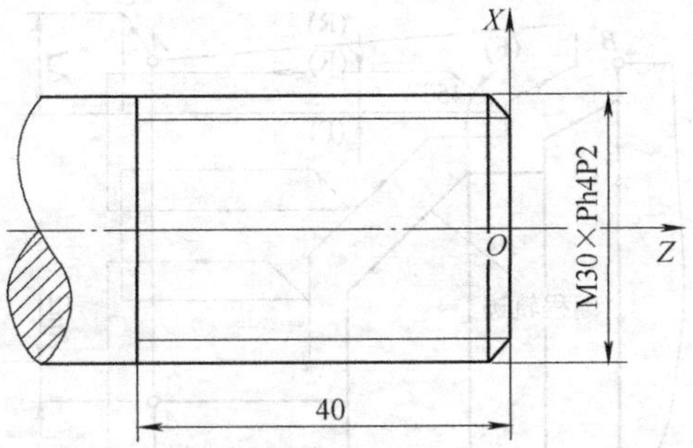

图 4-8　螺纹车削复合循环指令应用

4. 8mm；刀尖角 60°，$\alpha=60$；最小切削深度 0. 1mm，$\Delta dmin=100\ \mu m$；精加工余量 0. 1mm，$d=100\ \mu m$；终点坐标（$X27.402$，$Z-40$）；螺纹锥度值 $i=0$；螺纹牙型高度 1. 299mm，$k=1299\ \mu m$；第一刀切削深度 0. 9mm，$\Delta d=900\ \mu m$。

编写加工程序：

```
T0202;
S350   M03;
G00   X35.0   Z3.0;                          (定位到第一条螺纹起刀点)
G76   P021260   Q100   R100;                 (切削第一条螺纹)
G76   X27.402   Z-40   R0   P1299   Q900   F4.0;
G00   X35.0   Z5.0;                          (定位到第二条螺纹起刀点)
G76   P021260   Q100   R100;                 (切削第二条螺纹)
G76   X27.402   Z-40   R0   P1299   Q900   F4.0;
M05;
M30;
```

### 4.2.3　复合循环指令 G71 和 G70

使用复合循环指令，对零件的轮廓定义之后，即可完成从粗加工到精加工的全过程。复合循环应用于零件外径、内径或端面的加工余量较大、必须重复多次加工才能达到规定尺寸的场合。采用复合循环指令可大大简化程序的编制。

**1. 内、外径粗加工循环（G71）**

该指令适用于车削圆棒料毛坯，需多次进给才能完成的外圆和内径的粗加工。图 4-9 所示为 G71 指令的加工路线。

（1）编程格式

G71　U（$\Delta d$）　R（$e$）；

G71　P（$ns$）　Q（$nf$）　U（$\Delta u$）　W（$\Delta w$）　F（$f$）　S（$s$）　T（$t$）；

式中　$\Delta d$——背吃刀量（切削深度），半径值，无正负号；

$e$——退刀量，半径值；

$ns$——精加工轮廓程序段中开始程序段的段号；

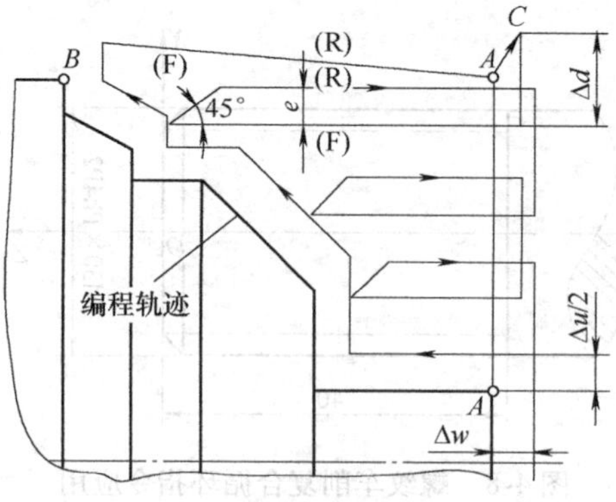


图 4-9　外圆粗加工循环

$nf$——精加工轮廓程序段中结束程序段的段号；

$\Delta u$——$X$ 轴方向精加工余量，直径值，外形加工取正值，内形加工取负值；

$\Delta w$——$Z$ 轴方向精加工余量，从右向左加工取正值，反之取负值。

（2）指令使用说明

1）如图 4-9 所示，$C$ 点为粗车循环的起点。

2）在 G71 指令的程序段内，要指定 F、S 和 T 功能，但是，$ns \rightarrow nf$ 精加工轮廓程序段中的 F、S、T 功能，即使被指定也对粗车循环无效。

3）零件轮廓必须符合 $X$ 轴、$Z$ 轴方向同时单调增大或单调减少。

4）精加工程序第一句必须是用 G00 或 G01 沿 $X$ 方向进给，进给至精加工轨迹开始点，然后开始描述精加工轮廓轨迹。

**2. 精加工循环（G70）**

该指令用于执行 G71、G72、G73 粗加工循环指令后的精加工循环（G72、G73 粗加工循环指令将分别在后续项目中介绍）。

（1）编程格式

G70　P（$ns$）　Q（$nf$）；

式中　$ns$——精加工轮廓程序段中开始程序段的段号；

$nf$——精加工轮廓程序段中结束程序段的段号。

（2）指令使用说明

1）G70 指令不能单独使用，只能配合 G71、G72、G73 指令使用，完成精加工固定循环。

2）精加工时，G71、G72、G73 程序段中的 F、S、T 指令无效，只有在 $ns \sim nf$ 程序段中的 F、S、T 才有效。

**3. 编程实例**

用复合循环指令编制图 4-10 所示零件的加工程序，毛坯为 $\phi$50mm 棒料。

设循环起始点为 $A$（52，3），切削深度为 2.0mm（半径量）。$X$ 方向精加工余量为 0.4mm，$Z$ 方向精加工余量为 0.1mm，其中双点画线部分为工件毛坯。粗、精加工选用同一把刀。

编写程序：

O0010；　　　　　　（程序号）

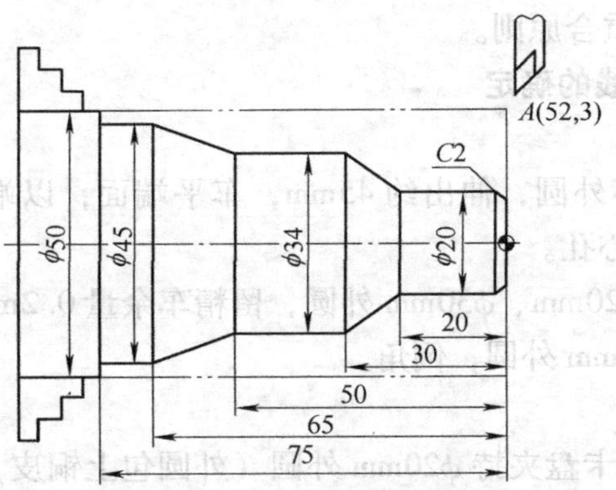


图 4-10　G71/G70 应用举例

```
     T0101;                                  (调用 T1 号刀具，刀具补偿号 01)
     G97  S900  M03;                         (主轴以 900r/min 正转)
     G00  G98  X52.0  Z3.0  M08;             (刀具到循环起点位置，打开切削液)
     G71  U2.0  R2.0;                        (外径粗车循环切削深度 2.0mm)
     G71  P10  Q20  U0.4  W0.2  F120.0;      (精车余量 X 向为 0.4mm，Z 向为 0.2mm)
N10  G00  X10.0;                             (加工轮廓起始行，快速到倒角延长线)
     G01  X20.0  Z-2.0  F60.0;               (加工倒角)
          Z-20.0;                            (加工 φ20mm 外圆)
          X34.0  Z-30.0;                     (加工小圆锥)
          Z-50.0;                            (加工 φ34mm 外圆)
          X45.0  Z-65.0;                     (加工大圆锥)
          Z-75.0;                            (加工 φ45mm 外圆)
N20       X52.0;                             (退刀)
     G70  P10  Q20;                          (调用工件轮廓精加工)
     G00  X80.0  Z100.0  M09;                (回起刀点，关切削液)
     M05;                                    (主轴停)
     M30;                                    (程序结束)
```

## 4.3　项目实施

### 4.3.1　工艺分析

**1. 零件图分析**

图 4-1 所示为螺纹轴，由外圆柱面、圆锥面、沟槽、普通三角螺纹构成。$\phi$20mm 圆柱面和圆锥面表面粗糙度要求较高，为 $Ra$1.6 μm，其余表面粗糙度值为 $Ra$3.2 μm。$\phi$20mm 圆柱面尺寸公差要求较高，同时还有圆跳动公差要求。

**2. 装夹方案的确定**

根据该零件加工要求，采用自定心卡盘和顶尖的一顶一夹定位安装方式。采用设计基准作为定位基准，符合基准重合原则。

**3. 加工顺序和进给路线的确定**

（1）工序一

1）自定心卡盘夹毛坯外圆，伸出约45mm，车平端面，以端面中心为工件坐标原点，对刀，设置 $Z$ 坐标，钻中心孔。

2）顶尖顶紧，粗车 $\phi$20mm、$\phi$30mm 外圆，留精车余量 0.2mm。

3）精车 $\phi$20mm、$\phi$30mm 外圆，倒角。

（2）工序二

1）工件调头，自定心卡盘夹持 $\phi$20mm 外圆（外圆包上铜皮），轴肩顶住卡盘端面。车平右端面保证总长80mm。以右端面中心为工件坐标原点，重新对刀，设置 $Z$ 坐标。

2）钻右端中心孔。

3）顶尖顶紧，粗车 M20×2 螺纹大径、圆锥面，留精车余量 0.2mm。

4）切槽至尺寸要求。

5）精车倒角、M20×2 螺纹大径、圆锥面。

6）车 M20×2 螺纹至尺寸要求。

**4. 刀具及切削用量的选择**

（1）确定刀具　选择刀具见表4-3。

**表 4-3　数控刀具卡**

<table>
<tr><td colspan="2">产品名称或代号</td><td colspan="2"></td><td colspan="2">零件名称</td><td>螺纹轴</td><td>零件图号</td><td colspan="2">图4-1</td></tr>
<tr><td>序号</td><td>刀具号</td><td colspan="2">刀具名称及规格</td><td>数量</td><td>刀长/mm</td><td colspan="2">加工表面</td><td colspan="2">备注</td></tr>
<tr><td>1</td><td>T0101</td><td colspan="2">90°外圆车刀</td><td>1</td><td></td><td colspan="2">粗、精车外轮廓</td><td colspan="2"></td></tr>
<tr><td>2</td><td>T0202</td><td colspan="2">3mm 切槽刀</td><td>1</td><td></td><td colspan="2">车螺纹 3mm 退刀槽</td><td colspan="2"></td></tr>
<tr><td>3</td><td>T0303</td><td colspan="2">60°机夹螺纹车刀</td><td>1</td><td></td><td colspan="2">车螺纹</td><td colspan="2"></td></tr>
<tr><td>4</td><td>T04</td><td colspan="2">$\phi$2.5mm 中心钻</td><td>1</td><td></td><td colspan="2">钻中心孔</td><td colspan="2"></td></tr>
<tr><td>编制</td><td></td><td>审核</td><td></td><td>批准</td><td></td><td>年　月　日</td><td colspan="2">共　页</td><td>第　页</td></tr>
</table>

（2）确定切削用量　粗车外轮廓直径取 $\phi$35mm，精车外轮廓直径取 $\phi$25mm，切槽直径取 $\phi$20mm。根据工件材料和工件表面粗糙度，查表 1-3、1-4（或切削手册），并通过式（1-1）、式（1-2）计算得切削用量，其数值见表4-4。

**表 4-4　切削用量表**

| 加工内容 | 切削速度/（m/min） | 主轴转速/（r/min） | 进给量/（mm/r） | 背吃刀量/mm |
|---|---|---|---|---|
| 钻中心孔 | | 500 | 0.15 | |
| 粗车外圆、端面、锥面 | 70 | 900 | 0.3 | 2 |
| 精车外圆、锥面 | 120 | 1500 | 0.15 | 0.2 |
| 切 $\phi$20mm 槽 | 70 | 1100 | 0.1 | |
| 车 M20×2 螺纹 | | 520 | | |

### 5. 数控加工工序卡的编制

螺纹轴加工工序卡见表4-5、表4-6。

**表4-5　螺纹轴加工工序卡1**

<table>
<tr><td colspan="4" rowspan="2">（加工工序图）</td><td>产品名称</td><td colspan="2">零件名称</td><td colspan="2">零件图号</td></tr>
<tr><td></td><td colspan="2">螺纹轴</td><td colspan="2">图4-1</td></tr>
<tr><td>工序号</td><td>程序编号</td><td colspan="2">夹具名称</td><td>夹具编号</td><td colspan="2">使用设备</td><td colspan="2">车间</td></tr>
<tr><td>001</td><td>O0401</td><td colspan="2">自定心卡盘、顶尖</td><td></td><td colspan="2">CK6136</td><td colspan="2"></td></tr>
<tr><td rowspan="2">工步号</td><td rowspan="2">工步内容</td><td colspan="3">切削用量</td><td colspan="2">刀具</td><td rowspan="2">量具名称</td><td rowspan="2">备注</td></tr>
<tr><td>主轴转速/（r/min）</td><td>进给量/（mm/r）</td><td>背吃刀量/mm</td><td>编号</td><td>名称</td></tr>
<tr><td>1</td><td>车左端面</td><td>800</td><td>0.3</td><td>2</td><td>T0101</td><td>外圆车刀</td><td></td><td>手动</td></tr>
<tr><td>2</td><td>钻中心孔</td><td>500</td><td>0.15</td><td></td><td>T04</td><td>中心钻</td><td></td><td>手动</td></tr>
<tr><td>3</td><td>粗车 $\phi$20mm、$\phi$30mm 外圆，留精车余量0.4mm</td><td>900</td><td>0.3</td><td>2</td><td>T0101</td><td>外圆车刀</td><td>游标卡尺</td><td>自动</td></tr>
<tr><td>4</td><td>精车 $\phi$20mm、$\phi$30mm 外圆，倒角</td><td>1500</td><td>0.15</td><td>0.2</td><td>T0101</td><td>外圆车刀</td><td>游标卡尺</td><td>自动</td></tr>
<tr><td>编制</td><td>审核</td><td></td><td>批准</td><td colspan="2"></td><td>共1页</td><td colspan="2">第1页</td></tr>
</table>

**表4-6　螺纹轴加工工序卡2**

<table>
<tr><td colspan="4" rowspan="2">（加工工序图）</td><td>产品名称</td><td colspan="2">零件名称</td><td colspan="2">零件图号</td></tr>
<tr><td></td><td colspan="2">螺纹轴</td><td colspan="2">图4-1</td></tr>
<tr><td>工序号</td><td>程序编号</td><td colspan="2">夹具名称</td><td>夹具编号</td><td colspan="2">使用设备</td><td colspan="2">车间</td></tr>
<tr><td>002</td><td>O0402</td><td colspan="2">自定心卡盘、顶尖</td><td></td><td colspan="2">CK6136</td><td colspan="2"></td></tr>
<tr><td rowspan="2">工步号</td><td rowspan="2">工步内容</td><td colspan="3">切削用量</td><td colspan="2">刀具</td><td rowspan="2">量具名称</td><td rowspan="2">备注</td></tr>
<tr><td>主轴转速/（r/min）</td><td>进给量/（mm/r）</td><td>背吃刀量/mm</td><td>编号</td><td>名称</td></tr>
<tr><td>1</td><td>车右端面</td><td>800</td><td>0.3</td><td>2</td><td>T0101</td><td>外圆车刀</td><td>游标卡尺</td><td>手动</td></tr>
<tr><td>2</td><td>钻中心孔</td><td>500</td><td>0.15</td><td></td><td>T04</td><td>中心钻</td><td></td><td>手动</td></tr>
<tr><td>3</td><td>粗车螺纹大径、圆锥面，留精车余量0.4mm</td><td>900</td><td>0.3</td><td>2</td><td>T0101</td><td>外圆车刀</td><td>游标卡尺</td><td>自动</td></tr>
<tr><td>4</td><td>车退刀槽</td><td>1100</td><td>0.1</td><td></td><td>T0202</td><td>切槽刀</td><td>游标卡尺</td><td></td></tr>
<tr><td>5</td><td>精车 $\phi$20mm、$\phi$30mm 外圆，倒角</td><td>1500</td><td>0.15</td><td>0.2</td><td>T0101</td><td>外圆车刀</td><td>游标卡尺</td><td>自动</td></tr>
<tr><td>6</td><td>车 M20×2 螺纹</td><td>520</td><td></td><td></td><td>T0303</td><td>60°机夹螺纹车刀</td><td></td><td>自动</td></tr>
<tr><td>编制</td><td>审核</td><td></td><td>批准</td><td colspan="2"></td><td>共1页</td><td colspan="2">第1页</td></tr>
</table>

## 4.3.2 编制加工程序

螺纹轴左端数控加工程序 O0401 见表 4-7，螺纹轴右端数控加工程序 O0402 见表 4-8。

表 4-7 螺纹轴数控加工程序单 1（加工左端）

| 零件号 | | 零件名称 | 螺纹轴 | 编程原点 | 工件左端面中心处 |
|---|---|---|---|---|---|
| 程序号 | O0401 | 数控系统 | FANUC 0i Mate-TC | 编制 | |
| 程序 | | | 说明 | | |
| O0401 | | | 程序名 | | |
| N5 T0101； | | | 调用 1 号刀（外圆机夹车刀） | | |
| N10 M03 S900； | | | 主轴正转，转速为 900r/min | | |
| N15 G00 X38.0 Z2.0； | | | 车刀快速定位到循环起始点 | | |
| N20 G71 U2.0 R2.0； | | | G71 粗加工左端，背吃刀量 2mm，退刀 2mm | | |
| N25 G71 P30 Q55 U0.4 W0 F0.3； | | | 精加工余量 0.4mm | | |
| N30 G01 X12.0 F0.15； | | | 精加工开始段，精加工起点 | | |
| N35 X20.0 Z-2.0； | | | 倒角 | | |
| N40 Z-25.0； | | | 车 $\phi$20mm 外圆 | | |
| N45 X30.0； | | | 车 $\phi$30mm 轴端面 | | |
| N50 Z-35.0； | | | 车 $\phi$30mm 外圆 | | |
| N55 X38.0； | | | 精加工结束段 | | |
| N60 S1500； | | | 精加工，转速为 1500r/min | | |
| N65 G00 X36.0 Z2.0； | | | 精加工起始点 | | |
| N70 G70 P30 Q55； | | | G70 精加工左端 | | |
| N75 G00 X150.0 Z150.0； | | | 返回换刀点 | | |
| N80 M05； | | | 主轴停转 | | |
| N85 M30； | | | 程序结束 | | |

表 4-8 螺纹轴数控加工程序单 2（加工右端）

| 零件号 | | 零件名称 | 螺纹轴 | 编程原点 | 工件右端面中心处 |
|---|---|---|---|---|---|
| 程序号 | O0402 | 数控系统 | FANUC 0i Mate-TC | 编制 | |
| 程序 | | | 说明 | | |
| O0402 | | | 程序名 | | |
| N5 T0101； | | | 调用 1 号刀（外圆机夹车刀） | | |
| N10 M03 S800； | | | 主轴正转，转速为 800r/min | | |
| N15 G00 X38.0 Z2.0； | | | 车刀快速定位到循环起始点 | | |
| N20 G71 U2.0 R2.0； | | | G71 粗加工左端，背吃刀量 2mm，退刀 2mm | | |
| N25 G71 P30 Q45 U0.4 W0 F0.3； | | | 精加工余量 0.4mm | | |
| N30 G01 X12.0 F0.15； | | | 精加工开始段，精加工起点 | | |
| N35 X20.0 Z-2.0； | | | 倒角 | | |
| N40 Z-20.0； | | | 车螺纹大径 | | |
| N45 X30.0 Z-45.0； | | | 车圆锥面，精加工结束段 | | |
| N50 G00 X150.0 Z150.0； | | | | | |

（续）

| 零件号 | | 零件名称 | 螺纹轴 | 编程原点 | 工件右端面中心处 |
|---|---|---|---|---|---|
| 程序号 | O0402 | 数控系统 | FANUC 0i Mate-TC | 编制 | |

| 程序 | 说明 |
|---|---|
| N55　T0202　S1100； | 换切槽刀 |
| N60　G00　X22.0　Z－20.0； | 定位切槽起点 |
| N65　G01　X16.0　F0.1； | 切槽 |
| N70　G04　X1.0； | 暂停1s |
| N75　G01　X22.0； | 切槽刀退出 |
| N80　G00　X150.0　Z150.0； | |
| N85　T0101　S1500； | 换刀，精加工转速为1500r/min |
| N90　G00　X32.0　Z2.0； | 精加工起始点 |
| N95　G70　P30　Q45； | G70精加工右端 |
| N100　G00　X150.0　Z150.0； | 返回换刀点 |
| N105　T0303　S520； | 换螺纹刀 |
| N110　G00　X22.0　Z3.0； | 定位到螺纹加工循环起点 |
| N115　G92　X19.1　Z－18.5　F2.0； | G92循环加工螺纹 |
| N120　X18.5； | |
| N125　X17.9； | |
| N130　X17.5； | |
| N135　X17.4； | |
| N140　G00　X150.0　Z150.0； | 返回换刀点 |
| N145　M05； | 主轴停转 |
| N150　M30； | 程序结束 |

## 4.4　项目实训

### 4.4.1　实训任务

**1. 实训内容**

图4-11所示为一螺纹轴，材料为45钢，毛坯为$\phi$45mm×115mm棒料。要求制订其数控车削加工工艺，编制数控加工工序，并在数控车床上完成该零件加工。

**2. 实训目的**

1）掌握螺纹轴零件的工艺分析与数控编程。

2）掌握复合循环指令的编程方法。

3）掌握螺纹轴零件的数控加工操作。

**3. 实训准备**

1）数控车床1台，外圆粗车刀、外圆精车刀、3mm宽切槽刀、60°螺纹车刀各一把。

2）45钢$\phi$45mm×115mm棒料一根。

3）游标卡尺、千分尺量具各一把。

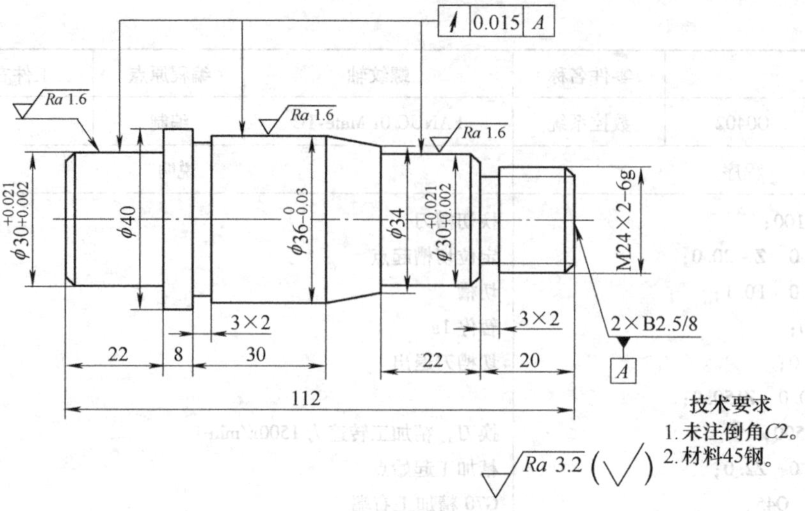


图 4-11　螺纹轴实训图

4）机床说明书。

**4. 实训报告内容**

（1）工艺分析、工艺参数选择、工艺文件编制。

（2）数控程序编制。

（3）实训体会。

（4）填写实训评分表　实训评分表见表 4-9。

**表 4-9　实训评分表**

<table>
<tr><td colspan="2">班级</td><td></td><td>姓名</td><td></td><td>学号</td><td></td></tr>
<tr><td colspan="3">课题</td><td colspan="2">螺纹轴零件加工</td><td>零件编号</td><td>图 4-11</td></tr>
<tr><td rowspan="8">基本检查</td><td rowspan="4">编程</td><td>序号</td><td>检测项目</td><td>配分</td><td>学生自评</td><td>教师评分</td></tr>
<tr><td>1</td><td>切削工艺制订正确</td><td>5</td><td></td><td></td></tr>
<tr><td>2</td><td>切削用量选择合理</td><td>5</td><td></td><td></td></tr>
<tr><td>3</td><td>程序正确、简单、规范</td><td>5</td><td></td><td></td></tr>
<tr><td rowspan="4">操作</td><td>4</td><td>设备操作、维护保养正确</td><td>5</td><td></td><td></td></tr>
<tr><td>5</td><td>安全、文明生产</td><td>5</td><td></td><td></td></tr>
<tr><td>6</td><td>刀具选择、安装正确、规范</td><td>5</td><td></td><td></td></tr>
<tr><td>7</td><td>工件找正、安装正确、规范</td><td>5</td><td></td><td></td></tr>
<tr><td colspan="2">工作态度</td><td>8</td><td>行为规范、纪律表现好</td><td>5</td><td></td><td></td></tr>
</table>

（续）

| 班级 | | 姓名 | | 学号 | |
|---|---|---|---|---|---|
| 课题 | | 螺纹轴零件加工 | | 零件编号 | 图4-11 |
| 外圆 | 9 | $\phi30^{+0.021}_{+0.002}$mm（左/右） | 5 | | |
| | 10 | $\phi40$mm | 3 | | |
| | 11 | $\phi36^{\ 0}_{-0.03}$mm | 5 | | |
| | 12 | $\phi34$mm | 4 | | |
| 长度 | 13 | 22mm（左/右） | 6 | | |
| | 14 | 8mm | 3 | | |
| | 15 | 30mm | 4 | | |
| | 16 | 20mm | 4 | | |
| | 17 | 112mm | 4 | | |
| 螺纹 | 18 | M24×2 | 6 | | |
| 槽 | 19 | 3×2mm | 4 | | |
| 倒角 | 20 | *C*2 | 2 | | |
| 表面粗糙度 | 21 | *Ra*1.6 μm | 5 | | |
| | 22 | *Ra*3.2 μm | 5 | | |
| | | 综合得分 | 100 | | |

## 4.4.2　实训指导

**1. 技术要点**

1）确定定位装夹方式时，要考虑轴颈圆跳动要求。

2）调头加工二次装夹时，要注意保护已加工好的表面。

3）切削过程中，要随时注意顶尖的松紧程度，及时调整，以防止工件不同轴。

4）安装车刀时，刀具伸出长度要合理，注意检查行程，要特别注意刀具在右端面进到*X*向最小尺寸时与顶尖的距离，不要发生碰撞。

**2. 实训步骤**

（1）工艺分析　分析图样，确定加工工序和进给路线，确定装夹方式，选择刀具与工艺参数，填写数控加工刀具卡，填写数控工序卡。

（2）编写数控加工程序。

（3）数控加工

1）加工准备。

①检查毛坯尺寸。

②开机，回参考点。

③输入程序。把编写好的程序通过数控面板输入数控机床。

④装夹工件。把坯料装入自定心卡盘，伸出约40mm左右，用划线盘找正并夹紧。

⑤装夹刀具。把外圆粗车刀、外圆精车刀、切槽刀、螺纹车刀按要求依次装入T01、T02、T03、T04号刀位。其中，安装切槽刀时应注意使刀杆垂直于工件轴线。

2）对刀。四把刀依次采用试切法对刀，通过对刀把操作得到的零偏值分别输入到各自长度补偿中；切槽刀选取左侧刀尖为刀位点。

3）空运行及仿真。对输入的程序进行空运行或轨迹仿真，以检测程序是否正确。

4）零件自动加工及尺寸控制。精加工前要停机测量，进行补偿后再进行精加工。

（4）测量　用相应的量具对各尺寸进行检测。检测结果填入实训评分表4-9。

（5）加工结束，清理机床与场地。

## 习　题

### 一、选择题

1. 利用丝锥攻制M10×1.5螺纹时，宜选用底孔钻头直径为（　　）。

A. 9.5mm　　B. 7mm　　C. 8.5mm　　D. 11.5mm

2. 需要多次自动循环的螺纹加工，应选择（　　）指令。

A. G76　　B. G92　　C. G32　　D. G90

3. 下列（　　）不是螺纹加工指令。

A. G76　　B. G92　　C. G32　　D. G90

4. 螺纹车削进给方法中，牙型精度最高的是（　　）。

A. 直进法　　B. 左右切削法　　C. 斜进法　　D. 轴向进刀

5. G92指令的一个循环四个动作中有（　　）个快速移动。

A. 一　　B. 二　　C. 三　　D. 四

6. 用G71编程，精加工轨迹第一句必须是用（　　）沿$X$方向进给，进给至精加工轨迹开始点。

A. G02　　B. G00或G01　　C. G03　　D. G90

### 二、判断题（请将判断结果填入括号中，正确的填“√”，错误的填“×”）

1. 螺纹指令G32　X41.0　W－43.0　F1.5是以1.5mm/min的速度加工螺纹。（　　）

2. 数控车床可以车削普通螺纹、梯形螺纹、锯齿形螺纹、圆柱管螺纹、圆锥管螺纹，但是不能车削多线螺纹。（　　）

3. G32功能为螺纹切削加工，只能加工直螺纹。（　　）

4. 螺纹循环时，进给保持功能无效。（　　）

5. 在数控车床上加工螺纹时，进给速度可以调节。（　　）

6. 为减小切削力和提高螺纹加工质量，车削螺纹每次的背吃刀量要相等。（　　）

7. 设置空刀导入、退出量是为了减小螺纹表面粗糙度值。（　　）

8. G92指令的F参数指定的是被加工螺纹的螺距。（　　）

9. G76采用的是斜进式切削方法，具有刀具负载小，排屑容易，不易“扎刀”的优点。（　　）

10. 在 G71 指令的程序段内，可以不指定 F、S 和 T 功能，*ns*→*nf* 精加工轮廓程序段中指定 F、S、T 功能即可。　　　　（　　）

**三、实训题**

图 4-12 所示为一螺纹销钉，材料为 45 钢，毛坯为 $\phi$30mm × 50mm 棒料。要求制订其数控车削加工工艺，编制数控加工工序，并在数控车床上完成该零件加工。

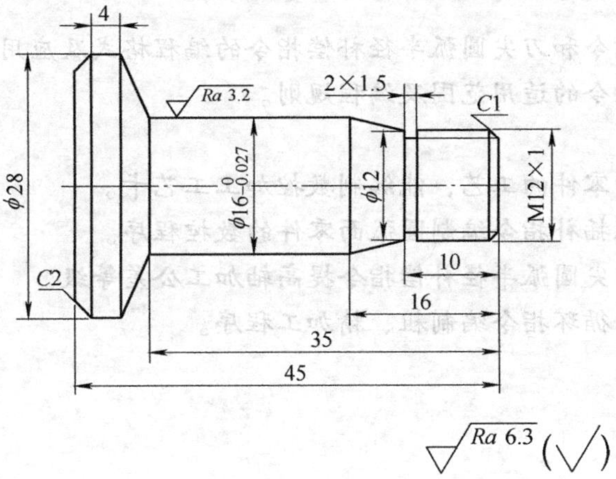


图 4-12　螺纹轴销钉

# 项目五　圆弧面零件加工

【知识目标】

1. 掌握圆弧插补指令和刀尖圆弧半径补偿指令的编程格式及应用。
2. 掌握复合循环指令的适用范围及编程规则。

【能力目标】

1. 能够分析圆弧面零件的工艺，能编制数控加工工艺卡。
2. 能正确使用圆弧插补指令编制圆弧面零件的数控程序。
3. 能够正确使用刀尖圆弧半径补偿指令提高轴加工公差等级。
4. 能正确使用复合循环指令编制粗、精加工程序。

## 5.1　项目导入

图 5-1 所示为球头手柄，按单件生产安排其数控加工工艺，编写出加工程序。毛坯尺寸为 $\phi$25mm × 65mm 棒料，材料为 45 钢。最后进行仿真加工以检验加工程序的正确性。

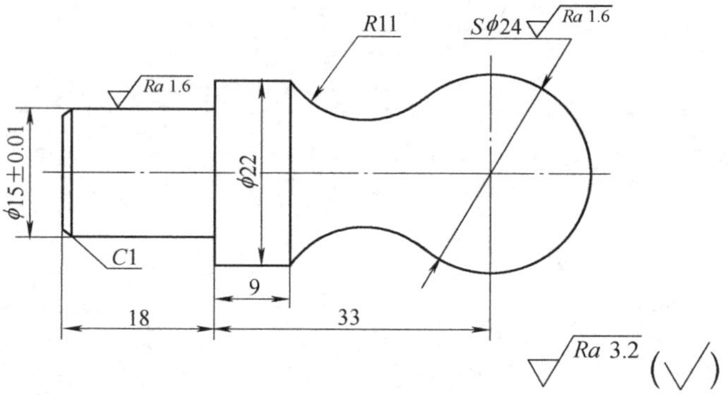


图 5-1　手柄零件图

## 5.2　知识学习

### 5.2.1　圆弧面零件加工工艺

**1. 刀具的选择**

在加工球面时要选择副偏角大的刀具，以免刀具的后刀面与工件产生干涉，如图 5-2 所示。

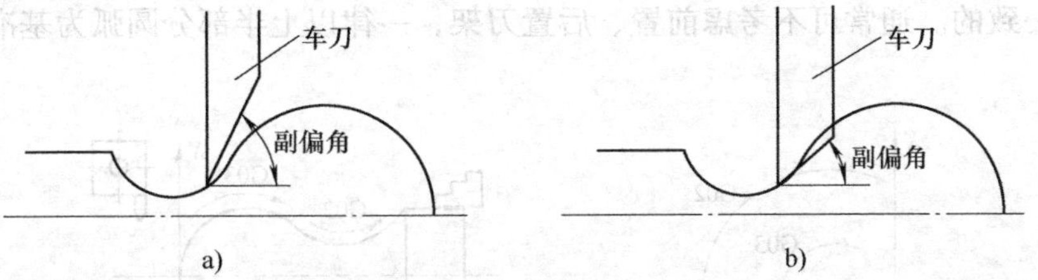


图 5-2　加工圆弧时刀具的选择

a）副偏角大，不干涉　b）副偏角小，产生干涉

**2. 圆弧加工路线的确定**

车削圆弧面时，一般需要多次进给，先将大部分余量切除，最后才车得所需圆弧。表 5-1为常用的圆弧加工路线。

**表 5-1　常用的圆弧加工路线**

| 加工路线 | 图示 | 特点与用途 |
| --- | --- | --- |
| 阶梯切削路线，即先粗车成阶梯，最后一次进给精车出圆弧 | 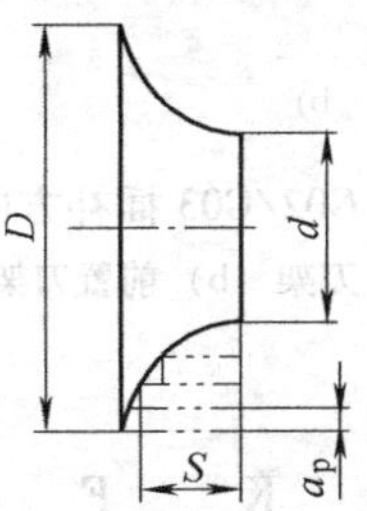  | 在确定了每刀背吃刀量后，需精确计算出每次走刀的 *Z* 向终点坐标，即求圆弧与直线的交点。此方法刀具切削距离较短，但数值计算较复杂，增加了编程的工作量 |
| 车圆法切削路线，先用不同半径同心圆来车削，最后将所需圆弧加工出来 | 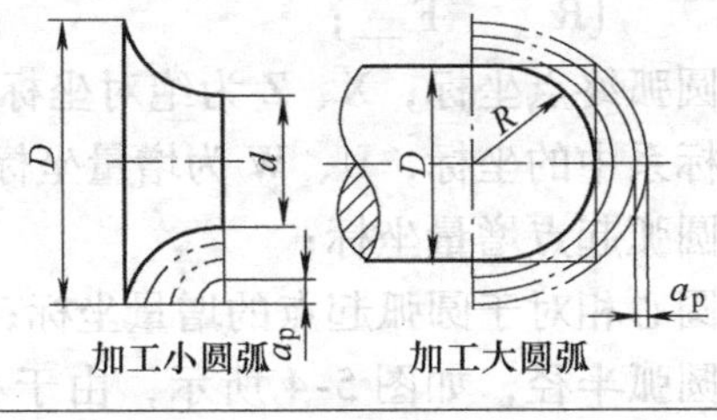  | 在加工小圆弧时走刀路线较短，数值计算简单，编程方便，适合于较复杂的圆弧。但在加工大圆弧时空行程较长 |
| 车锥法车削路线，先车一个圆锥，再车圆弧 | 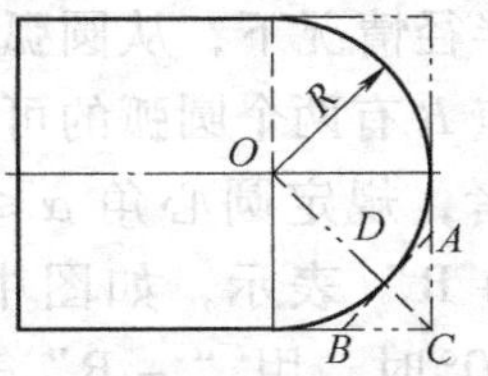  | 车锥时起点和终点若确定不好，则可能损坏圆弧表面，也可能余量留得过大。此方法数值计算较繁，但其刀具切削路线较短 |

## 5.2.2　圆弧插补指令（G02/G03）

圆弧插补指令使刀具沿着圆弧运动，切出圆弧轮廓。G02 为顺时针圆弧插补指令，G03 为逆时针圆弧插补指令。如图 5-3 所示，顺时针、逆时针圆弧插补运动的判断方法是：观察者逆着 *Y* 轴正向看，走刀方向绕 *Y* 轴顺时针转动的为顺时针圆弧，反之为逆时针圆弧。数控车床的刀架位置有前置和后置两种，编程时应根据刀架位置准确判断圆弧插补的顺逆。从图 5-3 可以看出，同一零件不管是采用前置刀架还是后置刀架车削，判别方法不一样，但圆弧插补结果是一致的。通常可不考虑前置、后置刀架，一律以上半部分圆弧为基准判别圆弧插补方向。

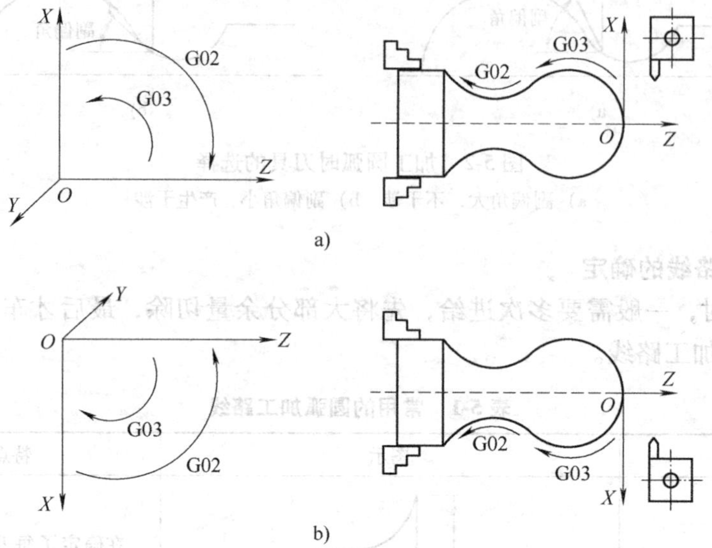


图 5-3　G02/G03 插补方向

a）后置刀架　b）前置刀架

（1）编程格式

$$\left.\begin{matrix}G02\\G03\end{matrix}\right\}\ X\ (U)\ \_\_\ \ Z\ (W)\ \_\_\ \ \left\{\begin{matrix}I\_\_\ \ K\_\_\ \ F\_\_;\\R\_\_\ \ F\_\_;\end{matrix}\right.$$

式中　X（U）、Z（W）——圆弧终点坐标，X、Z 为绝对坐标编程时圆弧终点在工件坐标系中的坐标，U、W 为增量坐标编程时，圆弧终点相对于圆弧起点增量坐标；

I、K——圆心相对于圆弧起点的增量坐标；

R——圆弧半径，如图 5-4 所示，由于在同一半径情况下，从圆弧的起点 $A$ 到终点 $B$ 有两个圆弧的可能，为区分二者，规定圆心角 $\alpha \leqslant 180°$ 时，用“+R”表示，如图中圆弧 1，$\alpha > 180°$ 时，用“-R”表示，如图中的圆弧 2；

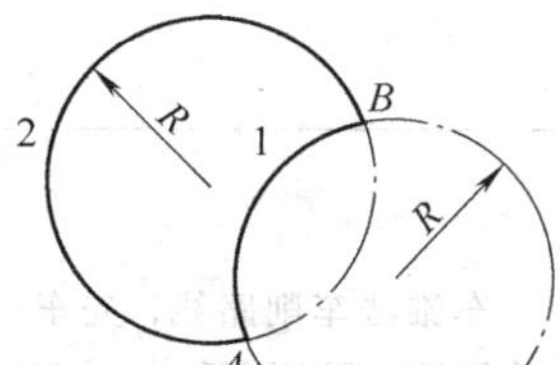


图 5-4　±R 的判断

F——被编程的两个轴的合成进给速度。

（2）应用举例　编程加工图 5-5 所示轮廓。

1）绝对坐标编程。程序如下：

…

G00　X15.0　Z2.0；

G01　Z-20.0　F0.3；　　　　（直线插补到 $C$ 点）

G02　X35.0　Z-30.0　I10.0　K0；（顺圆弧插补到 $D$ 点，使用圆心坐标 I、K 编程）

G03　X55.0　Z－40.0　R10.0;　　　　（逆圆弧插补到 *E* 点，使用圆弧半径 R 编程）
G01　Z－60.0;　　　　　　　　　　（直线插补到 *F* 点）
…

2）增量坐标编程。程序如下：

…
G00　X15.0　Z2.0;
G01　Z－20.0　F0.3;　　　　　　　（直线插补到 *C* 点）
G02　U20.0　W－10.0　R10.0;　　　（顺圆弧插补到 *D* 点，使用圆弧半径 R 编程）
G03　U20.0　W－10.0　I0　K－10.0;（逆圆弧插补到 *E* 点，使用圆心坐标 I、K 编程）
G01　Z－60.0;　　　　　　　　　　（直线插补到 *F* 点）
…

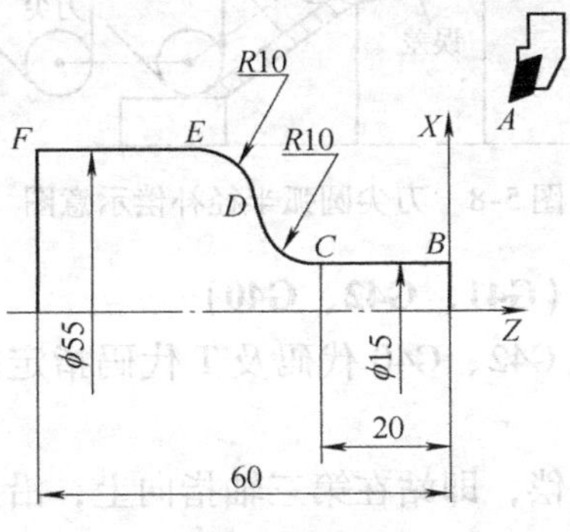


图 5-5　圆弧插补

## 5.2.3　刀尖圆弧半径补偿

### 1. 刀尖圆弧产生的误差

数控车削编程和加工时，通常都将车刀刀尖作为一点，即理想刀尖来编程和对刀的。但实际加工中，为了降低被加工工件的表面粗糙度，减缓刀具磨损，提高刀具寿命，一般车刀刀尖处磨成圆弧过渡刃，如图 5-6 所示。理想刀尖并不是车刀与工件的接触点，实际起作用的切削刃是刀尖圆弧各切点。当车削与轴线平行或垂直的圆柱表面或端面时，刀尖圆弧并不会产生加工误差，但当车削倒角、锥面、圆弧及曲面时，则会产生少切或过切现象，影响零件的加工公差等级，如图 5-7 所示。

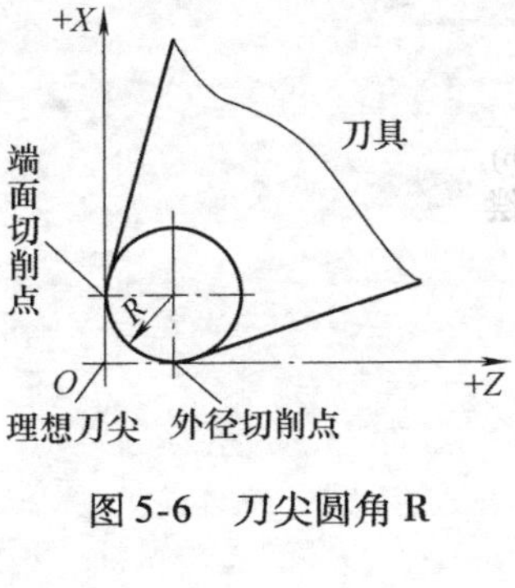


图 5-6　刀尖圆角 R

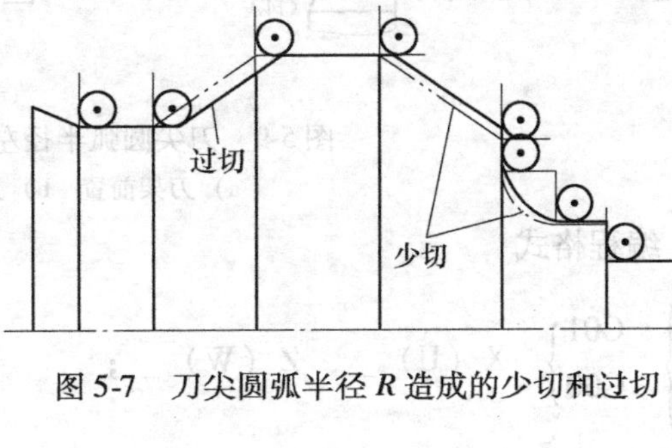


图 5-7　刀尖圆弧半径 *R* 造成的少切和过切

**2. 刀尖圆弧半径自动补偿**

编程时若以刀尖圆弧中心编程，可避免过切和少切现象，但刀位点计算比较麻烦，并且如果刀尖圆弧半径值发生变化时，程序也需要改变。

一般数控系统都具有刀具半径自动补偿功能。编程时，只需按工件的实际轮廓尺寸编程，而不必考虑刀尖圆弧半径的大小。加工时，数控系统能根据刀尖圆弧半径自动计算出补偿量，进行精确的补偿，如图 5-8 所示，可避免少切或过切现象的产生，实现精密加工。

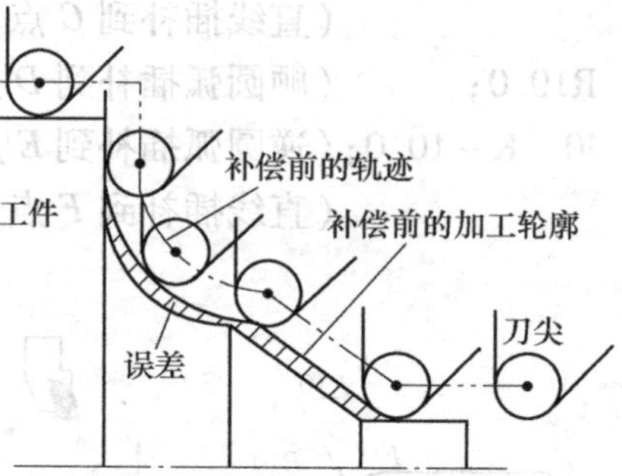


图 5-8　刀尖圆弧半径补偿示意图

**3. 刀尖圆弧半径补偿指令（G41、G42、G40）**

刀尖半径补偿是通过 G41、G42、G40 代码及 T 代码指定的刀尖圆弧半径补偿号来建立或取消的。

G41——刀尖圆弧半径左补偿，即站在第三轴指向上，沿刀具运动方向看，刀具位于工件左侧，如图 5-9 所示的内孔加工。

G42——刀尖圆弧半径右补偿，即站在第三轴指向上，沿刀具运动方向看，刀具位于工件右侧，如图 5-9 所示的外圆加工。

G40——取消刀尖圆弧半径补偿，按程序路径进给。

图 5-9　刀尖圆弧半径左补偿和右补偿

a）刀架前置　b）刀架后置

（1）编程格式

$$\left.\begin{matrix}G41\\G42\\G40\end{matrix}\right\}\left.\begin{matrix}G01\\G00\end{matrix}\right\}\ X\ (U)\ \_\_\ \ Z\ (W)\ \_\_;$$

式中　X（U）、Z（W）——建立刀补或取消刀补中刀具移动的终点，X __ Z __是绝对坐标编程时，G00、G01 运动的终点坐标；U __ W __是增量坐标编程时，G00、G01 运动目标点坐标的增量。

（2）指令使用说明

1）G40、G41、G42 都是模态代码，可相互注销。

2）G40、G41、G42 只能与 G00、G01 结合编程，不允许与 G02、G03 等其他指令结合编程。

3）在编入 G40、G41、G42 的 G00 与 G01 前后的两个程序段中，X、Z 值至少有一个值变化。

4）在调用新的刀具前，必须取消刀具补偿。

5）补偿进行时，指定平面内如连续有两个或以上的非移动指令（辅助机能或暂停等），会产生过切或少切。

6）在 MDI 状态下不能进行刀尖圆弧半径补偿。

**4. 刀尖圆弧位置编码**

在设置刀尖圆弧半径自动补偿值时，还要设置刀尖圆弧位置编码。刀尖圆弧位置编码定义了刀具刀位点与刀尖圆弧中心的位置关系，有 0 ~ 9 共 10 个方向。图 5-10a 所示为刀架前置的数控车床刀具刀位点位置的情况；图 5-10b 所示为刀架后置的数控车床刀具刀位点位置的情况。编码“0”或“9”是以刀尖圆弧中心作为刀位点的车刀位置编码。只有在刀具数据库内按刀具实际放置情况设置相应的刀尖位置序号，才能保证对它进行正确的刀补，否则，将会出现过切或少切现象。

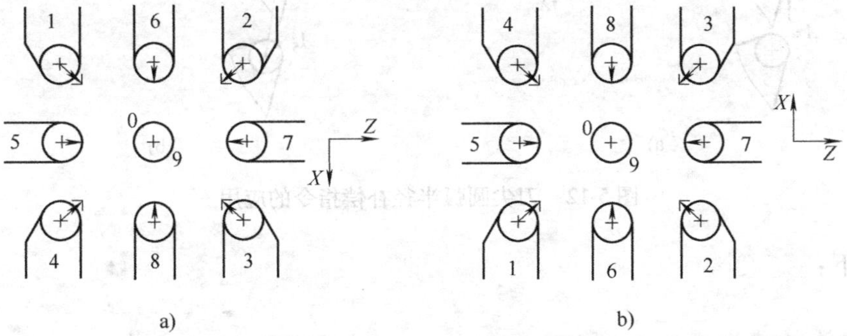


图 5-10　车刀刀尖位置编码
a）刀架前置　b）刀架后置

**5. 刀尖圆弧半径补偿值的设定**

刀尖圆弧半径补偿值可以通过刀具补偿设定界面设定（按数控系统控制面板上参数输入页面键“OFFSET”两次），如图 5-11 所示。该设定画面上，在刀具代码 T 中的补偿号对应的存储单元中除有 *X* 轴、*Z* 轴的长度补偿值外，还有圆弧半径补偿值和刀尖位置序号（0 ~ 9），共四个数据。将每把刀具的这四个数据分别输入刀具补偿号对应的存储单元中，即可实现自动补偿，如图 5-11 所示的 01 号刀具（T0101）的刀尖圆弧半径补偿值为 3mm，刀尖方位序号为 3。

| 刀具补正/形状 | | 0 | N | |
|---|---|---|---|---|
| 番号 | X | Z | R | T |
| 01 | 211.315 | 119.766 | 3.000 | 3 |
| 02 | 0.000 | 0.000 | 0.000 | 0 |
| 03 | 0.000 | 0.000 | 0.000 | 0 |
| 04 | 0.000 | 0.000 | 0.000 | 0 |
| 05 | 0.000 | 0.000 | 0.000 | 0 |

图 5-11　刀尖圆弧半径补偿值设定界面

**6. 应用举例**

如图 5-12 所示工件，为保证圆锥面的加工公差等级，试采用刀尖圆弧半径补偿指令编写程序。

如图 5-12a 所示，未采用刀尖圆弧半径补偿指令时，刀具以刀尖轨迹运动，圆锥面产生误差 $\delta$。采用刀尖圆弧半径补偿指令后，系统自动计算刀位点轨迹，如图 5-12b 所示，加工表面无形状误差。

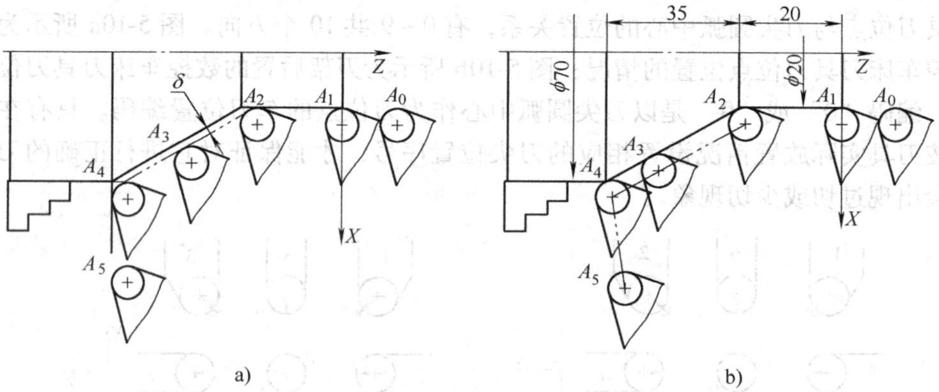


图 5-12　刀尖圆弧半径补偿指令的应用

程序如下：

…

N40　G00　X20.0　Z2.0；　　　　　　　（快进至 $A_0$ 点）

N50　G41　G01　X20.0　Z0；　　　　　（刀具左补偿，$A_0 \to A_1$）

N60　Z－20.0；　　　　　　　　　　　（车 $\phi$20mm 外圆，$A_1 \to A_2$）

N70　X70.0　Z－55.0　　　　　　　　 （车锥面，$A_2 \to A_4$）

N80　G40　G01　X80.0　Z－55.0；　　（退刀并取消刀补，$A_4 \to A_5$）

…

注意：刀具半径补偿的建立或取消是在 G41/G42 或 G40 所在的程序段的刀具移动过程中逐渐进行的。

## 5.2.4　固定形状粗加工复合循环指令（G73）

固定形状粗加工复合循环是按照一定的切削形状，逐渐接近最终形状的循环切削方式。该指令适于对铸、锻毛坯切削，对零件轮廓的单调性则没有要求。系统根据指令中指定的精车余量、退刀量、切削次数等数据自动计算粗车偏移量、粗车的单次进给量，G73 指令便可使刀具按指定 *ns* ~*nf* 程序段给出的精车轨迹进行重复切削。每次切削的轨迹都是精车轨迹的偏移，最后一次切削轨迹为按精车余量偏移的精车轨迹。G73 指令循环路径如图 5-13 所示。

（1）编程格式

G73　U（$\Delta i$）　W（$\Delta k$）　R（$d$）；

G73　P（$ns$）　Q（$nf$）　U（$\Delta u$）　W（$\Delta w$）　F（$f$）　S（$s$）　T（$t$）；

式中　$\Delta i$——$X$ 轴向总退刀量（半径值）；

$\Delta k$——$Z$ 轴向总退刀量；

$d$——重复加工次数；

$ns$——精加工轮廓程序段中开始程序段的段号；

$nf$——精加工轮廓程序段中结束程序段的段号；

$\Delta u$——$X$ 轴向精加工余量（直径值）；

$\Delta w$——$Z$ 轴向精加工余量；

$f$、$s$、$t$——F、S、T 代码。

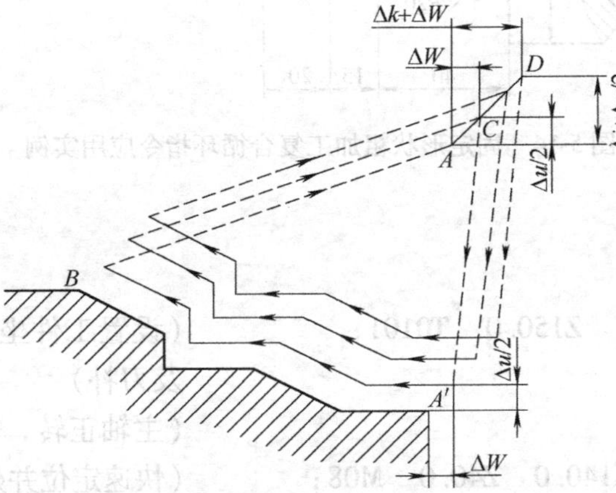


图 5-13　固定形状粗加工复合循环的刀具轨迹

（2）指令使用说明

1）$X$ 方向和 $Z$ 方向的精车余量 $\Delta u$ 和 $\Delta w$ 的正负号确定方法与 G71 指令相同。

2）在粗车循环过程中，可建立刀尖圆弧半径补偿功能。

3）*ns* ~ *nf* 程序段可不必紧跟在 G73 程序段后编写，系统能自动搜索到 *ns* 程序段并执行，但完成 G73 指令后，会接着执行紧跟 *nf* 程序段的下一段程序。

4）在 *ns* ~ *nf* 间任何一个程序段上的 F、S、T 功能均无效，仅在 G73 中指定的 F、S、T 功能有效。

5）*ns* 程序段只能是 G00 或 G01 指令。

6）在 G73 指令执行过程中，可以停止自动运行并手动移动，但要再次执行 G73 循环时，必须返回手动移动前的位置。如果不返回就继续执行，后面的运行轨迹就会错位。

7）G73 中 *ns*～*nf* 间的程序段不能使用的指令如下：

①除 G04（暂停）外的其他 00 组 G 指令。

②除 G00，G01、G02、G03 外的其他 01 组 G 指令。

③子程序调用指令，如 M98/M99。

（3）应用举例　用固定形状粗加工复合循环指令编制图 5-14 所示零件的粗加工程序，径向精加工余量 1mm，轴向精加工余量 0.5mm，$\phi$120mm 表面不加工。

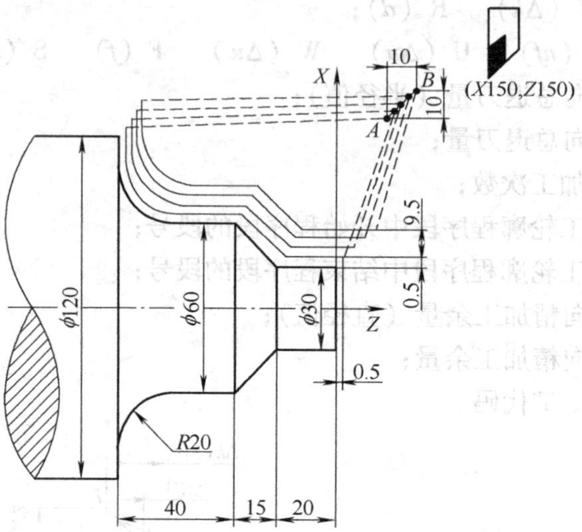


图 5-14　固定形状粗加工复合循环指令应用实例

程序如下：

O0004；

| | |
|---|---|
| N010　G50　X150.0　Z150.0　T0101； | （设置工件坐标系并调用 1 号外圆刀及刀补） |
| N020　M03　S2000； | （主轴正转，转速为 2000r/min） |
| N030　G00　G42　X140.0　Z40.0　M08； | （快速定位并建立右刀补，切削液开） |
| N040　G96　S150； | （切削线速度控制在 150m/min） |
| N050　G73　U9.5　W9.5　R3； | （设定 *X* 向、*Z* 向退刀量和循环切削次数） |
| N060　G73　P70　Q120　U1.0　W0.5　F0.3； | （给定精车程序段区间和精车余量） |
| N070　G00　X30.0　Z2.0； | （循环开始，刀具快速靠近精车轨迹起点） |
| N080　G01　Z－20.0　F0.15； | （车 $\phi$30mm 圆柱面） |
| N090　X60.0　Z－35.0； | （车圆锥段） |
| N100　Z－55.0； | （车 $\phi$60mm 圆柱面） |
| N110　G02　X100.0　Z－75.0　R20.0； | （车 *R*20mm 圆弧段） |
| N120　G01　X123.0； | （车轴肩端面至 *X*123.0 处，返回循环起点） |

N130　G00　X150.0　Z150.0　G40；　（取消刀补，快速定位至起刀点）
N140　M09　M05；　（切削液关，主轴停转）
N150　M30；　（程序结束）

## 5.3 项目实施

### 5.3.1 工艺分析

**1. 零件图分析**

根据图5-1所示图样，零件材料为45钢，零件主要包括圆弧面、圆柱面，工件加工公差等级要求不高，$\phi$15mm圆柱面和$S\phi$24mm球面的表面粗糙度要求较高，为$Ra$1.6μm，其余表面粗糙度值为$Ra$3.2μm。

**2. 装夹方案**

该零件加工公差等级要求不高，工件长度不是很长，采用自定心卡盘定位安装即可。

**3. 加工顺序和进给路线的确定**

（1）工序一

1）自定心卡盘夹持毛坯外圆伸出约35mm，车平端面，以端面中心为工件坐标原点，对刀，设置$Z$坐标。

2）粗车$\phi$15mm、$\phi$22mm外圆，留精车余量0.2mm。

3）精车$\phi$15mm、$\phi$22mm外圆，倒角。

（2）工序二

1）工件调头，自定心卡盘持夹$\phi$15mm外圆（外圆包上铜皮），轴肩顶住卡盘端面。车平右端面保证总长63mm，以右端面中心为工件坐标原点，重新对刀，设置$Z$坐标。

2）粗车右端圆弧面，留精车余量0.2mm。

3）精车右端圆弧面。

**4. 刀具及切削用量的选择**

（1）确定刀具　刀具选择见表5-2。

表5-2　数控刀具卡

| 产品名称或代号 | | | 零件名称 | 手柄 | | 零件图号 | 图5-1 |
|---|---|---|---|---|---|---|---|
| 序号 | 刀具号 | 刀具名称及规格 | 数量 | 刀尖圆弧半径/mm | 加工表面 | | 备注 |
| 1 | T0101 | 外圆车刀，主偏角90°刀尖角35° | 1 | 0.4 | 粗、精车外轮廓 | | |
| 编制 | | 审核 | 批准 | | 年　月　日 | 共　页 | 第　页 |

（2）确定切削用量　粗、精车外轮廓直径取$\phi$25mm。根据工件材料、工件几何形状和工件表面粗糙度，查表1-3、表1-4（或切削手册），并通过式（1-1）计算得切削用量，其数值见表5-3。

**表 5-3　切削用量表**

| 加工内容 | 切削速度/（m/min） | 主轴转速/（r/min） | 进给量/（mm/r） | 背吃刀量/mm |
|---|---|---|---|---|
| 粗车外轮廓、端面 | 80 | 1000 | 0.15 | 2 |
| 精车外轮廓 | 120 | 1500 | 0.08 | 0.2 |

**5. 数控加工工序卡的编制**

手柄加工工序卡见表5-4、表5-5。

**表 5-4　手柄加工工序卡 1（加工左端）**

<table>
<tr><td colspan="4" rowspan="2">（加工工序图）</td><td>产品名称</td><td colspan="2">零件名称</td><td colspan="2">零件图号</td></tr>
<tr><td></td><td colspan="2">手柄</td><td colspan="2">图 5-1</td></tr>
<tr><td>工序号</td><td>程序编号</td><td colspan="2">夹具名称</td><td>夹具编号</td><td colspan="2">使用设备</td><td colspan="2">车间</td></tr>
<tr><td>001</td><td>O0501</td><td colspan="2">自定心卡盘</td><td></td><td colspan="2">CK6136</td><td colspan="2"></td></tr>
<tr><td rowspan="2">工步号</td><td rowspan="2">工步内容</td><td colspan="3">切削用量</td><td colspan="2">刀具</td><td rowspan="2">量具名称</td><td rowspan="2">备注</td></tr>
<tr><td>主轴转速/（r/min）</td><td>进给量/（mm/r）</td><td>背吃刀量/mm</td><td>编号</td><td>名称</td></tr>
<tr><td>1</td><td>车左端面</td><td>800</td><td>0.15</td><td>2</td><td>T0101</td><td>外圆车刀</td><td></td><td>手动</td></tr>
<tr><td>2</td><td>粗车 $\phi$15mm、$\phi$20mm 外圆，留精车余量 0.4mm</td><td>1000</td><td>0.15</td><td>2</td><td>T0101</td><td>外圆车刀</td><td>游标卡尺</td><td>自动</td></tr>
<tr><td>3</td><td>精车 $\phi$15mm、$\phi$20mm 外圆，倒角</td><td>1500</td><td>0.08</td><td>0.2</td><td>T0101</td><td>外圆车刀</td><td>游标卡尺</td><td>自动</td></tr>
<tr><td>编制</td><td></td><td>审核</td><td></td><td>批准</td><td></td><td>共 1 页</td><td colspan="2">第 1 页</td></tr>
</table>

**表 5-5　手柄加工工序卡 2（加工右端）**

<table>
<tr><td colspan="4" rowspan="2">（加工工序图）</td><td>产品名称</td><td colspan="2">零件名称</td><td colspan="2">零件图号</td></tr>
<tr><td></td><td colspan="2">手柄</td><td colspan="2">图 5-1</td></tr>
<tr><td>工序号</td><td>程序编号</td><td colspan="2">夹具名称</td><td>夹具编号</td><td colspan="2">使用设备</td><td colspan="2">车间</td></tr>
<tr><td>002</td><td>O0502</td><td colspan="2">自定心卡盘</td><td></td><td colspan="2">CK6136</td><td colspan="2"></td></tr>
<tr><td rowspan="2">工步号</td><td rowspan="2">工步内容</td><td colspan="3">切削用量</td><td colspan="2">刀具</td><td rowspan="2">量具名称</td><td rowspan="2">备注</td></tr>
<tr><td>主轴转速/（r/min）</td><td>进给量/（mm/r）</td><td>背吃刀量/mm</td><td>编号</td><td>名称</td></tr>
<tr><td>1</td><td>车右端面</td><td>800</td><td>0.15</td><td>2</td><td>T0101</td><td>外圆车刀</td><td>游标卡尺</td><td>手动</td></tr>
<tr><td>2</td><td>粗车右端球面及圆弧面，留精车余量 0.4mm</td><td>1000</td><td>0.15</td><td>2</td><td>T0101</td><td>外圆车刀</td><td>游标卡尺</td><td>自动</td></tr>
<tr><td>3</td><td>精车右端球面及圆弧面，倒角</td><td>1500</td><td>0.08</td><td>0.2</td><td>T0101</td><td>外圆车刀</td><td>游标卡尺</td><td>自动</td></tr>
<tr><td>编制</td><td></td><td>审核</td><td></td><td>批准</td><td></td><td>共 1 页</td><td colspan="2">第 1 页</td></tr>
</table>

## 5.3.2　编制加工程序

该工件左端加工比较简单，右端几何尺寸和加工较复杂。如图 5-15 所示，右端加工工件原点设在工件右端面中心处。走刀路线为 $M \to A \to B \to C \to D \to E \to M$。

根据图示辅助线计算各基点坐标（计算过程略）得各点绝对坐标值为

$M$（40，20），$A$（0，2），$B$（0，0），$C$（18.15，－19.852），$D$（22，－36），$E$（25，－36）。

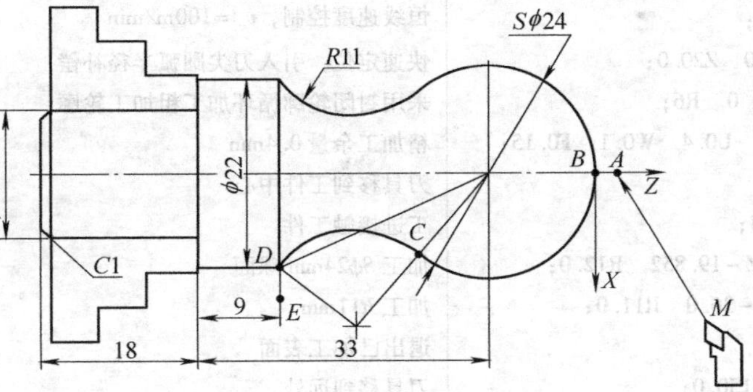


图 5-15　手柄零件图基点计算

手柄左端数控加工程序 O0501 见表 5-6，手柄右端数控加工程序 O0502 见表 5-7。

**表 5-6　手柄数控加工程序单 1（加工左端）**

| 零件号 | | 零件名称 | 手柄 | 编程原点 | 工件左端面中心处 |
|---|---|---|---|---|---|
| 程序号 | O0501 | 数控系统 | FANUC 0i Mate-TC | 编制 | |

| 程序 | 说明 |
|---|---|
| O0501； | 程序名 |
| N20　T0101； | 选用 1 号外圆刀 |
| N30　G50　S2000； | 主轴最高转速为 2000r/min |
| N40　G96　M03　S100； | 恒线速度控制，$v_c$ = 100m/min |
| N50　G00　G42　X27.0　Z2.0； | 快速定位到切削循环起始点，引入刀尖圆弧半径补偿 |
| N60　G71　U2.0　R2.0； | 粗加工左端，背吃刀量 2mm，退刀 2mm |
| N70　G71　P80　Q130　U0.4　W0　F0.15； | 精加工余量 0.4mm |
| N80　G01　X9.0　F0.08； | 精加工开始段，精加工起点 |
| N90　X15.0　Z－1.0； | 倒角 |
| N100　Z－18.0； | 车 φ15mm 外圆 |
| N110　X22.0； | 车轴肩 |
| N120　W－10.0； | 加工 φ22mm 圆柱面 |
| N130　X26.0； | 退刀，精加工结束段 |
| N140　G00　X150.0　Z150.0； | 刀具移到远处 |
| N150　G96　M03　S120； | 精加工，恒线速度控制，$v_c$ = 120m/min |
| N160　G00　X25.0　Z2.0； | 精加工起始点 |
| N170　G70　P80　Q130； | G70 精加工左端 |
| N180　G97　G00　G40　X40.0　Z20.0； | 刀具退回，取消刀尖圆弧半径补偿 |
| N190　M05； | 主轴停转 |
| N200　M30； | 程序结束 |

表 5-7　手柄数控加工程序单 2（加工右端）

| 零件号 | | 零件名称 | 手柄 | 编程原点 | 工件右端面中心处 |
|---|---|---|---|---|---|
| 程序号 | O0502 | 数控系统 | FANUC 0i Mate-TC | 编制 | |
| 程序 | | | 说明 | | |
| O0502; | | | 程序名 | | |
| N30　T0101; | | | 选用 1 号外圆刀 | | |
| N40　G50　S2000; | | | 主轴最高转速为 2000r/min | | |
| N50　G96　M03　S100; | | | 恒线速度控制，$v_c$ = 100m/min | | |
| N60　G00　G42　X40.0　Z20.0; | | | 快速定位，引入刀尖圆弧半径补偿 | | |
| N70　G73　U12.0　W1.0　R6; | | | 采用封闭轮廓循环加工粗加工轮廓 | | |
| N80　G73　P90　Q130　U0.4　W0.1　F0.15; | | | 精加工余量 0.4mm | | |
| N90　G00　X0　Z2.0; | | | 刀具移到工件中心 | | |
| N100　G01　Z0　F0.08; | | | 工进接触工件 | | |
| N110　G03　X18.15　Z-19.852　R12.0; | | | 加工 $S\phi$24mm 球面 | | |
| N120　G02　X22.0　Z-36.0　R11.0; | | | 加工 $R$11mm | | |
| N130　G01　X25.0; | | | 退出已加工表面 | | |
| N140　G00　X150.0　Z150.0; | | | 刀具移到远处 | | |
| N150　G96　M03　S120; | | | 精加工，恒线速度控制，$v_c$ = 120m/min | | |
| N160　G00　X25.0　Z2.0; | | | 精加工起始点 | | |
| N170　G70　P90　Q130; | | | G70 精加工右端 | | |
| N180　G97　G00　G40　X40.0　Z20.0; | | | 返回加工起点，取消刀尖圆弧半径补偿 | | |
| N190　M05; | | | 主轴停转 | | |
| N200　M30; | | | 程序结束 | | |

## 5.4　项目实训

### 5.4.1　实训任务

**1. 实训内容**

图 5-16 所示为一圆弧面成形轴，材料为 45 钢，毛坯为 $\phi$35mm × 70mm 棒料。要求制订其数控车削加工工艺，编制数控加工程序，并在数控车床上完成该零件加工。

**2. 实训目的**

1）掌握圆弧面零件的工艺分析与数控编程。

2）掌握复合循环指令的编程方法。

3）掌握圆弧面零件的数控加工操作。

**3. 实训准备**

1）数控车床 1 台，主偏角 90°外圆车刀一把（或粗、精车刀各一把），3mm 切断刀一把。

2）45 钢 $\phi$30mm × 70mm 棒料一根。

3）游标卡尺、千分尺量具各一把。

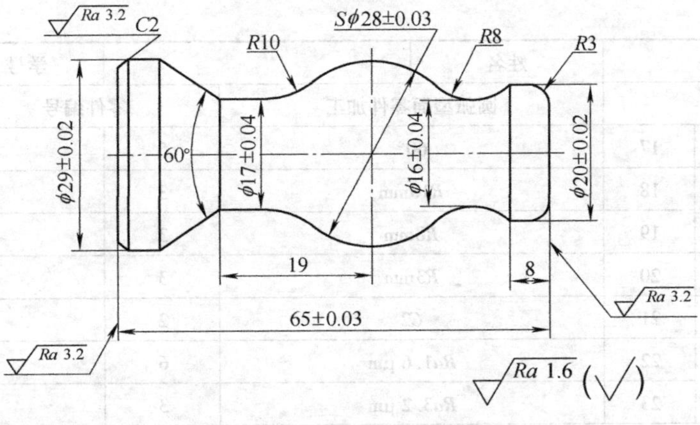


图 5-16　圆弧面成形轴实训图

4）机床说明书。

**4. 实训报告内容**

（1）工艺分析、工艺参数选择、工艺文件编制。

（2）数控程序。

（3）实训体会。

（4）填写实训评分表　实训评分表见表 5-8。

**表 5-8　实训评分表**

| 班级 | | | 姓名 | | 学号 | |
|---|---|---|---|---|---|---|
| 课题 | | | 圆弧型面零件加工 | 零件编号 | | 图 5-16 |
| | | 序号 | 检测项目 | 配分 | 学生自评 | 教师评分 |
| 基本检查 | 编程 | 1 | 切削工艺制订正确 | 5 | | |
| | | 2 | 切削用量选择合理 | 5 | | |
| | | 3 | 程序正确、简单、规范 | 5 | | |
| | 操作 | 4 | 设备操作、维护保养正确 | 5 | | |
| | | 5 | 安全、文明生产 | 5 | | |
| | | 6 | 刀具选择、安装正确、规范 | 5 | | |
| | | 7 | 工件找正、安装正确、规范 | 5 | | |
| 工作态度 | | 8 | 行为规范、纪律表现好 | 5 | | |
| 外圆 | | 9 | $S\phi28$mm ±0.03mm | 5 | | |
| | | 10 | $\phi29$mm ±0.02mm | 5 | | |
| | | 11 | $\phi17$mm ±0.04mm | 5 | | |
| | | 12 | $\phi16$mm ±0.04mm | 5 | | |
| | | 13 | $\phi20$mm ±0.02mm | 5 | | |
| 长度 | | 14 | 65mm ±0.03mm | 5 | | |
| | | 15 | 19mm | 3 | | |
| | | 16 | 8mm | 2 | | |

（续）

| 班级 | | 姓名 | | 学号 | |
|---|---|---|---|---|---|
| 课题 | | 圆弧型面零件加工 | | 零件编号 | 图 5-16 |
| 圆锥 | 17 | 60° | 5 | | |
| 圆弧 | 18 | $R$10mm | 3 | | |
| | 19 | $R$8mm | 3 | | |
| 倒圆弧 | 20 | $R$3mm | 3 | | |
| 倒角 | 21 | $C$2 | 2 | | |
| 表面粗糙度 | 22 | $Ra$1.6 μm | 6 | | |
| | 23 | $Ra$3.2 μm | 3 | | |
| 综合得分 | | | 100 | | |

## 5.4.2 实训指导

**1. 技术要点**

1）选刀时，刀尖角一定要控制在 40°以下，要检验副切削刃是否与已加工面干涉，如果刀尖角过大，凹圆弧将产生干涉现象。

2）如果坯料足够长，可一次装夹，加工完全部表面后，用切断刀切断；如果坯料较短，只能两次装夹调头加工。

3）装刀时，刀尖同工件中心高对齐，对刀前，先将工件端面车平。

4）由于圆弧尺寸精度较高，应使用刀尖圆弧半径补偿功能，并在刀具补偿设定界面正确设置刀尖圆弧半径和刀尖方位号。

5）首件加工初期，程序应在单段模式下运行，进给速度和快速倍率应设置较低挡。

**2. 实训步骤**

（1）工艺分析　选择刀具与工艺参数、填写数控加工刀具卡、确定装夹方式、填写数控工序卡。

（2）编写数控加工程序。

（3）数控加工

1）加工准备。

①检查毛坯尺寸。

②开机、回参考点。

③输入程序。把编写好的程序通过数控面板输入数控机床。

④装夹工件。把坯料装入自定心卡盘，伸出约 70mm 左右（若坯料足够长，一次装夹），用划线盘找正并夹紧。

⑤装夹刀具。把外圆粗车刀、外圆精车刀（若坯料足够长，一次装夹还需切断刀），按要求依次装入 T01、T02 号刀位。其中，安装切断刀应注意使刀杆垂直于工件轴线。

2）对刀。采用试切法对刀，通过对刀把操作得到的零偏值分别输入到各自长度补偿中。

3）空运行及仿真。对输入的程序进行空运行或轨迹仿真，以检测程序是否正确。

4）零件自动加工方法及尺寸控制。零件自动加工方法：打开程序，选择 MEM（或 AUTO）工作模式，调好进给倍率，按数控启动按钮进行自动加工。

精加工前要停机测量，进行补偿后再进行精加工。

（4）测量　圆弧面形状用半径样板检测，其他尺寸用相应的量具进行检测。检测结果填入实训评分表 5-8。

（5）加工结束，清理机床与场地。

## 习　题

### 一、选择题

1. 在加工圆弧面时要选择（　　）的刀具，以免刀具的后刀面与工件产生干涉。

A. 副偏角较大　　B. 副偏角较小　　C. 主偏角较大　　D. 主偏角较小

2. 数控车床中的 G41/G42 是对（　　）进行补偿。

A. 刀具的几何长度　　B. 刀具的刀尖圆弧半径

C. 刀具的半径　　D. 刀具的角度

3. 采用半径编程方法编写圆弧插补程序时，当圆弧所对应的圆心角（　　）180°时，该半径为负。

A. 大于　　B. 小于　　C. 大于或等于　　D. 小于或等于

4. 车削外圆弧时，产生过切削现象形成锥面，应（　　）。

A. 修改刀具长度的补偿值　　B. 修改刀具半径的补偿值

C. 更换更合适的刀具　　D. 改变刀具固定方式

5. 影响刀尖圆弧半径补偿值的主要因素是（　　）。

A. 进给量　　B. 切削速度　　C. 切削深度　　D. 刀尖圆弧半径大小

6. 在 FANUC　0i 系统中，G73 指令用于（　　）。

A. 外径粗车固定循环　　B. 端面粗车固定循环

C. 粗车固定形状复合循环　　D. 精车固定循环

7. 刀具切削距离较短，但数值计算较复杂的车削路线是（　　）。

A. 阶梯切削　　B. 车圆法切削　　C. 车锥法切削　　D. 不确定

8. 站在第三轴指向上，沿刀具运动方向看，刀具位于工件左侧，应该使用（　　）进行刀尖圆弧半径补偿。

A. G41　　B. G42　　C. G43　　D. G40

9. 指令 G73 适于对（　　）毛坯切削。

A. 铸、锻毛坯　　B. 棒料毛坯　　C. 焊接毛坯　　D. 不确定

### 二、判断题（请将判断结果填入括号中，正确的填“√”，错误的填“×”）

1. 用直线段或圆弧段去逼近非圆曲线，逼近线段与被加工曲线的交点称为基点。（　　）

2. 顺时针圆弧插补和逆时针圆弧插补的判别方法是：沿着不在圆弧平面内的坐标轴正方向向负方向看去，顺时针方向为 G02，逆时针方向为 G03。（　　）

3. G40、G41、G42 只能用 G02、G03 结合编程（　　）

4. 数控车床的刀具功能字 T 既指定了刀具数，又指定了刀具号。（　　）

5. 数控车床的刀具补偿功能有刀尖圆弧半径补偿与刀具位置补偿。（　　）

6. 在 G73 指令的精加工程序段中开始程序段只能是 G00、G01 指令。（　　）

7. 在 G73 指令执行过程中，可以停止自动运行并手动移动，但要再次执行 G73 循环指令时，可以不返回手动移动前的位置。（　　）

8. 加工内凹圆弧面，选择刀具主要考虑其主偏角的大小。（　　）

9. *ns* ~ *nf* 程序段可不必紧跟在 G73 程序段后编写。（　　）

10. 工件调头需要重新对刀。（　　）

三、实训题

图 5-17 所示为摇手柄零件图，毛坯尺寸为 $\phi$30mm × 100mm 棒料，材料为 45 钢。按单件生产编制其数控加工工艺，编写出加工程序并在数控车床上完成该零件加工。

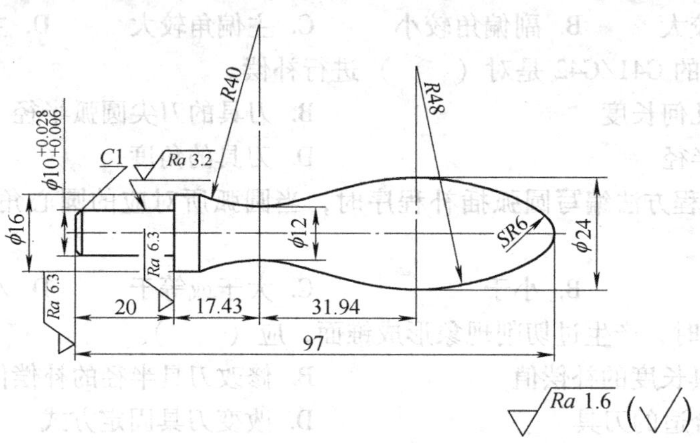


图 5-17　摇手柄零件图

# 项目六　盘套类零件加工

【知识目标】

1. 掌握盘套类零件的结构特点和加工工艺特点。

2. 掌握孔加工指令和端面加工指令。

3. 掌握盘套类零件数控程序的编制。

【能力目标】

1. 能够分析盘套类零件的工艺，能编制其数控加工工艺卡。

2. 能正确使用孔加工指令和端面加工指令编制盘套类零件的数控程序。

## 6.1　项目导入

**1. 套类零件加工**

图 6-1 所示的套筒属于套类零件，材料为 45 钢，硬度 220HBW，单件小批量生产，毛坯选用 $\phi45$mm × 45mm 的棒料。要求分析零件的加工工艺，编制数控加工程序，最后进行仿真加工以检验加工程序的正确性。

**2. 盘类零件加工**

图 6-2 所示的端盖属于盘类零件。材料为铸铁 HT200，硬度 180HBW，单件小批量生产，毛坯外径 $\phi210$mm，厚 50mm，孔径 $\phi70$mm。要求分析零件的加工工艺，编制数控加工程序，最后进行仿真加工，以检验加工程序的正确性。

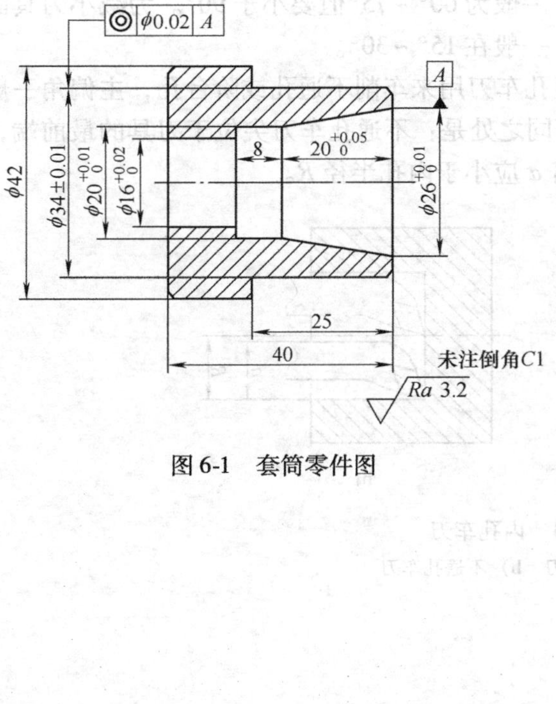

图 6-1　套筒零件图

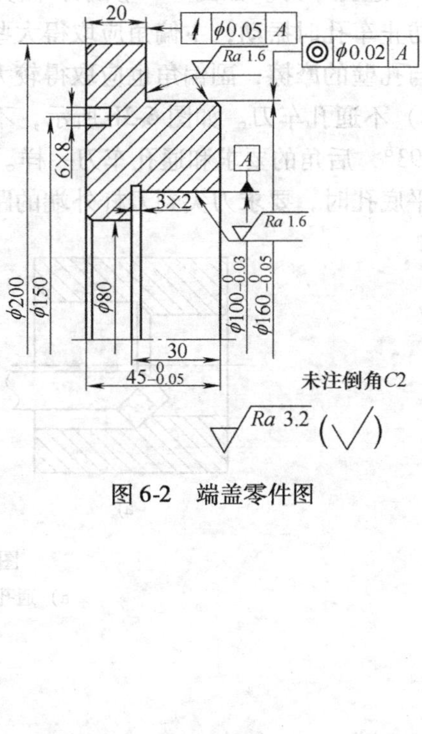

图 6-2　端盖零件图

## 6.2 知识学习

### 6.2.1 盘套类零件加工工艺

**1. 盘套类零件结构及工艺特点**

盘套类零件的车削工艺与一般轴类零件相似，但由于其结构特征，使得盘套类零件的加工工具有一定的复杂性。

套类零件的主要结构特征是具有内孔，如机床中各种衬套。孔加工比外圆加工要困难，如：

①内孔加工时，观察刀具切削情况比较困难，尤其是小而深的孔。

②由于受孔径大小的影响，内孔车削刀具的刀杆尺寸不可能很大，因此刀具刀杆刚性较差，容易在加工中出现振动等现象。

③内孔加工尤其是不通孔加工时，切屑难以及时排出，切削液难以到达切削区域。

④内孔的测量比较困难。

盘类零件的主要结构特征是径向尺寸较大（相对轴向尺寸），如轴承端盖、齿轮等。与一般轴类零件相比，盘类零件端面加工量较大，端面的精度较高，且由于轴向尺寸较小，使得其装夹比较困难。盘类零件往往也有内孔，也同样存在内孔加工的问题。

**2. 孔的加工方法和刀具选择**

孔加工方法通常有钻孔、扩孔、车孔和铰孔。车床上进行钻孔、扩孔和铰孔，通常都是将刀具安装在机床尾架上进行加工的，工艺过程比较简单。车孔是车削孔加工的主要内容之一。

（1）内孔车刀的结构　根据加工情况，内孔车刀可以分为通孔车刀和不通孔车刀两种。

1）通孔车刀。如图6-3a所示，因为刀杆伸出较长，刀具刚性差，为了减小径向切削抗力，防止车孔时振动，主偏角应取得大些，一般为60°~75°但要小于90°。为减小刀具副后刀面与孔壁的摩擦，副偏角也应取得较大，一般在15°~30°。

2）不通孔车刀。如图6-3b所示，不通孔车刀用来车削不通孔或阶台孔，主偏角一般取90°~93°，后角的要求和通孔车刀一样。不同之处是：不通孔车刀尖位于刀具的最前端，当加工平底孔时，要求刀尖到刀杆外端的距离 $a$ 应小于内孔半径 $R$。

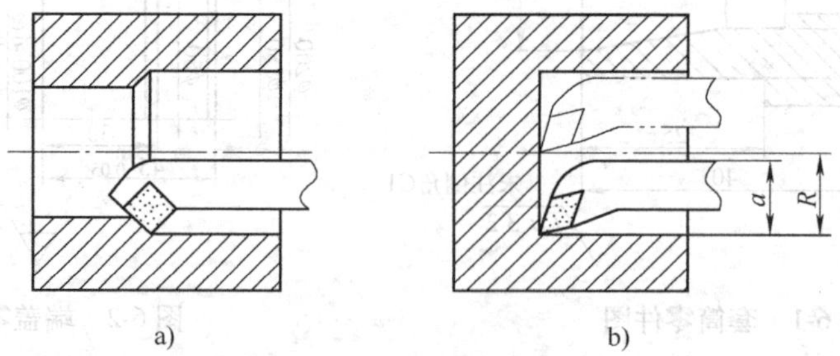


图6-3　内孔车刀

a）通孔车刀　b）不通孔车刀

(2) 内孔车刀的选用　常用的内孔车刀有 3 种截面形状的刀柄，即圆柄、矩形柄和正方形柄。图 6-4a 所示的圆柄车刀多用于车削加工中心。图 6-4b 所示的矩形刀柄多用于使用四方刀架的车床。如果在四方刀架上使用圆柄车刀，要增加辅具，使刀尖处于主轴中心线高度才可使用。

为提高刀杆的刚性，根据被加工孔径的大小，尽量选择大截面尺寸的刀杆，并且刀杆的伸出量应尽量小。一般刀杆的伸出量应小于刀杆直径的 4 倍。当伸出量大于刀杆直径的 4 倍或加工刚性差的工件时，应选用带有减振机构的刀柄。

a)

b)

图 6-4　内孔车刀
a) 圆柄内孔车刀　b) 矩形刀柄内孔车刀

(3) 车削内孔应采取的工艺措施

1) 控制切屑的排出方向。正确选择刀具刃倾角，精车孔时，采用正刃倾角的内孔车刀，使切屑流向待加工表面（前排屑）；加工不通孔时，采用负的刃倾角，使切屑从孔口排出。

2) 充分加注切削液。孔加工（尤其是加工塑性材料）时应充分加注切削液，以减少工件的热变形，提高零件的表面质量。

3) 合理选择刀具几何参数和切削用量。孔加工时，由于加工空间狭小，刀具刚性不足，所以刀具一般要比较锋利，且切削用量比外圆加工时要选得小些。

(4) 台阶孔的加工顺序

①车直径较小的台阶孔时，按先粗、精车小孔，再粗、精车大孔的顺序进行。

②车直径较大的台阶孔时，先粗车小孔和大孔，再精车小孔和大孔。

③车孔径大、小悬殊的台阶时，最好采用主偏角小于 90° 的内孔车刀粗加工，然后再用主偏角等于或大于 90° 的内孔车刀精车。

**3. 槽的加工方法和刀具选择**

盘套类零件加工除具有一般的外沟槽加工外，还有内沟槽和端面槽加工。

(1) 内沟槽加工　加工内沟槽要使用内沟槽车刀，如图 6-5 所示。车内沟槽与车外沟槽方法相似。槽的宽度较小时，可用刀头宽度等于槽宽的内沟槽车刀采用直进法一次车出，如图 6-6 所示。要求较高或较宽的内沟槽，可分粗、精加工。先用直进法多次加工，并在槽底和槽壁留有精加工余量，如图 6-7a 所示，然后再精加

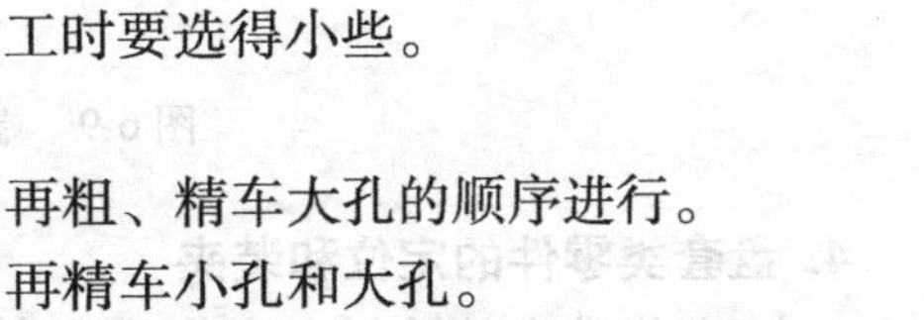
图 6-5　内沟槽车刀

工到尺寸，如图 6-7b 所示。若内沟槽深度浅、宽度大，可用内圆粗车刀先车出凹槽，再用内沟槽车刀车沟槽两端垂直面，如图 6-8 所示。

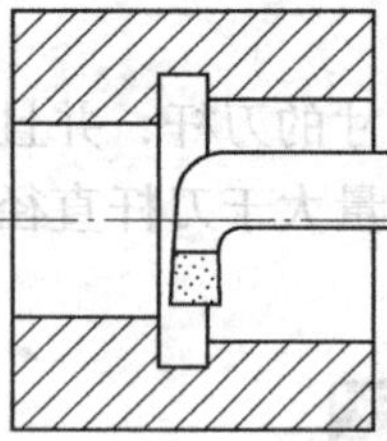

图 6-6　窄槽一次加工

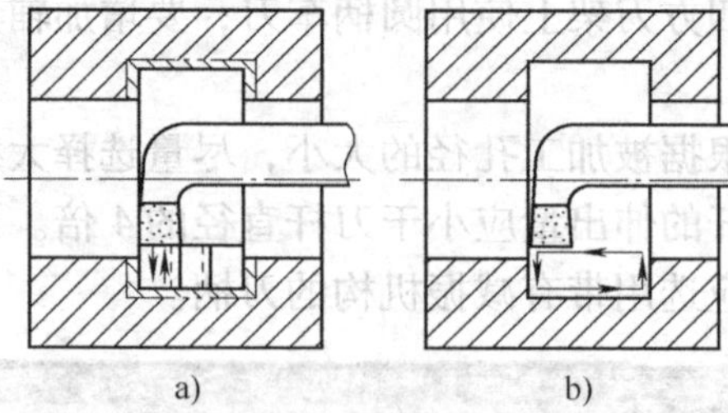


图 6-7　宽槽的加工

a）粗加工　b）精加工

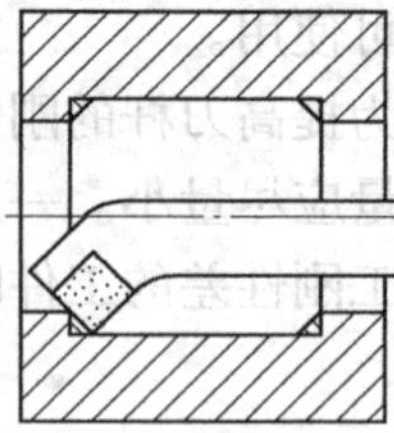

图 6-8　宽浅槽加工

（2）端面槽加工　端面上切槽切出的是圆形直槽，如图 6-9 所示。切槽刀外缘刀尖（图中 $d$ 处）的副后刀面的圆弧半径 $r$ 必须小于工件端面直槽的圆弧半径 $R$，以避免该副后刀面与工件端面槽壁干涉。安装端面直槽刀时，其主切削刃要垂直于工件轴线，以保证车出的槽底面与工件轴线垂直。当端面槽较宽需要分多步进行切削时，从最大直径开始向内切削，以获得较好的切屑控制。

槽加工时都要保持低的进给速度，以避免切屑堵塞。

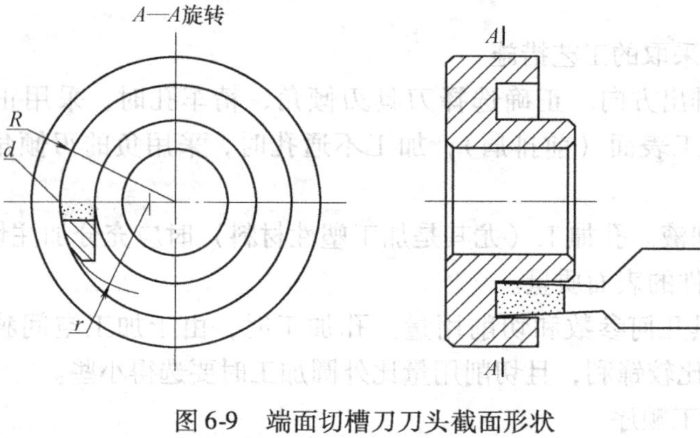


图 6-9　端面切槽刀刀头截面形状

**4. 盘套类零件的定位和装夹**

（1）定位基准的选择　盘套类零件选择定位基准的基本原则与一般轴类零件是相同的，其主要定位基准是外圆和内孔。装夹的难点是套筒类零件一般比较薄，加工中常因夹紧力、切削力、内应力和切削热等因素的影响而产生变形。防止装夹变形可采取如下措施：

1）采用过渡套、弹簧套或软爪卡盘夹紧工件，防止由于夹紧力不均匀使套筒零件加工后内孔变形。也可采用专用夹具，将径向夹紧改为轴向夹紧。

2）采用增大刀具主偏角和内外表面同时加工的方法，使背向力减小或相互抵消。

3）精加工余量选择应充分考虑粗加工产生的变形，通过精加工纠正粗加工变形。

4）为减少热变形引起的误差，精加工时应使工件在轴向或径向能自由伸缩；在粗、精加工间合理使用切削液，使工件充分冷却。

（2）盘套类零件常用的装夹方法

1）以内孔为基准装夹。当套类零件的外圆形状复杂而内孔相对比较简单时，可以先将孔加工至图样要求，再配置心轴，以内孔为定位基准加工外圆，从而保证工件的位置精度，如图6-10所示。

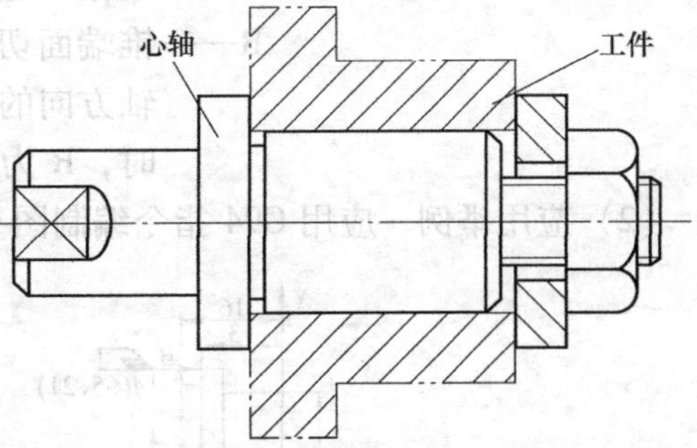

图6-10　心轴定位

2）以外圆为基准装夹。当盘套类零件的内孔形状复杂而外圆相对比较简单时，可以先加工外圆至尺寸要求，再以外圆为基准，用软卡爪装夹外圆加工其他部位，从而保证零件的位置精度。这样，工件虽多次装夹仍能保持一定的位置精度。

### 6.2.2　盘套类零件加工循环指令

盘套加工编程可以使用一些循环指令，简化加工程序。

**1. 端面车削循环指令（G94）**

端面切削循环是一种单一固定循环。该指令适用于在零件的端面上、毛坯余量较大时进行精车前的粗车，以去除大部分毛坯余量。与G90指令类似，G94是将端面加工的一系列连续动作，如“切入—切削—退刀—返回”，用一个循环指令完成，从而简化程序。其程序格式有加工平端面、锥端面之分，其循环方式如图6-11所示。

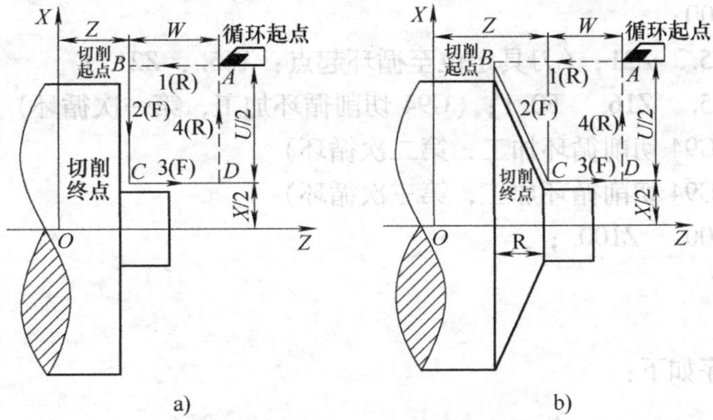

图6-11　端面车削循环指令（G94）

a）平端面切削循环　b）锥端面切削循环

刀具从循环起点开始，按*A*→*B*→*C*→*D*进行自动循环，最后又回到循环起点*A*。图中虚线1（R）、4（R）表示快速移动，实线2（F）、3（F）表示按F指定的进给速度移动。

（1）编程格式

1）平端面切削循环：G94　X（U）＿　Z（W）＿　F＿；

2）锥端面切削循环：G94　X（U）＿　Z（W）＿　R＿　F＿；

式中　X（U）、Z（W）——循环切削终点坐标，X、Z为每次循环切削终点（图6-11中*C*点）的绝对坐标值，U、W为每次循环切削终点相对于循环起点（图 6-11 中 $A$ 点）的增量坐标值；

R——锥端面切削的起点（图 6-11 中 $B$ 点）相对于切削终点在 $Z$ 轴方向的坐标分量。当起点 $Z$ 向坐标小于终点 $Z$ 向坐标时，R 为负，反之为正。

（2）应用举例　应用 G94 指令编制图 6-12 所示的零件加工程序。

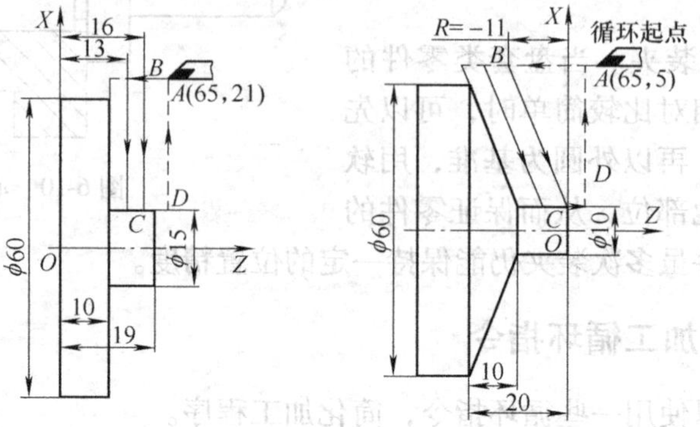


图 6-12　端面车削循环指令（G94）应用

a）平端面　b）锥端面

平端面加工程序如下：

N10　T0101；

N20　M03　S800；

N30　G00　X65.　Z21；（刀具定位至循环起点：$X65.$，$Z21.$）

N40　G94　X15.　Z16.　F0.1；（G94 切削循环加工，第一次循环）

N50　Z13.；（G94 切削循环加工，第二次循环）

N60　Z10.；（G94 切削循环加工，第三次循环）

N70　G00　X100.　Z100.；

N80　M05；

N90　M30；

锥端面加工程序如下：

N10　T0202；

N20　M03　S800；

N30　G00　X65.0　Z5.0；（刀具定位至循环起点：$X65.$，$Z5.$）

N40　G94　X10.　Z0.　R－11.　F200；（G94 切削循环加工，第一次循环）

N50　Z－5.0；（G94 切削循环加工，第二次循环）

N60　Z－10.0；（G94 切削循环加工，第三次循环）

N70　G00　X100. Z100.；

N80　M05；

N90　M30；

**2. 端面粗加工复合循环指令（G72）**

端面粗加工复合循环指令 G72 与 G71 相似，但 G72 适于 $Z$ 向余量小、$X$ 向余量大的棒料粗加工，加工路径如图 6-13 所示。

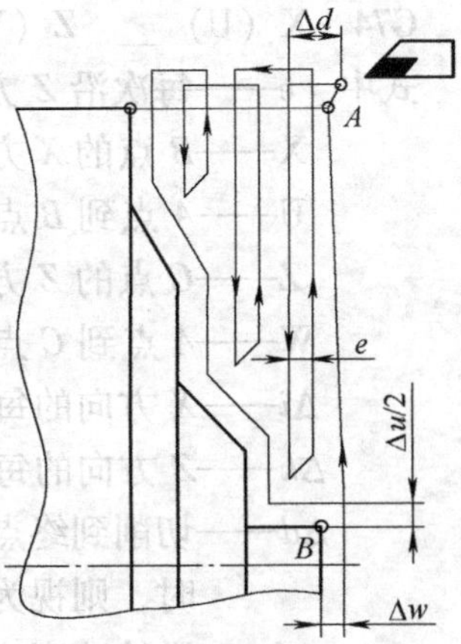

图 6-13　端面粗加工复合循环（G72）

（1）编程格式

G72　U（$\Delta d$）　R（$e$）;

G72　P（$ns$）　Q（$nf$）　U（$\Delta u$）　W（$\Delta w$）　F（$f$）　S（$s$）　T（$t$）;

G72 指令参数和执行过程与 G71 基本相同，不同之处是：G71 的切削进程平行于 $Z$ 轴，而 G72 的切削进程平行于 $X$ 轴。同样，应用 G72 粗加工后，也必须使用精加工循环指令 G70 进行精加工。

（2）应用举例　运用端面粗加工循环指令 G72 编制图 6-12b所示零件加工编程。

```
…
N020　G00　X65. Z5. ;
N030　G72　U1. Rl. ;
N040　G72　P50　Q70　U0. 1　W0. 2　F0. 2;
N050　G00　Z-21. F0. 1;
N060　G01　X10. Z-10. ;
N070　Z1. ;
N080　G70　P50　Q70;
…
```

**3. 端面深孔加工循环指令（G74）**

端面深孔加工循环程序指令 G74，又称深孔钻循环指令。循环路径如图 6-14 所示，$A$ 点为 G74 循环起始点，（$X$ __，$Z$ __）为 G74 循环终点坐标，$A$ 点至 $B$ 点的距离为 $X$ 方向总的切削量，$A$ 点至 $C$ 点的距离为 $Z$ 方向总的切削量。

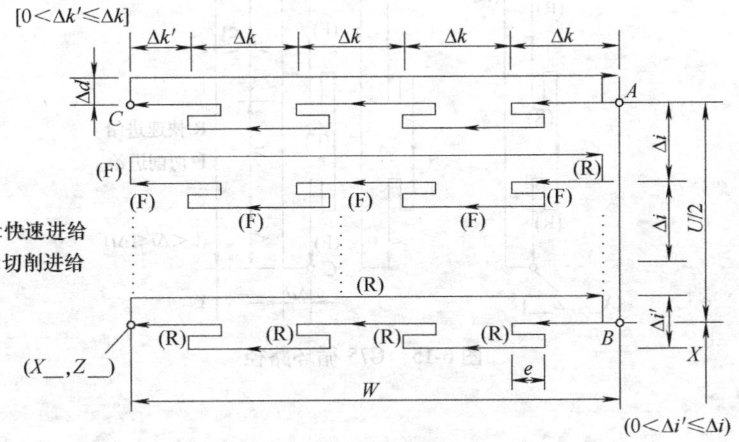

图 6-14　G74 循环路径

（1）编程格式

G74　R（$e$）;

G74　X（U）__　Z（W）__　P（$\Delta i$）　Q（$\Delta k$）　R（$\Delta d$）　F（$f$）；

式中　$e$——每次沿 $Z$ 方向切削 $\Delta k$ 后的退刀量；

X——$B$ 点的 $X$ 方向绝对坐标值；

U——$A$ 点到 $B$ 点 $X$ 轴方向的增量；

Z——$C$ 点的 $Z$ 方向绝对坐标值；

W——$A$ 点到 $C$ 点 $Z$ 轴方向的增量；

$\Delta i$——$X$ 方向的每次循环移动量（无符号，单位：μm）（直径值）；

$\Delta k$——$Z$ 方向的每次切削移动量（无符号，单位：μm）；

$\Delta d$——切削到终点时 $X$ 方向的退刀量（直径），通常不指定，省略 X（U）和 $\Delta i$ 时，则视为 0；

$f$——进给速度。

（2）指令使用说明　在此循环中，可以处理外形切削的断屑。另外，如果省略地址 X（U）、P，只是 $Z$ 轴动作，则为深孔钻循环。

**4. $X$ 向切槽复合循环指令（G75）**

$X$ 向切槽复合循环指令 G75 的循环路径如图 6-15 所示。这相当于在 G74 中把 $X$ 和 $Z$ 相置换，由这个循环可以处理端面切削时的切屑，并且可以实现 $X$ 轴向切槽或 $X$ 向排屑钻孔（省略地址 Z、W、Q）。

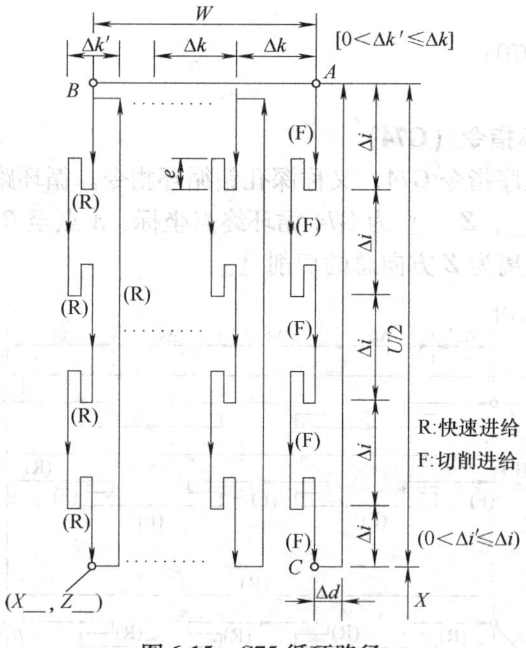


图 6-15　G75 循环路径

编程格式：

G75　R（$e$）；

G75　X（U）__　Z（W）__　P（$\Delta i$）　Q（$\Delta k$）　R（$\Delta d$）F（$f$）；

式中　$e$——为每次沿 $X$ 轴方向切削 $\Delta i$ 后的退刀量；

X——$C$ 点的 $X$ 轴方向绝对坐标值；

U——$A$ 点到 $C$ 点的增量；

Z——$B$ 点的 $Z$ 轴方向绝对坐标值；

W——$A$ 点到 $B$ 点的增量；

$\Delta i$——$X$ 轴方向的每次循环移动量（无符号单位：μm）（直径）；

$\Delta k$——$Z$ 轴方向的每次切削移动量（无符号单位：μm）；

$\Delta d$——切削到终点时 $Z$ 方向的退刀量，通常不指定，省略 X（U）和 $\Delta i$ 时，则视为0；

$f$——进给速度。

## 6.3 套筒类零件加工项目实施

### 6.3.1 工艺分析

**1. 零件图分析**

如图 6-1 所示，套筒零件包括外圆阶梯面、倒角和内阶梯面、圆锥面等结构。其中 $\phi$34mm 和孔 $\phi$16mm、$\phi$20mm 和锥孔有尺寸精度要求。$\phi$34mm 外圆对锥孔轴线的同轴度公差为0.02mm。零件材料为45钢，无热处理和硬度要求。

**2. 装夹方案的确定**

套筒类零件在加工时的定位基准主要是外圆和内孔。此零件外形比较简单，精基准选择外圆柱面，经过两次装夹完成全部内容加工。首先，夹住毛坯右端车左端，完成 $\phi$42mm 外圆加工、$\phi$16mm 内孔粗加工；然后，以 $\phi$42mm 精车外圆为定位基准，采用软爪卡盘装夹，完成右端外形和锥孔加工。

**3. 加工顺序和进给路线的确定**

此零件加工以一次装夹所进行的加工为一道工序，共划分为两道工序。

（1）工序一

1）自定心卡盘夹毛坯外圆伸出约 20mm，车平端面，以端面中心为工件坐标原点，对刀，设置 $Z$ 坐标。

2）钻中心孔。

3）钻 $\phi$14mm 毛坯孔。

4）粗、精车 $\phi$42mm 外圆。

（2）工序二

1）工件调头，用软爪卡盘（或外圆包上铜皮用普通自定心卡盘）夹持左端 $\phi$42mm 外圆。车平右端面保证总长 40mm。以右端面中心为工件坐标原点，重新对刀，设置 $Z$ 坐标。

2）粗、精车 $\phi$34mm 外圆。

3）粗、精车内孔。

内、外表面加工使用复合循环指令 G71/G70 完成。

**4. 刀具及切削用量的选择**

（1）确定刀具　根据零件加工要求，需要外圆车刀（加工端面、外表面），内孔车刀（不通孔车刀）和 $\phi$14mm 麻花钻。刀具的具体选择见表 6-1。

表 6-1　数控刀具卡

| 产品名称或代号 | | | 零件名称 | | 套筒 | 零件图号 | | 图 6-1 |
|---|---|---|---|---|---|---|---|---|
| 序号 | 刀具号 | 刀具名称及规格 | 数量 | 刀尖圆弧半径/mm | | 加工表面 | | 备注 |
| 1 | T0101 | 外圆车刀，主偏角 90° | 1 | 0.5 | | 粗、精车外轮廓 | | |
| 2 | T0202 | 内孔车刀，主偏角 93° | 1 | 0.5 | | 粗、精车内轮廓 | | |
| 3 | T03 | 中心钻 A3 | 1 | | | 钻中心孔 | | |
| 4 | T04 | $\phi$14mm 麻花钻 | 1 | | | 钻 $\phi$14mm 毛坯孔 | | |
| 编制 | | 审核 | 批准 | | | 年　月　日 | 共　页 | 第　页 |

（2）确定切削用量　工件两端轮廓直径相差不大，为简化计算，粗、精车外轮廓直径取 $\phi$45mm，粗、精车内轮廓直径取 $\phi$25mm。根据工件材料（45 钢）、工件几何形状和工件表面粗糙度，查表 1-3、表 1-4（或切削手册），并通过式（1-1）计算得切削用量，其数值见表 6-2。

表 6-2　切削用量表

| 加工内容 | 主轴转速/（r/min） | 进给量/（mm/r） | 背吃刀量/mm |
|---|---|---|---|
| 粗车外轮廓、端面 | 700 | 0.3 | 2 |
| 精车外轮廓 | 900 | 0.15 | 0.2 |
| 粗车内轮廓 | 1000 | 0.3 | 1 |
| 精车内轮廓 | 1500 | 0.15 | 0.2 |
| 钻中心孔 | 800 | 0.2 | 1.5 |
| 钻 $\phi$14mm 毛坯孔 | 400 | 0.15 | 7 |

**5. 数控加工工序卡的编制**

套筒加工工序卡见表 6-3、表 6-4。

表 6-3　套筒加工工序卡 1（加工左端）

| （加工工序图） | | | | | 产品名称 | | | 零件名称 | | 零件图号 | |
|---|---|---|---|---|---|---|---|---|---|---|---|
| | | | | | | | | 套筒 | | 图 6-1 | |
| 工序号 | 程序编号 | | 夹具名称 | | 夹具编号 | | | 使用设备 | | 车间 | |
| 001 | O0601 | | 自定心卡盘 | | | | | CK6136 | | | |
| 工步号 | 工步内容 | | 切削用量 | | | 刀具 | | | | 量具名称 | 备注 |
| | | | 主轴转速/（r/min） | 进给量/（mm/r） | 背吃刀量/mm | 编号 | 名称 | | | | |
| 1 | 车左端面 | | 700 | 0.15 | 2 | T0101 | 外圆车刀 | | | | 手动 |
| 2 | 钻中心孔 | | 800 | 0.2 | 1.5 | T03 | 中心钻 | | | | 手动 |

（续）

| （加工工序图） | | | 产品名称 | | 零件名称 | | 零件图号 | |
|---|---|---|---|---|---|---|---|---|
| | | | | | 套筒 | | 图 6-1 | |
| 工序号 | 程序编号 | 夹具名称 | 夹具编号 | | 使用设备 | | 车间 | |
| 001 | O0601 | 自定心卡盘 | | | CK6136 | | | |
| 工步号 | 工步内容 | 切削用量 | | | 刀具 | | 量具名称 | 备注 |
| | | 主轴转速 /（r/min） | 进给量 /（mm/r） | 背吃刀量 /mm | 编号 | 名称 | | |
| 3 | 钻 $\phi$14mm 孔 | 400 | 0.15 | 7 | T04 | 麻花钻 | | 手动 |
| 4 | 粗车 $\phi$42mm 外圆，留精车余量 0.4mm | 700 | 0.3 | 2 | T0101 | 外圆车刀 | 游标卡尺 | 自动 |
| 5 | 精车 $\phi$42mm 外圆，倒角 | 900 | 0.15 | 0.2 | T0101 | 外圆车刀 | 游标卡尺 | 自动 |
| 编制 | | 审核 | | 批准 | | 共 1 页 | | 第 1 页 |

表 6-4　套筒加工工序卡 2（加工右端）

| （加工工序图） | | | 产品名称 | | 零件名称 | | 零件图号 | |
|---|---|---|---|---|---|---|---|---|
| | | | | | 套筒 | | 图 6-1 | |
| 工序号 | 程序编号 | 夹具名称 | 夹具编号 | | 使用设备 | | 车间 | |
| 002 | O0602 | 自定心卡盘 | | | CK6136 | | | |
| 工步号 | 工步内容 | 切削用量 | | | 刀具 | | 量具名称 | 备注 |
| | | 主轴转速 /（r/min） | 进给量 /（mm/r） | 背吃刀量 /mm | 编号 | 名称 | | |
| 1 | 车右端面 | 700 | 0.15 | 2 | T0101 | 外圆车刀 | 游标卡尺 | 手动 |
| 2 | 粗车 $\phi$34mm 外圆，留精车 0.4mm 余量 | 700 | 0.3 | 2 | T0101 | 外圆车刀 | 游标卡尺 | 自动 |
| 3 | 精车 $\phi$34mm 外圆，倒角 | 900 | 0.15 | 0.2 | T0101 | 外圆车刀 | 游标卡尺 | 自动 |
| 4 | 粗车内孔，留精车余量 0.4mm | 1000 | 0.3 | 1 | T0202 | 内孔车刀 | 游标卡尺 | 自动 |
| 5 | 精车内孔 | 1500 | 0.15 | 0.2 | T0202 | 内孔车刀 | 游标卡尺 | 自动 |
| 编制 | | 审核 | | 批准 | | 共 1 页 | | 第 1 页 |

## 6.3.2　编制加工程序

为保证加工公差等级，按尺寸中值编程。套筒左端数控加工程序 O0601 见表 6-5，套筒右端数控加工程序 O0602 见表 6-6。

表 6-5　套筒数控加工程序单 1（加工左端）

| 零件号 | | 零件名称 | 套筒 | 编程原点 | 工件左端面中心处 |
|---|---|---|---|---|---|
| 程序号 | O0601 | 数控系统 | FANUC 0i　Mate-TC | 编制 | |
| 程序 | | | 说明 | | |
| O0601; | | | 程序名 | | |
| N20　T0101; | | | 选用 1 号外圆刀 | | |
| N30　M03　S700; | | | 主轴转速为 700r/min | | |
| N40　G00　X48.0　Z2.0; | | | 快速定位到切削循环起始点 | | |
| N50　G71　U2.0　R1.0; | | | 粗加工左端，背吃刀量 2mm，退刀 1mm | | |
| N60　G71　P70　Q100　U0.4　W0　F0.3; | | | 精加工余量 0.4mm | | |
| N70　G01　X36.0　F0.15; | | | 精加工开始段，精加工起点 | | |
| N80　X42.0　Z-1.0; | | | 倒角 | | |
| N90　Z-16.0; | | | 车 $\phi$42mm 外圆 | | |
| N100　X46.0; | | | 切削退刀，精加工结束段 | | |
| N110　S900; | | | 精加工，主轴转速 900r/min | | |
| N120　G00　X43.0　Z2.0; | | | 精加工循环起点 | | |
| N130　G70　P70　Q100; | | | G70 精加工左端 | | |
| N140　G00　X150.0　Z150.0; | | | 刀具退回 | | |
| N150　M05; | | | 主轴停转 | | |
| N160　M30; | | | 程序结束 | | |

表 6-6　套筒数控加工程序单 2（加工右端）

| 零件号 | | 零件名称 | 套筒 | 编程原点 | 工件右端面中心处 |
|---|---|---|---|---|---|
| 程序号 | O0602 | 数控系统 | FANUC 0i　Mate-TC | 编制 | |
| 程序 | | | 说明 | | |
| O0602; | | | 程序名 | | |
| N10　T0101; | | | 选用 1 号外圆刀 | | |
| N20　M03　S700; | | | 主轴转速为 700r/min | | |
| N30　G00　X48.0　Z2.0; | | | 快速定位到切削循环起始点 | | |
| N40　G71　U2.0　R1.0; | | | 粗加工右端，背吃刀量 2mm，退刀 1mm | | |
| N50　G71　P70　Q100　U0.4　W0　F0.3; | | | 精加工余量 0.4mm | | |
| N60　G01　X28.0　F0.15; | | | 精加工开始段，精加工起点 | | |
| N70　X34.0　Z-1.0; | | | 倒角 | | |
| N80　Z-25.0; | | | 车 $\phi$34mm 外圆 | | |
| N90　X46.0; | | | 切削退刀，精加工结束段 | | |
| N100　S900; | | | 精加工，主轴转速 900r/min | | |
| N110　G00　X40.0　Z2.0; | | | 精加工起始点 | | |
| N120　G70　P70　Q100; | | | G70 精加工右端外圆 | | |
| N130　G00　X150.0　Z150.0; | | | 退出 | | |
| N135　M00; | | | 程序暂停 | | |
| N140　T0202; | | | 换内孔车刀 | | |
| N150　S1000; | | | 粗加工内孔，主轴转速 1000r/min | | |
| N160　G00　X12.0　Z2.0; | | | 定位加工循环起点 | | |
| N170　G71　U1　R1; | | | 粗加工内孔，背吃刀量 1mm，退刀 1mm | | |

（续）

| 零件号 | | 零件名称 | 套筒 | 编程原点 | 工件右端面中心处 |
|---|---|---|---|---|---|
| 程序号 | O0602 | 数控系统 | FANUC 0i　Mate-TC | 编制 | |

| 程序 | 说明 |
|---|---|
| N180　G71　P190　Q240　U－0.4　W0　F0.3； | 精加工余量 0.4mm |
| N190　G00　X26.005　F0.15； | 精加工开始段，精加工起点 |
| N200　G01　Z0； | |
| N210　X20.005　Z－20.025； | 加工锥孔 |
| N220　Z－28.0； | 加工 $\phi$20mm 孔 |
| N230　X16.01； | |
| N240　Z－42.0； | 加工 $\phi$16mm 孔，精加工结束段 |
| N250　S1500； | 精加工内孔，主轴转速 1500r/min |
| N260　G70　P190　Q240； | G70 精加工右端 |
| N270　G00　X150.0　Z150.0； | 退出 |
| N280　M05； | 主轴停转 |
| N290　M30； | 程序结束 |

## 6.4　盘类零件加工项目实施

### 6.4.1　工艺分析

**1. 零件图分析**

图 6-2 所示端盖零件包括外圆阶梯面、倒角、端面槽和内阶梯面、内沟槽等加工。其中 $\phi$160mm 外圆和孔 $\phi$100mm 有尺寸精度要求，并且表面质量要求较高；$\phi$160mm 外圆对 $\phi$100mm 孔轴线的同轴度公差为 0.02mm；外阶梯面对 $\phi$100mm 孔轴线的轴向圆跳动公差为 0.05mm。毛坯材料为 HT200，外径 $\phi$210mm，厚 50mm，孔径 $\phi$70mm，余量较大。

**2. 装夹方案的确定**

盘类零件在加工时的定位基准主要是外圆和内孔。此零件外形比较简单，精基准选择外圆柱面，经过两次装夹完成全部内容加工。首先，夹住毛坯右端车左端，完成 $\phi$200mm 外圆加工、左端内外形加工；然后，以 $\phi$200mm 精车外圆为定位基准，采用软爪卡盘装夹，完成右端内外形加工。

**3. 加工顺序和进给路线的确定**

此零件加工以一次装夹所进行的加工为一道工序，共划分为两道工序。

（1）工序一

1）自定心卡盘夹毛坯外圆伸出约 25mm，车平左端面，以端面中心为工件坐标原点，对刀，设置 $Z$ 坐标。

2）粗、精车 $\phi$200mm 外圆。

3）车端面槽。

4）粗、精车 $\phi$80mm 内孔。

（2）工序二

1）工件调头，用软爪卡盘（或外圆包上铜皮用普通自定心卡盘）夹持左端 $\phi$200mm 外圆。车平部分右端面（便于对刀）保证总长45mm。以右端面中心为工件坐标原点，重新对刀，设置$Z$坐标。

2）粗、精车$\phi$100mm内孔。由于内孔余量较大，所以先加工内孔，再加工端面，可以减少总的加工面积。

3）车沟槽。

4）粗、精车$\phi$160mm外圆及阶梯面。

外表面使用G71、G72指令，内表面加工使用G71指令完成。

**4. 刀具及切削用量的选择**

（1）确定刀具　根据零件加工要求，需要外圆车刀、6mm端面槽刀、内孔车刀（不通孔车刀）和3mm内沟槽刀。端面槽刀外缘刀尖的副后刀面圆弧半径$r<78$mm（工件端面直槽的圆弧半径）。刀具的具体选择见表6-7。

**表6-7　数控刀具卡**

| 产品名称或代号 | | | 零件名称 | 端盖 | 零件图号 | 图6-2 |
|---|---|---|---|---|---|---|
| 序号 | 刀具号 | 刀具名称及规格 | 数量 | 刀尖半径/mm | 加工表面 | 备注 |
| 1 | T0101 | 93°外圆车刀 | 1 | 0.5 | 粗、精车外圆 | |
| 2 | T0202 | 93°内孔车刀 | 1 | 0.5 | 粗、精车内轮廓 | |
| 3 | T0303 | 93°外圆横车刀 | 1 | 0.5 | 车左端面，粗、精车右端外圆 | |
| 4 | T0404 | 6mm端面槽刀 | 1 | | 车端面槽 | |
| 5 | T0505 | 3mm内沟槽刀 | 1 | | 车内沟槽 | |
| 编制 | | 审核 | 批准 | | 年　月　日 | 共　页　第　页 |

（2）确定切削用量　根据工件材料（HT200、硬度180HBW）、工件几何形状、内外轮廓直径和工件表面粗糙度，查表1-3、表1-4（或切削手册），并通过式（1-1）计算得切削用量，其数值见表6-8。

**表6-8　切削用量表**

| 加工内容 | 切削速度/（m/min） | 主轴转速/（r/min） | 进给量/（mm/r） | 背吃刀量/mm |
|---|---|---|---|---|
| 粗车$\phi$200mm外圆、端面 | 60 | 100 | 0.2 | 2 |
| 精车$\phi$200mm外圆、端面 | 80 | 130 | 0.1 | 0.1 |
| 粗车$\phi$160mm外圆、端面 | 60 | 120 | 0.2 | 2 |
| 精车$\phi$160mm外圆、端面 | 80 | 160 | 0.1 | 0.1 |
| 粗车$\phi$100mm内轮廓 | 50 | 160 | 0.2 | 2 |
| 精车$\phi$100mm内轮廓 | 70 | 220 | 0.1 | 0.1 |
| 粗车$\phi$80mm内轮廓 | 50 | 200 | 0.2 | 2 |
| 精车$\phi$80mm内轮廓 | 70 | 280 | 0.1 | 0.1 |
| 车端面槽$\phi$150mm | 70 | 150 | 0.1 | 3 |
| 车内沟槽 | 50 | 160 | 0.1 | 1.5 |

### 5. 数控加工工序卡的编制

端盖加工工序卡见表6-9、表6-10。

**表6-9　端盖加工工序卡1（加工左端）**

| （加工工序图） | | | 产品名称 | | 零件名称 | | 零件图号 | |
|---|---|---|---|---|---|---|---|---|
| | | | | | 端盖 | | 图6-2 | |
| 工序号 | 程序编号 | 夹具名称 | 夹具编号 | | 使用设备 | | 车间 | |
| 003 | O0603 | 自定心卡盘 | | | CK6136 | | | |
| 工步号 | 工步内容 | 切削用量 | | | 刀具 | | 量具名称 | 备注 |
| | | 主轴转速/（r/min） | 进给量/（mm/r） | 背吃刀量/mm | 编号 | 名称 | | |
| 1 | 车左端面 | 100 | 0.2 | 2 | T0303 | 外圆横车刀 | | 手动 |
| 2 | 粗车左端外圆留精车余量0.2mm | 100 | 0.2 | 2 | T0101 | 外圆车刀 | 游标卡尺 | 自动 |
| 3 | 精车左端外圆，倒角 | 130 | 0.1 | 0.1 | T0101 | 外圆车刀 | 游标卡尺 | 自动 |
| 4 | 车端面槽 | 150 | 0.1 | 3 | T0404 | 端面槽刀 | 游标卡尺 | 自动 |
| 5 | 粗车左端内孔，留0.2mm余量 | 200 | 0.2 | 2 | T0202 | 内孔车刀 | 内径千分尺 | 自动 |
| 6 | 精车左端内孔，倒角 | 280 | 0.1 | 0.1 | T0202 | 内孔车刀 | 内径千分尺 | 自动 |
| 编制 | | 审核 | 批准 | | 共1页 | | 第1页 | |

**表6-10　端盖加工工序卡2（加工右端）**

| （加工工序图） | | | 产品名称 | | 零件名称 | | 零件图号 | |
|---|---|---|---|---|---|---|---|---|
| | | | | | 端盖 | | 图6-2 | |
| 工序号 | 程序编号 | 夹具名称 | 夹具编号 | | 使用设备 | | 车间 | |
| 004 | O0604 | 自定心卡盘 | | | CK6136 | | | |
| 工步号 | 工步内容 | 切削用量 | | | 刀具 | | 量具名称 | 备注 |
| | | 主轴转速/（r/min） | 进给量/（mm/r） | 背吃刀量/mm | 编号 | 名称 | | |
| 1 | 粗车内孔，留精车余量0.2mm | 160 | 0.2 | 2 | T0202 | 内孔车刀 | 内径千分尺 | 自动 |
| 2 | 精车内孔 | 220 | 0.1 | 0.1 | T0202 | 内孔车刀 | 内径千分尺 | 自动 |
| 3 | 车内沟槽 | 160 | 0.1 | 1.5 | T0505 | 内沟槽刀 | | 自动 |
| 4 | 粗车右端外形，留精车余量0.2mm | 120 | 0.2 | 2 | T0303 | 外圆横车刀 | 游标卡尺 | 自动 |
| 5 | 精车右端外形 | 160 | 0.1 | 0.1 | T0303 | 外圆横车刀 | 游标卡尺 | 自动 |
| 编制 | | 审核 | 批准 | | 共1页 | | 第1页 | |

## 6.4.2　编制加工程序

为保证加工公差等级，按尺寸中值编程。端盖左端数控加工程序 O0603 见表 6-11，端盖右端数控加工程序 O0604 见表 6-12。

**表 6-11　端盖数控加工程序单 1（加工左端）**

| 零件号 | | 零件名称 | 端盖 | 编程原点 | 工件左端面中心处 |
|---|---|---|---|---|---|
| 程序号 | O0603 | 数控系统 | FANUC 0i　Mate-TC | 编制 | |

| 程序 | 说明 |
|---|---|
| O0603； | 程序名 |
| N20　T0101； | 选用 1 号外圆刀 |
| N30　M03　S100； | 主轴转速为 100r/min |
| N40　G00　X215.0　Z2.0； | 快速定位到切削循环起始点 |
| N50　G71　U2.0　R1.0； | 粗加工左端，背吃刀量 2mm，退刀 1mm |
| N60　G71　P70　Q100　U0.2　W0　F0.2； | 精加工余量 0.2mm |
| N70　G00　X192.0； | 精加工开始段，精加工起点 |
| N80　G01　X200.0　Z－2.0　F0.1； | 倒角 |
| N90　Z－22.0； | 车 $\phi$200mm 外圆 |
| N100　X213.0； | 切削退刀，精加工结束段 |
| N110　S130； | 精加工，主轴转速 130r/min |
| N130　G70　P70　Q100； | G70 精加工左端 |
| N140　G00　X250.0　Z250.0； | 刀具退回 |
| N150　M00； | 程序暂停 |
| N160　T0404； | 换端面槽刀 |
| N170　M03　S150； | 主轴转速为 150r/min |
| N180　G00　X144.0； | |
| N190　Z2.0； | 切端面槽定位 |
| N200　G74　R0.5； | 切槽循环，每次退刀 0.5mm |
| N210　G74　Z－8.0　Q2.0　F0.1； | 切槽深 6mm，每次进给 2mm |
| N220　G00　X250.0　Z250.0； | 刀具退回 |
| N230　M00； | 程序暂停 |
| N240　T0202； | 换内孔车刀 |
| N250　M03　S200； | 主轴转速为 200r/min |
| N260　G00　X65.0　Z2.0 | 快速定位到切削循环起始点 |
| N270　G71　U2.　R1.； | 粗加工 $\phi$80mm 内孔，背吃刀量 2mm，退刀 1mm |
| N280　G71　P290　Q320　U－0.2　W0　F0.2； | 精加工余量 0.2mm |
| N290　G00　X88.0； | 精加工开始段，精加工起点 |
| N300　G01　X80.0　Z－2.0　F0.1； | 倒角 |
| N310　Z－16.0； | 车 $\phi$80mm 内孔 |
| N320　X65.0； | 切削退刀，精加工结束段 |
| N330　S280； | 精加工，主轴转速 280r/min |
| N340　G70　P290　Q320； | G70 精加工 $\phi$80mm 内孔 |
| N350　G00　X250.0　Z250.0； | 刀具退回 |
| N360　M05； | 主轴停转 |
| N370　M30； | 程序结束 |

表 6-12　端盖数控加工程序单 2（加工右端）

| 零件号 | | 零件名称 | 端盖 | 编程原点 | 工件右端面中心处 |
|---|---|---|---|---|---|
| 程序号 | O0604 | 数控系统 | FANUC 0i　Mate-TC | 编制 | |

| 程序 | 说明 |
|---|---|
| O0604; | 程序名 |
| N10　T0202; | 选用 2 号内孔车刀 |
| N20　M03　S160; | 主轴转速为 160r/min |
| N30　G00　X65.0　Z2.0; | 快速定位到切削循环起始点 |
| N40　G71　U2.0　R1.0; | 粗加工右端内孔，背吃刀量 2mm，退刀 1mm |
| N50　G71　P60　Q80　U-0.2　W0.1　F0.2; | 精径向加工余量 0.2mm |
| N60　G00　X99.985; | 精加工开始段 |
| N70　G01　Z-30.0　F0.1; | 车 $\phi$100mm 内孔 |
| N80　X75.0; | 车内阶梯面，精加工结束段 |
| N90　S220; | 精加工主轴转速 220r/min |
| N100　G70　P60　Q80; | 精加工内孔 |
| N110　G00　X250.0　Z250.0; | 切削退刀 |
| N120　M00; | 程序暂停 |
| N130　T0505; | 换 5 号内沟槽车刀 |
| N140　M03　S160; | 切槽加工，主轴转速 160r/min |
| N150　G00　X78.0; | |
| N160　Z-30.0; | 定位到切槽起始点 |
| N170　G01　X104.0　F0.1; | 切槽 |
| N180　G04　X1.0; | 暂停 1s |
| N190　G01　X78.0; | 切槽退刀 |
| N200　G00　Z250.0; | |
| N210　X250.0; | 退回换刀点 |
| N220　M00; | 程序暂停 |
| N230　T0303; | 换 3 号外圆横车刀 |
| N240　M03　S120.0; | 粗加工，主轴转速 120r/min |
| N250　G00　X215.0　Z2.0; | |
| N260　G72　U2　R1; | 粗加工右端，背吃刀量 2mm，退刀 1mm |
| N270　G72　P280　Q330　U0.2　W0.1　F0.2; | 径向精加工余量 0.2mm |
| N280　G00　Z-25.0; | 精加工开始段，精加工起点 |
| N290　G01　X159.975　F0.1; | 加工外阶梯面 |
| N300　Z-2.0; | 加工 $\phi$160mm 外圆 |
| N310　U-3.95　W1.975; | 加工倒角 |
| N320　X95.0; | 加工右端面 |
| N330　Z2.0; | 加工退出，精加工结束段 |
| N340　S160; | 精加工右端，主轴转速 160r/min |
| N350　G70　P280　Q330; | G70 精加工右端 |
| N360　G00　X250.0　Z250.0; | 退出 |
| N370　M05; | 主轴停转 |
| N380　M30; | 程序结束 |

# 6.5 项目实训

## 6.5.1 实训任务

### 1. 实训内容

图6-16a所示为一套筒零件。材料为45钢，毛坯选用 $\phi$45mm×45mm的棒料。图6-16b所示为一端盖零件。材料为45钢，毛坯选用 $\phi$210mm×50mm、中心孔径 $\phi$70mm的管料。

分别制订两工件的数控车削加工工艺，编制其数控加工程序，并在数控车床上完成零件加工。

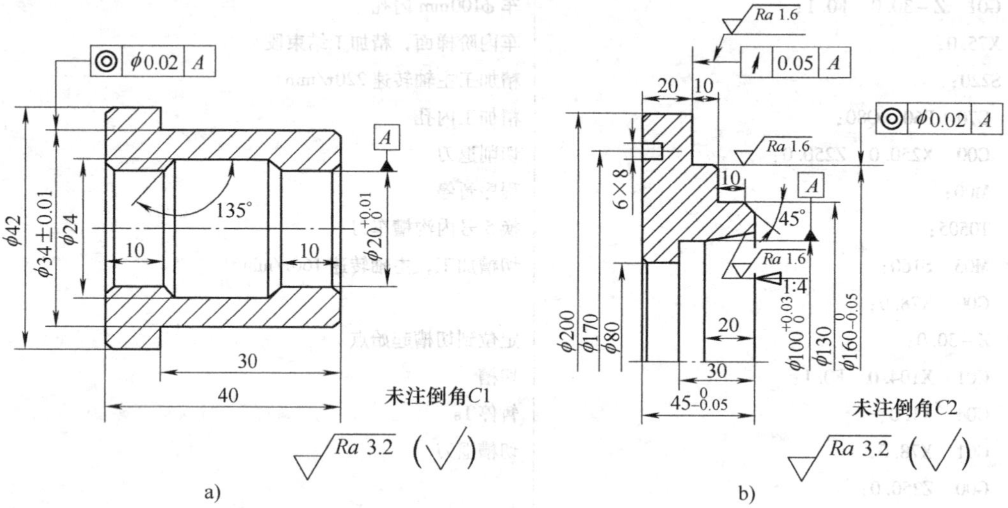


图6-16　盘套类零件加工实训图

a）套筒零件　b）端盖零件

### 2. 实训目的

1）掌握盘套类零件的工艺分析与数控编程。

2）掌握端面循环指令的编程方法。

3）掌握盘套类零件的数控加工操作。

### 3. 实训准备

1）数控车床1台，主偏角90°外圆车刀、主偏角93°外圆横车刀、主偏角93°内孔车刀、主偏角45°内孔车刀、6mm端面槽刀、A3中心钻、$\phi$18mm麻花钻各一把。

2）45钢、$\phi$45mm×45mm棒料和 $\phi$210mm×50mm、中心孔径 $\phi$70mm的棒料各一根。

3）游标卡尺、内径千分尺各一把。

4）机床说明书。

### 4. 实训报告内容

（1）工艺分析、工艺参数选择、工艺文件编制。

（2）数控程序编制。

（3）实训体会。

（4）填写实训评分表　套筒零件加工实训评分表见表6-13，端盖零件加工实训评分表见表6-14。

**表6-13　套筒零件加工实训评分表**

| 班级 | | | 姓名 | | 学号 | |
|---|---|---|---|---|---|---|
| 课题 | | | 套筒零件加工 | 零件编号 | | 图6-16a |
| 基本检查 | | 序号 | 检测项目 | 配分 | 学生自评 | 教师评分 |
| | 编程 | 1 | 切削工艺制订正确 | 5 | | |
| | | 2 | 切削用量选择合理 | 5 | | |
| | | 3 | 程序正确、简单、规范 | 5 | | |
| | 操作 | 4 | 设备操作、维护保养正确 | 5 | | |
| | | 5 | 安全、文明生产 | 5 | | |
| | | 6 | 刀具选择、安装正确、规范 | 5 | | |
| | | 7 | 工件找正、安装正确、规范 | 5 | | |
| 工作态度 | | 8 | 行为规范、纪律表现好 | 5 | | |
| 外圆 | | 9 | $\phi$42mm | 7 | | |
| | | 10 | $\phi$34mm ± 0.01mm | 10 | | |
| 内孔 | | 11 | $\phi 20^{+0.01}_{0}$ mm | 10 | | |
| | | 12 | $\phi$24mm | 7 | | |
| 长度 | | 13 | 40mm | 7 | | |
| | | 14 | 30mm | 5 | | |
| | | 15 | 10mm | 4 | | |
| 同轴度公差 | | 16 | $\phi$0.02mm | 5 | | |
| 倒角 | | 17 | $C1$ | 2 | | |
| 表面粗糙度 | | 18 | $Ra$3.2μm | 3 | | |
| 综合得分 | | | | 100 | | |

**表6-14　端盖零件加工实训评分表**

| 班级 | | | 姓名 | | 学号 | |
|---|---|---|---|---|---|---|
| 课题 | | | 盘类零件加工 | 零件编号 | | 图6-16b |
| 基本检查 | | 序号 | 检测项目 | 配分 | 学生自评 | 教师评分 |
| | 编程 | 1 | 切削工艺制订正确 | 5 | | |
| | | 2 | 切削用量选择合理 | 5 | | |
| | | 3 | 程序正确、简单、规范 | 5 | | |
| | 操作 | 4 | 设备操作、维护保养正确 | 5 | | |
| | | 5 | 安全、文明生产 | 5 | | |
| | | 6 | 刀具选择、安装正确、规范 | 5 | | |
| | | 7 | 工件找正、安装正确、规范 | 5 | | |

（续）

| | | | | | |
|---|---|---|---|---|---|
| 班级 | | 姓名 | | 学号 | |
| 课题 | | 盘类零件加工 | 零件编号 | | 图 6-16b |
| 工作态度 | 8 | 行为规范、纪律表现好 | 5 | | |
| 外圆 | 9 | $\phi$200mm | 3 | | |
| | 10 | $\phi160_{-0.05}^{0}$ mm | 5 | | |
| | 11 | $\phi$130mm | 3 | | |
| | 12 | $\phi$170mm | 3 | | |
| 内孔 | 13 | $\phi$80mm | 3 | | |
| | 14 | $\phi100_{0}^{+0.03}$ mm | 5 | | |
| 长度（外圆） | 15 | $45_{-0.05}^{0}$ mm | 5 | | |
| | 16 | 20mm | 2 | | |
| | 17 | 10mm | 2 | | |
| 长度（内孔） | 18 | 20mm | 2 | | |
| | 19 | 30mm | 2 | | |
| 端面槽 | 20 | 6×8 | 5 | | |
| 锥度 | 21 | 1:4 | 5 | | |
| 同轴度公差 | 22 | $\phi$0.02mm | 3 | | |
| 轴向圆跳动公差 | 23 | 0.05mm | 3 | | |
| 倒角 | 24 | *C*2 | 3 | | |
| 表面粗糙度 | 25 | *Ra*1.6μm | 3 | | |
| | 26 | *Ra*3.2μm | 3 | | |
| 综合得分 | | | 100 | | |

## 6.5.2　实训指导

**1. 技术要点**

1）由于套筒零件比较薄，为防止加工中产生变形，可以先将孔加工至图样要求，再按孔的尺寸配置心轴，以内孔为定位基准套在心轴上加工，从而保证工件的同轴度精度要求。

2）套筒零件内沟槽可以使用主偏角45°、刀尖角90°的内孔车刀加工。

3）端面切槽刀外缘刀尖的副后刀面圆弧半径 $r<88$mm（工件端面直槽的圆弧半径），防止该副后刀面与工件端面槽壁干涉（见图6-9）。安装端面槽刀时，其主切削刃要垂直于工件轴线，以保证车出的槽底面与工件轴线垂直。

**2. 实训步骤**

（1）工艺分析　选择刀具与工艺参数，填写数控加工刀具卡，确定装夹方式，填写数控工序卡。

（2）编写程序　编写数控加工程序，公差要求较高的尺寸可按尺寸中值编程。

（3）数控加工

1）加工准备。

①检查毛坯尺寸。

②开机，回参考点。

③输入程序。把编写好的程序通过数控面板输入数控机床。

④装夹工件。第一次装夹，把坯料装入自定心卡盘，伸出要足够长，保证加工需要，用划线盘找正并夹紧；第二次装夹，用软爪卡盘（或外圆包上铜皮用普通自定心卡盘）夹持已加工好的、作为精基准的外圆。

⑤装夹刀具。把外圆车刀、内孔车刀及切槽刀按要求依次装入刀位。

2）对刀。采用试切法对刀，通过对刀把操作得到的零偏值分别输入到各自长度补偿中。

3）空运行及仿真。对输入的程序进行空运行或轨迹仿真，以检测程序是否正确。

4）零件自动加工方法及尺寸控制。零件自动加工方法：打开程序，选择 MEM（或 AUTO）工作模式，调好进给倍率，按数控启动按钮进行自动加工。

精加工前要停车测量，进行补偿后再进行精加工。

(4) 测量要求较高的内孔直径可用内径千分尺测量，其他尺寸用游标卡尺进行检测。检测结果填入实训评分表 6-13 和表 6-14。

(5) 加工结束，清理机床与场地

## 习　题

### 一、选择题

1. 不通孔车刀主偏角一般取（　　）。

A. 90°~93°　B. 45°~90°　C. 45°~75°　D. 95°~98°

2. 孔加工切削用量要选得比外圆加工切削用量（　　）。

A. 大一倍　B. 大些　C. 小些　D. 小些或相等

3. 增大刀具主偏角的方法，可使（　　）。

A. 背向力增大　B. 进给力减小　C. 背向力不变　D. 背向力减小

4. G94 中的参数 R 是锥端面切削的起点相对于（　　）在 *Z* 轴方向的坐标分量。

A. 坐标原点　B. 切削终点　C. 循环终点　D. 循环起点

5. G72 的切削进程平行于（　　）。

A. *Z* 轴　B. *X* 轴或 *Z* 轴　C. *X* 轴　D. 工件轮廓

6. 刀具切削距离较短，但数值计算较复杂的车削路线是（　　）。

A. 阶梯切削　B. 车圆法切削　C. 车锥法车削　D. 以上都不对

### 二、判断题（请将判断结果填入括号中，正确的填“√”，错误的填“×”）

1. 有中心孔的回转体零件，就称之为套筒零件。（　　）

2. 不通孔加工最大的难点是不便于观察切削状况。（　　）

3. 不通孔车刀加工平底孔时，刀尖到刀杆外端的距离应小于内孔半径。（　　）

4. 车削加工可以通过精加工纠正粗加工产生的变形。（　　）

5. G94 指令格式中的 U、W 是每次循环切削终点相对于切削起点的增量坐标值。（　　）

6. 端面粗加工复合循环指令 G72 适于 *Z* 向余量大、*X* 向余量小的棒料粗加工。（　　）

## 三、实训题

图 6-17 所示为两盘套零件。材料都为 45 钢，图 6-17a 所示零件毛坯选用 $\phi65$mm × 65mm 的棒料，图 6-17b 所示零件毛坯选用 $\phi105$mm × 35mm 的板料。分别制订工件的数控车削加工工艺，编制其数控加工程序，并在数控车床上完成零件加工。

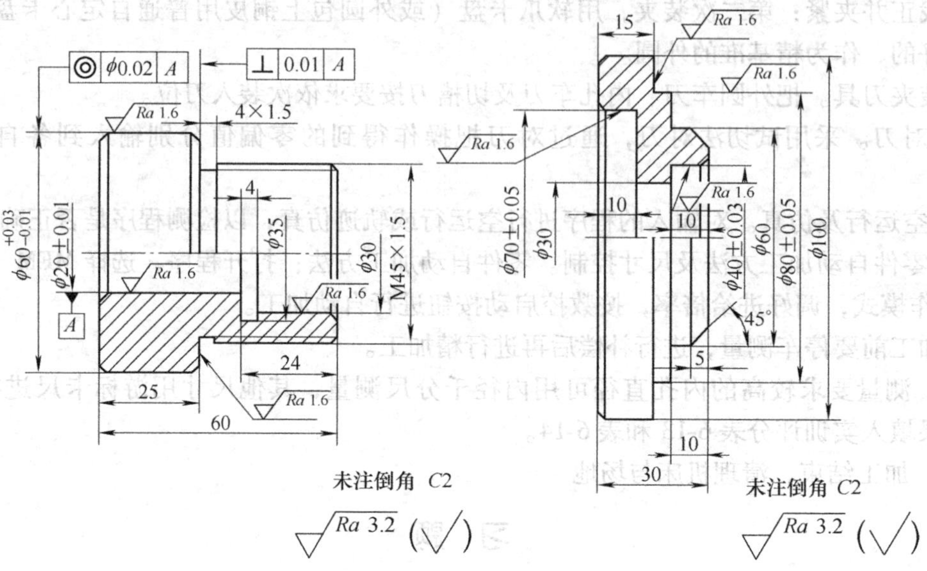


a)　　　　b)

图 6-17　盘套零件实训题图

# 项目七　非圆弧曲面零件加工

【知识目标】

1. 了解宏程序的概念及应用范围。
2. 熟悉变量的概念、运算指令和控制指令的应用。
3. 掌握宏指令的编程方法。

【能力目标】

1. 能够制订常见非圆弧曲面零件的加工工艺。
2. 能够编制常见非圆弧曲面零件的加工程序。

## 7.1 项目导入

如图 7-1 所示的椭圆手柄，已知材料为 45 钢．毛坯为 $\phi30\text{mm}\times115\text{mm}$ 的棒料。要求制订零件的加工工艺，编写零件的数控加工程序，进行仿真加工以检验加工程序的正确性。

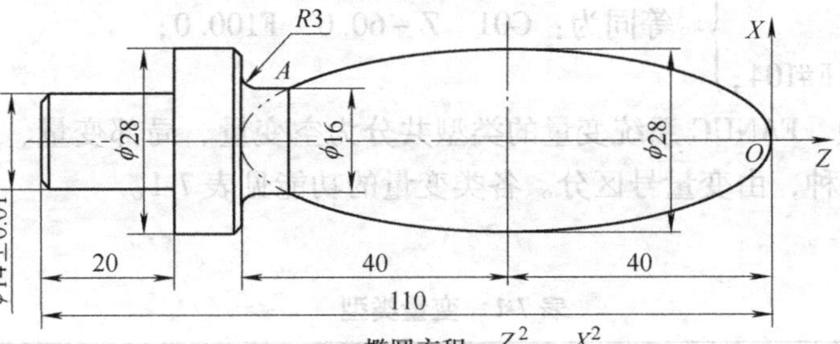


椭圆方程：$\dfrac{Z^2}{40^2}+\dfrac{X^2}{14^2}=1$　　$\sqrt{Ra\ 3.2}$　未注倒角C1

图 7-1　椭圆手柄图

## 7.2 知识学习

数控系统一般只有直线和圆弧插补功能，无法直接对椭圆、双曲线和抛物线等非圆曲线进行插补加工。所以对非圆弧曲面编程，需要通过一定的数学处理，用直线段或圆弧段逼近非圆曲线。

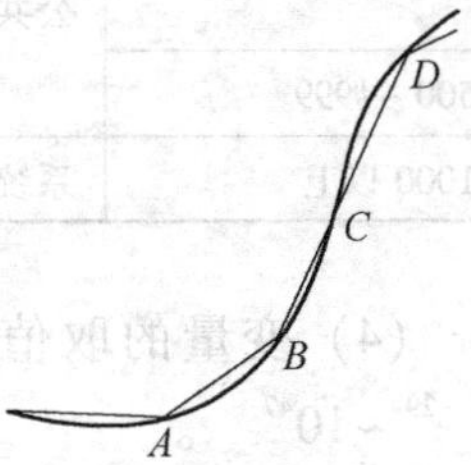


图 7-2　直线逼近

常用的是直线逼近，即在允许的编程误差条件下，用若干直线段逼近零件轮廓非圆曲线，得到一系列的节点，如图 7-2 所示。显然，逼近线段的近似区间越小，逼近误差越小，但节点数越多，程序段也会越多。这种情况下，需要用宏程序编程，简化数控程序。

### 7.2.1　用户宏程序

**1. 概念**

将能完成某一功能的一组指令像子程序一样存入存储器，然后用一个总指令作为代表，执行时只需写出这个总指令就能执行其功能，这样一组指令称为用户宏程序，简称用户宏，总指令称为用户宏命令。

用户宏程序的最大特点是：可以实现变量赋值、加减运算、逻辑判断及条件转移等功能，有利于编制特殊轮廓零件的加工程序，减少手工编程时烦琐的数值计算，简化用户程序。

**2. 变量**

用一个可赋值的代号代替具体的数值，这个代号就称为变量。普通数控加工程序中，直接用数值指定 G 代码和移动距离，而用宏程序时，数值可以直接指定或用变量指定。

（1）变量的表示　FANUC 系统变量由符号“#”和变量号（数字）组成。变量号可以是整数，如#1，#2 等，或是一个表达式，如#［#1 + #2 - 10］，此时，表达式必须封闭在括号中。

（2）变量的引用　引用变量时，将要引用的变量作为数值跟在相应的地址符后面即可。例：

```
#102 = 60.0;
#104 = 100.0;          } 等同为：G01  Z-60.0  F100.0;
G01  Z-#102  F#104;
```

（3）变量的类型　FANUC 系统变量的类型共分为空变量、局部变量、公共变量（全局变量）和系统变量 4 种，由变量号区分。各类变量的功能见表 7-1。

**表 7-1　变量类型**

| 变量号 | 变量类型 | 功能 |
|---|---|---|
| #0 | 空变量 | 初始化为空的变量。空变量总是空，可以读取，但不能写入。#0 通常为空变量 |
| #1 ~ #33 | 局部变量 | 只能在宏程序中存储数据，其作用范围只能是定义该变量的宏程序，即同一代号的局部变量服务于不同的宏程序，可以赋予不同的值。当系统掉电后，变量中的数据将丢失 |
| #100 ~ #199 | 公共变量 | 是在主程序和不同的宏程序中通用的变量。在不同的宏程序中，同一代号的公共变量是同一变量。系统掉电时，该类变量中的数据将丢失 |
| #500 ~ #999 | | 意义同上。系统掉电时，该类变量中的数据将不会丢失 |
| #1000 以上 | 系统变量 | 用于读和写 CNC 的各种数据，如刀具的当前位置和补偿值等 |

（4）变量的取值范围　局部变量和公共变量的取值范围是：$-10^{47} \sim -10^{-29}$，0，$10^{-29} \sim 10^{47}$　。

变量的取值范围还应该根据引用该变量的功能字来判断。例如，引用变量的是刀具功能字T，那么这个变量只能取正整数值，且不能超过刀位号数。

（5）变量的引用　数控加工程序中，除了程序号、顺序号和任选程序段跳转号之外，其他的功能字都可以引用变量。

1）地址字引用变量。地址字引用变量是变量在宏程序中的最大用处。

格式：X变量　Y变量　Z变量　或X［表达式］　Y［表达式］　Z［表达式］

例如，X#6　Y#8　Z#10或X［#1＋#3－2］。

变量或表达式的值根据地址的最小设定单位自动四舍五入。如#2＝10.2345，X#2，系统的地址最小设定单位是1/1000mm，则X#2相当于X10.235。

如果要改变变量值的符号，只需将“－”放在变量的前面，如X－#3。

当地址字引用未定义的变量（空变量）时，变量和地址字都将被系统忽略。例如，假定变量#3的值是0，变量#4是空变量（未赋值），那么指令G00　X#3　Y#4的效果与指令G00　X#3的效果是一样的。

2）辅助功能字（M字）、进给字（F字）、刀具功能字（T字）、主轴功能字（S字）引用变量。这些功能字都可以引用变量，但变量的值必须与相应功能字的要求一致，否则会出错。这极大地增加了编程的灵活性和数控加工程序的适应性，如因加工条件改变，程序中进给速度、主轴转速等功能字都需调整，则只需在调用宏程序的指令中将改变的值传送到相应的变量即可。

（6）变量的赋值　赋值是指将一个数据赋予一个变量。例如，#1＝5，表示将数值5赋给变量#1。“＝”是赋值符号，起语句定义作用。赋值有如下要求：

1）赋值号“＝”左边只能是变量，右边可以是表达式、数值或变量。

2）一个赋值语句只能给一个变量赋值。

3）可以多次给一个变量赋值，新变量值将取代原变量值。

4）当“＝”右边是表达式时，赋值语句具有运算功能，且表达式的运算顺序与数学运算顺序相同。

**3. 运算指令**

变量运算包括算术运算、函数运算和逻辑运算。

常用变量运算指令见表7-2。

**表7-2　常用变量运算指令**

| 名称 | 运算符 | 举例 | 名称 | 运算符 | 举例 |
|---|---|---|---|---|---|
| 变量的定义和替换 | = | #i = #j | 正弦函数 | SIN | #i = SIN［#j］ |
| 加 | + | #i = #j + #k | 反正弦函数 | ASIN | #i = ASIN［#j］ |
| 减 | - | #i = #j - #k | 余弦函数 | COS | #i = COS［#j］ |
| 乘 | * | #i = #j * #k | 反余弦函数 | ACOS | #i = ACOS［#j］ |
| 除 | / | #i = #j/#k | 正切函数 | TAN | #i = TAN［#j］ |
| 或 | OR | #i = #j　OR　#k | 反正切函数 | ATAN | #i = ATAN［#j］ |
| 异或 | XOR | #i = #j　XOR　#k | 平方根 | SQRT | #i = SQRT［#j］ |
| 与 | AND | #i = #j　AND　#k | 取绝对值 | ABS | #i = ABS［#j］ |

运算的先后顺序是：表达式中括号的运算（括号用“［　］”，括号的嵌套不能超过5层）、函数运算、乘除运算、加减运算。

**4. 控制指令**

在程序中使用控制指令可以控制程序的执行顺序。常用的控制指令有三种。

（1）无条件转移语句（GOTO 语句）　GOTO 语句用来无条件改变程序的执行顺序。

编程格式：GOTO*n*；

指令说明：程序运行无条件转移到顺序号为 *n* 的程序段。*n* 可以取 1～99999 的数，也可以用表达式。

例：N10　GOTO　30；

　　N20 …；

　　…；

　　N30…；

即程序从 N10 直接跳转到 N30，而不再执行 N20 与 N30 之间的程序。

（2）条件转移语句（IF 语句）　IF 语句用来有条件地改变程序的执行顺序。

条件转移语句有以下两种编程格式。

1）IF［<条件表达式>］　GOTO*n*。

如果<条件表达式>满足（真），则转移到顺序号为 *n* 的程序段执行；否则，继续往下执行。程序段号 *n* 可以由变量或表达式替代。

例：N10　IF　［#2　GT　20］　GOTO　20；

　　　　…

　　N20　G00　X0　Y0；

　　　　…

即如果变量#2 的值大于 20，则程序转移到顺序号为 20 的程序段执行；否则不转移，继续往下执行。

2）IF　［<条件表达式>］　THEN　宏语句；

如果<条件表达式>满足（真），则执行 THEN 后面的宏语句；否则，继续往下执行。

例：IF　［#1　EQ　#2］　THEN　#3 = 10；

即如果变量#1 的值等于变量#2 的值，则将数值 10 赋给变量#3；否则，执行该程序段下面的程序段。

注意：条件表达式必须含有比较运算符。比较运算符比较其两端的变量、常量或表达式，根据比较结果（条件是否满足）确定程序执行流程。比较运算符见表 7-3。

**表 7-3　比较运算符**

| 运算符 | 名称 | 英文注释 |
|---|---|---|
| EQ | 等于 | EQUAL |
| NE | 不等于 | NEQUAL |
| GT | 大于 | GREAT THAN |
| GE | 大于或等于 | GREAT THAN OR EQUAL |
| LT | 小于 | LESS THAN |
| LE | 小于或等于 | LESS THAN OR EQUAL |

应用举例：求1~100中偶数的和。

```
    O9100
    #1 =0;                          (存储和变量的初值)
    #2 =2;                          (累加偶数变量的初值)
N1  IF [#2  GT  100]   GOTO  2;     (当累加的偶数大于100时转移到N2)
    #1 =#1 +#2;                     (计算和数)
    #2 =#2 +2;                      (下一个累加偶数)
    GOTO1;                          (转到N1)
N2  M30;                            (程序结束)
```

(3) 循环语句（WHILE语句）　WHILE语句用来有条件地重复执行某些程序段的数控程序。

编程格式：

WHILE [ <条件表达式> ]　DO　*m*；（*m*=1，2，3）

…

END　*m*

WHILE与END之间的程序段叫做循环体，当<条件表达式>满足（真）时，重复执行循环体；当<条件表达式>不满足（假）时，执行END下面的程序段。

指令说明：

1) DO后面的数字与END后面的数字要一致，且只能是1，2或3。

2) WHILE和［<条件表达式>］不可省略，否则程序会进入无限循环。

3) WHILE　DO　*m*和END　*m*必须成对使用，且识别号*m*可重复使用，如图7-3a所示。

4) 循环可以嵌套，最大循环嵌套3层，如图7-3b所示。

5) 循环体不可交叉，如图7-3c所示。

6) 不能由循环体外转入循环体内，如图7-3d所示。

7) 可由循环体内转出循环体外，如图7-3e所示。

**5. 宏程序调用指令**

将含有宏语句的数控加工程序作为子程序，在主程序中调用这个子程序时，就叫做宏程序的调用。一般数控系统有两类调用宏程序的方式，M指令调用方式和G指令调用方式。

M指令调用方式：将包含有宏指令的数控加工子程序作为普通子程序，用M98指令调用，其调用格式与普通子程序调用格式一样。

G指令调用方式：在调用宏程序的同时，将变量的初值传递给宏程序中的相应变量。这种方式可在编制宏程序时使用一些变量编程，加工时只需改变变量的初值，就能加工一些不同的零件而不必修改程序。这样增加了数控加工程序的适应性。用M98指令则不能传递变量的初值。

(1) 非模态调用指令G65　当指定G65时，调用以地址P指定的用户宏程序，数据（自变量）能传递到用户宏程序中。

编程格式：G65　P__　L__　<自变量赋值>；

式中　P——要调用的程序号；

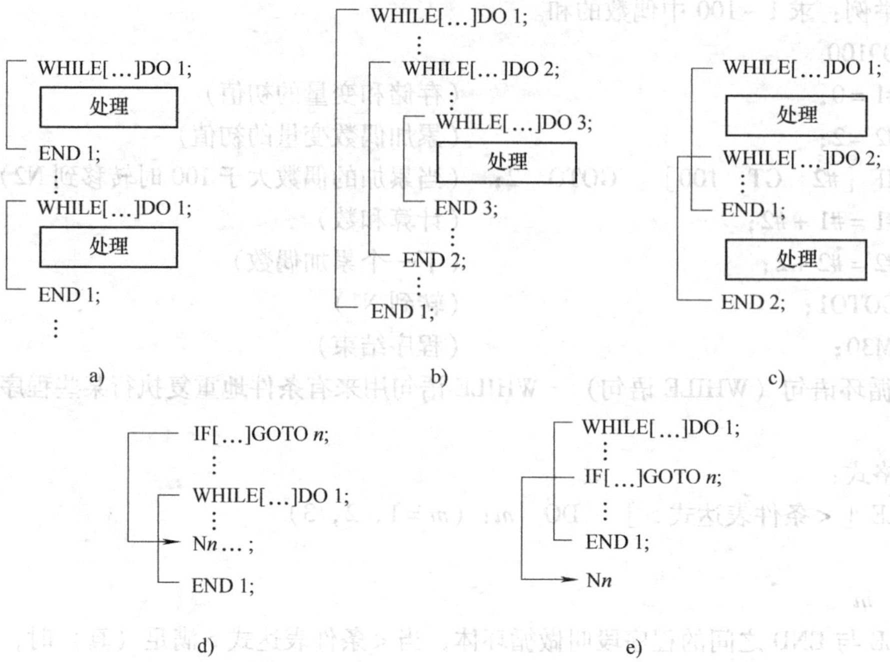


图 7-3　WHILE 语句

a）并列循环　b）循环嵌套　c）循环体交叉　d）转入循环体　e）转出循环体

L——重复次数（1 ~ 9999，省略 L 值时，默认值为 1）；

<自变量赋值>——自变量赋值由地址符及数值（带小数点）构成，由它给调用的宏程序中相应的局部变量赋予实际数值。宏程序非模态调用 G65 的编程实例如图 7-4 所示。

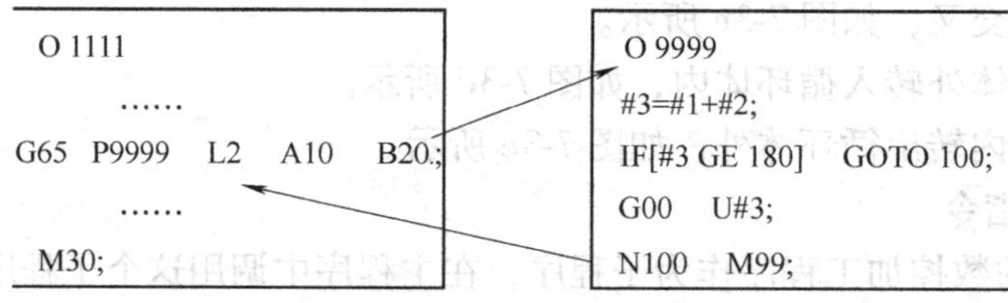


图 7-4　G65 编程实例

数据 10.0 赋给#1，数据 20.0 赋给#2，程序执行结果：#3 = 30.0，机床动作 G00 U30.0。

（2）自变量赋值　若要向用户宏程序本体传递数据，须由自变量赋值来指定，其值可以有符号和小数点，且与地址无关。

局部变量（#1 ~ #33 共有 33 个），与其对应的自变量赋值有两种类型。

1）自变量赋值Ⅰ：用英文字母后加数值进行赋值，除 G、L、O、N 和 P 外，其余所有 21 个英文字母都可以给自变量赋值，每个字母赋值一次。除 I、J、K 外，其余字母赋值不必按字母顺序进行。不赋值的地址可以省略。

2）自变量赋值Ⅱ：使用 A、B、C 和 $I_i$、$J_i$、$K_i$（$i$ 为 1 ~ 10），同组的 I、J、K 必须按

字母顺序指定，不赋值的地址可以省略。I、J、K 的下标用于确定自变量指定的顺序，在实际编程中不写。

自变量赋值Ⅰ和自变量赋值Ⅱ与用户宏程序本体中局部变量的对应关系分别见表 7-4、表 7-5。

**表 7-4　自变量赋值Ⅰ地址与局部变量的对应关系**

| 地址 | 变量号 | 地址 | 变量号 | 地址 | 变量号 |
|---|---|---|---|---|---|
| A | #1 | E | #8 | T | #20 |
| B | #2 | F | #9 | U | #21 |
| C | #3 | H | #11 | V | #22 |
| I | #4 | M | #13 | W | #23 |
| J | #5 | Q | #17 | X | #24 |
| K | #6 | R | #18 | Y | #25 |
| D | #7 | S | #19 | Z | #26 |

**表 7-5　自变量赋值Ⅱ地址与局部变量的对应关系**

| 地址 | 变量号 | 地址 | 变量号 | 地址 | 变量号 |
|---|---|---|---|---|---|
| A | #1 | $K_3$ | #12 | $J_7$ | #23 |
| B | #2 | $I_4$ | #13 | $K_7$ | #24 |
| C | #3 | $J_4$ | #14 | $I_8$ | #25 |
| $I_1$ | #4 | $K_4$ | #15 | $J_8$ | #26 |
| $J_1$ | #5 | $I_5$ | #16 | $K_8$ | #27 |
| $K_1$ | #6 | $J_5$ | #17 | $I_9$ | #28 |
| $I_2$ | #7 | $K_5$ | #18 | $J_9$ | #29 |
| $J_2$ | #8 | $I_6$ | #19 | $K_9$ | #30 |
| $K_2$ | #9 | $J_6$ | #20 | $I_{10}$ | #31 |
| $I_3$ | #10 | $K_6$ | #21 | $J_{10}$ | #32 |
| $J_3$ | #11 | $I_7$ | #22 | $K_{10}$ | #33 |

自变量赋值注意以下几点：

①建议在实际编程时，尽量使用自变量赋值Ⅰ进行赋值。如果自变量赋值Ⅰ和Ⅱ混合赋值，数控系统内部自动识别自变量赋值Ⅰ和Ⅱ，以从左到右书写的顺序，较后赋值的自变量类型有效。例如指令：

G65 P0010 A1.0 B2.0 I-3.0 I4.0 D5.0;

A → #1=1.0 ←（A1.0）
B → #2=2.0 ←（B2.0）
I → #4=-3.0 ←（I-3.0）
I → #7=4.0 ←（I4.0）
D → #7=5.0 ←（D5.0）

根据变量指定表，Ⅰ、Ⅱ类指定法混用，并且I的下标被省略。第一个I对应的是#4 变量，#4 = -3.0；第二个I对应的是#7 变量，#7 = 4.0；D对应的也是#7 变量。在宏程序调用程序段传递给变量#7 的值是#7 = 5.0。

②没有小数点的自变量数据的单位为机床实际系统的最小设定单位。建议在宏程序调用中一律使用小数点。

③调用可以4级嵌套，包括非模态调用（G65）和模态调用（G66），但不包括子程序调用（M98）。

④局部变量嵌套从0级到4级，主程序是0级。用G65调用宏程序（第1级）时，主程序的局部变量（0级）被保存，再重新为宏程序（第1级）准备了另外一套变量#1～#33（1级），可以再向它赋值。以此类推，每调用一次宏程序，局部变量级别加1，而前一级的局部变量值保存在数控系统中。当在宏程序中执行M99时，控制返回到调用的程序，此时，局部变量级别减1，并恢复宏程序调用时保存的局部变量值。

（3）模态调用指令（G66）

格式：G66　P__　L__ <自变量赋值>；

　　　…；

　　　G67；（取消用户宏程序）

式中　P、L、<自变量赋值>意义同G65。

当程序执行了模态调用指令G66后，在G67指令取消之前，每执行一段有移动指令的程序段，就调用一次宏程序，在没有移动指令的程序段不执行模态调用宏程序指令。

如图7-5所示，G66　P9000　L2　A1.0　B2.0；模态调用宏程序O9000两次，并且传送变量值#1 = 1.0、#2 = 2.0。“G00　G90　X100.0；”这个指令段移动 *X* 轴，所以在移动完 *X* 轴后也要执行宏程序调用两次，变量值也传送两次。下一个程序段也是一样，直至G67取消模态宏程序调用为止，后面含移动指令的程序段不再调用O9000宏程序。

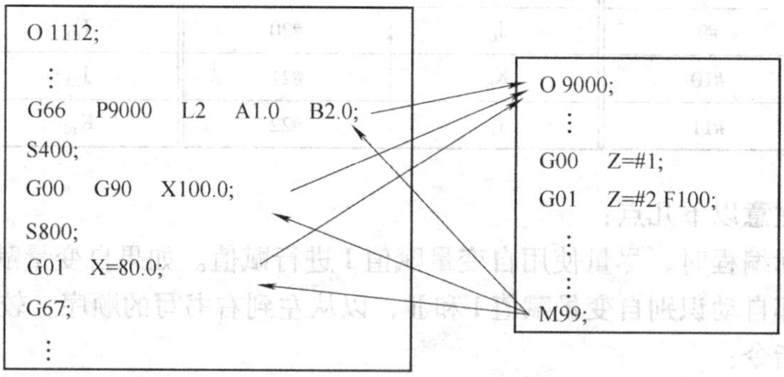


图7-5　G66编程举例

## 7.2.2　车削非圆弧曲面编程

下面以抛物线曲面工件和椭圆曲面工件编程为例，说明车削非圆弧曲面工件的编程方法。

**1. 抛物线曲面工件加工**

加工图7-6所示的抛物线曲面零件，工件坐标如图所示。

（1）自变量赋值地址与对应的局部变量及自变量的引入

1）加工步距0.01mm通过地址A赋予#1。

2）抛物线参数15通过地址C赋予#3。

3）加工终点 $Z$ 坐标 $-30$ 通过地址D赋予#7。

4）$X$ 坐标初值0通过地址E赋予#8。

5）进给速度0.05mm/r通过地址F赋予#9。

（2）加工程序见表7-6。

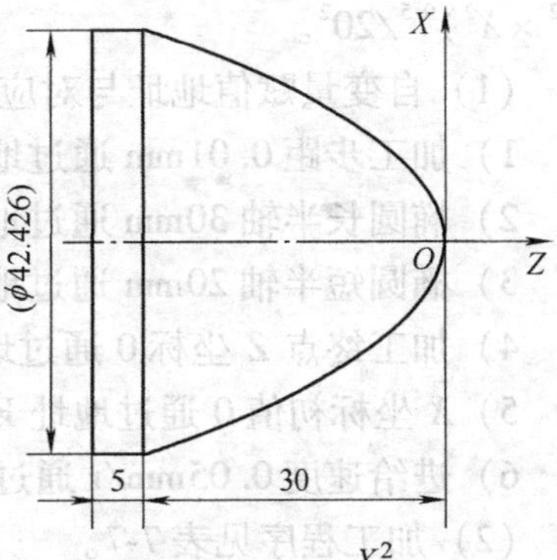


抛物线方程：$Z=-\frac{X^2}{15}$

图7-6　抛物线曲面工件

**表7-6　抛物线曲面加工程序**

| 程序 | 说明 |
|---|---|
| **主程序** | |
| O0005; | 程序名 |
| N20　G50　X200.0　Z200.0; | 设定工件坐标 |
| N30　M03　S800; | 主轴转速800r/min |
| N40　T0101; | 选择1号刀，1号刀补 |
| N50　G42　G00　X0　Z3.0　D10; | 建立刀尖圆弧半径补偿 |
| N60　G01　Z0　F0.08; | 工进到切削起点 |
| N70　G65　P9001　A0.01　B2.0　C15.0　D-30.0　E0　F0.05; | 调用加工子程序，步距0.01mm，直径编程 |
| N80　G01　Z-35.0　F0.08; | 加工 $\phi$42.426mm外圆 |
| N90　G40　G00　X200.0　Z400.0; | 刀具退出，取消刀补 |
| N100　M05; | 主轴停转 |
| N110　M30; | 程序结束 |
| **子程序** | |
| O9001 | 子程序名 |
| N10　#6=#8; | 赋初始值 |
| N20　#6=#6+#1; | 加工步距（直径编程） |
| N30　#11=#6/2; | 求半径（方程中的 $X$） |
| N40　#12=-#11*#11/#3; | 求 $-X^2/15$ |
| N50　G99　G01　X#6　Z#12　F#9; | 走直线进行加工 |
| N60　IF [#12　GT　#7]　GOTO　20; | 终点判别 |
| N70　M99; | 子程序结束 |

**2. 椭圆曲面工件加工**

加工图7-7所示的椭圆曲面零件，工件坐标如图所示。

将标准椭圆方程转变为求 $Z$ 坐标方程：$Z = (30^2 \times 20^2 - 30^2 \times X^2)^{0.5}/20^2$。

（1）自变量赋值地址与对应的局部变量及自变量的引入

1）加工步距 0.01mm 通过地址 A 赋予#1。

2）椭圆长半轴 30mm 通过地址 B 赋予#2。

3）椭圆短半轴 20mm 通过地址 C 赋予#3。

4）加工终点 $Z$ 坐标 0 通过地址 D 赋予#7。

5）$X$ 坐标初值 0 通过地址 E 赋予#8。

6）进给速度 0.05mm/r 通过地址 F 赋予#9。

（2）加工程序见表 7-7。

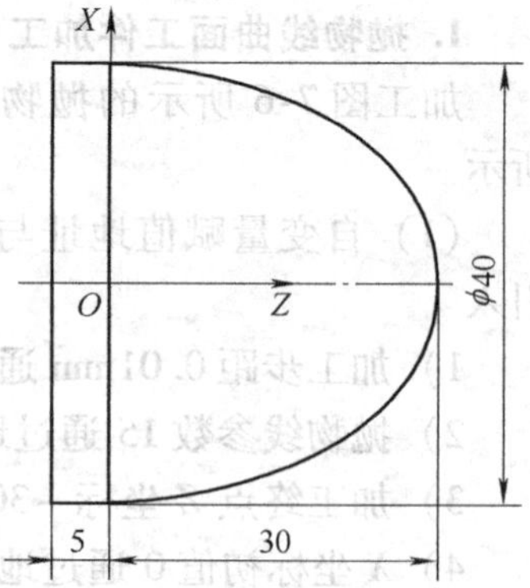


椭圆方程：$\frac{Z^2}{30^2}+\frac{X^2}{20^2}=1$

图 7-7　椭圆曲面工件

**表 7-7　椭圆曲面加工程序**

| 主程序 | |
|---|---|
| 程序 | 说明 |
| O0006; | 程序名 |
| N20　G50　X200.0　Z200.0; | 设定工件坐标 |
| N30　M03　S800; | 主轴转速 800r/min |
| N40　T0101; | 选择 1 号刀，1 号刀补 |
| N50　G42　G00　X0　Z33.0　D10; | 建立刀尖圆弧半径补偿 |
| N60　G01　Z30.0　F0.08; | 工进到切削起点 |
| N70　G65　P9002　A0.01　B30.0　C20.0　D0　E0　F0.05; | 调用子程序，步距 0.01mm，直径编程 |
| N80　G01　Z-5.0　F0.08; | 加工 ϕ40mm 外圆 |
| N90　G40　G00　X200.0　Z400.0; | 刀具退出，取消刀补 |
| N100　M05; | 主轴停转 |
| N110　M30; | 程序结束 |
| 子程序 | |
| O9002 | 子程序名 |
| N10　#6 = #8; | 赋初始值 |
| N20　#6 = #6 + #1; | 加工步距（直径编程） |
| N30　#11 = #6/2; | 求半径（方程中的 $X$） |
| N40　#12 = #2/#3 * SQRT [#3 * #3 - #11 * #11]; | 求 $30/20 \times (20^2 - X^2)^{0.5}$ |
| N50　G99　G01　X#6　Z#12　F#9; | 走直线进行加工 |
| N60　IF [#12　GT　#7]　GOTO　20; | 终点判别 |
| N70　M99; | 子程序结束 |

# 7.3　项目实施

## 7.3.1　工艺分析

**1. 零件图分析**

如图7-1所示，零件由圆柱面、椭圆面构成。零件材料为45钢棒料。零件的尺寸精度和表面粗糙度要求都不高，没有几何公差要求。但由于外表面是椭圆曲线（非圆弧曲线）回转体，不能用G02、G03按圆弧来车削，必须采用宏指令编程才能加工，加工难度较大。

**2. 装夹方案的确定**

毛坯为棒料，用自定心卡盘夹紧定位。先夹住毛坯右端车左端，完成$\phi$14mm、$\phi$28mm外圆加工；然后，以$\phi$14mm精车外圆为定位基准，垫上铜皮后用自定心卡盘装夹，完成右端外形加工。

**3. 加工顺序和进给路线的确定**

此零件加工以一次装夹所进行的加工为一道工序，共划分为两道工序。

（1）工序一

1）自定心卡盘夹毛坯外圆伸出约40mm，车平端面，以端面中心为工件坐标原点，对刀。

2）粗、精车$\phi$14mm、$\phi$28mm外圆、倒角。

（2）工序二

1）工件调头，用软爪卡盘（或外圆包上铜皮用普通卡盘）夹持左端$\phi$14mm外圆。车平右端面保证总长110mm。以右端面中心为工件坐标原点，重新对刀。

2）粗车椭圆$\phi$28mm外圆，留精车余量0.4mm。

3）由于棒料余量较大，不能直接沿轮廓切削，所以先调用宏程序纵向进给粗车椭圆右半部分，如图7-8所示。

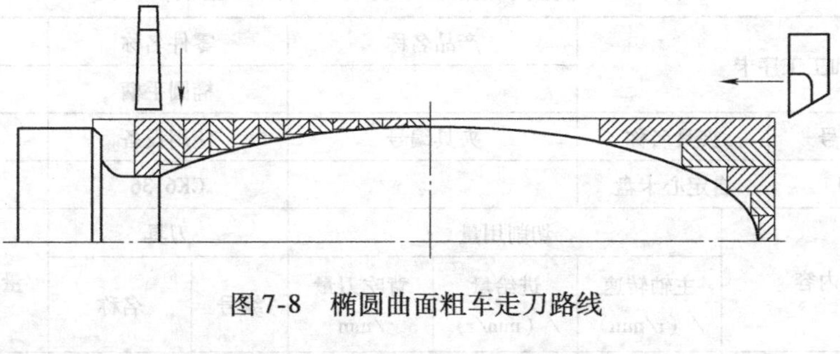

图7-8　椭圆曲面粗车走刀路线

4）同样原因，用切槽刀调用宏程序横向进给粗车椭圆左半部分。

5）换外圆车刀，粗车$\phi$16mm外圆、台阶面、倒角。

6）调用宏程序精车全部椭圆轮廓。

7）用G71/G70粗、精车$\phi$16mm外圆、台阶面、倒角。

**4. 刀具及切削用量的选择**

（1）确定刀具　根据零件加工要求，需要主偏角93°、刀尖角35°外圆车刀和3mm切槽刀各一把。刀具的具体选择见表 7-8。

表 7-8 数控刀具卡

| 产品名称或代号 | | | 零件名称 | | 椭圆手柄 | 零件图号 | 图 7-1 |
|---|---|---|---|---|---|---|---|
| 序号 | 刀具号 | 刀具名称及规格 | 数量 | 刀尖半径/mm | | 加工表面 | 备注 |
| 1 | T0101 | 外圆车刀，主偏角 93°，刀尖角 35° | 1 | 0.5 | | 粗、精车左端外轮廓；粗车椭圆右端、精车椭圆外轮廓 | |
| 2 | T0202 | 3mm 切槽刀 | 1 | | | 粗车椭圆左端 | |
| 编制 | | 审核 | 批准 | | | 年 月 日 | 共 页 第 页 |

（2）确定切削用量 根据工件材料（45 钢）、工件几何形状、轮廓直径和工件表面粗糙度，查表 1-3、表 1-4（或切削手册），并通过式（1-1）计算得切削用量，其数值见表 7-9。

表 7-9 切削用量表

| 加工内容 | 切削速度/（m/min） | 主轴转速/（r/min） | 进给量/（mm/r） | 背吃刀量/mm |
|---|---|---|---|---|
| 粗车左端圆柱、端面 | 80 | 900 | 0.2 | 2 |
| 精车左端圆柱、端面 | 120 | 1350 | 0.1 | 0.1 |
| 粗车椭圆右半轮廓 | 80 | 900 | 0.2 | 2 |
| 粗车椭圆左半轮廓 | 80 | 900 | 0.2 | 1.5 |
| 粗车右端圆柱、台阶面 | 80 | 900 | 0.2 | 2 |
| 精车右端外轮廓 | 120 | 1350 | 0.1 | 0.1 |

**5. 数控加工工序卡的编制**

椭圆手柄加工工序卡见表 7-10、表 7-11。

表 7-10 椭圆手柄加工工序卡 1（加工左端）

| 数控加工工序卡 | | | | 产品名称 | | 零件名称 | | 零件图号 | |
|---|---|---|---|---|---|---|---|---|---|
| | | | | | | 椭圆手柄 | | 图 7-1 | |
| 工序号 | 程序编号 | 夹具名称 | | 夹具编号 | | 使用设备 | | 车间 | |
| 001 | O0701 | 自定心卡盘 | | | | CK6136 | | | |
| 工步号 | 工步内容 | 切削用量 | | | 刀具 | | | 量具名称 | 备注 |
| | | 主轴转速/（r/min） | 进给量/（mm/r） | 背吃刀量/mm | 编号 | 名称 | | | |
| 1 | 车左端面 | 900 | 0.2 | 2 | T0101 | 外圆车刀 | | | 手动 |
| 2 | 粗车左端外圆，留精车余量 0.2mm | 900 | 0.2 | 2 | T0101 | 外圆车刀 | | 游标卡尺 | 自动 |
| 3 | 精车左端外圆，倒角 | 1350 | 0.1 | 0.1 | T0101 | 外圆车刀 | | 游标卡尺 | 自动 |
| 编制 | 审核 | | 批准 | | | 共 1 页 | | 第 1 页 | |

表 7-11　椭圆手柄加工工序卡 2（加工右端）

| 数控加工工序卡 | | | 产品名称 | | 零件名称 | | 零件图号 | |
|---|---|---|---|---|---|---|---|---|
| | | | | | 椭圆手柄 | | 图 7-1 | |
| 工序号 | 程序编号 | 夹具名称 | 夹具编号 | | 使用设备 | | 车间 | |
| 002 | O0702 | 自定心卡盘 | | | CK6136 | | | |
| 工步号 | 工步内容 | 切削用量 | | | 刀具 | | 量具名称 | 备注 |
| | | 主轴转速 /（r/min） | 进给量 /（mm/r） | 背吃刀量 /mm | 编号 | 名称 | | |
| 1 | 车右端面 | 900 | 0.2 | 2 | T0101 | 外圆车刀 | 游标卡尺 | 手动 |
| 2 | 粗车椭圆右端，留精车 0.2mm 余量 | 900 | 0.2 | 2 | T0101 | 外圆车刀 | 游标卡尺 | 自动 |
| 3 | 粗车椭圆左端，留精车 0.2mm 余量 | 900 | 0.2 | 1.5 | T0202 | 切槽刀 | 游标卡尺 | 自动 |
| 4 | 粗车 $\phi$16mm 外圆、$R$3mm 圆弧、阶梯面，留精车 0.2mm 余量 | 900 | 0.2 | 2 | T0101 | 外圆车刀 | 游标卡尺 | 自动 |
| 5 | 精车椭圆 | 1350 | 0.1 | 0.1 | T0101 | 外圆车刀 | 游标卡尺 | 自动 |
| 6 | 精车 $\phi$16mm 外圆、$R$3mm 圆弧、阶梯面、倒角 | 1350 | 0.1 | 0.1 | T0101 | 外圆车刀 | 游标卡尺 | 自动 |
| 编制 | | 审核 | 批准 | | | 共 1 页 | 第 1 页 | |

## 7.3.2　编制加工程序

计算节点 $A$ 坐标：$X16.0$，$Z = -40/14 \times (14^2 - (X/2)^2)^{0.5} - 40 = -72.826$

椭圆手柄左端数控加工程序 O0701 见表 7-12，椭圆手柄右端数控加工程序 O0702 见表 7-13。

表 7-12　椭圆手柄数控加工程序单 1（加工左端）

| 零件号 | | 零件名称 | 椭圆手柄 | 编程原点 | 工件左端面中心处 |
|---|---|---|---|---|---|
| 程序号 | O0701 | 数控系统 | FANUC 0i　Mate-TC | 编制 | |

| 程序 | 说明 |
|---|---|
| O0701; | 程序名 |
| N20　T0101; | 选用 1 号外圆刀 |
| N30　M03　S900; | 主轴转速 900r/min |
| N40　G00　X35.0　Z2.0; | 快速定位到切削循环起始点 |
| N50　G71　U2.0　R1.0; | 粗加工左端，背吃刀量 2mm，退刀 1mm |
| N60　G71　P70　Q100　U0.2　W0　F0.2; | 精加工余量 0.2mm |
| N70　G00　X8.0; | 精加工开始段，精加工起点 |

（续）

| 零件号 | | 零件名称 | 椭圆手柄 | 编程原点 | 工件左端面中心处 |
|---|---|---|---|---|---|
| 程序号 | O0701 | 数控系统 | FANUC 0i Mate-TC | 编制 | |
| 程序 | | | 说明 | | |
| N80 G01 X14.0 Z-1.0 F0.1; | | | 倒角 | | |
| N90 Z-20; | | | 车 $\phi$14mm 外圆 | | |
| N100 X28.0; | | | 加工阶梯面 | | |
| N110 Z-31.0; | | | 车 $\phi$28mm 外圆 | | |
| N120 X32.0; | | | 切削退刀，精加工结束段 | | |
| N130 M00; | | | | | |
| N140 S1350; | | | 精加工，主轴转速 1350r/min | | |
| N130 G70 P70 Q100; | | | G70 精加工左端 | | |
| N140 G00 X150.0 Z150.0; | | | 刀具退回 | | |
| N150 M05; | | | 主轴停转 | | |
| N160 M30; | | | 程序结束 | | |

**表 7-13 椭圆手柄数控加工程序单 2（加工右端）**

| 零件号 | | 零件名称 | 椭圆手柄 | 编程原点 | 工件右端面中心处 |
|---|---|---|---|---|---|
| 程序号 | O0702 | 数控系统 | FANUC 0i Mate-TC | 编制 | |
| 程序 | | | 说明 | | |
| O0702; | | | 程序名 | | |
| N10 T0101; | | | 选用 1 号外圆刀 | | |
| N20 M03 S900; | | | 主轴转速 900r/min | | |
| N30 G00 X35.0 Z2.0; | | | | | |
| N40 #1=28; | | | 定义变量#1 为椭圆方程的 2*X* 值（直径值） | | |
| N50 #2=0; | | | 定义变量#2 为椭圆方程的 *Z* 值 | | |
| N60 WHILE [#1 GE 0] DO1; | | | 宏程序粗加工椭圆右端 | | |
| N70 G00 X [#1+0.2]; | | | *X* 方向快速进刀，留 0.2mm 精加工余量 | | |
| N80 G01 Z [#2-40] F0.2; | | | *Z* 方向切削 | | |
| N90 G01 U1; | | | *X* 方向退刀 | | |
| N100 G00 Z2.0; | | | 快速退回 | | |
| N110 #1=#1-2; | | | 计算椭圆上新 *X* 点坐标值（步进 2mm） | | |
| N120 #2=40/28*SQRT [28*28-#1*#1]; | | | 计算椭圆上新 *Z* 点坐标值 | | |
| N130 END1; | | | 粗加工椭圆右端结束 | | |
| N135 G00 X150.0 Z150.0 M05; | | | 返回换刀点 | | |
| N140 T0202; | | | 换 3mm 切槽刀（左刀尖为刀位点） | | |
| N150 M03 S900; | | | 主轴转速 900r/min | | |
| N160 G00 X32.0 Z-75.826; | | | 定位到椭圆左端 | | |
| N170 #1=16; | | | 定义变量#1 为椭圆方程的 2*X* 值（直径值） | | |
| N180 #2=-32.826; | | | 定义变量#2 为椭圆方程的 *Z* 值 | | |
| N190 WHILE [#2 LE 0] DO1; | | | 宏程序粗加工椭圆左端 | | |
| N200 G00 Z [#2-40-3]; | | | 刀具 *Z* 方向定位 | | |
| N210 G01 X [#1+0.2]; | | | *X* 向切削，留 0.2mm 精加工余量 | | |
| N220 G01 X32; | | | *X* 向退刀 | | |

（续）

| 零件号 | | 零件名称 | 椭圆手柄 | 编程原点 | 工件右端面中心处 |
|---|---|---|---|---|---|
| 程序号 | O0702 | 数控系统 | FANUC 0i　Mate-TC | 编制 | |

| 程序 | 说明 |
|---|---|
| N230　#2 = #2 + 1; | 计算椭圆上新 Z 点坐标值（步进 1mm） |
| N240　#1 = 28/40 * SQRT［40 * 40 - #2 * #2］; | 计算椭圆上新 X 点坐标值 |
| N250　END1; | 粗加工椭圆左端结束 |
| N260　G00　X150.0　Z150.0　M05; | 返回换刀点 |
| N280　T0101; | 换 1 号刀 |
| N290　M03　S900; | |
| N300　G00　X32.0　Z-74.0; | |
| N310　G71　U2.0　R1.0; | 粗车右端圆柱面背吃刀量 2mm，退刀 1mm |
| N320　G71　P330　Q385　U0.2　W0　F0.2; | 粗车右端圆柱面留精车余量 0.2mm |
| N330　G00　Z-72.826; | |
| N340　G01　X16.0　F0.1; | |
| N350　Z-77.0; | 车 $\phi$16mm 外圆 |
| N360　G02　X22.0　Z80.0　R3.0; | 车 $R$3mm 圆弧 |
| N370　G01　X26.0; | 车阶梯面 |
| N380　X28.0　Z81.0; | 倒角 |
| N385　X29.0; | |
| N390　S1350; | |
| N400　G00　Z2.0; | |
| N410　G42　G00　X0; | 到达切削椭圆起点，建立刀具右补偿 |
| N420　G01　X0　Z0　F0.1; | |
| N430　#1 = 0; | 定义变量#1 为椭圆方程的 2X 值（直径值） |
| N440　#2 = 40.0; | 定义变量#2 为椭圆方程的 Z 值 |
| N450　WHILE［#2　GE -32.826］　DO1; | 宏程序精加工椭圆 |
| N460　G01　X［#1］　Z［#2 - 40］; | 沿直线切削 |
| N470　#2 = #2 - 0.01; | 计算椭圆上新 Z 点坐标值（步进 0.01mm） |
| N480　#1 = 28/40 * SQRT［40 * 40 - #2 * #2］; | 计算椭圆上新 X 点坐标值 |
| N490　END　1; | 宏程序精加工椭圆结束 |
| N500　G01　W-2.0; | |
| N510　G00　X32.0　Z-74.0; | 精车右端圆柱面起点 |
| N520　G70　P330　Q385; | 精车右端圆柱面 |
| N530　G00　X150.0　Z150.0; | |
| N540　M05; | |
| N550　M30; | |

## 7.4　项目实训

### 7.4.1　实训任务

**1. 实训内容**

图 7-9 所示为一手柄零件。材料为 45 钢，毛坯选用 $\phi$30mm × 108mm 的棒料。制订该工

件的数控车削加工工艺，编制其数控加工程序，并在数控车床上完成零件加工。

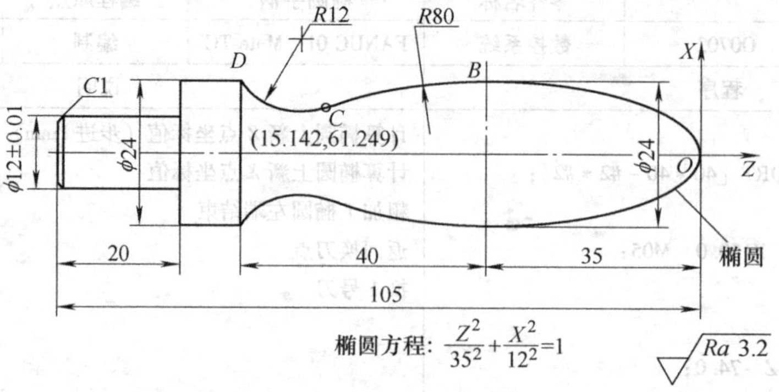


椭圆方程: $\frac{Z^2}{35^2}+\frac{X^2}{12^2}=1$

图 7-9　半椭圆手柄

**2. 实训目的**

1）掌握非圆弧曲面零件的工艺分析与数控编程。

2）掌握宏程序的编程方法。

3）掌握非圆弧曲面零件的数控加工操作。

**3. 实训准备**

1）数控车床 1 台，主偏角 93°、刀尖角 35°外圆车刀一把。

2）45 钢 $\phi$30mm × 108mm 棒料一根。

3）游标卡尺一把。

4）机床说明书。

**4. 实训报告内容**

（1）工艺分析、工艺参数选择、工艺文件编制。

（2）数控程序编制。

（3）实训体会。

（4）填写实训评分表　实训评分表见表 7-14。

表 7-14　实训评分表

| 班级 | | 姓名 | | 学号 | |
|---|---|---|---|---|---|
| 课题 | | 半椭圆手柄零件加工 | 零件编号 | | 图 7-9 |
| | | 序号 | 检测项目 | 配分 | 学生自评 | 教师评分 |
| 基本检查 | 编程 | 1 | 切削工艺制订正确 | 5 | | |
| | | 2 | 切削用量选择合理 | 5 | | |
| | | 3 | 程序正确、简单、规范 | 5 | | |
| | 操作 | 4 | 设备操作、维护保养正确 | 5 | | |
| | | 5 | 安全、文明生产 | 5 | | |
| | | 6 | 刀具选择、安装正确、规范 | 5 | | |
| | | 7 | 工件找正、安装正确、规范 | 5 | | |

（续）

| 班级 | | 姓名 | | 学号 | |
|---|---|---|---|---|---|
| 课题 | | 半椭圆手柄零件加工 | 零件编号 | | 图 7-9 |
| 工作态度 | 8 | 行为规范、纪律表现好 | 5 | | |
| 外圆 | 9 | $\phi$12mm ±0.01mm | 7 | | |
| | 10 | $\phi$24mm（两处） | 10 | | |
| 圆弧 | 11 | $R$12mm | 5 | | |
| | 12 | $R$80mm | 6 | | |
| 长度 | 13 | 20mm | 5 | | |
| | 14 | 35mm + 40mm = 75mm | 10 | | |
| | 15 | 105mm | 7 | | |
| 倒角 | 16 | $C$1 | 5 | | |
| 表面粗糙度 | 17 | $Ra$3.2μm | 5 | | |
| 综合得分 | | | 100 | | |

## 7.4.2　实训指导

**1. 技术要点**

1）零件右端椭圆部分要用宏程序编程，其他部分可以用 G73/G70 编程加工。

2）由于毛坯为棒料，切削余量较大，粗加工椭圆时，应采用纵向切削的方法切除余量。工件右端精加工应一刀连续切削，并且要建立刀尖圆弧半径补偿。

3）外圆车刀刀尖角可以大一些，提高刀具强度，但要确保刀具副后刀面不与工件干涉。

4）切削工件右端时，工件悬伸太长，刚性较差，切削用量应该小一些。

**2. 实训步骤**

（1）工艺分析　选择刀具与工艺参数，填写数控加工刀具卡，确定装夹方式（两次装夹，调头加工）、填写数控工序卡。

（2）编写数控加工程序　椭圆加工部分，用宏程序编程。步距不能太大，否则精加工背吃刀量太大。

（3）数控加工

1）加工准备。

①检查毛坯尺寸。

②开机、回参考点。

③输入程序。把编写好的程序通过数控面板输入数控机床。

④装夹工件。第一次装夹，把坯料装入自定心卡盘，伸出要足够长，保证加工需要，用划线盘找正并夹紧；第二次装夹，用软爪卡盘（或外圆包上铜皮用普通自定心卡盘）夹持左端已加工好的、作为精基准的外圆。

⑤装夹刀具。把外圆车刀装入刀架。

2）对刀。采用试切法对刀。

3）空运行及仿真。对输入的程序进行空运行或轨迹仿真，以检测程序是否正确。

4）零件自动加工方法及尺寸控制。零件自动加工方法：打开程序，选择 MEM（或 AUTO）工作模式，调好进给倍率，按数控启动按钮进行自动加工。

精加工前要停机测量，进行补偿后再进行精加工。

（4）测量　零件尺寸用游标卡尺进行检测。圆弧部分使用半径样板测量，检测结果填入实训评分表 7-14。

（5）加工结束，清理机床与场地。

## 习　题

**一、填空题（请将正确答案填写在题中的括号内）**

1. 数控系统一般只有（　　）插补功能和（　　）插补功能，无法直接对椭圆、双曲线、抛物线等非圆曲线进行插补加工。

2. 用户宏程序的最大特点是：可以实现（　　）、（　　）、（　　）及（　　）等功能。

3. FANUC 系统变量的类型共分为（　　）、（　　）、（　　）、（　　）4 种，由变量号区分。

4. 赋值号“＝”左边只能是（　　），右边可以（　　）、（　　）或（　　）。

5. 循环语句（WHILE 语句）循环可以嵌套，最大循环嵌套（　　）层。

6. 在程序中使用控制指令可以控制程序的执行顺序。常用的控制指令有（　　）、（　　）和（　　）3 种。

**二、判断题（请将判断结果填入括号中，正确的填“√”，错误的填“×”）**

1. 变量号只能是整数，如#1，#2，…。（　　）

2. #16 是局部变量，当系统掉电后，变量中的数据将丢失。（　　）

3. 语句#1＝5，表示#1 等于数值 5。（　　）

4. WHILE 与 END 之间的程序段叫做循环体，当＜条件表达式＞满足（真）时，执行 END 下面的程序段。（　　）

5. WHILE 语句的循环能由循环体外转入循环体内，不能由循环体内转出循环体外。（　　）

6. G66 是模态调用指令，G65 是非模态调用指令。（　　）

7. G 指令调用宏程序方式可以在调用宏程序的同时，将变量的初值传递给宏程序中的相应变量。（　　）

**三、实训题**

图 7-10 所示为一椭圆面螺纹轴零件。材料为 45 钢，毛坯选用 $\phi 30\text{mm} \times 70\text{mm}$ 的棒料。制订该工件的数控车削加工工艺，编制其数控加工程序，并在数控车床上完成零件加工。

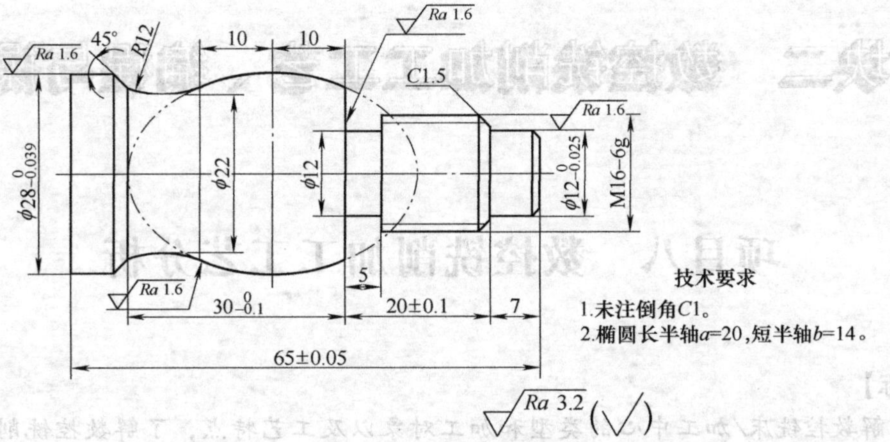
Ra 1.6
45°
R12
10
10
Ra 1.6
C1.5
Ra 1.6
φ28-0.039 0
φ22
φ12
φ12-0.025 0
M16−6g
Ra 1.6
5
30-0.1 0
20±0.1
7
65±0.05
技术要求
1.未注倒角C1。
2.椭圆长半轴a=20,短半轴b=14。
Ra 3.2 (√)

图 7-10　椭圆面螺纹轴

# 模块二　数控铣削加工工艺、编程与操作

## 项目八　数控铣削加工工艺分析

【知识目标】

1. 了解数控铣床/加工中心的类型和加工对象以及工艺特点，了解数控铣削工艺分析内容。

2. 掌握数控铣削加工中工艺路线的拟订方法。

3. 掌握数控铣削加工中零件的定位与夹具的选择、加工刀具及其切削用量选择。

4. 掌握数控加工工艺文件编制。

【能力目标】

1. 能根据加工对象确定数控铣削加工的内容。

2. 能分析典型零件的数控铣削加工工艺，确定相关数据。

3. 能够编制典型零件数控铣削加工工艺文件。

### 8.1　项目导入

图 8-1 所示为槽形凸轮零件图，零件材料为 HT200，硬度为 230 HBW，其外轮廓已经由

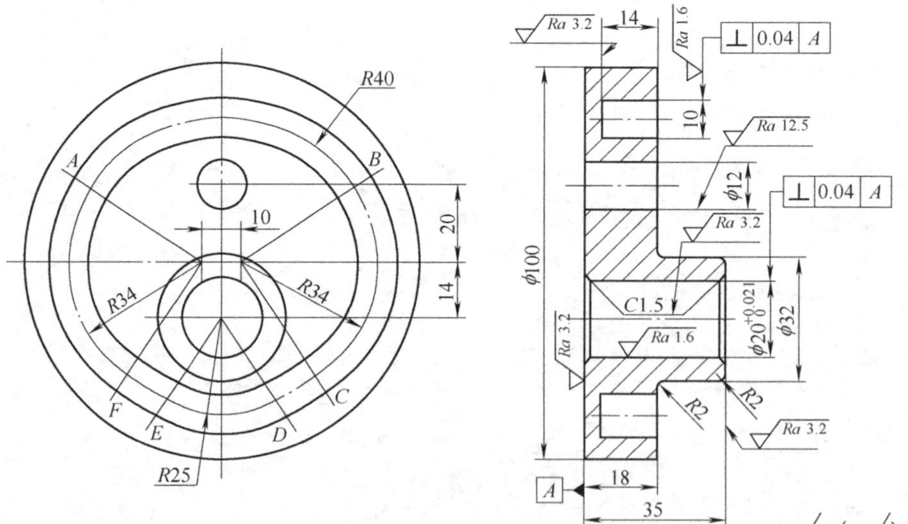


图 8-1　槽型凸轮零件

前道工序加工，本工序的任务就是加工凸轮槽与 $\phi$12mm 和 $\phi$20mm 的两个孔。要求分析其数控加工工艺，设计数控加工工艺方案，编制数控加工刀具卡和数控加工工序卡。

## 8.2　知识学习

### 8.2.1　数控铣床/加工中心的类型和加工对象

**1. 数控铣床的类型**

数控铣床的加工功能很强，能完成各种平面、沟槽、螺旋槽、成形表面、平面曲线、空间曲线等复杂型面的加工。配上相应的刀具后，数控铣床还可以用来对零件进行钻、扩、铰、锪孔和镗孔加工及攻螺纹等。通常，数控铣床按机床主轴的布置形式及机床的布局特点进行分类。

（1）立式数控铣床　立式数控铣床的主轴轴线垂直于水平面，如图 8-2 所示。立式数控铣床中又以三坐标（*X*、*Y*、*Z*）联动居多，可以通过附加数控回转工作台、增加靠模装置等来扩展数控立式铣床的功能和加工范围。此外，还有机床主轴可以绕 *X*、*Y*、*Z* 坐标轴中的其中一个或两个轴作数控摆角运动的四坐标和五坐标立式数控铣床。

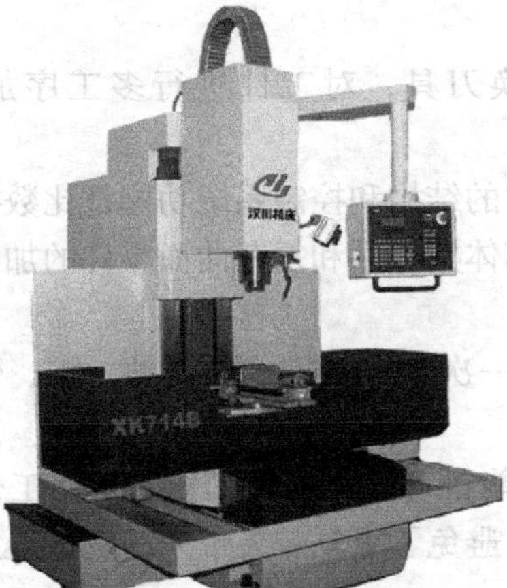

图 8-2　立式数控铣床

图 8-3　卧式数控铣床

（2）卧式数控铣床　卧式数控铣床的主轴轴线平行于水平面，如图 8-3 所示。卧式数控铣床主要用来加工零件侧面的轮廓。为了扩充其功能和扩大加工范围，通常采用增加数控转盘来实现四坐标、五坐标加工。这样既可以加工工件侧面上的连续回转轮廓，又可以实现在一次安装中通过转盘改变工位，进行“四面加工”。卧式数控铣床主要适用于箱体类机械零件的加工。

（3）立、卧两用数控铣床　立、卧两用数控铣床指一台机床上有立式和卧式 2 个主轴，或者主轴可作 90°旋转的数控铣床，如图 8-4 所示，能达到在一台机床上既可以进行立式加工，又可以进行卧式加工，其使用范围更广。立、卧两用数控铣床主要用于箱体类零件以及各类模具的加工。

(4) 龙门数控铣床　龙门数控铣床是对称的双立柱结构的大尺寸的数控铣床，如图 8-5 所示，机床的整体刚性和强度较大。该铣床主要用于大型机械零件及大型模具的各种平面、曲面和孔的加工。在配置直角铣头的情况下，可以在工作一次装夹中分别对五个面进行加工。

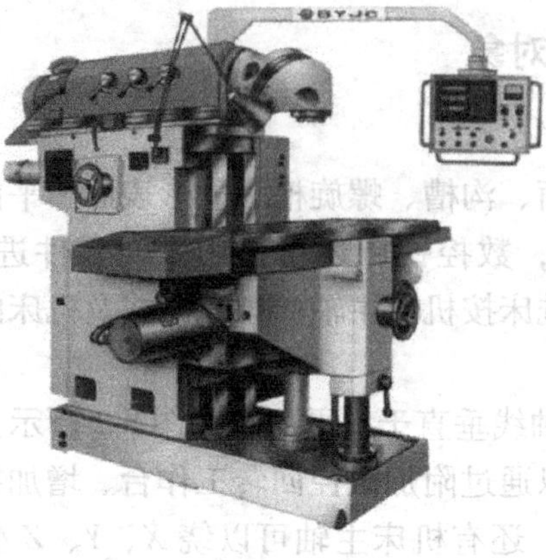
图 8-4　立、卧两用数控铣床

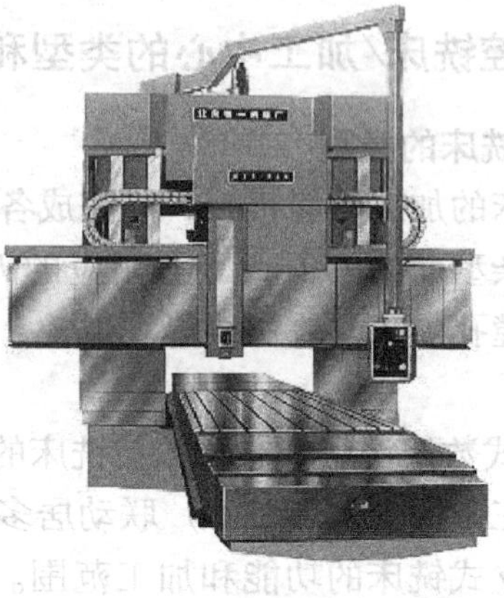
图 8-5　龙门数控铣床

**2. 加工中心的特点与类型**

加工中心是一种配备有刀库，并能自动更换刀具，对工件进行多工序加工的数控机床。

加工中心和数控铣床有很多相似之处，不过它的结构和控制系统功能都比数控铣床复杂得多。加工中心的综合加工能力较强，主要用于箱体类零件和复杂曲面零件的加工。

(1) 加工中心的特点

1) 具有自动换刀装置。能自动更换刀具，在一次装夹中完成铣、钻、扩、铰、镗和攻螺纹等加工，工序高度集中。

2) 加工中心如果带有自动分度回转工作台或能自动摆角的主轴箱，可使工件在一次装夹后，自动完成多个平面和多个角度位置的加工，避免了重复装夹带来的定位误差，实现高精度定位和加工。

3) 许多加工中心带有自动工作台交换装置（APC）。一个工件在加工的同时，另一个工作台可以实现工件的装卸，大大缩短辅助时间，提高加工效率。

(2) 加工中心的类型　加工中心的分类方法和数控铣床分类方法相似，按主轴在加工时的空间位置可分为立式加工中心、卧式加工中心、龙门式加工中心等，如图 8-6 ~ 图 8-8 所示。

加工中心按工作台数量和功能分类，可分为单工作台加工中心、双工作台加工中心和多工作台加工中心。

**3. 数控铣床/加工中心的加工对象**

数控铣削加工主要包括平面铣削和轮廓铣削，也可以对零件进行钻、扩、铰、镗、锪加工及螺纹加工等，主要用于黑色金属、有色金属及非金属的平面轮廓零件、空间曲面零件和孔类零件等的加工。

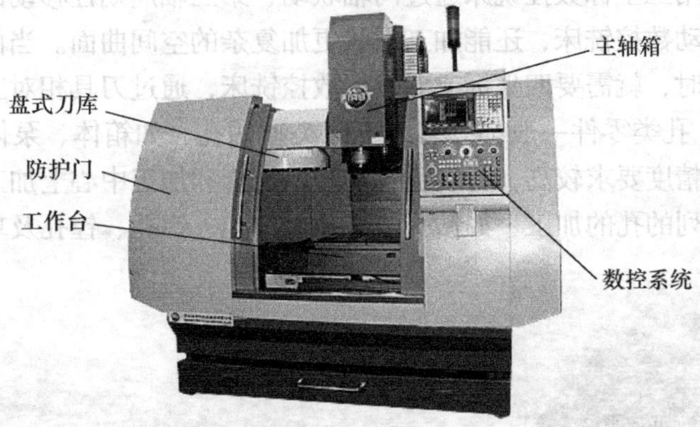


图 8-6　立式加工中心

图 8-7　卧式加工中心

图 8-8　龙门式加工中心

（1）平面轮廓类零件　平面轮廓类零件是指零件的各个加工单元面均是平面，或可以展开为平面，如图 8-9 所示。这类零件的数控铣削相对比较简单，一般只用数控铣床的两坐标联动就可以加工出来。目前数控铣床加工的多数零件属于平面类零件。

图 8-9　平面轮廓类零件

（2）变斜角类零件　变斜角类零件是指加工面与水平面的夹角呈连续变化的零件，其加工面不能展开为平面，如飞机上的整体梁、框、缘条、肋等。这类零件的加工，一般要采用多坐标联动的数控铣床加工，也可以在三坐标数控铣床上通过两轴半联动近似加工，但精度稍差。

（3）空间曲面类零件　加工面为空间曲面的零件称为空间曲面类零件，如图 8-10 所示。曲面类零件的加工面不能展开为平面。加工过程中，从理论上讲，铣刀与加工面始终为点接触。这类零件通常利用三坐标数控铣床通过两轴联动、第三轴周期性移动的方式来加工。若用功能更好的三坐标联动数控铣床，还能加工形状更加复杂的空间曲面。当曲面复杂，且通道狭窄，会伤及毗邻表面时，就需要四坐标或五坐标数控铣床，通过刀具相对工件的摆动来加工。

（4）孔类零件　孔类零件一般都有多组不同类型的孔，如箱体、泵体类零件，如图 8-11 所示。由于孔的位置精度要求较高，特别适合在数控铣床和加工中心上加工。通过特定的孔加工功能指令进行一系列的孔的加工，如钻孔、扩孔、铰孔、锪孔、镗孔及攻螺纹孔等。

图 8-10　空间曲面类零件

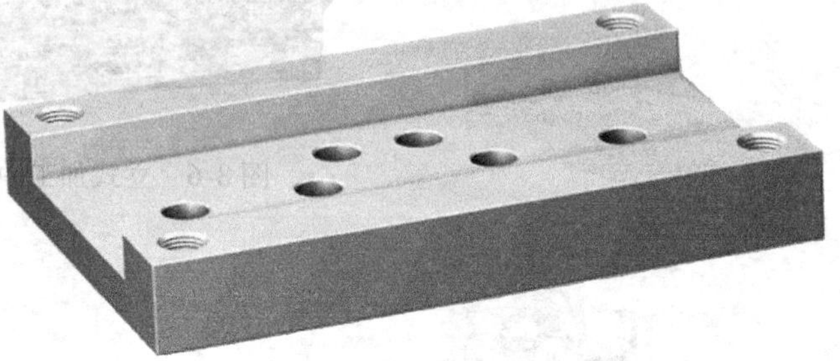

图 8-11　孔类零件

加工中心的加工工艺有着许多普通机床无法比拟的优点，但加工中心的价格较高，零件的加工成本随之升高。加工中心不但能够加工以上数控铣床所能加工的零件，更适合精密、复杂零件加工，周期性重复投产零件加工，多工位、多工序集中的零件加工，具有适当批量的零件加工等，如图 8-12 所示。

图 8-12　加工中心加工的零件

## 8.2.2　零件图工艺性分析

### 1. 零件图及其结构工艺性分析

（1）零件图样尺寸及公差带分析　数控加工程序是以准确的坐标点来编制的，零件图中各几何元素间的相互关系（如相切、相交、垂直和平行等）应明确，几何元素的条件要充分，应无引起矛盾的多余尺寸或封闭尺寸等。

如果零件轮廓各处尺寸公差带不同，如图 8-13 所示，那么用同一把铣刀、同一个刀具半径补偿值编程加工时，就很难同时保证各处尺寸在尺寸公差范围内。这时要对其尺寸公差带进行调整。一般采取的方法是：编程计算时，在保证零件极限尺寸不变的前提下，改变轮廓尺寸并移动公差带，如图 8-13 中括号内的尺寸，编程时按调整后的公称尺寸进行。这样，在其他条件不变的情况下，精加工时可以使加工工件的实际尺寸分布中心与公差带中心重合，保证加工公差等级。

（2）零件的形状、结构及尺寸的特点分析　分析零件的形状、结构及尺寸的特点，确定零件上是否有妨碍刀具运动的部位，是否有会产生加工干涉或加工不到的区域，零件的最大形状尺寸是否超过机床最大行程，零件的刚性随着加工的进行是否有太大的变化等。

（3）加工公差等级分析　分析零件的加工要求，如尺寸加工公差等级、几何公差及表面粗糙度，在现有的加工条件下是否可以得到保证，是否还有更经济的加工方法或方案。

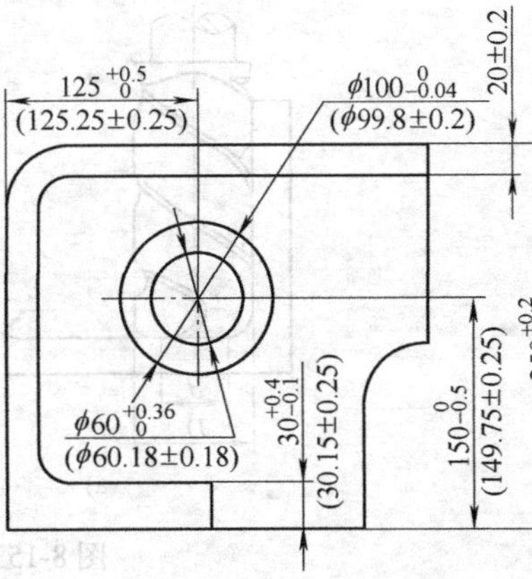


图 8-13　零件公差带调整

（4）内壁圆弧尺寸的大小和一致性

1）内壁转接圆弧半径 $R$ 不能太小。如图 8-14a 所示，当 $R>0.2H$ 时，被加工轮廓高度 $H$ 较小，内壁转接圆弧半径 $R$ 较大，则可采用刀具切削刃长度 $L$ 较小、直径 $D$ 较大、刚性较高的铣刀加工。这样，底面 $A$ 的进给次数较少，表面质量较好，即铣削工艺性较好，反之，铣削工艺性则较差，如图 8-14b 所示。

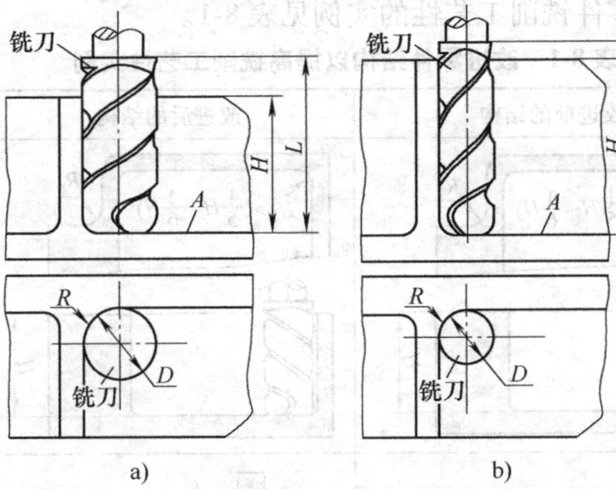


图 8-14　内壁转接圆弧尺寸

a）$R$ 较大时　b）$R$ 较小时

2）内壁与底面转接圆弧半径 $r$ 不要过大。如图 8-15a 所示，铣刀直径 $D$ 一定时，$r$ 越小，则铣刀与铣削平面接触的最大直径 $d$ 越大，即铣刀端刃铣削平面的面积越大，铣削工艺性越好；反之，工艺性越差，如图 8-15b 所示。

当底面铣削面积大，转接圆弧半径 $r$ 也较大时，为提高加工效率，先用一把 $r$ 较小的铣刀（铣刀端刃铣削平面的面积较大）加工，再用 $r$ 符合要求的铣刀加工。

总之，零件上内壁转接圆弧半径尺寸的大小和一致性，影响加工能力、加工质量和换刀次数等。因此，转接圆弧半径尺寸大小要力求合理，半径尺寸尽可能一致，至少要力求半径尺寸分组靠拢，尽量减少刀具规格，以减少换刀及对刀次数和时间，改善铣削工艺性。

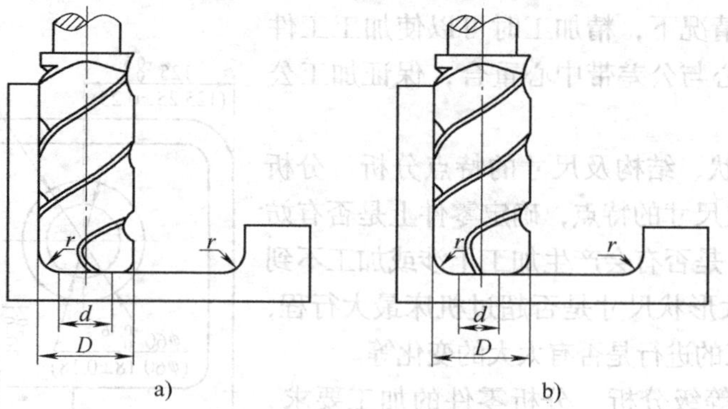


图 8-15　内壁与底面转接圆弧半径

a）$r$ 较小时　b）$r$ 较大时

（5）零件材料和热处理要求分析　了解零件材料的切削加工性能，才能合理选择刀具材料和切削参数。同时要考虑热处理对零件的影响（如热处理变形），并在工艺路线中安排相应的工序消除这种影响，而零件的最终热处理状态也将影响工序的前后顺序。

（6）零件已加工状态分析　当零件上的一部分内容已经加工完成，这时应充分了解零件的已加工状态，分析将要加工的内容与已加工内容之间的关系，尤其是位置尺寸关系，这些内容之间在加工时如何协调，采用什么方式或基准保证加工要求。

改进零件结构以提高零件铣削工艺性的实例见表 8-1。

**表 8-1　改进零件结构以提高铣削工艺性实例**

| 提高工艺性方法 | 改进前的结构 | 改进后的结构 | 说明 |
| --- | --- | --- | --- |
| 改进内壁形状 | 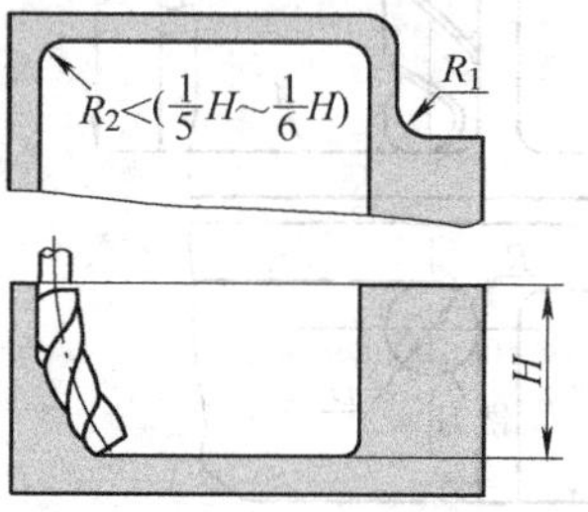  | 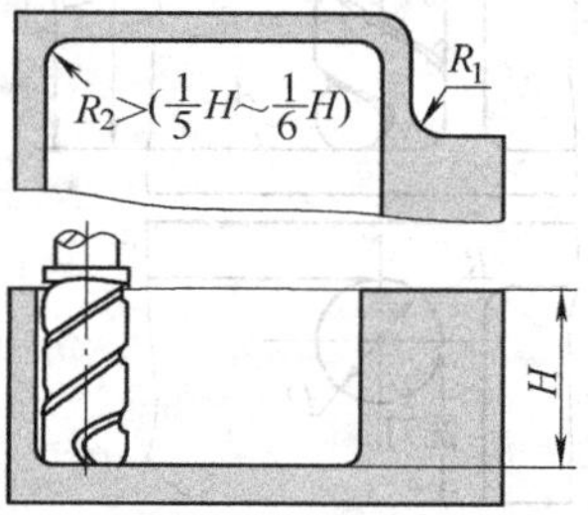  | 可采用较大刚性刀具 |
| 统一圆弧尺寸 | 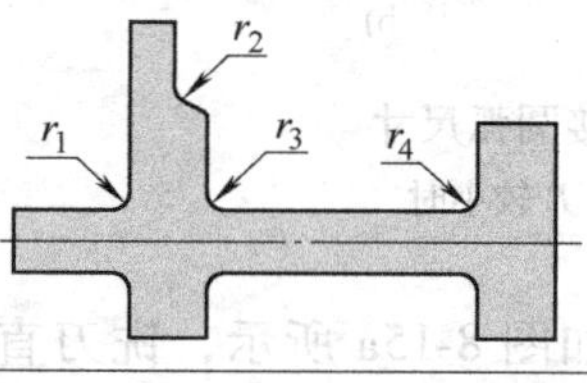  | 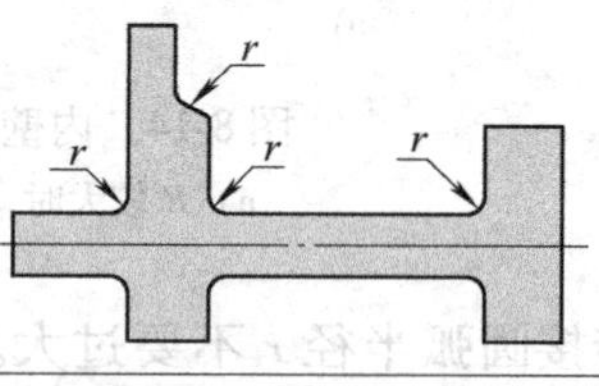  | 减少刀具数和更换刀具次数 |
| 选择合适的圆弧半径 $R$ 和 $r$ | 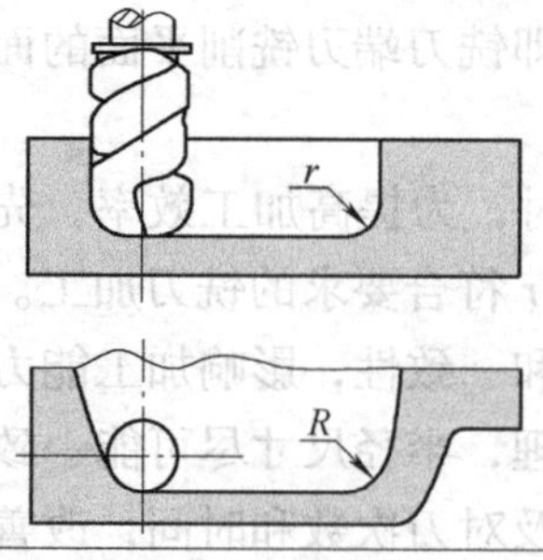  | 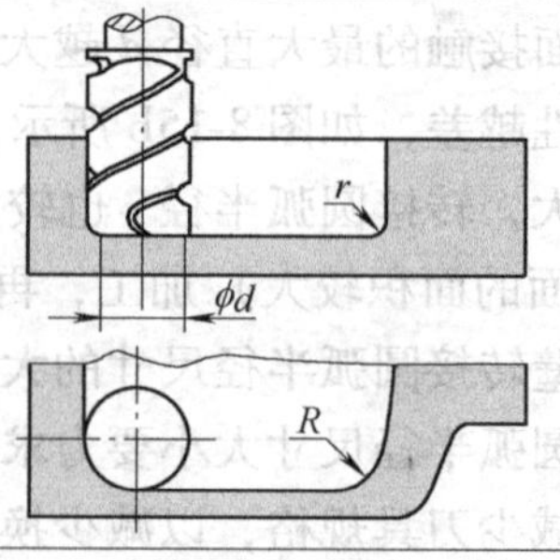  | 铣刀端刃铣削面积大，效率高 |

（续）

| 提高工艺性方法 | 改进前的结构 | 改进后的结构 | 说明 |
|---|---|---|---|
| 用两面对称结构 | 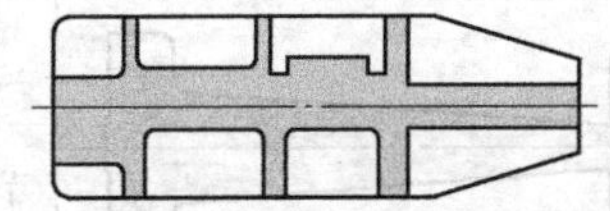 | 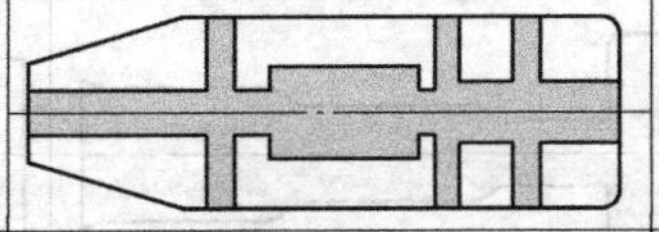 | 简化编程，减少编程时间 |
| 合理改进凸台分布 | 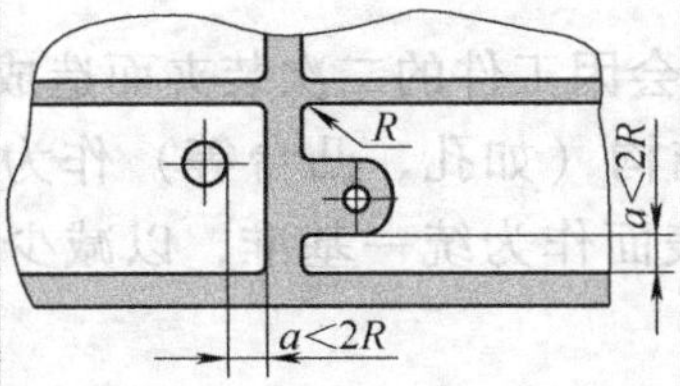 | 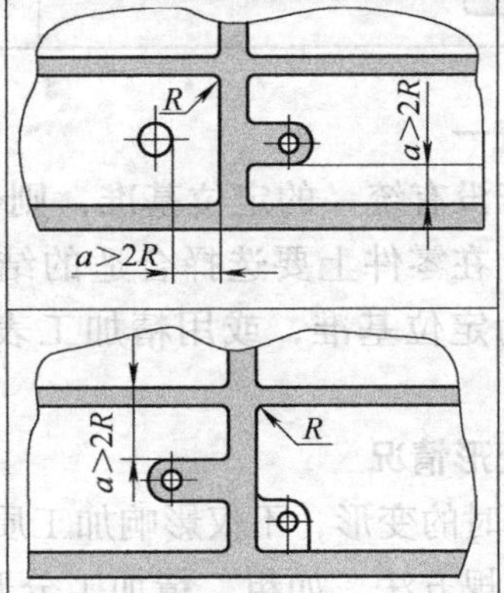 | $a>2R$，便于半径为$R$的铣刀进入，减少所需刀具，提高加工效率 |
| 改进结构形状 | 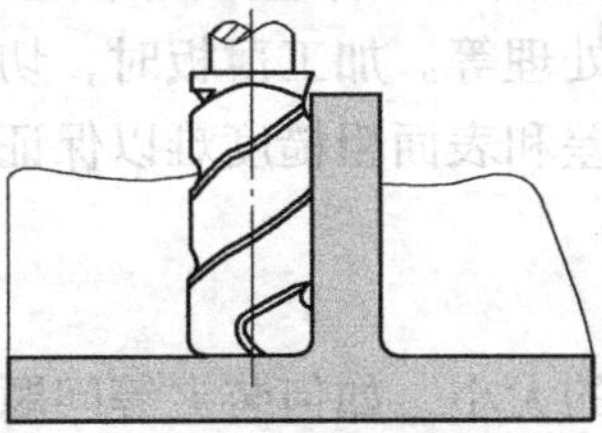 | 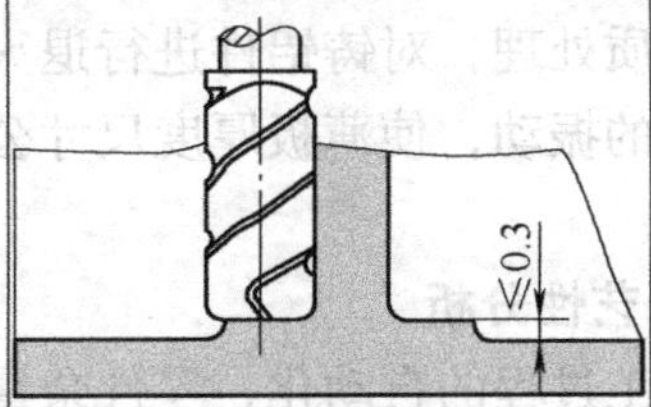 | 减少加工工作量 |
| | 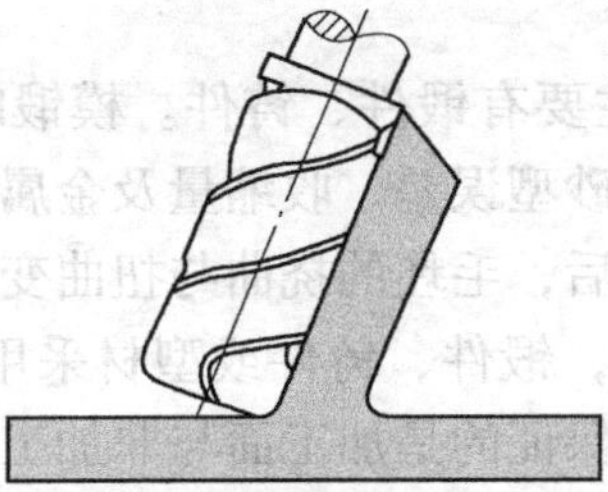 | 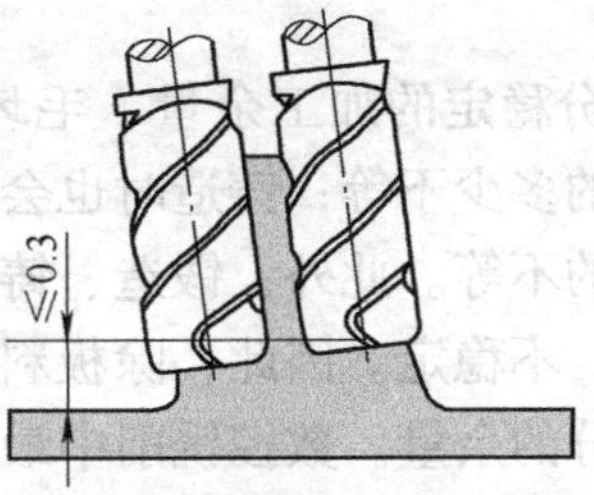 | |
| 改进尺寸比例 | 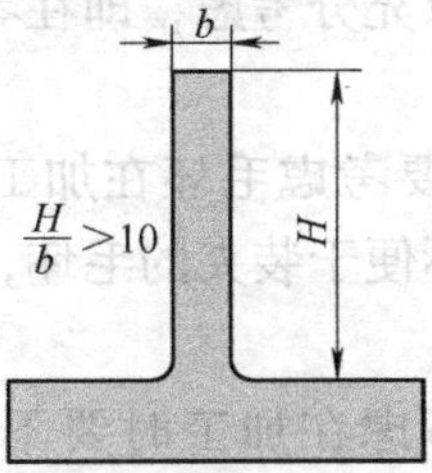 | 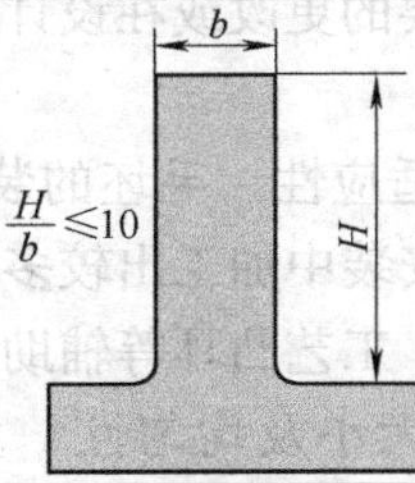 | 可用大直径刀具加工，加工效率高 |
| 在加工和不加工表面间加入过渡 | 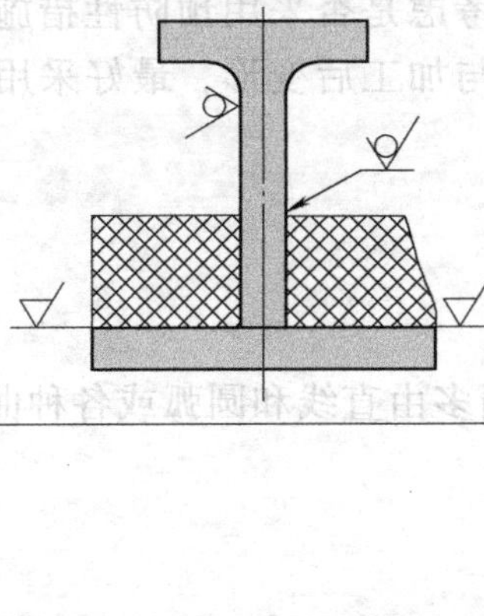 | 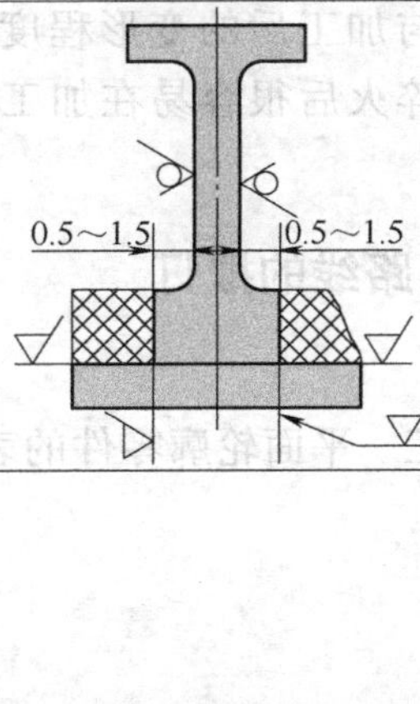 | 减少加工劳动量 |

（续）

| 提高工艺性方法 | 改进前的结构 | 改进后的结构 | 说明 |
|---|---|---|---|
| 改进零件几何尺寸 | 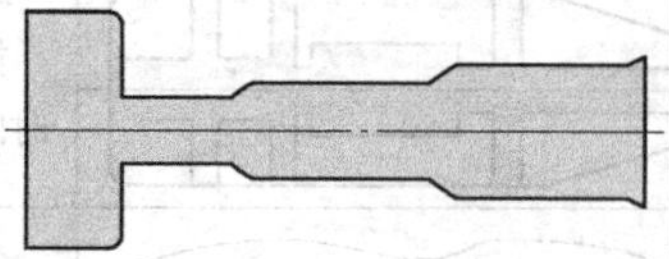 | 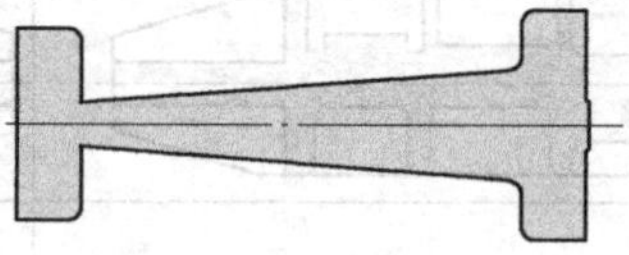 | 斜面筋代替阶梯筋，节约材料，简化编程 |

**2. 定位基准要统一**

在数控加工中若没有统一的定位基准，则会因工件的二次装夹而造成加工轮廓的位置及尺寸误差。另外，在零件上要选择合适的结构（如孔、凸台等）作为定位基准，必要时设置工艺结构作为定位基准，或用精加工表面作为统一基准，以减少二次装夹产生的误差。

**3. 分析零件的变形情况**

铣削工件在加工时的变形，不仅影响加工质量，而且当变形较大时将使加工无法继续进行。这时，可采用常规方法，如粗、精加工分开及对称去余量法等，也可采用热处理的方法，如对钢件进行调质处理，对铸铝件进行退火处理等。加工薄板时，切削力及薄板的弹性退让极易产生切削面的振动，使薄板厚度尺寸公差和表面粗糙度难以保证，这时，应考虑合适的工件装夹方式。

**4. 零件毛坯的工艺性分析**

由于数控铣削加工过程的自动化，零件余量的大小、如何装夹等问题在设计毛坯时就要仔细考虑好。

（1）毛坯应有充分稳定的加工余量　毛坯主要有锻件、铸件。模锻时的欠压量与允许的错模量会造成余量的多少不等；铸造时也会因砂型误差、收缩量及金属的流动性误差不能满足型腔等造成余量的不等。此外，锻造、铸造后，毛坯的挠曲与扭曲变形量的不同也会造成加工余量的不充分、不稳定。因此，除板料外，锻件、铸件或型材采用数控铣床加工时，其加工面均应有较充分的余量。数控铣削中最难保证的是加工面与非加工面之间的尺寸。应事先对毛坯的设计进行必要的更改或在设计时就加以充分考虑，即在零件图样注明的非加工面处也增加适当的余量。

（2）分析毛坯的装夹适应性　毛坯的装夹，主要考虑毛坯在加工时定位和夹紧的可靠性与方便性，以便在一次安装中加工出较多面。对不便于装夹的毛坯，可考虑在毛坯上另外增加装夹余量或工艺凸台、工艺凸耳等辅助基准。

（3）分析毛坯的余量大小及均匀性　主要是考虑在加工时要不要分层切削，分几层切削。也要分析加工中与加工后的变形程度，考虑是否采用预防性措施与补救措施。如对于热轧中厚铝板，经淬火后很容易在加工中与加工后变形，最好采用经预拉伸处理的淬火板坯。

## 8.2.3　数控铣削工艺路线的拟订

**1. 加工方法的确定**

（1）平面轮廓的加工　平面轮廓零件的表面多由直线和圆弧或各种曲线构成，通常采用三坐标数控铣床进行两轴半坐标加工，如图 8-16 所示。

（2）固定斜角平面的加工　固定斜角平面是与水平面成一固定夹角的斜面。常用的加工方法如下：

1）当零件尺寸不大时，可用斜垫板垫平后加工。

2）如果机床主轴可以摆动，则可以摆成适当的定角，用不同的刀具来加工，如图 8-17 所示。

3）当零件尺寸很大，斜面斜度又较小时，常用行切法加工。但加工后，会在加工面上留下残留面积。

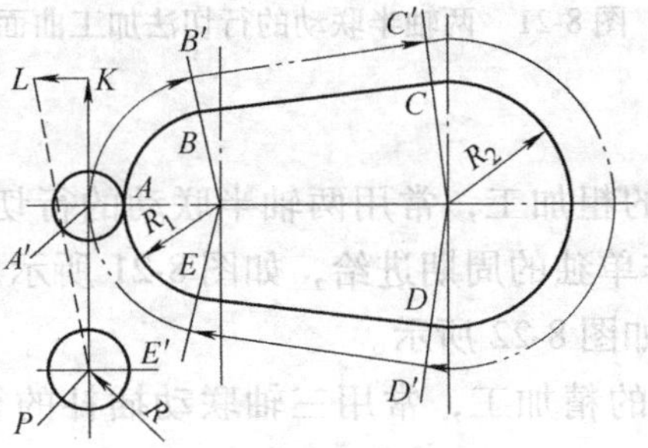

图 8-16　平面轮廓铣削加工

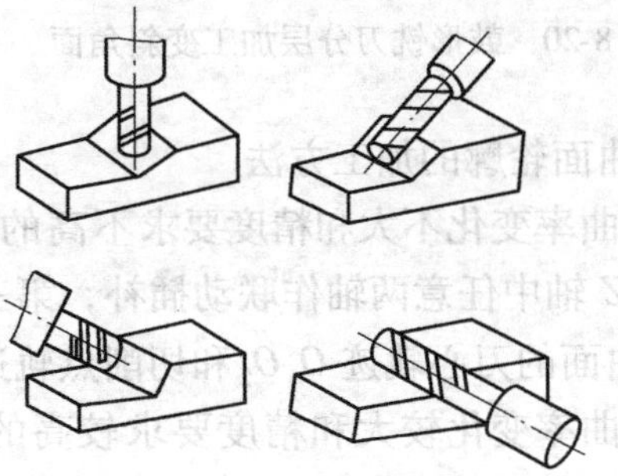
图 8-17　主轴摆角加工固定斜角平面

（3）变斜角面的加工方法

1）对曲率变化较小的变斜角面，用四轴联动的数控铣床，采用立铣刀（但当零件斜角过大，超过机床主轴摆角范围时，可用角度成形铣刀加以弥补）以插补方式摆角加工，如图 8-18 所示。

2）对曲率变化较大的变斜角面，用四轴联动加工难以满足加工要求，最好用五坐标联动数控铣床，以圆弧插补方式摆角加工，如图 8-19 所示。

3）采用三轴数控铣床两轴联动，利用球头铣刀或鼓形铣刀，以直线或圆弧插补方式进行分层铣削加工，加工后的残留面积用钳修方法清除。图 8-20 所示为用鼓形铣刀铣削斜角面。

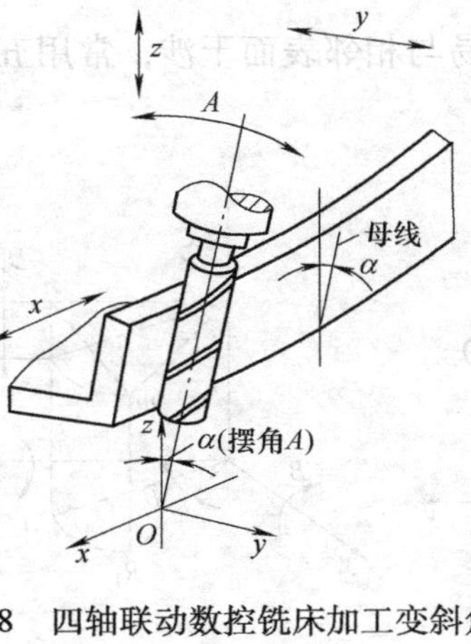

图 8-18　四轴联动数控铣床加工变斜角面

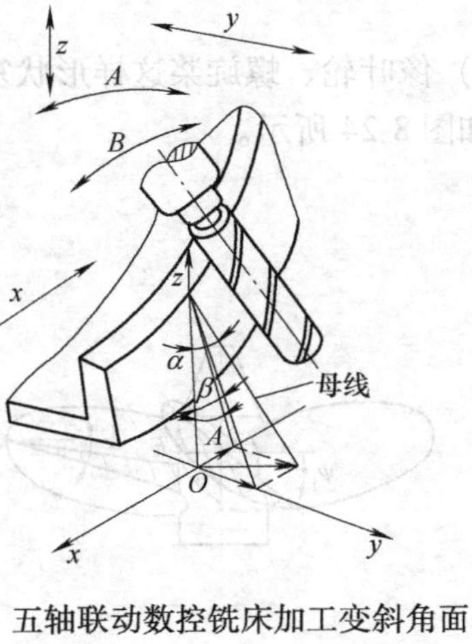

图 8-19　五轴联动数控铣床加工变斜角面

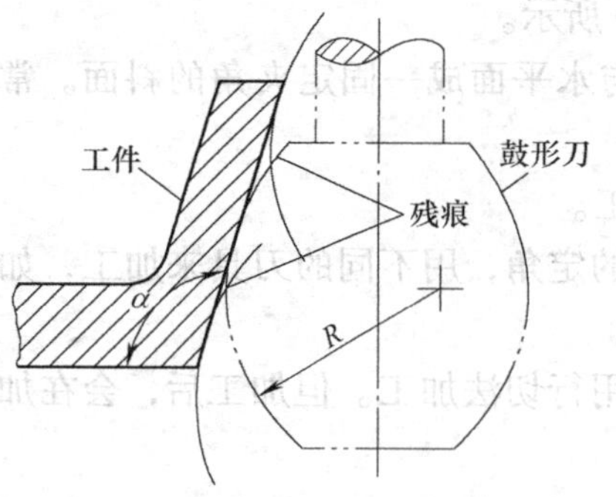


图 8-20　鼓形铣刀分层加工变斜角面

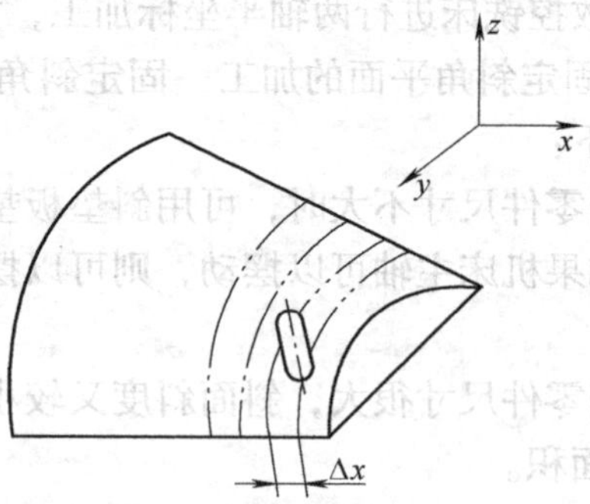


图 8-21　两轴半联动的行切法加工曲面

（4）曲面轮廓的加工方法

1）对曲率变化不大和精度要求不高的曲面的粗加工，常用两轴半联动的行切法加工，即 $X$、$Y$、$Z$ 轴中任意两轴作联动插补，第三轴作单独的周期进给，如图 8-21 所示。两轴半联动加工曲面的刀心轨迹 $O_1O_2$ 和切削点轨迹 $ab$ 如图 8-22 所示。

2）对曲率变化较大和精度要求较高的曲面的精加工，常用三轴联动插补的行切法加工，如图 8-23 所示。

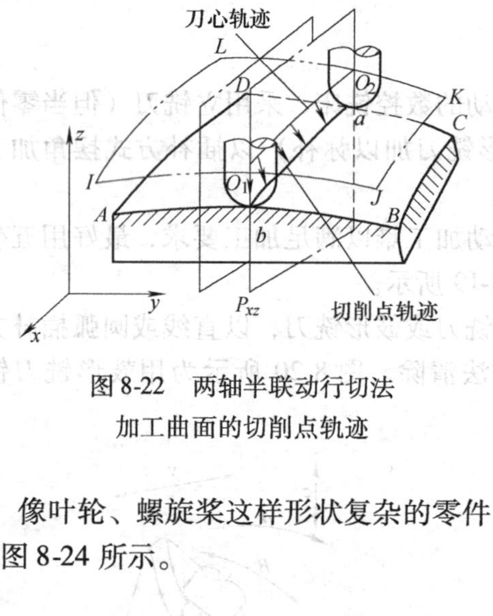


图 8-22　两轴半联动行切法
加工曲面的切削点轨迹

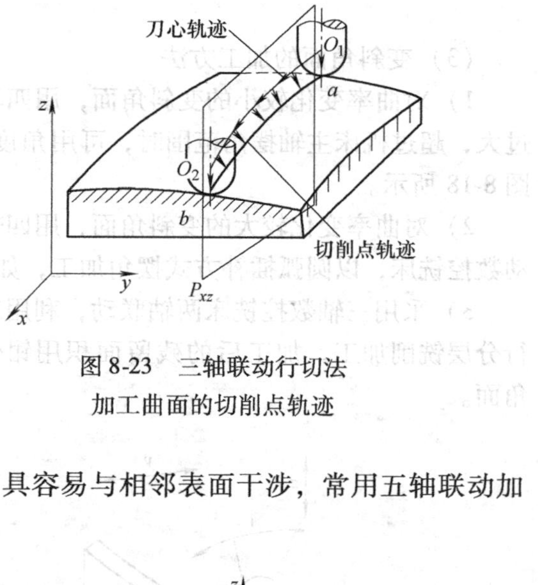


图 8-23　三轴联动行切法
加工曲面的切削点轨迹

3）像叶轮、螺旋桨这样形状复杂的零件，刀具容易与相邻表面干涉，常用五轴联动加工，如图 8-24 所示。

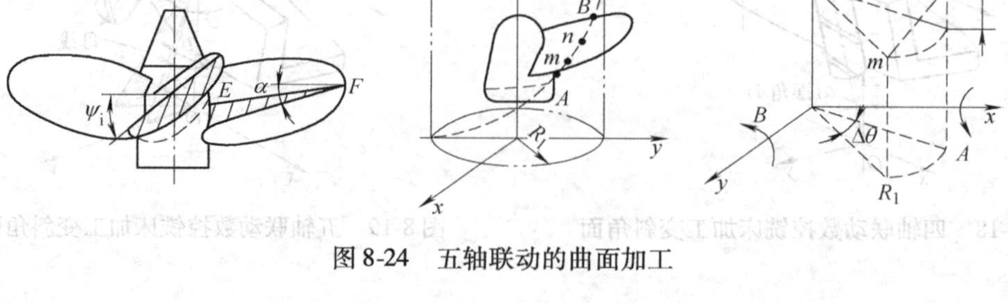


图 8-24　五轴联动的曲面加工

**2. 工序的划分与加工顺序的安排**

在数控铣床上加工零件，划分工序的原则及其常用划分方法与数控车床加工近似，参见本书项目一，这里不再赘述。

零件的加工工序通常包括切削加工工序、热处理工序和辅助工序。工序的顺序安排直接影响零件的加工质量、生产效率和加工成本。以下是切削加工顺序安排原则。

（1）基面先行原则　用作精基准的表面要首先加工，因为定位基准的表面越精确，装夹误差就越小。

（2）先粗后精原则　零件各表面的加工顺序按照先粗加工，再半精加工，最后精加工和光整加工的顺序依次进行，逐步提高表面的加工公差等级和减小表面粗糙度值。

（3）先主后次原则　零件的装配基面和主要工作表面应先加工，次要表面可穿插加工。由于次要表面加工工作量小，且又常与主要表面有位置精度要求，所以一般在主要表面半精加工之后精加工之前进行。

（4）先面后孔原则　对于箱体、支架、底座等零件，应先加工用作定位的平面和孔的端面，再加工孔和其他尺寸。这样可使工件定位夹紧可靠，有利于保证孔与平面的位置精度，减小刀具的磨损。

**3. 确定进给路线和工步顺序**

进给路线是刀具在整个加工工序中相对于工件的运动轨迹。它不但包括了工步的内容，而且也反映出工步的顺序。设计好进给路线是编制合理的加工程序的前提。在确定数控铣削进给路线时，应重点考虑以下几个方面。

（1）保证零件的加工公差等级和表面粗糙度

1）最终轮廓一次走刀完成。为保证工件轮廓表面粗糙度要求，最终轮廓应在最后一次走刀中连续加工出来。图 8-25a 所示为用行切法加工内腔的走刀路线，行切法将在两次走刀的起点和终点间留下残留高度，表面质量较差。图 8-25b 所示的走刀路线，先用行切法，最后沿周向环切一刀，光整轮廓表面，表面质量较好。图 8-25c 所示为逐圈环切的走刀路线，也是一种较好的走刀方式。

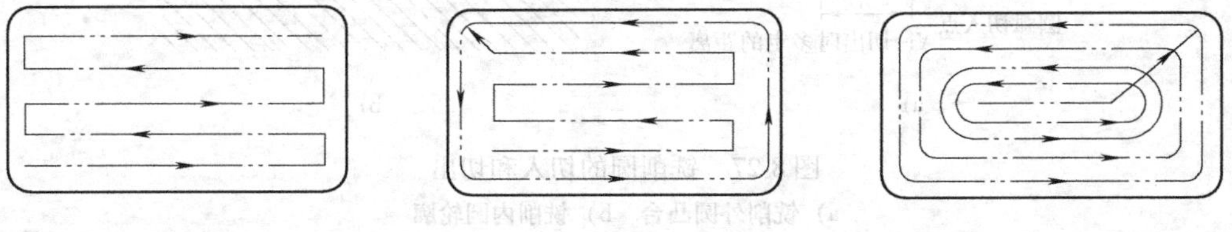

a)　　b)　　c)

图 8-25　铣削内腔的走刀路线
a）路线 1　b）路线 2　c）路线 3

2）选择切入、切出方向。铣削零件轮廓时，为避免在切入、切出处产生刀具的刻痕，切入工件时沿切削起始点延伸线或切线方向逐渐切入工件，保证零件曲线的平滑过渡。同样，在切离工件时，也要沿着切削终点延伸线或切线方向逐渐切离工件。

铣削平面零件外轮廓时，一般采用立铣刀侧刃切削。刀具切入或切出工件时，应沿外廓曲线延长线切向切入或切出，如图 8-26a 所示，应避免沿零件轮廓的法线切入或切出。

铣削封闭的内轮廓表面时，若内轮廓曲线允许外延，则应沿切线方向切入、切出。若内轮廓曲线不允许外延，刀具只能沿内轮廓曲线的法向切入、切出，此时刀具的切入、切出点应尽量选在内轮廓曲线两几何元素的交点处，如图 8-26b 所示。

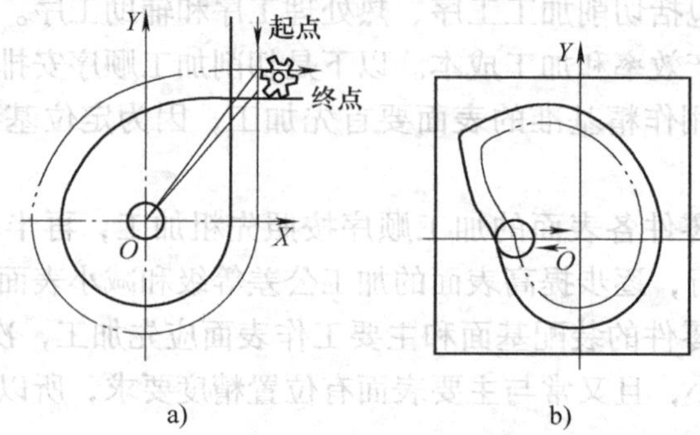


图 8-26　刀具切入和切出时的外延

a) 外轮廓　b) 内轮廓

如图 8-27a 所示，切削外圆凸台时，使用与圆相切的切入、切出直线段，切入路线为 1→2→3→4→5；如图 8-27b 所示，铣削内圆轮廓的进给路线为 1→2→3→4→5。

此外，轮廓加工中应避免进给停顿，因为刀具会在进给停顿处的零件轮廓上留下刀痕，影响零件的表面质量。

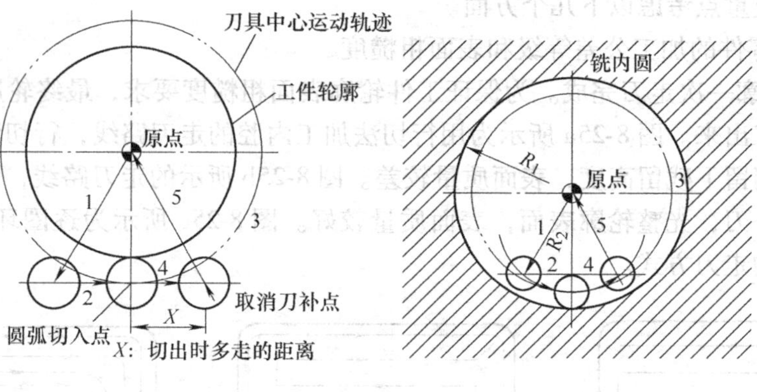


图 8-27　铣削圆的切入和切出

a) 铣削外圆凸台　b) 铣削内圆轮廓

3) 避免机械进给系统反向间隙对加工公差等级的影响。数控机床长期使用或由于本身传动系统结构上的原因，有可能存在反向间隙误差，从而影响坐标轴定位精度。故对于孔定位精度要求较高的零件，在安排进给路线时，应避免其反向间隙对加工公差等级的影响。如图 8-28 所示，若按照图 8-28a 所示来设计刀具快速定位运动到孔中心线位置的加工路线，即 1→2→3→4，则由于 4 孔与 1、2、3 孔的定位方向相反，其向反向间隙会使定位误差增加，从而影响其位置精度；若按照图 8-28b 所示来设计进给路线，加工完 3 孔后往上移动一段距离至 $P$ 点，然后再折回 4 孔处进行定位加工，就可避免反向间隙引入，保证 4 孔的定位精度。

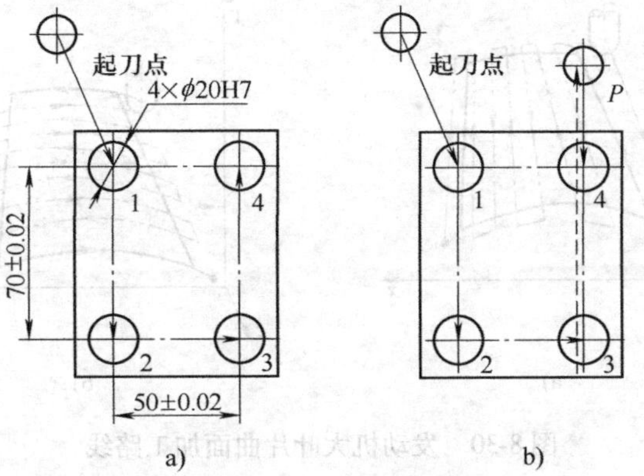


图 8-28　孔加工路线

a）路线 1　b）路线 2

4）选择使工件在加工后变形小的走刀路线。对横截面积小的细长零件或薄板零件应采用分多次进给加工到最后尺寸或对称去除余量法安排走刀路线。安排工步时，应先安排对工件刚性破坏较小的工步。

（2）寻求最短加工路线　在满足零件加工质量的前提下应使走刀路线最短，减少刀具空行程时间，提高生产效率。如图 8-29a 所示零件上的孔系加工，图 8-29b 所示的走刀路线为先加工完外圈孔后．再加工内圈孔。若改用图 8-29c 所示的走刀路线，减少空刀时间，则可节省定位时间近 1/2，提高了加工效率。

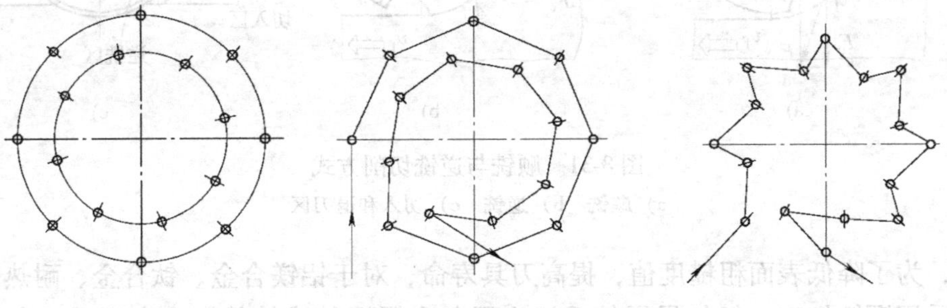


图 8-29　最短走刀路线设计

a）零件图样　b）路线 1　c）路线 2

（3）铣削曲面的加工路线　铣削曲面时，常用球头刀采用行切法进行加工。所谓行切法是指刀具与零件轮廓的切点轨迹是一行一行的，而行间的距离是按零件加工公差等级的要求确定的。对于边界敞开的曲面加工，可采用两种加工路线。图 8-30 所示为发动机大叶片加工路线，其中图 8-30a 所示的加工方案，每次沿直线加工，刀位点计算简单，程序段少，加工过程符合直纹面的形成，可以准确保证素线的直线度；图 8-30b 所示的加工方案符合这类零件数据给出情况，便于加工后检验，叶形的准确度高，但程序较多。

（4）顺铣和逆铣对加工的影响　在铣削加工中，采用顺铣还是逆铣方式是影响加工表面粗糙度的重要因素之一。顺铣时，切削力 $F$ 的水平分力 $F_X$ 的方向与进给运动 $v_f$ 的方向相

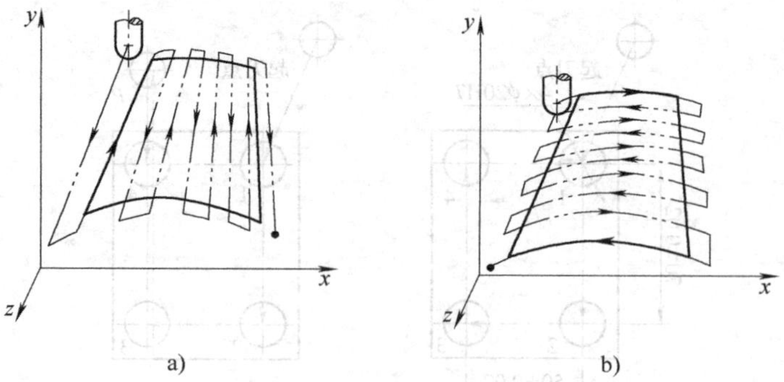


图 8-30　发动机大叶片曲面加工路线

a）加工方案 1　b）加工方案 2

同，如图 8-31a 所示；逆铣时，切削力 $F$ 的水平分力 $F_X$ 的方向与进给运动 $v_f$ 方向相反，如图 8-31b 所示；图 8-31c 所示为顺、逆铣时的切削区域。铣削方式的选择应视零件图样的加工要求，工件材料的性质、特点以及机床、刀具等条件综合考虑。通常，由于数控机床传动采用滚珠丝杠结构，其进给传动间隙很小，顺铣的工艺性就优于逆铣。

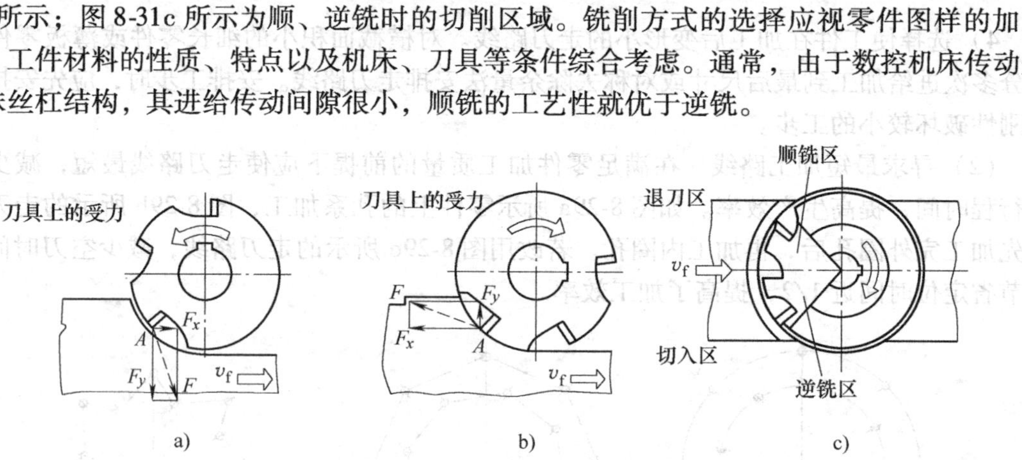


图 8-31　顺铣与逆铣切削方式

a）顺铣　b）逆铣　c）切入和退刀区

同时，为了降低表面粗糙度值，提高刀具寿命，对于铝镁合金、钛合金、耐热合金等材料，尽量采用顺铣加工。但如果零件毛坯为黑色金属锻件或铸件，表皮硬而且余量一般较大，宜采用逆铣加工。

以上分析了数控加工中常用的加工路线，实际生产中，加工路线的确定要根据零件的具体结构特点，综合考虑，灵活运用。而确定加工路线的总原则是：在保证零件加工公差等级和表面质量的条件下，尽量缩短加工路线，以提高生产率。

### 8.2.4　零件的定位与装夹

数控机床加工零件时，定位基准、夹紧方式的选择原则与普通机床加工相同。其内容可参见本书项目一中的 1.2.4。

数控铣床和加工中心上加工零件大都采用工序集中的原则，加工的部位较多，同时批量较小，零件更换周期短，故夹具的标准化、通用化和自动化对提高加工效率及降低加工成本都有很大影响。因此，对批量小的零件优先采用组合夹具，如图 8-32 所示。对形状简单的单件小批量零件，可采用通用夹具，如自定心卡盘、机用虎钳等，如图8-33所示。只有在批量大、加工公差等级要求较高的情况下才设计专用夹具，以保证加工公差等级和提高装夹效率。

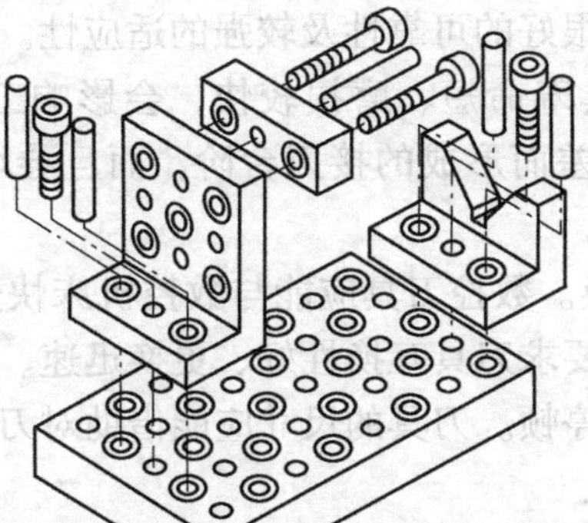

图8-32　组合夹具

a)　b)

图8-33　通用夹具

a）自定心卡盘　b）虎钳

此外，为提高数控加工的效率，在成批生产中，还可采用多工位、多工件夹具。

## 8.2.5　数控铣削加工刀具及其选用

**1. 数控铣削对刀具的要求**

数控机床具有加工公差等级高、效率高、工序集中和零件装夹次数少的特点，对所使用的刀具提出了更高的要求。

1）高刚度、高强度。为提高生产效率，往往采用高速、大切削用量的加工，因此数控铣削采用的刀具应具有能承受高速切削和强力切削所必需的高刚度、高强度。

2）切削性能好。为适应刀具在粗加工或对难加工材料的工件加工时能采用大的背吃刀量和进给量，刀具应具有能够承受高速切削和强力切削的性能。同时，同一批刀具在切削性能和刀具寿命方面一定要稳定，以便实现按刀具使用寿命换刀或由数控系统对刀具寿命进行管理。

3）精度高。由于加工零件越来越高的精度要求和自动换刀等要求，使得对数控铣削刀具的形状精度和尺寸精度的要求不断提高，如刀柄、刀体和刀片必须具有很高的精度才能满足高精度加工的要求。

4）可靠性高。为保证数控加工中不发生刀具意外损伤而影响加工的顺利进行，要求刀具及与之组合的附件必须具有很好的可靠性及较强的适应性。

5）刀具寿命长。数控刀具寿命短、磨损较快，会影响工件的表面质量与加工公差等级，使工件表面留下因对刀误差而形成的接刀台阶，而且会增加换刀引起的调刀与对刀次数，降低数控机床的加工效率。

6）数控刀具应能快速更换。数控刀具应能与数控机床快速、准确地接合和脱开，并能适应机械手和机器人的操作，要求刀具互换性好、更换迅速、尺寸调整方便、安装可靠，以减少因更换刀具而造成的时间停顿。刀具的尺寸应能借助对刀仪在机外进行调整，以减少换刀调整的停机时间。

7）断屑及排屑性能好。数控加工中，断屑和排屑不像普通机床加工那样能及时由人工处理，切屑易缠绕在刀具和工件上，会损坏刀具和划伤工件已加工表面，甚至会发生伤人和设备事故，影响加工质量和机床的安全运行，所以要求刀具具有较好的断屑和排屑性能。

**2. 铣削刀具材料**

目前金属切削加工中主要应用的刀具材料高速钢、陶瓷、立方氮化硼和聚晶金刚石以及数控加工中使用最普遍的硬质合金刀具材料，在项目一的1.2.5中已有介绍，这里不再赘述。

**3. 数控铣刀的类型及选用**

选择数控刀具时，首先应优先选用标准刀具，必要时才选用各种高效率的复合刀具及特殊的专用刀具。在选择标准数控刀具时，尽可能选用各种先进刀具，如可转位刀具、整体硬质合金刀具、陶瓷刀具等。

在数控铣削加工时使用的铣刀包括面铣刀、立铣刀、球头铣刀、三面刃盘铣刀及环形铣刀等。除此以外还有各种孔加工刀具，如钻头、锪钻、铰刀、镗刀、丝锥等。这里主要介绍铣刀。

（1）面铣刀　面铣刀主要用于加工较大的平面。如图8-34所示，面铣刀的圆周表面和端面上都有切削刃，圆周表面上的切削刃为主切削刃，端面切削刃为副切削刃，可用于立式铣床或卧式铣床上加工台阶面和平面。

图8-34　面铣刀

面铣刀多制成套式或镶齿结构，刀齿材料为高速钢和硬质合金钢，刀体为40Cr。与高速钢相比，硬质合金面铣刀的铣削速度较高，可获得较高的加工效率和表面质量，并可加工带有硬皮和淬硬层的工件，故得到广泛应用。目前，应用较广的是可转位硬质合金面铣刀。

标准可转位式面铣刀的直径已经标准化，采用公比1.25的标准直径系列如16mm、20mm、25mm等。选择面铣刀直径$D$时，主要考虑刀具所需功率应在机床功率范围之内，也可将机床主轴直径$d$作为选取的依据，按$D=1.5d$选取。在批量生产时，可按工件切削宽度的1.6倍选择刀具直径。粗铣时，铣刀直径要小些，因为粗铣切削力大，选小直径铣刀可减小切削扭矩；精铣时，铣刀直径要选大些，尽量包容工件整个加工宽度，以提高加工公差等级和效率，并减小接刀痕迹。

面铣刀齿数根据直径不同可分为粗齿、细齿和密齿三种。齿数越多，同时参与工作的齿数越多，生产效率高，铣削过程平稳，加工质量好；但齿数多，加工排屑不畅。粗齿铣刀主要用于粗加工，细齿铣刀用于平稳条件下的精加工，密齿铣刀的每齿进给量较小，主要用于薄壁铸铁的加工。

（2）立铣刀　立铣刀是数控加工中用得最多的一种铣刀，主要用于加工凹槽较小的台阶面以及平面轮廓。如图8-35所示，立铣刀的圆柱表面和端面上都有切削刃，它们既可以同时进行切削，也可以单独进行切削。圆柱表面的切削刃为主切削刃，端面上的切削刃为副切削刃。副切削刃主要用来加工与侧面垂直的底平面，普通立铣刀的端面中心处无切削刃，故一般不宜作轴向进给。

立铣刀根据其刀齿数目可分为粗齿立铣刀和细齿立铣刀。粗齿立铣刀齿数（$z=3\sim4$）较少，强度高、容屑空间大，适用于粗加工；细齿立铣刀齿数（$z=5\sim8$）较多，工作平稳，适用于精加工。

立铣刀直径的选择主要应考虑工件加工尺寸的要求，并保证刀具所需功率在机床额定功率范围以内。如是小直径立铣刀，则应主要考虑机床的最高转速能否达到刀具的最低切削速度（60m/min）。

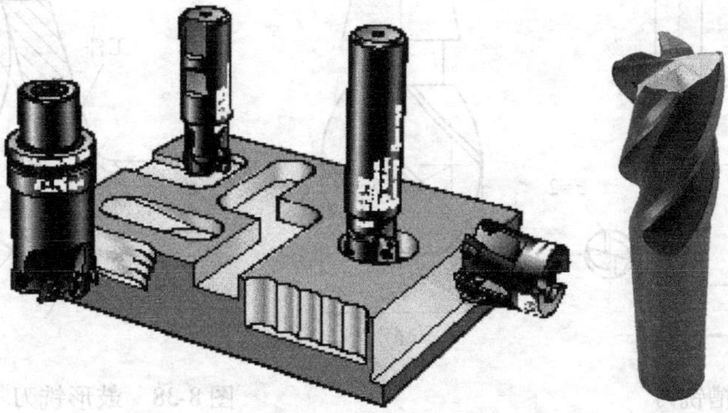

图8-35　立铣刀

（3）球头铣刀　球头铣刀的结构特点是球部布满切削刃，圆周刃与球部刃圆弧连接，可以作径向和轴向进给。加工曲面类零件时，为了保证刀具切削刃与加工轮廓在切削点相切，而避免切削刃与工件轮廓发生干涉，一般采用球头刀。粗加工用两刃铣刀，半精加工和精加工用四刃铣刀。图 8-36 所示为机夹式球头铣刀。

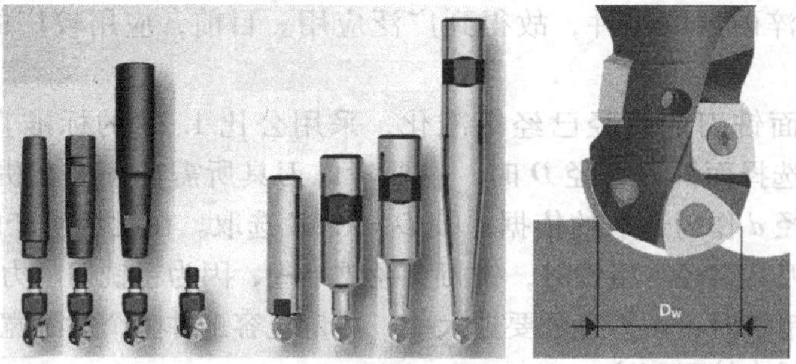


图 8-36　机夹式球头铣刀

（4）键槽铣刀　键槽铣刀主要用于加工封闭的键槽，键槽铣刀结构与立铣刀相近，圆柱表面和端面上都有切削刃，端面刃延至中心，既像立铣刀，又像钻头。为了保证槽的尺寸精度，一般用两刃键槽铣刀。加工时，先沿轴向进给达到键槽深度，然后沿键槽方向铣出键槽全长。键槽铣刀如图 8-37 所示。刀的直径或宽度（半圆键槽铣刀）应根据加工工件尺寸选择，并保证其切削功率在机床允许的功率范围之内。

按国家标准规定，直柄键槽铣刀直径 $d=2\sim22$mm，锥柄键槽铣刀直径 $d=14\sim50$mm。

（5）鼓形铣刀　图 8-38a 所示为一种典型的鼓形铣刀，它的切削刃分布在半径为 $R$ 的圆弧上，端面无切削刃。如图 8-38b 所示，加工时控制刀具上下位置，相应改变切削刃的切削部位，可以在工件上切出从负到正的不同斜角。$R$ 越小，鼓形铣刀所能加工的斜角范围越广，但所获得的表面质量也越差。鼓形铣刀刃磨困难，切削条件差，而且不适于加工有底的轮廓表面。

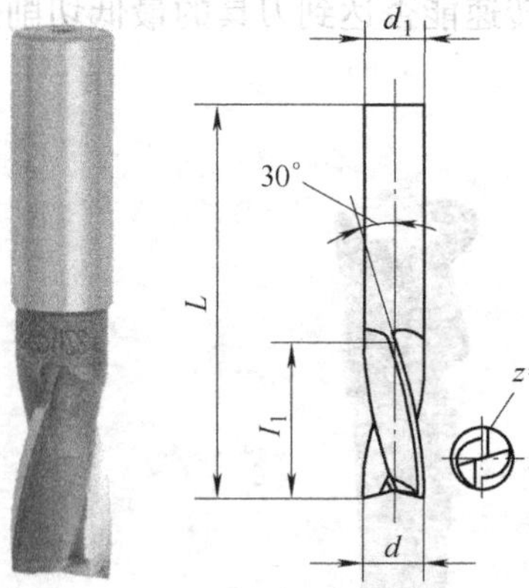


图 8-37　键槽铣刀

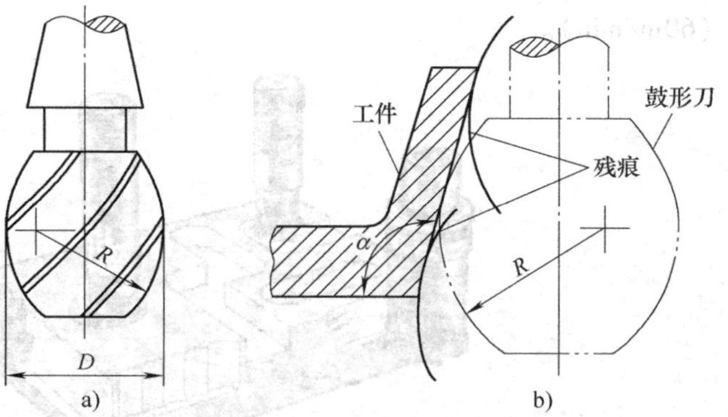


图 8-38　鼓形铣刀

（6）成形铣刀　成形铣刀一般是为特定形状的工件或加工内容专门设计制造的，如渐开线齿面、燕尾槽和 T 形槽等。常用成形铣刀如图 8-39 所示。

除了上述几类铣刀外，数控铣床也可使用各种通用铣刀。但因不少数控铣床的主轴内有特殊的拉刀装置，或因主轴内锥孔有别，需配过渡套和拉钉。

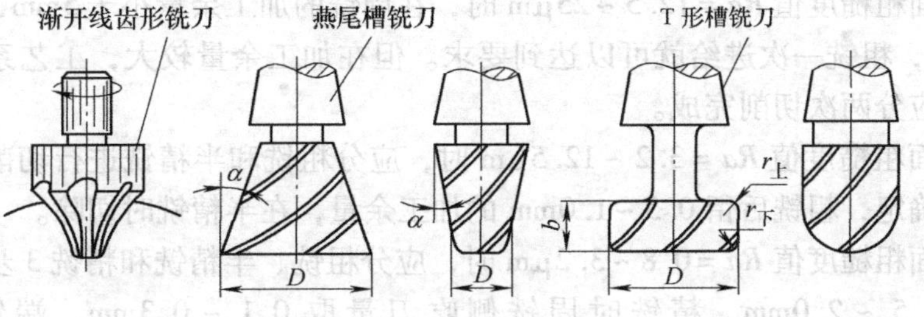


图 8-39　常用成形铣刀

## 8.2.6　数控铣削加工切削用量的选择

### 1. 切削用量的选择原则

铣削切削用量的选择原则与车削基本相同：在保证加工质量和刀具寿命的前提下，充分发挥机床性能和刀具切削性能，最大限度提高生产率，降低成本。

1）粗加工时，首先选取尽可能大的背吃刀量；其次要根据机床动力和刚性的限制条件等，选取尽可能大的进给量；最后根据刀具寿命确定最佳的切削速度。

2）精加工时，首先根据粗加工后的余量确定背吃刀量；其次根据已加工表面粗糙度要求，选取较小的进给量；最后在保证刀具寿命的前提下，尽可能选取较高的切削速度。

在确定每道工序的切削用量时，要充分保证刀具能加工完一个零件，或保证刀具寿命不低于一个工作班，最少不低于半个工作班的工作时间。

### 2. 切削用量的选择

（1）背吃刀量和侧吃刀量的确定　如图 8-40 所示，背吃刀量 $a_p$ 是指平行于铣刀轴线的切削层尺寸，端铣时为切削层的深度，周铣时为切削层的宽度；侧吃刀量 $a_e$ 是指垂直于铣刀轴线的切削层尺寸，端铣时为被加工表面的宽度，周铣时为切削层的深度。

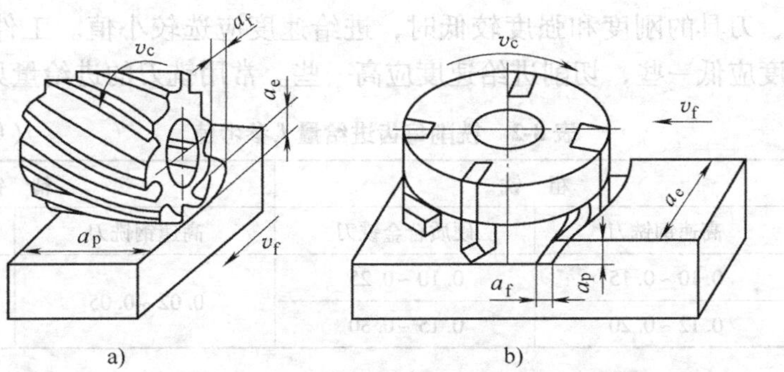


图 8-40　铣削加工切削用量

a）周铣　b）端铣

吃刀量对刀具寿命影响最小。在确定背吃刀量和侧吃刀量时，要根据机床、夹具、刀具、工件的刚度和被加工零件的精度要求来决定。如果零件精度要求不高，在工艺系统刚度允许和机床动力范围内，尽量加大吃刀量，提高加工效率。如果零件精度要求高，应减小吃刀量，增加进给次数。

当零件表面粗糙度值 $Ra=12.5\sim25\mu m$ 时，在周铣的加工余量小于5mm，端铣的加工余量小于6mm 时，粗铣一次进给就可以达到要求。但在加工余量较大，工艺系统刚度和机床动力不足时，应分两次切削完成。

当零件表面粗糙度值 $Ra=3.2\sim12.5\mu m$ 时，应分粗铣和半精铣进行切削。粗铣时吃刀量按上述要求确定，粗铣后留 0.5 ~ 1.0mm 的加工余量，在半精铣时切除。

当零件表面粗糙度值 $Ra=0.8\sim3.2\mu m$ 时，应分粗铣、半精铣和精铣 3 步进行。半精铣的吃刀量取 1.5 ~ 2.0mm，精铣时周铣侧吃刀量取 0.1 ~ 0.3mm，端铣背吃刀量取 0.5 ~ 1.0mm。

为提高切削效率，端铣刀应尽量选择较大的直径，切削宽度取刀具直径的 1/3 ~ 1/2，切削深度应大于冷硬层的厚度。

（2）进给速度的确定　进给速度 $v_f$ 是刀具切削时，单位时间内工件与刀具沿进给方向的相对位移，单位为 mm/min。对于多齿刀具，其进给速度 $v_f$、刀具转速 $n$、刀具齿数 $z$ 和每齿进给量 $f_z$（mm/z）的关系为

$$v_f = nzf_z \tag{8-1}$$

式中　$v_f$——进给速度（mm/min）；

$n$——刀具转速（r/min）；

$z$——刀具齿数；

$f_z$——每齿进给量（mm/z）。

进给速度是影响刀具寿命的主要因素。在确定进给速度时，要综合考虑零件的加工公差等级、表面粗糙度、刀具及工件的材料等因素，参考切削用量手册选取。

粗加工时，主要考虑机床进给机构和刀具的强度、刚度等限制因素，根据被加工零件的材料、刀具尺寸和已确定的背吃刀量，选择进给速度。

半精加工和精加工时，主要考虑被加工零件的精度、表面粗糙度、工件和刀具的材料性能等因素的影响。工件表面粗糙度值越小，进给速度也越小；工件材料的硬度越高，进给速度也越低；工件、刀具的刚度和强度较低时，进给速度应选较小值。工件表面的加工余量大，切削进给速度应低一些，切削进给速度应高一些。常用铣刀的进给量见表 8-2。

**表 8-2　铣削每齿进给量 $f_z$ 参考值**　　（单位为：mm/z）

| 工件材料 | 粗铣 | | 精铣 | |
|---|---|---|---|---|
| | 高速钢铣刀 | 硬质合金铣刀 | 高速钢铣刀 | 硬质合金铣刀 |
| 钢 | 0.10 ~ 0.15 | 0.10 ~ 0.25 | 0.02 ~ 0.05 | 0.10 ~ 0.15 |
| 铸铁 | 0.12 ~ 0.20 | 0.15 ~ 0.30 | | |

（3）过切与欠切　在高速进给的轮廓加工中，当零件有外凸圆弧或拐角时，由于惯性作用，刀具在切削时容易产生欠切现象，如图 8-41a 所示。若拐角为内凹的表面，拐角处的金属因刀具超程而出现过切现象，如图 8-41b 所示。这两种现象都会使轮廓

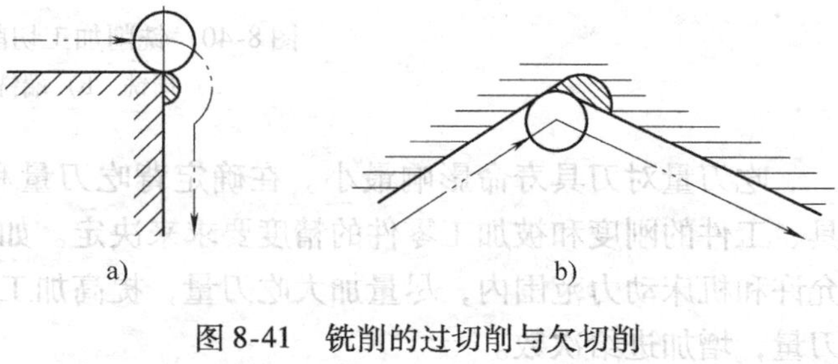

a)　　b)

图 8-41　铣削的过切削与欠切削

表面产生误差，从而影响加工质量。因此，在拐角较大，进给速度较高时，应在接近拐角处适当降低进给速度，在拐角后逐渐升高进给速度，以保证加工公差等级。低速进给速度值和低速段的长度，根据机床的动态特性和超程允许误差来决定。

（4）切削速度的确定　切削速度 $v_c$ 是刀具切削刃的圆周线速度。当背吃刀量和进给量确定后，应根据刀具寿命和机床刚度选取尽可能大的切削速度。可用经验公式计算，也可根据生产实践经验在机床说明书允许的切削速度范围内查表选取，或参考有关切削用量手册选用。确定切削速度还应考虑以下几点：

1）应尽量避开积屑瘤产生的区域。

2）在易发生振动的情况下，应避开自激振动的临界速度。

3）加工带外皮的工件或断续切削时，要适当降低切削速度。

4）加工刚性较差的细长件、薄壁工件时，应选用较低的切削速度。

常用工件材料的铣削速度参考值见表 8-3。

**表 8-3　常用工件材料的铣削速度参考值**

| 工件材料 | 硬度（HBW） | 铣削速度 $v_c$/（m/min） | | 工件材料 | 硬度（HBW） | 铣削速度 $v_c$/（m/min） | |
|---|---|---|---|---|---|---|---|
| | | 高速钢铣刀 | 硬质合金铣刀 | | | 高速钢铣刀 | 硬质合金铣刀 |
| 低、中碳钢 | <220 | 21~40 | 80~150 | 工具钢 | 225~290 | 12~24 | 36~84 |
| | 225~290 | 15~36 | 60~114 | 灰铸铁 | 100~140 | 24~36 | 110~115 |
| | 300~425 | 9~20 | 40~75 | | 150~225 | 15~21 | 60~110 |
| 高碳钢 | <220 | 18~36 | 60~132 | | 230~290 | 9~18 | 45~90 |
| | 225~325 | 14~24 | 53~105 | | 300~320 | 5~10 | 21~30 |
| | 325~375 | 9~12 | 36~48 | 可锻铸铁 | 110~160 | 42~50 | 100~200 |
| | 375~425 | 6~10 | 36~45 | | 160~200 | 24~36 | 83~120 |
| 合金钢 | <220 | 15~36 | 55~120 | | 200~240 | 15~24 | 72~110 |
| | 225~325 | 10~24 | 40~80 | | 240~280 | 9~21 | 40~60 |
| | 325~425 | 6~9 | 30~60 | 铝镁合金 | 95~100 | 180~600 | 360~600 |

注：粗铣时，$v_c$ 应取小值；精铣时，$v_c$ 应取大值。采用机夹式或可转位硬质合金铣刀，可取较大值。经实际铣削后，如发现铣刀寿命太低，则应适当减小 $v_c$。铣刀结构及几何角度改进后，$v_c$ 可以超过表列值。

（5）主轴转速的确定　主轴转速 $n$（r/min）可根据切削速度 $v_c$（m/min）和刀具直径 $D$（mm）按下式计算

$$n = \frac{1000 v_c}{\pi D} \tag{8-2}$$

## 8.2.7　镗铣类数控工具系统

镗铣类数控工具系统是镗铣床主轴到刀具之间的各种连接刀柄的总称。其主要作用是连接主轴与刀具，使刀具达到所要求的位置与精度，传递切削所需转矩及保证刀具的快速更换。

镗铣类数控工具系统按结构可分为整体式结构和模块式结构两大类。

### 1. 整体式结构

整体式结构的镗铣类数控工具系统中，每把工具的柄部与夹持刀具的工作部分连成一体，如图 8-42 所示，不同品种和规格的工作部分都必须加工出一个能与机床相连接的柄部，这样使得工具的规格、品种繁多，给生产、使用和管理带来诸多不便。其优点是结构简单，使用方便、可靠，更换迅速。

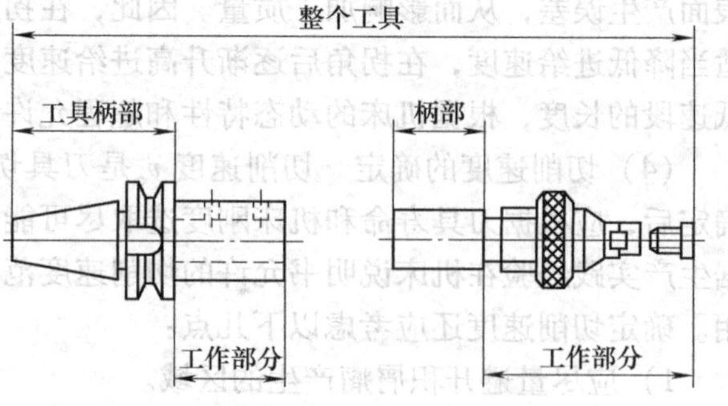


图 8-42　整体式工具系统组成

（1）TSG 工具系统　TSG 工具系统属于整体式结构的工具系统，是专门为加工中心与数控镗铣类机床配套的工具系统，也可用于普通镗铣床。它的特点是将锥柄和接杆连成一体，不同品种和规格的工作部分都必须带有与机床相连的柄部。我国的 TSG82 工具系统如图 8-43 所示，选用时一定要按图示进行配置。

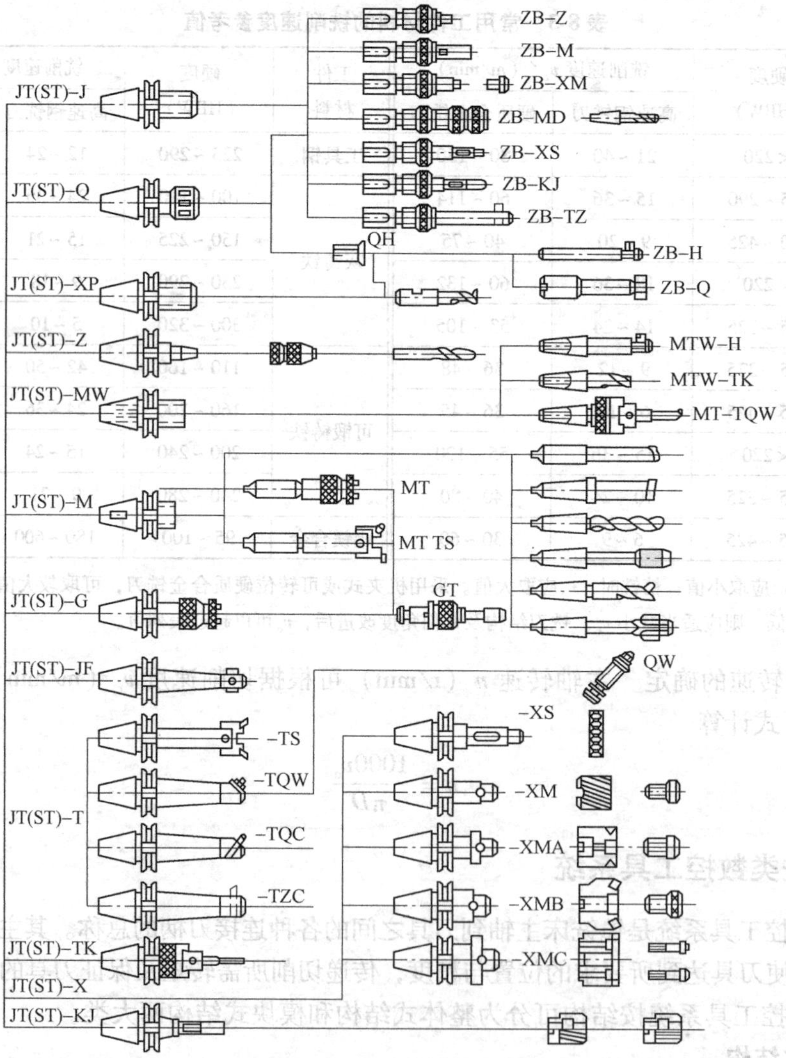


图 8-43　TSG82 工具系统

（2）工具系统型号的表示方法　工具系统的型号由字母和数字组成，用“—”分成前后两段，其表达方法如图8-44所示（例如JT45－KH30～80）：

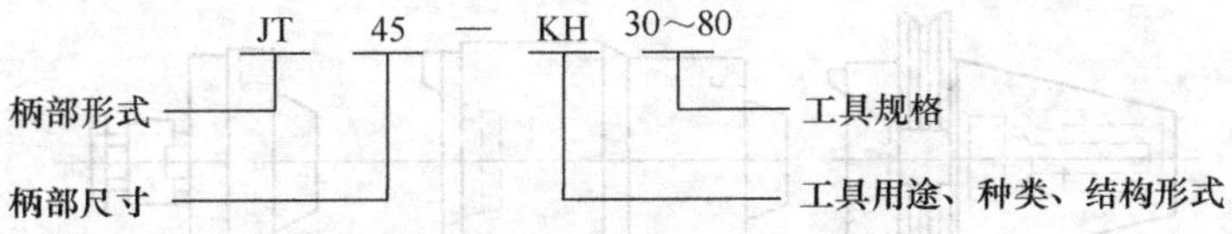


图8-44　工具系统型号表示方法

1）工具柄部形式和尺寸。柄部尺寸对锥柄表示相应的ISO锥度号，对圆柱柄表示直径。工具柄部形式和尺寸代码见表8-4。

**表8-4　TSG82工具系统柄部形式和尺寸代码**

| 工具柄部形式 | | 柄部尺寸 | | 类别 |
|---|---|---|---|---|
| 代号 | 意义 | 意义 | 举例 | |
| JT | 加工中心用锥柄，带机械手夹持槽 | ISO锥度号7：24（50，45，40，30） | 50 | 刀柄 |
| XT | 普通镗铣床用标准锥柄 | ISO锥度号7：24（50，45，40，30） | 40 | 刀柄 |
| ST | 一般数控机床用锥柄柄部，无机械手夹持槽 | ISO锥度号7:24（50，45，40，30） | 40 | 刀柄 |
| MTW | 无扁尾莫氏圆锥工具柄 | 莫氏锥度号 | 3 | 接杆 |
| MT | 带扁尾莫氏圆锥工具柄 | 莫氏锥度号 | 1 | 接杆 |
| ZB | 直柄接杆 | 直径尺寸 | 32 | 接杆 |
| KH | 7:24锥度的锥柄接杆 | 锥柄锥度号 | 45 | 接杆 |

2）工具用途代码。工具用途代码表示工具的用途。TSG82工具系统用途的代码和意义见表8-5。

**表8-5　TSG82工具系统工具用途代码和意义**

| 代码 | 代码的意义 | 代码 | 代码的意义 | 代码 | 代码的意义 |
|---|---|---|---|---|---|
| J | 装接长刀杆用锥柄 | KJ | 装扩孔钻、铰刀 | TF | 浮动镗刀 |
| Q | 弹簧夹头 | BS | 倍速夹头 | TK | 可调镗刀 |
| KH | 7:24锥柄快换夹头 | H | 倒锪端面刀 | X | 用于装铣削刀具 |
| Z（J） | 装钻夹头（莫氏锥度注J） | T | 镗孔刀具 | XS | 装三面刃铣刀 |
| MW | 装无扁尾莫氏锥柄工具 | TZ | 直角镗刀 | XM | 装面铣刀 |
| M | 装有扁尾莫氏锥柄工具 | TQW | 倾斜式微调镗刀 | XDZ | 装直角面铣刀 |
| G | 攻螺纹夹头 | TQC | 倾斜式粗镗刀 | XD | 装面铣刀 |
| C | 切内槽工具 | TZC | 直角形粗镗刀 | | |

3）工具规格。用数字表示工具的规格，其含义随工具不同而异，有些工具该数字为其轮廓尺寸D或L，有些工具该数字表示应用范围。

**2. 模块式结构**

模块式工具系统就是把工具的柄部和工作部分分开，制成系统化的主柄模块、中间模块和工作模块，如图8-45所示。每类模块中又分为若干小类和规格，然后用不同规格的中间模块组装成不同用途、不同规格的模块式刀具。这样方便了制造、使用和保管，减少了工具的规格、品种和数量的储备。

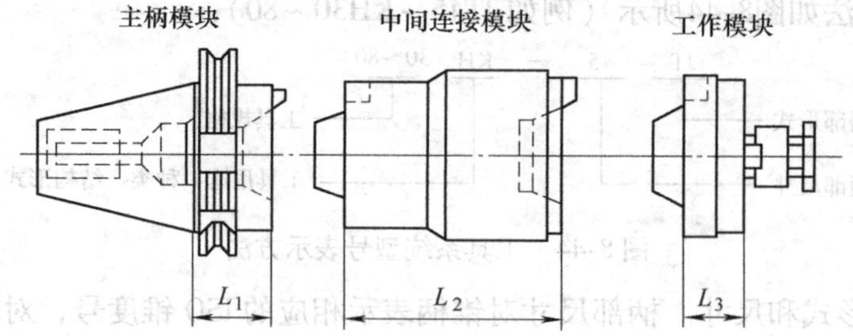


图 8-45　模块式工具系统组成

（1）模块式工具系统的组成

1）主柄模块，是模块式工具系统中直接与机床主轴连接的工具模块。

2）中间模块，是模块式工具系统中为加长工具轴向尺寸和变换连接直径的工具模块。

3）工作模块，是模块式工具系统中为了装夹各种切削刀具的模块。

国产镗铣类模块式 TMG 工具系统图谱如图 8-46 所示。

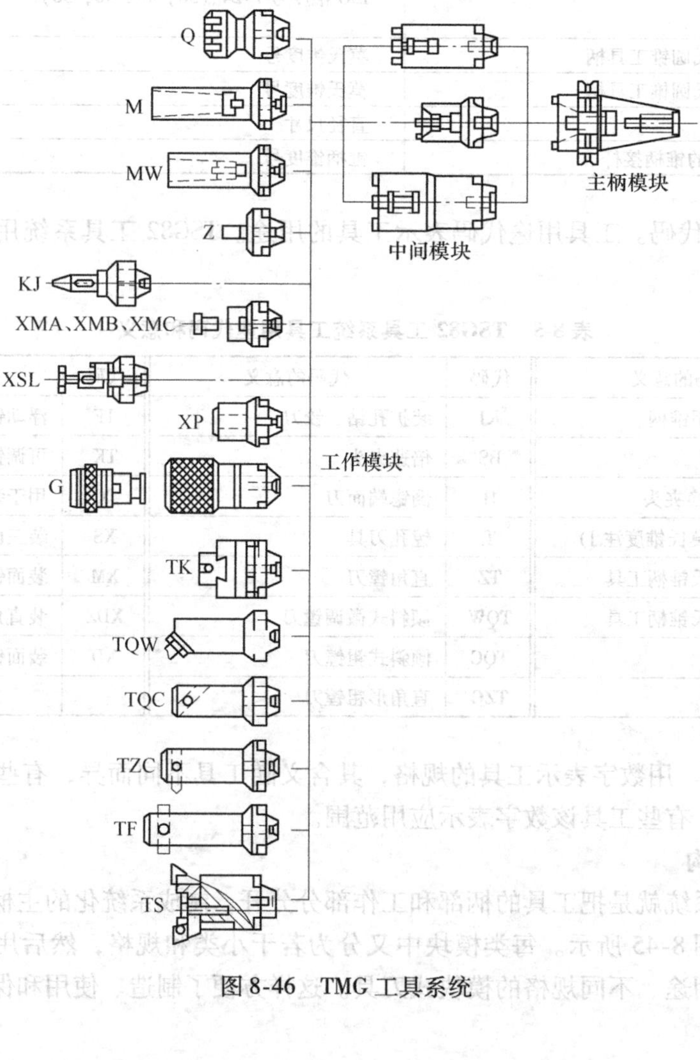


图 8-46　TMG 工具系统

（2）国内镗铣类模块式数控工具系统的标记　国内镗铣类模块式工具系统标记为“镗铣类”、“模块式”、“工具系统”3个词组的汉语拼音字头大写字母TMG来表示。TMG之后用两位数字，表示不同的模块式工具系统的结构特征。

第一位数字（即十位数字）表示模块连接的定心方式：1—短圆锥定心，2—单圆柱面定心，3—双键定心，4—端齿啮合定心，5—双圆柱面定心，6—异形锥面定心。

第二位数字（即个位数字）表示模块连接的锁紧方式：0—中心螺钉拉紧，1—径向销钉锁紧，2—径向楔块锁紧，3—径向双头螺栓锁紧，4—径向单侧螺钉锁紧，5—径向两螺钉垂直方向锁紧，6—螺纹连接锁紧，7—内部弹性锁紧，8—内部钢球锁紧。

## 8.3　项目实施

图8-1所示的槽形凸轮零件，零件材料为HT200，其外轮廓已经由前道工序加工，本工序的任务就是加工凸轮槽与$\phi$12mm和$\phi$20mm的两个孔。对其进行数控加工工艺分析。

### 8.3.1　零件图工艺分析

该零件凸轮轮廓由圆弧*FA*、*AB*、*BC*、*DE*和直线*CD*、*EF*所组成。组成轮廓的各几何元素关系清楚，条件充分，所需要基点坐标可以求得。凸轮槽侧面和两个内孔表面粗糙度要求较高，凸轮内外轮廓面和$\phi$20mm的孔对*A*面有垂直度要求，只要提高装夹精度，使*A*面与铣刀轴线垂直，即可保证。工件材料为铸铁，切削工艺性较好。

### 8.3.2　选择加工设备

对平面槽形凸轮的数控铣削加工，一般采用两轴以上联动的数控铣床。因此，首先要考虑的是零件的外形尺寸和重量，使其在铣床的允许范围以内；其次，考虑数控铣床的精度是否能满足凸轮的设计要求；最后，看凸轮的最大圆弧半径是否在数控系统允许的范围之内。根据以上三条即可确定要使用两轴以上联动的数控铣床。

### 8.3.3　确定加工顺序

整个零件的加工顺序按照基面先行、先粗后精的原则确定。因此应先加工用做定位基准的$\phi$12mm和$\phi$20mm两个定位孔、底面*A*，然后再加工凸轮槽内外轮廓表面。由于该零件的*A*面已在之前的工序中加工完毕，所以应先加工$\phi$12mm和$\phi$20mm两个孔，然后再加工凸轮槽内外轮廓表面。

为保证加工公差等级，采用粗、精加工，其中$\phi$20mm的孔加工采用钻孔→铰孔加工方案；$\phi$12mm采用一次钻孔加工即可。

### 8.3.4　确定零件的定位基准和装夹方式

1）根据零件的结构特点，加工$\phi$12mm和$\phi$20mm两个孔时，以底面*A*定位，采用螺旋压板机构夹紧。

2）加工凸轮槽内外轮廓时，采用“一面两孔”定位方式，即以底面*A*和$\phi$12mm和$\phi$20mm两个孔为定位基准。为此，设计“一面两孔”专用夹具，如图8-47所示。夹具安装时，使夹具两定位销孔的中心连线与机床 $X$ 轴平行，夹具平面要保证与工作台面平行，并用百分表检查。工件采用双螺母夹紧，提高装夹刚性，防止铣削时的振动。

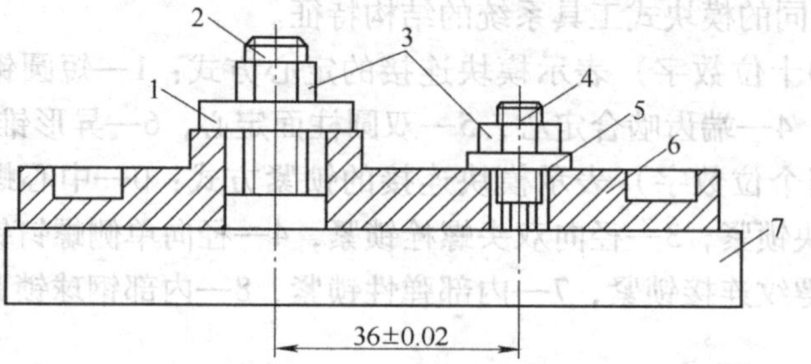


图 8-47　凸轮加工装夹示意图

1—开口垫圈　2—带螺纹圆柱销　3—压紧螺母　4—带螺纹削边销　5—垫圈　6—工件　7—垫块

## 8.3.5　确定加工进给路线

进给路线包括平面进给和深度进给两部分。

1）深度进给有两种方法：一种方法是在 $XOZ$ 平面（或 $YOZ$ 平面）来回铣削逐渐进给到既定深度；另一种方法是先打一个工艺孔，然后从工艺孔进给到既定深度。

2）平面进给时，外凸轮廓从切线方向切入，内凹轮廓从过渡圆弧切入。为使凸轮槽表面具有较好的表面质量，采用顺铣方式铣削，对外凸轮廓按顺时针方向进给铣削，对内凹轮廓按逆时针方向进给铣削。

## 8.3.6　刀具选择

采用钻孔→铰孔方案加工 $\phi12$mm 和 $\phi20$mm 两孔，选用相应的钻头和铰刀即可。钻头直径的选择要保证铰孔的切削余量。

铣削该凸轮槽内、外轮廓（即凸轮槽两侧面）时，铣刀直径受槽宽限制，同时考虑铸铁材料的加工性能较好，故粗加工选用 $\phi8$mm 高速钢立铣刀，精加工选用 $\phi8$mm 硬质合金立铣刀。其数控加工刀具卡片见表 8-6。

**表 8-6　数控刀具卡**

| 产品名称或代号 | | | 零件名称 | 平面槽形凸轮 | 零件图号 | |
|---|---|---|---|---|---|---|
| 序号 | 刀具号 | 刀具名称及规格 | 数量 | 刀长/mm | 加工表面 | 备注 |
| 1 | T01 | $\phi5$mm 中心钻 | 1 | | 钻 $\phi5$mm 中心孔 | |
| 2 | T02 | $\phi19.8$mm 钻头 | 1 | 60 | $\phi20$mm 孔粗加工 | |
| 3 | T03 | $\phi12$mm 钻头 | 1 | 60 | $\phi12$mm 孔加工 | |
| 4 | T04 | $\phi20$mm 铰刀 | 1 | 50 | $\phi20$mm 孔精加工 | |
| 5 | T06 | 90°倒角铣刀 | 1 | | $\phi20$mm 孔倒角 | $z=5$ |
| 6 | T07 | $\phi8$mm 高速钢立铣刀 | 1 | 30 | 粗加工凸轮槽 | $z=3$ |
| 7 | T08 | $\phi8$mm 硬质合金立铣刀 | 1 | 30 | 精加工凸轮槽 | $z=5$ |
| 编制 | | 审核 | 批准 | | 年　月　日　共　页 | 第　页 |

## 8.3.7 切削用量选择

钻 $\phi$20mm 孔时留 0.2mm 铰削余量（孔加工工艺在项目十二中有详细介绍），凸轮槽内、外轮廓加工时留 0.1mm 精铣余量。确定主轴转速与进给速度时，先查表 8-2、表 8-3（或切削用量手册），确定每齿进给量与切削速度，然后利用式（8-1）计算进给速度 $v_f$，利用式（8-2）计算主轴转速 $n$。其切削用量见表 8-7。

表 8-7 切削用量表

| 加工内容 | 切削速度 /（m/min） | 主轴转速 /（r/min） | 每齿进给量 /（mm/z） | 进给速度 /（mm/min） | 背吃刀量 /mm |
|---|---|---|---|---|---|
| 定位钻 $\phi$5mm 中心孔 | 10 | 640 | – | 40 | – |
| 钻 $\phi$19.8mm 孔 | 15 | 240 | – | 40 | – |
| 钻 $\phi$12mm 孔 | 10 | 270 | – | 40 | – |
| 铰 $\phi$20mm 孔 | 6 | 90 | – | 70 | 0.1 |
| $\phi$20mm 孔倒角 | 10 | 160 | 0.2 | 160 | – |
| 粗铣凸轮槽内轮廓 | 10 | 400 | 0.15 | 180 | 14 |
| 精铣凸轮槽内轮廓 | 45 | 1800 | 0.1 | 900 | 14 |

## 8.3.8 填写数控加工工序卡

平面槽型凸轮数控加工工序卡见表 8-8。

表 8-8 数控加工工序卡

| （加工工序图） | | | | 产品名称 | | 零件名称 | | 零件图号 | |
|---|---|---|---|---|---|---|---|---|---|
| | | | | | | 平面槽型凸轮 | | 图 8-1 | |
| 工序号 | 程序编号 | | 夹具名称 | 夹具编号 | | 使用设备 | | 车间 | |
| 001 | O0801 | | 螺旋压板 | | | XK5025 | | | |
| 工步号 | 工步内容 | | 切削用量 | | | 刀具 | | 量具名称 | 备注 |
| | | | 主轴转速 /（r/min） | 进给速度 /（mm/min） | 背吃刀量 /mm | 编号 | 名称 | | |
| 1 | 定位钻 $\phi$5mm 中心孔 | | 640 | 40 | – | T01 | $\phi$5mm | – | 手动 |
| 2 | 钻 $\phi$19.8mm 孔 | | 240 | 40 | – | T02 | $\phi$19.8mm | 游标卡尺 | 自动 |
| 3 | 钻 $\phi$12mm 孔 | | 270 | 40 | – | T03 | $\phi$12mm | 游标卡尺 | 自动 |
| 4 | 铰 $\phi$20mm 孔 | | 90 | 70 | 0.1 | T04 | $\phi$20mm | 游标卡尺 | 自动 |
| 5 | $\phi$20mm 孔倒角 | | 160 | 160 | – | T06 | 90° | – | 自动 |
| 6 | 粗铣凸轮槽内轮廓 | | 400 | 180 | 14 | T07 | $\phi$8mm | – | 自动 |
| 7 | 粗铣凸轮槽外轮廓 | | 400 | 180 | 14 | T07 | $\phi$8mm | – | 自动 |
| 8 | 精铣凸轮槽内轮廓 | | 1800 | 900 | 14 | T08 | $\phi$8mm | – | 自动 |
| 9 | 精铣凸轮槽外轮廓 | | 1800 | 900 | 14 | T08 | $\phi$8mm | – | 自动 |
| 10 | 翻面装夹，铣 $\phi$20mm 孔倒角 | | 160 | 160 | – | T06 | 90° | – | 手动 |
| 编制 | | 审核 | | 批准 | | 年 月 日 | | 共 1 页 | 第 1 页 |

# 8.4　项目实训

## 8.4.1　实训任务

### 1. 实训内容

图 8-48 所示为一型腔类零件，材料为45 钢，其外轮廓已经由前道工序加工，本工序的任务就是加工凹槽和 $\phi$30mm 的孔。要求分析其数控加工工艺，设计数控加工工艺方案，编制数控加工工序卡和数控加工刀具卡。

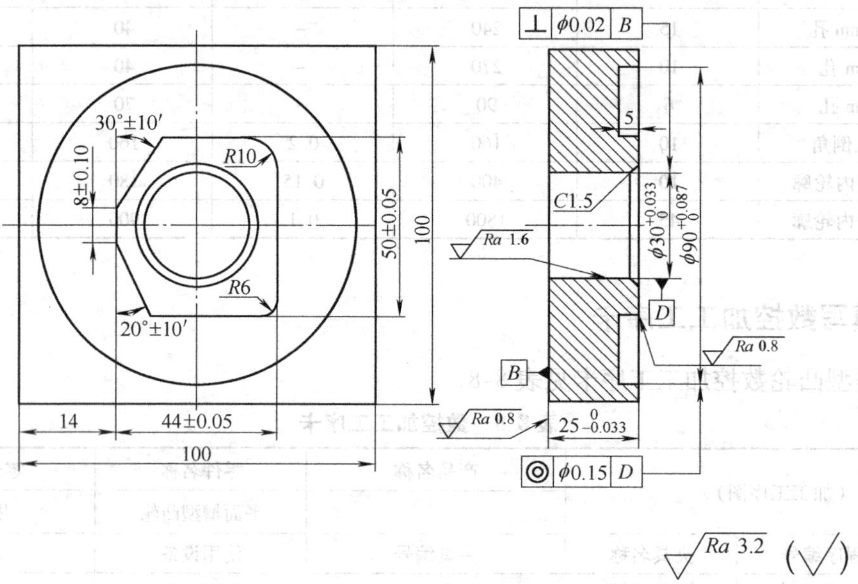


图 8-48　型腔零件图

### 2. 实训目的

1）熟悉数控铣削工艺分析内容。

2）掌握数控铣削加工工艺设计的方法。

3）掌握数控铣削加工中零件的定位与夹具的选择、刀具及其切削用量选择。

4）掌握数控铣削加工工艺文件编制。

### 3. 实训报告内容

（1）数控铣削加工工艺分析与设计。

（2）数控铣削加工工艺文件编制。

（3）实训体会。

（4）填写实训评分表　实训评分表见表 8-9。

表 8-9　实训评分表

| 项目名称 | | 数控铣削加工工艺分析 | | 零件编号 | | 图 8-48 |
|---|---|---|---|---|---|---|
| | | 序号 | 考核项目 | 配分 | 学生自评 | 教师评分 |
| 能力 | 专业能力 | 1 | 零件图样分析正确公差带调整合理 | 10 | | |
| | | 2 | 夹具选择合理零件的装夹和定位方式正确 | 10 | | |
| | | 3 | 确定加工顺序，进给路线合理 | 15 | | |
| | | 4 | 刀具选择合理，切削用量选择计算正确 | 10 | | |
| | | 5 | 数控加工工艺文件编制完整正确 | 15 | | |
| | 综合能力 | 6 | 实训报告完整规范 | 20 | | |
| | | 7 | 正确使用参考书、工具书 | 10 | | |
| | | 8 | 能独立分析问题和解决问题 | 5 | | |
| 工作态度 | | 9 | 行为规范、纪律表现好 | 5 | | |
| | | | 综合得分 | 100 | | |

## 8.4.2　实训指导

该型腔零件为典型的方圆结合类零件，由于轨迹曲线有着严格的几何精度要求，所以加工难度大，而且轨迹精度要求高，必须保证型腔的尺寸精度、几何精度和相互位置精度。

1）对图样的分析，要找出加工公差等级和表面粗糙度要求高的几何要素。对精度要求较高且公差带不对称的尺寸，如 $\phi30^{+0.033}_{0}$mm 的孔和 $\phi90^{+0.087}_{0}$mm 的槽，其公差带应该进行调整。

2）划分工序和确定加工顺序时，注意保证被加工面的几何公差。$\phi30^{+0.033}_{0}$mm 的孔与 $\phi90^{+0.087}_{0}$mm 的槽有同轴度要求，应一次装夹加工完成。

3）工件装夹应以工件底面定位，保证 $\phi30^{+0.033}_{0}$mm 的孔垂直度要求，并使用压板将工件装夹在机床工作台面上。

4）切削凹槽时要切向切入和切向切出。

5）铣削凹槽立铣刀的直径要能通过凹槽的最小尺寸处。

6）为提高加工效率，该工件也可以先使用车床粗加工 $\phi30^{+0.033}_{0}$mm 的孔与 $\phi90^{+0.087}_{0}$的槽，去除大部分余量，然后再进行铣削精加工。

# 习　题

### 一、问答题

1. 数控铣削的主要加工对象有哪些？其特点是什么？
2. 数控铣削加工工艺性分析包括哪些内容？
3. 数控铣削加工时程序起始点、返回点和切入点、切出点的确定方法及原则是什么？
4. 什么是顺铣？什么是逆铣？数控机床的顺铣和逆铣各有什么特点？
5. 立式加工中心和卧式加工中心在结构及功能上有何不同？
6. 铣削各种允许条件下，为什么应尽量选择直径较大、切削刃较短铣刀？
7. 加工中心适宜加工的零件有哪些种类？加工中心的工艺特点有哪些？

## 二、选择题

1. 为保证加工曲面的精度，一般数控机床选用（　　）。

A. 普通刀具　B. 球头刀具　C. 圆柱立铣刀　D. 三面刃铣刀

2. 在数控铣床上铣一个正方形零件（外轮廓），如果使用的铣刀直径比原来小 1mm，则计算加工后的正方形尺寸差（　　）。

A. 小 1mm　B. 小 0.5mm　C. 大 1mm　D. 大 0.5mm

3. 平面任意曲线加工应用（　　）。

A. 点位控制数控机床　B. 点位直线控制数控机床

C. 轮廓控制数控机床　D. 闭环控制数控机床

4. 机床开机时，一般要进行返回参考点操作，其目的是（　　）。

A. 换刀，准备开始加工　B. 建立机床坐标系

C. 建立局部坐标系　D. 以上三者都是

5. 加工时，（　　）包括对零件轮廓形状、有关标注（尺寸精度、形状和位置精度及表面粗糙度要求等）及材料和热处理等项要求所进行的分析。

A. 工艺分析　B. 图样分析　C. 生产过程　D. 工艺过程

6. 加工中心的特点描述不正确的是（　　）。

A. 工序集中　B. 加工精度高

C. 加工对象适应性强　D. 加大了劳动者的劳动强度

7. 下列正确的是（　　）。

A. 工件要尽可能地伸出在机用虎钳钳口上面

B. 工件露出机用虎钳钳口之部分应尽量减少

C. 夹持前工件不须先去除毛边

D. 为达良好平行度，工件下方不可垫平行块

8. 铣刀刀柄的标准锥度是（　　）。

A. 1/4　B. 1/5　C. 7/24　D. MT4

9. 用 $\phi$12mm 的刀具进行轮廓的粗、精加工，要求精加工余量为 0.4mm，则粗加工偏移量为（　　）mm。

A. 12.4　B. 11.6　C. 6.4　D. 6.6

10. 用立铣刀加工内轮廓时，通常会使用（　　）预先加工落刀孔。

A. 立铣刀　B. 钻头

C. 镗刀　D. 牛鼻子刀（带 *R* 立铣刀）

## 三、判断题（请将判断结果填入括号中，正确的填“√”，错误的填“×”）

1. 为了防止工件变形，夹紧部位要与支承对应，不能在工件悬空处夹紧。（　　）

2. 如果加工轮廓个别地方圆弧半径很小，可以考虑采用较大刀具进行粗加工，但必须避免加工中的干涉。（　　）

3. 通常用球头刀加工比较平滑的曲面时，表面质量不会很高。（　　）

4. 数控机床都需要主轴具有准停功能。（　　）

5. 铣削工件拐角处时，为防止出现过切现象，应适当加大进给速度。（　　）

6. 精加工时，在保证刀具寿命的情况下，选择较低的切削速度。（　　）

## 四、实训题

图8-49所示为凸轮廓零件图，零件材料为45钢，其上、下表面及四周外轮廓已经由前道工序加工。要求分析其数控加工工艺，设计数控加工工艺方案，编制数控加工刀具卡和数控加工工序卡。

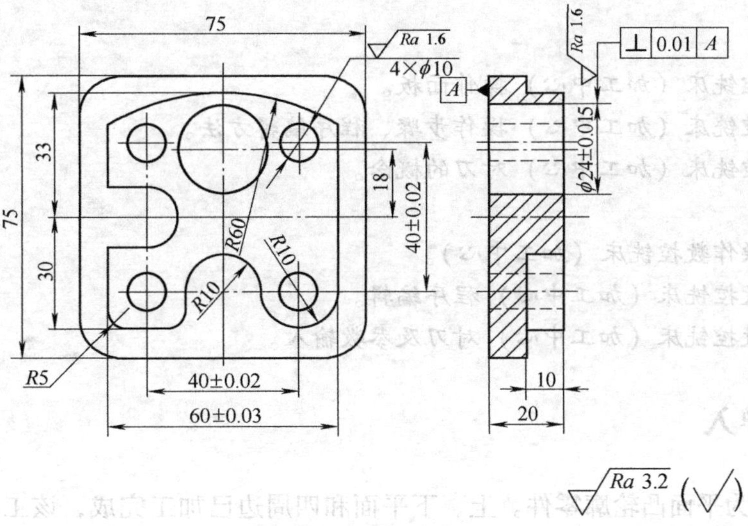


图8-49　凸轮廓零件

# 项目九　数控铣床（加工中心）操作

【知识目标】

1. 了解数控铣床（加工中心）操作面板。
2. 掌握数控铣床（加工中心）操作步骤、程序编辑方法。
3. 掌握数控铣床（加工中心）对刀的概念。

【能力目标】

1. 能正确操作数控铣床（加工中心）。
2. 能进行数控铣床（加工中心）程序编辑。
3. 能进行数控铣床（加工中心）对刀及参数输入。

## 9.1　项目导入

图 9-1 所示为平面凸轮廓零件。上、下平面和四周边已加工完成，该工序只加工凸台。工件毛坯：80mm × 100mm × 30mm，材料为 20 钢。下面是该零件的精加工程序。试对该零件进行数控加工操作，数控铣床为 FANUC 0i MC 数控铣床。

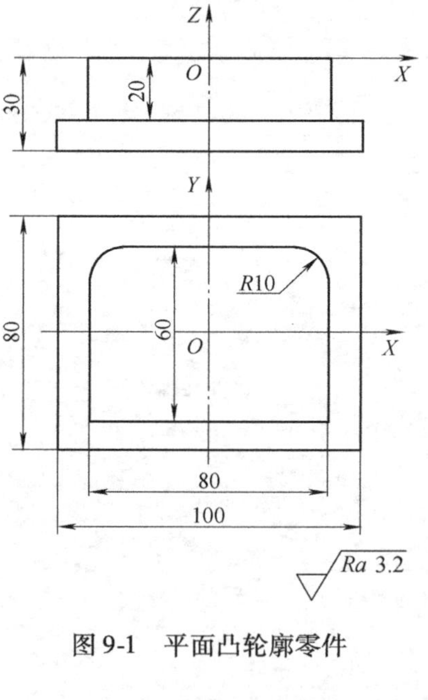


图 9-1　平面凸轮廓零件

```
O0007;
G54  G90  G17  G00  X0  Y0;        （确定工件坐标系及加工平面）
M03  S2800;                        （主轴正转，转速为 2800r/min）
G00  X-60.  Y-60.  Z2.;            （刀具定位到加工起点）
```

```
G01  Z-20.0  F250;              （刀具到达加工端面）
G41  G01  X-40.  Y-40.  D01;    （建立刀具半径补偿）
Y20.;                           （铣削边）
G02  X-30.  Y30.  R10.;         （铣削 R10mm 圆角）
G01  X30.;                      （铣削边）
G02  X40.  Y20.  R10.;          （铣削 R10mm 圆角）
G01  Y-30.;                     （铣削边）
X-50.;                          （铣削边）
G40  G00  X-60.  Y-60.;         （取消刀具半径补偿）
G00  Z200.;                     （主轴抬起）
M05;                            （主轴停）
M30;                            （程序结束）
```

## 9.2　知识学习

### 9.2.1　数控铣床操作面板

FANUC 0i 数控铣床操作面板如图 9-2 所示，分为两个区域：上半部分为数控系统控制面板，下半部分为机床操作面板。

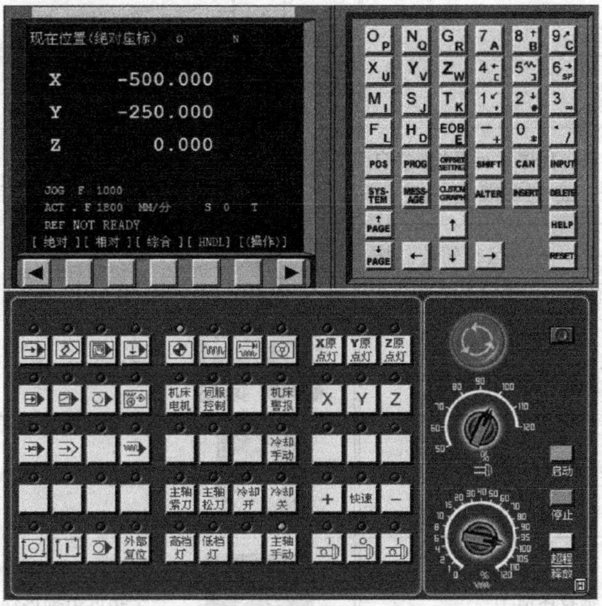


图 9-2　FANUC 0i 数控铣床操作面板

#### 1. 数控系统控制面板

FANUC 0i　MC 数控铣床的数控系统控制面板与 FANUC 0i 数控车床的数控系统控制面板的按键及其功能基本相同，可参见项目二中 2.2.1 内容，这里不再赘述。

## 2. 机床操作面板

机床操作面板主要由操作模式开关、主轴倍率调整旋钮，进给速度调节旋钮，各种辅助功能选择开关、手轮、各种指示灯等组成。各按钮、旋钮开关的位置、结构由机床厂家自行设计制造，因此，不同机床厂家的机床操作面板也各不相同。

机床操作面板上各种按键的功能键说明见表 9-1。

**表 9-1 机床操作面板按键及其功能**

| 按键图标 | 功能 | 按键图标 | 功能 |
| --- | --- | --- | --- |
|  | 自动加工模式 |  | 回零模式 |
|  | 程序编辑模式 |  | 手动模式 |
|  | MDI 模式 |  | 手动脉冲 |
|  | 远程执行模式，即（DNC 模式） |  | 手轮控制模式 |
|  | 单步执行。每次执行一条数控指令 | X Y Z | 轴选择按钮。手动状态下选择 *X*、*Y* 或 *Z* 轴 |
|  | 跳段执行。程序中的注释符号“/”有效 | + | 手动状态下，所选轴正向移动<br>回零状态时，所选轴回零 |
|  | 选择性停止。“M01”代码有效 | − | 手动状态下，所选轴负向移动 |
|  | 锁定机床 | 快速 | 手动快速状态 |
|  | 空运行 | | |
|  | 循环启动。程序运行开始。“自动运行”或“MDI”时有效 |  | 主轴正转、停止、反转 |
|  | 进给保持。程序运行暂停。按“循环启动”按键恢复运行 | 超程释放 | 系统超程释放 |
|  | 循环停止 | 启动 / 停止 | 系统启动/停止 |
|  | 急停按钮 |  | 手轮 |
|  | 调节主轴转速倍率 |  | 手轮进给轴选择 |
|  | 进给倍率，调节运行时的进给速度倍率 |  | 手轮进给倍率旋钮 |

## 9.2.2　数控铣床（加工中心）操作基础

### 1. 数控铣床（加工中心）安全操作

严格遵循数控机床的安全操作规程，才能保障人身和设备安全，保证数控机床正常工作。数控铣床及加工中心安全操作规程如下。

1）穿好工作服，戴好工作帽，禁止戴手套操作机床。

2）详细阅读机床的使用说明书，在未熟悉机床操作前，切勿随意动机床。

3）必须熟知每个按钮的作用及操作注意事项。

4）注意机床各个部位警示牌上所警示的内容。

5）按照机床说明书要求加装润滑油、液压油、切削液，接通外接气源。

6）机床周围的工具要摆放整齐，要便于拿放，工具不能放在机床上。

7）加工前必须关上机床的防护门。

8）文明生产，精力集中，杜绝酗酒和疲劳操作；禁止打闹、闲谈、睡觉和随意离开岗位。

9）机床在通电状态时，不要打开和接触机床上标有闪电符号、装有强电装置的部位，以防被电击伤。

10）注意检查工件和刀具是否装夹正确、可靠；在刀具装夹完毕后，应当采用手动方式进行试切。

11）清除切屑必须在机床停止状态下进行，并使用一定的工具，不要被切屑划破手脚。

12）测量工件必须在机床停止状态下进行，要避免用手接触机床运动部件。

13）在打雷时，不要开启机床。避免雷击时的瞬时高电压和大电流冲击机床，烧坏模块或损失数据。

14）加工完成后，打扫工作场地，清理机床，保持机床及控制设备的清洁。

15）切断系统电源。

16）如实填写交接班记录，发现问题要及时反映。

### 2. 数控铣床（加工中心）的操作步骤

数控铣床（加工中心）的操作步骤如图9-3所示。

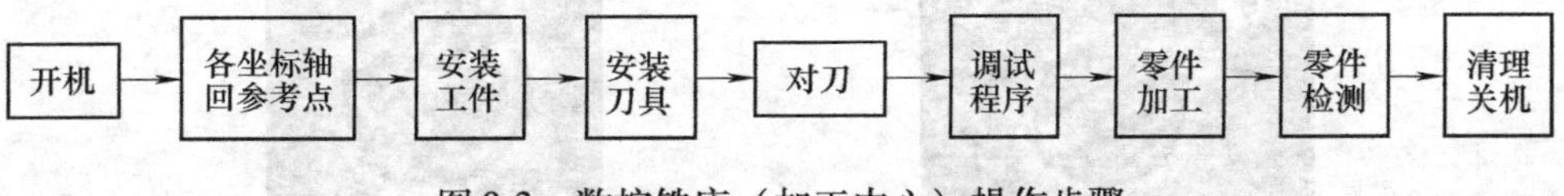


图9-3　数控铣床（加工中心）操作步骤

（1）开机　合上电源总开关，机床送电；开稳压器、气源等辅助设备电源开关；开控制柜总电源；按下控制面板上的电源按钮，数控系统上电；将急停按钮旋起，处于开启状态。

（2）各坐标轴回参考点　选择机床“回零”方式，将各轴依次返回原点。

（3）安装工件　一般常用机用虎钳或压板，必要时采用专用夹具。安装夹具和工件都要找正和找平，保证铣削余量均匀。

（4）安装刀具　合理选择刀具，并将刀具装入刀柄，然后将刀柄装入主轴。加工中心的刀具可通过机械手或主轴将刀具装入刀库。

（5）对刀　通过对刀，建立工件坐标系，并进行刀具补偿值的设定，其具体内容可参见 9.2.3 内容。

（6）程序调试　输入程序，然后利用机床的程序预演功能或以抬刀运行程序方式调试程序。

（7）零件加工　选择机床自动加工模式，按循环启动键运行程序，对工件进行自动加工。

（8）零件检测　卸下加工好的零件，根据零件不同尺寸精度、表面粗糙度、位置度的要求选用不同的测量工具进行检测。

（9）清理机床和关机　零件加工完成后，清理机床和现场，再按与开机相反的顺序依次关闭电源。

**3. 数控铣床（加工中心）的手动操作**

（1）手动或快速移动

1）按或键，选择机床工作方式为“手动”或“快速”。“手动”与“快速”的移动速度不同，“快速”移动不能用于铣削进给，“手动”方式移动时，移动速度可以修调，一般用于工件近距离的移动。

2）通过手动轴选择按钮 X、Y 或 Z，选择需移动的轴，并按移动按钮 + 或 -，刀具或工件正向或负向移动，松开按键移动停止。

（2）手轮操作

1）按键，选择机床工作方式为“手轮”。

2）旋转手轮进给轴选择旋钮，选择所需移动的轴，如图 9-4 所示。

3）旋转手轮进给倍率旋钮，选择手轮进给倍率，如图 9-5 所示。X1、X10、X100 分别代表移动量为 0.001mm、0.01mm、0.1mm。

4）旋转手轮，移动所选定的轴。顺时针方向转动，坐标轴正向移动；逆时针方向转动，坐标轴负方向移动。

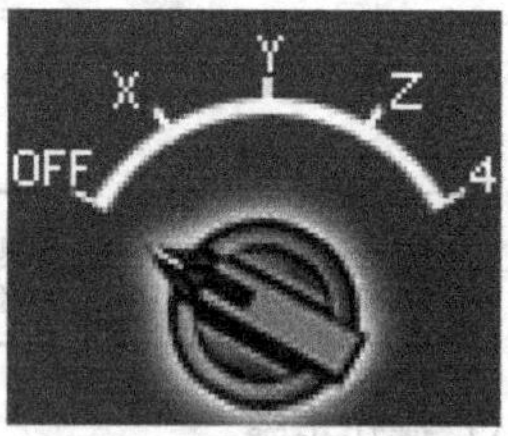


图 9-4　手轮进给轴选择旋钮

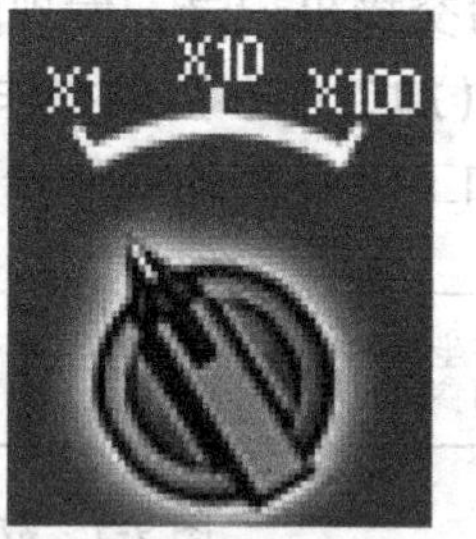


图 9-5　手轮进给倍率旋钮

**4. MDI 运行操作**

MDI 方式也称为键盘操作方式。它在修整工件部分遗留问题或单件加工时经常用到。按键，机床进入“MDI”模式。按键，进入程序编辑界面，录入完程序后，按循环启动按钮，运行程序。

MDI 方式加工的特点是输入灵活，随时输入指令随时执行。但运行效率较低，且执行完指令以后，对指令没有记忆，再次执行时必须重新输入。该操作方式一般不用于批量加工。

## 9.2.3　数控铣床（加工中心）对刀及其参数输入

对刀的目的是通过刀具或对刀工具确定工件坐标系与机床坐标系之间的空间位置关系，并将对刀数据输入到相应的存储位置。对刀方法有试切法对刀、寻边器对刀、机内对刀仪对刀及自动对刀等。其中试切法对刀精度较低，加工中常用寻边器和 $Z$ 轴设定器对刀，效率高，能保证对刀精度。对刀操作分为 $X$、$Y$ 向对刀和 $Z$ 向对刀。

**1. 对刀工具**

（1）寻边器　由于铣刀周边为螺旋式切削刃，又有一定的刚性，对于精加工时的对刀，采用寻边器代替铣刀确定工件坐标系原点在机床坐标系中的 $X$、$Y$ 值。

寻边器有偏心式和光电式等类型，如图 9-6 所示，其中以光电式较为常用。光电式寻边器的测头一般为 $\phi$10mm 的钢球，用弹簧拉紧在光电式寻边器的测杆上，碰到工件时可以退让，并将电路导通，发出光信号。

使用时，将寻边器像普通刀具一样装夹在主轴上，手动或低速转动主轴，同时手动移动 $X$、$Y$ 轴，使寻边器逐渐靠近被测表面，如图 9-7 所示。当光电式寻边器发出光信号，或偏心式寻边器的偏心消除时，寻边到位，此时通过机床坐标位置即可得到被测表面的坐标位置。

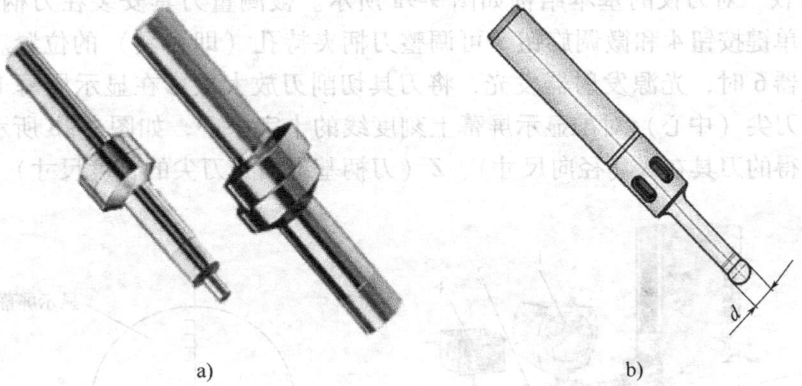


图 9-6　寻边器
a）偏心式寻边器　b）光电式寻边器

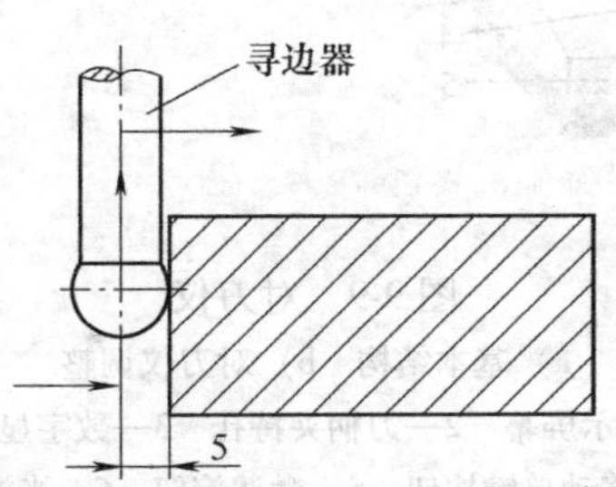


图 9-7　寻边器对刀

（2）$Z$ 轴设定器　$Z$ 轴设定器主要用于确定工件坐标系原点在机床坐标系的 $Z$ 轴坐标，或者说是确定刀具在机床坐标系中的高度。

$Z$ 轴设定器有光电式和指针式等类型，如图 9-8 所示。通过光电式指示或指针，判断刀具与对刀器是否接触，对刀精度一般可达 0.005mm。$Z$ 轴设定器带有磁性座，可以牢固地附着在工件或夹具上，其高度一般为 50mm 或 100mm。

a)　　b)

图 9-8　$Z$ 轴设定器

a）光电式 $Z$ 轴设定器　b）指针式 $Z$ 轴设定器

（3）对刀仪　对刀仪的基本结构如图 9-9a 所示。被测量刀具安装在刀柄夹持孔 2 中，通过快速移动单键按钮 4 和微调旋钮 5 可调整刀柄夹持孔（即刀具）的位置。当刀具刀尖对准光源发射器 6 时，光源发射器发光，将刀具切削刃放大投影在显示屏幕 1 上。通过微调，使刀具的刀尖（中心）对准显示屏幕上刻度线的十字中心，如图 9-9b 所示，数字显示器 3 即显示测得的刀具在 $X$（径向尺寸）、$Z$（刀柄基准面到刀尖的长度尺寸）方向的尺寸。

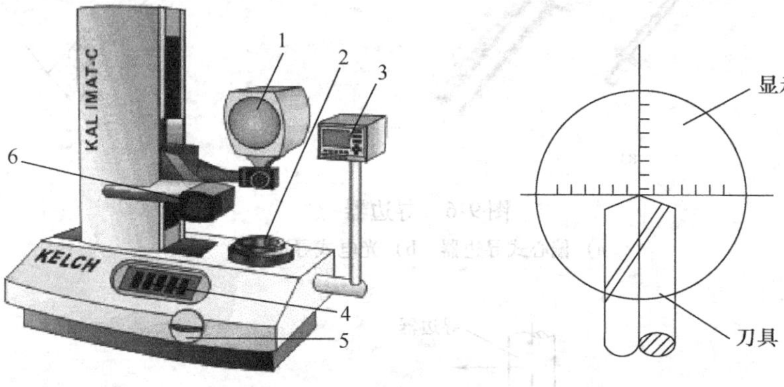


a)　　b)

图 9-9　对刀仪

a）基本结构　b）对刀仪调整

1—显示屏幕　2—刀柄夹持孔　3—数字显示器

4—快速移动单键按钮　5—微调旋钮　6—光源发射器

**2. 对刀操作**

数控铣床的对刀内容包括基准刀具的对刀和各个刀具相对偏差的测定两个部分。对刀时先从某零件加工所用到的刀具中选取一把作为基准刀具，进行对刀操作；再分别测出其他各个刀具与其基准刀具刀位点的位置偏差值，如长度、直径等，再将偏差值存入刀具数据库即可。不必对每把刀具进行对刀操作。

（1）$X$、$Y$ 轴的对刀

1）以工件孔中心位置点对刀。如图 9-10 所示，用磁性表座将百分表固定在机床主轴端面上，手动或低速转动主轴。然后手动操作使旋转的表头按 $X$、$Y$、$Z$ 轴的顺序逐渐靠近被测表面，用步进移动方式，逐渐降低步进增量倍率，调整移动 $X$、$Y$ 的位置，使得表头旋转一周时，其指针的跳动量在允许的对刀误差内。此时机床坐标系中的 $X$、$Y$ 坐标值即为所找孔中心的位置。

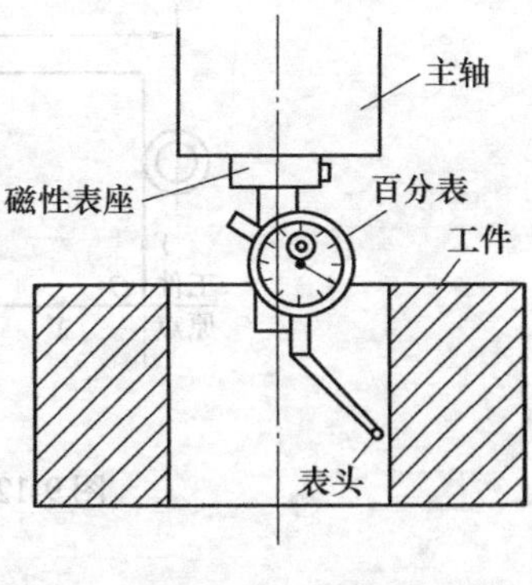


图 9-10　工件孔中心位置点对刀

2）以工件对称中心为工件坐标系原点。将光电式寻边器像普通刀具一样装夹在主轴上。如图 9-11a 所示，按 $X$、$Y$ 轴移动方向键，使寻边器触头分别接触工件的左、右侧面，分别记下寻边器在接触工件的左、右侧面时机床坐标系中相应的 $X$ 坐标 $X_1$、$X_2$，则工件对称中心即工件坐标系原点在机床坐标系中的 $X$ 坐标为

$$X = \frac{X_1 + X_2}{2}$$

如图 9-11b 所示，以同样的方法用寻边器定位到工件前、后两侧面表面，记下对应的坐标值 $Y_1$、$Y_2$，则工件坐标系原点在机床坐标系中的 $Y$ 坐标为

$$Y = \frac{Y_1 + Y_2}{2}$$

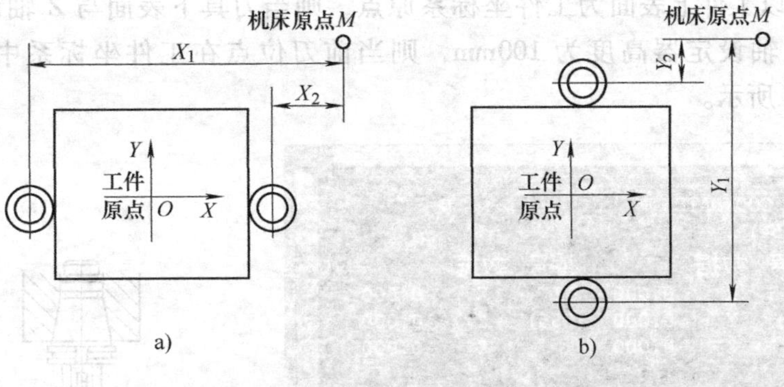


图 9-11　工件对称中心为工件坐标系原点的对刀

3）以工件相互垂直的基准边线的交点为工件坐标系原点。使用寻边器或直接用刀具对刀。按 $X$、$Y$ 轴移动方向键，使寻边器触头或刀具圆周刃口接触工件的左（或右）侧面，记下此时寻边器或刀具在机床坐标系中 $X$ 坐标 $X_a$，如图 9-12a 所示。

用同样的方法调整移动到使寻边器触头或刀具圆周刃口接触工件的前（或后）侧面，记下此时的 $Y$ 坐标 $Y_a$，如图 9-12b 所示。

设已知刀具或寻边器的半径为 $R$，如以工件左侧、前侧面对刀，则基准线交点处的坐标为：$X = X_a + R$，$Y = Y_a + R$；如以工件右侧、后侧面对刀，则基准线交点处的坐标为：$X = X_a - R$，$Y = Y_a - R$。

注意：测得的 $X_a$、$Y_a$ 均为负值。

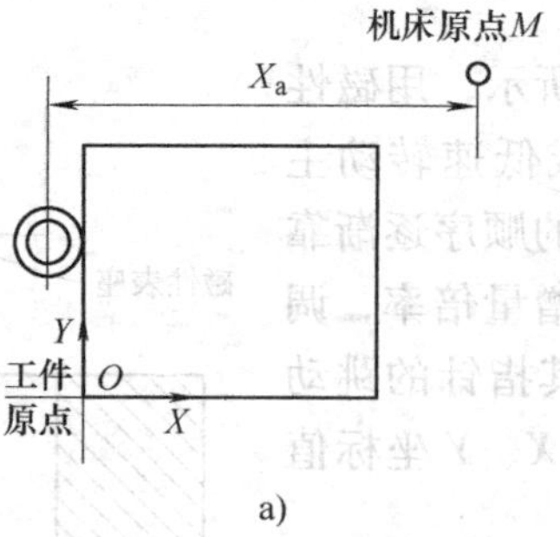


图 9-12　基准边线的交点为工件坐标系原点的对刀

4）设置工件坐标系。FANUC 数控铣床或加工中心可以使用 G54 ~ G59 指令同时建立 6 个工件坐标系。只建立 1 个工件坐标系通常设置为 G54，其方法如下：

①选择机床为 MDI 工作模式，按偏置/设置键，进入刀具补偿设定界面。

②按软键［坐标系］，进入工作坐标系设定界面，移动光标至 01 编号的 G54 坐标系设定处，如图 9-13 所示。

③用 MDI 方式在 X、Y、Z 对应位置处分别输入工件坐标系原点在机床坐标系中的坐标值。如上述方法中计算的 X、Y 坐标，即建立了 G54 的工作坐标系。注意：在程序中需用 G54 指令选定工作坐标系。

（2）刀具 Z 向对刀　工件坐标系 Z 轴原点通常为工件的上、下表面，可利用 Z 轴设定器进行对刀。若以工件上表面为工件坐标系原点，则当刀具下表面与 Z 轴设定器接触，指示灯亮时，设 Z 轴设定器高度为 100mm，则当前刀位点在工件坐标系中 Z 向的位置为 Z100，如图 9-14 所示。

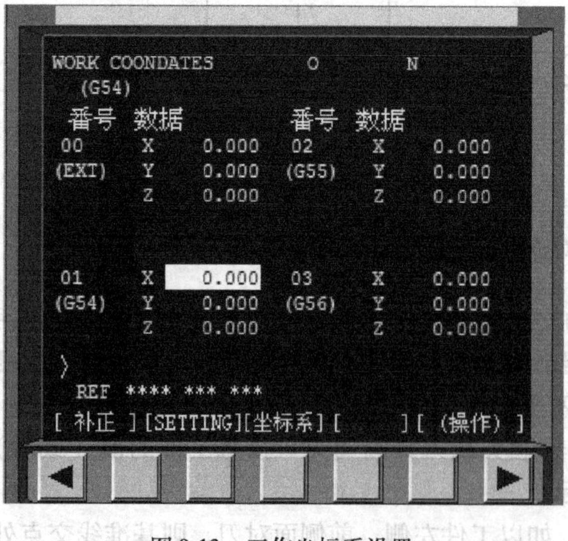


图 9-13　工作坐标系设置

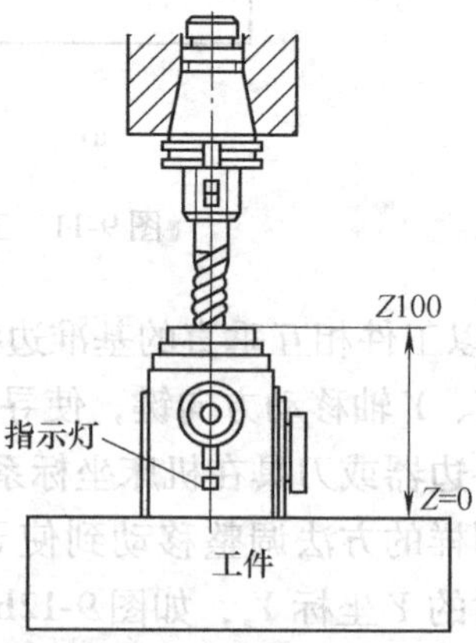


图 9-14　Z 向对刀

进入工件坐标系设定界面，在 G54 对应的 Z 框中，键入字符“Z100. 0”，按软键［测量]，*Z* 向原点在机床坐标系中的位置自动输入到 Z 框中，*Z* 向坐标系原点确定。或者将此时机床坐标系的 *Z* 坐标减去寻边器的高度，即为工件上表面在机床坐标系中的 *Z* 坐标，输入 G54 的 Z 框中。

实际操作中，当需要用多把刀具加工同一工件时，常常是在不装刀具的情况下进行对刀。　这时常以刀座底面中心为基准刀具的刀位点先进行对刀，然后分别测出各刀具实际刀位点相对于刀座底面中心的位置偏差，填入刀具数据库即可，执行程序时由刀具补偿指令功能来实现各刀具位置的自动调整。

**3. 刀具补偿值输入**

在系统控制面板上按偏置/设置键，进入刀具补偿参数输入界面，如图 9-15 所示。在 MDI 模式下键入相关参数，每个参数按输入键完成输入。

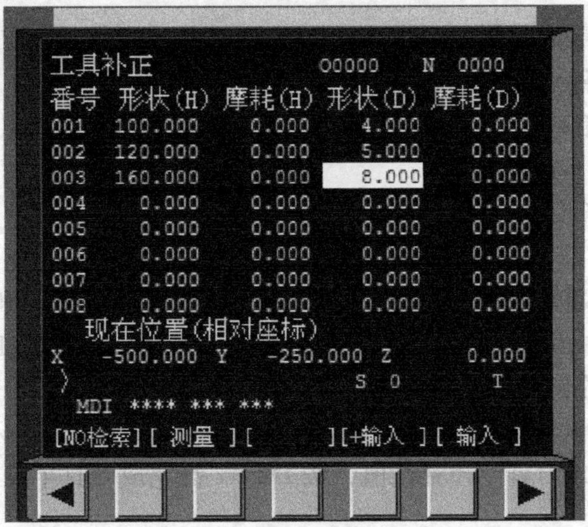


图 9-15　刀具补偿值输入

其中，“番号”对应于每一把刀具的刀具号；“形状（H）”表示刀具的长度补偿；“摩耗（H）”表示刀具的长度磨损量，刀具的实际长度 = 形状（H）－摩耗（H）；“形状（D）”表示刀具的半径补偿；“摩耗（D）”表示刀具的半径磨损量，刀具的实际半径 = 形状（D）－摩耗（D）。

例如，1 号刀直径 8mm，长度 100mm；2 号刀直径 10mm，长度 120mm；3 号刀直径 16mm，长度 160mm。3 把刀具的半径补偿量分别为 4mm、5mm、8mm，长度补偿量分别为各自的长度。若无磨损，将 3 把刀的补偿参数输入系统后，如图 9-15 所示。

**4. 加工中心对刀**

加工中心加工时使用的刀具很多，每把刀的长度和到 *Z* 坐标零点的距离都不相同。因此加工中心对刀时要将每把刀的长度都告诉机床，否则会出现过切或欠切的危险。这种操作称为刀具长度补偿设置。刀具长度补偿设置一般有两种方法。

（1）机内设置

1）将所有刀具放入刀库，利用 *Z* 向设定器确定每把刀具到工件坐标系 *Z* 向零点的距离，如图 9-16 所示的 *A*、*B*、*C*，并记录下来。

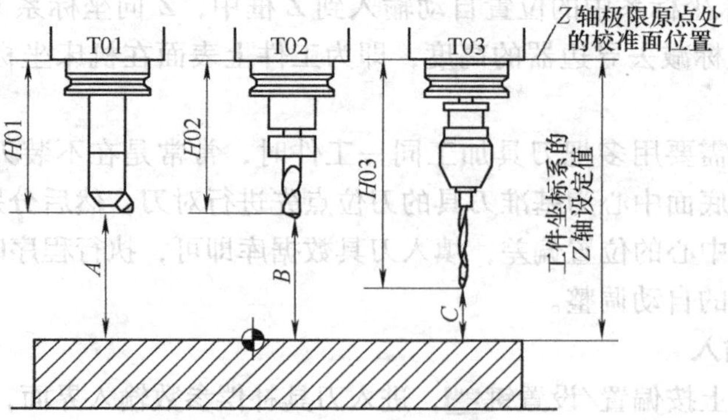


图 9-16　刀具长度补偿

2）选择其中一把最长（或最短）的刀具作为基准刀，如图中的 T03（或 T01），将其对刀值 $C$（或 $A$）作为工件坐标系的 $Z$ 值，此时 $H03=0$。

3）确定其他刀具相对基准刀的长度补偿值，即 $H01=\pm|C-A|$，$H02=\pm|C-B|$，正负号由程序中的 G43 或 G44 来确定。

4）将获得的刀具长度补偿值对应刀具和刀具号输入到机床中。

（2）机外设置

1）利用刀具预调仪精确测量每把在刀柄上装夹好的刀具的轴向和径向尺寸。

2）在机床上用其中最长或最短的一把刀具进行 $Z$ 向对刀，设定工件坐标系。

3）确定每把刀具的长度补偿值，输入机床。

（3）刀具半径补偿设置　进入刀具补偿值的设定页面，移动光标至输入值的位置，根据编程指定的刀具，键入刀具半径补偿值，按 INPUT 键完成刀具半径补偿值的设定。

**5. 加工中心换刀**

（1）换刀指令格式

G91　G27　Z0；（刀具移动至换刀位置）

M06　T__；（换刀具到主轴，地址符 T 后数字表示刀具号）

（2）指令使用说明

1）换刀时主轴必须处于静止状态。

2）换刀后须进行刀具的长度补偿，否则有撞刀的危险。通常情况调用刀具长度补偿指令：G43　H__（H 后数字表示刀具补偿号）。

3）执行“G91　G27　Z0”指令后要将坐标形式改回到原来的形式，即如果原来是 G90 方式，执行“G91　G27　Z0”指令后要再执行“G90”。

4）在某些加工中心上，“M06”指令包含“G91　G27　Z0”功能，这些加工中心换刀仅使用“M06　T__”。

（3）应用举例

…

G90；

…

M05；

G91　G27　Z0；

M06　T02；

G43　H02；

M03　S600；

G90；

…

## 9.3　项目实施

采用宇龙仿真系统对该项目工件进行仿真加工。

### 9.3.1　数控铣床仿真系统基本操作

**1. 启动仿真系统**

单击“开始”菜单→“程序”中“数控加工仿真系统”，运行仿真系统。

**2. 选择机床**

单击“机床”菜单→“选择机床”。本项目选择 FANUC 0i 标准数控铣床，数控铣床操作面板如图 9-2 所示。

**3. 启动机床系统**

单击系统启动按钮。

单击急停按钮，使其处于松开状态。

**4. 铣床回参考点**

单击回原点按钮，转入回原点模式，回原点指示灯亮。

在回原点模式下，先将 *Z* 轴回原点，单击操作面板上的 *Z* 轴选择按钮，使 *Z* 轴方向移动指示灯变亮，单击按钮，此时 *Z* 轴将回原点，*Z* 轴回原点灯变亮，显示屏上的 *Z* 坐标变为“0.000”。同样，再分别单击 *X* 轴、*Y* 轴方向按钮、，单击按钮，此时 *X* 轴、*Y* 轴将回原点，*X* 轴，*Y* 轴回原点灯变亮。显示屏上的 *X*、*Y*、*Z* 轴坐标全部为“0.000”。

**5. 定义/装夹毛坯**

1）单击“零件”菜单→“定义毛坯”，打开“定义毛坯”对话框定义毛坯，如图 9-17 所示。本项目选择的毛坯尺寸是 80mm×100mm×30mm。

2）安装夹具。单击“零件”菜单→“安装夹具”，打开“选择夹具”对话框，如图 9-18 所示，选择平口钳夹具，调整毛坯至合适高度。

3）安装毛坯。单击“零件”菜单→“放置零件”，打开“选择零件”对话框，选择毛坯，单击“安装零件”；安装中根据需要移动工件，改变工件的装夹位置，如图9-19所示。

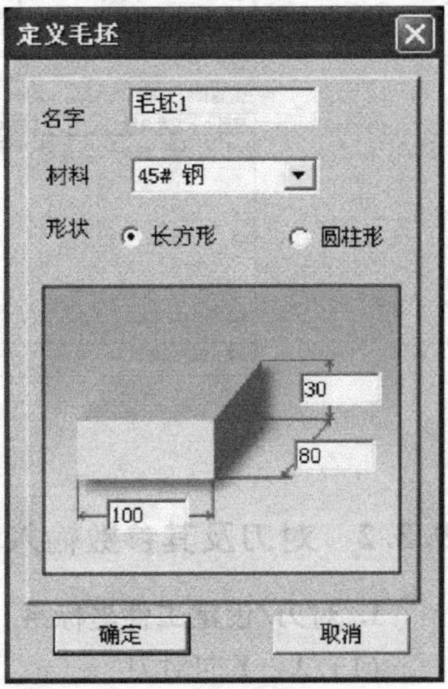


图 9-17　“定义毛坯”对话框

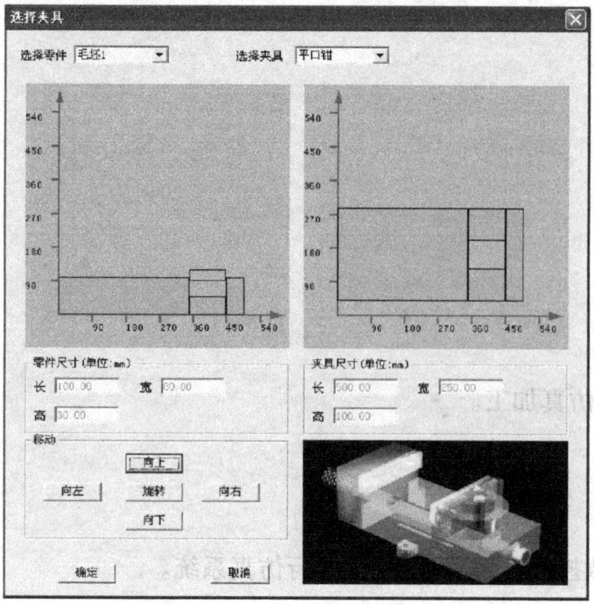


图 9-18 “选择夹具”对话框

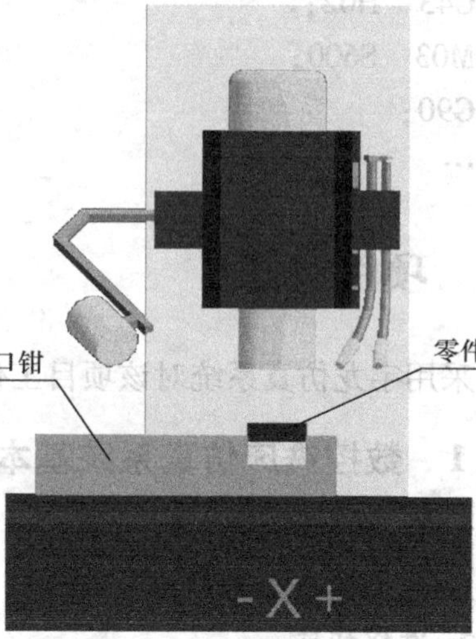


图 9-19 安装零件

**6. 刀具选择及安装**

单击“机床”菜单→“选择刀具”，打开“选择铣刀”对话框，如图 9-20 所示。本项目选择直径 $\phi$12mm，刃长 50mm，4 个切削刃的平底铣刀。

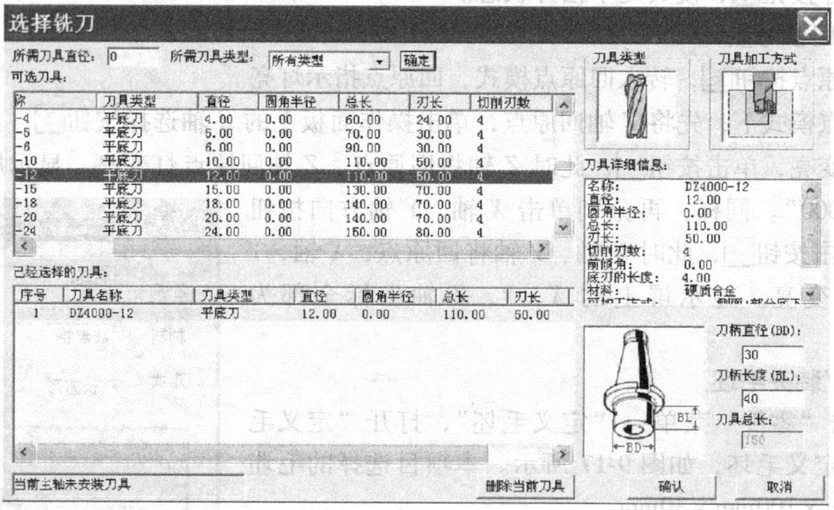


图 9-20 “选择铣刀”对话框

## 9.3.2 对刀及其参数输入

**1. 对刀/设定工件坐标系**

(1) $X$、$Y$ 向对刀

1) 安装寻边器。单击“机床”菜单→“基准工具”，选择 $\phi$10mm 偏心式寻边器，如图

9-21 所示。

2）快速移动工作台和主轴，让寻边器测头靠近工件的左侧，手动或低速转动主轴。

3）改用微调操作（或用手轮操作），让测头慢慢接触到工件左侧，直到寻边器偏心消除，记下此时机床坐标系中的 $X$ 坐标值，如“-555.004”。

4）抬起寻边器至工件上表面之上，快速移动工作台和主轴，让测头靠近工件右侧。

5）改用微调操作，让测头慢慢接触到工件右侧，直到寻边器偏心消除，记下此时机床坐标系中的 $X$ 坐标值，如 -445.004。

6）由图 9-1 可知，工件坐标系原点为工件顶面中心，可得工件坐标系原点 $O$ 在机床坐标系中的 $X$ 坐标值为：$X=(-555.004-445.004)/2=-500.004$。

7）同理可测得工件坐标系原点 $O$ 在机床坐标系中的 $Y$ 坐标值为：-415.50。

（2）$Z$ 向对刀　宇龙仿真系统无 $Z$ 轴设定器，所以下面直接采用加工刀具加塞尺进行 $Z$ 向对刀。

对刀方法与 $X$、$Y$ 轴相似。计算方法（工件上表面中心为原点）为

工件坐标系原点 $Z$ 坐标 $=Z_m-$塞尺厚度

1）拆去寻边器，再单击菜单“机床/选择刀具”选取合适的刀具，如图 9-20 所示，将加工所用刀具装上主轴。

2）先把工具快速接近工件上表面，单击“塞尺检查”菜单，选合适的塞尺（设 0.3mm 厚的塞尺）。

3）低速移动 $Z$ 轴，通过改变步进的距离（手轮）和移动方向，反复调整，直到提示信息出现“合适”为止。

4）记下此时机床坐标系中的 $Z$ 值 $Z_m=-297.685$，则工件坐标系原点 $O$ 在机床坐标系中的 $Z$ 坐标值 $=Z_m-$塞尺厚度 $=-297.685-0.3=-297.985$。

（3）设置工作坐标系　进入工件坐标系设定界面，将测得 $X$、$Y$、$Z$ 值输入到机床工件坐标系存储地址 G54 中，如图 9-13 所示。

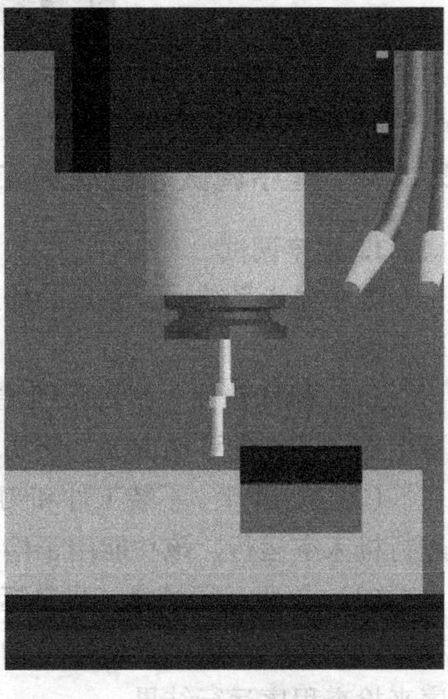

图 9-21　偏心式寻边器对刀

**2. 刀具补偿值输入**

在系统控制面板上按偏置/设置键［OFFSET SETTING］，进入刀具补偿参数输入界面，如图 9-15 所示。

在“番号”为 001 处，输入“形状（D）”为 6.000（刀具补偿半径）即可，其他参数不必设置。

## 9.3.3　数控程序的编辑

**1. 创建程序**

1）按下操作面板上的编辑键，进入编辑运行方式。

2）按控制面板［PROG］键，数控屏幕显示程序界面。

3）使用地址/数字键，输入“O0901”，按插入键［INSERT］，即创建了新程序。

**2. 输入程序**

使用 MDI 键盘输入全部数控程序，如图 9-22 所示。其程序输入方式，包括字的插入、

字的替换、字的删除以及程序的检索、程序的删除方法等，可参见项目二相关内容。

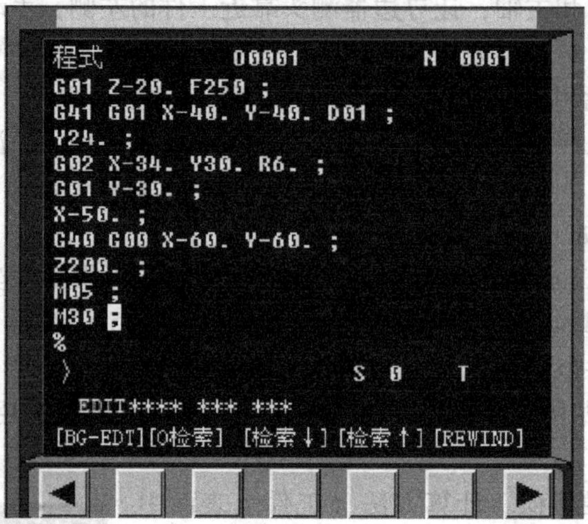


图 9-22　程序全部录入

## 9.3.4　程序调试与自动加工

**1. 程序调试**

程序输入系统后，在自动加工前，应对程序进行调试。程序调试中，可以根据需要选择以下操作。

（1）机床锁住　按机床锁住开关，自动运行加工程序时，机床各轴不移动，只是屏幕上显示各轴的移动位置。该功能可用于加工程序的检查。

（2）空运行　不装工件和刀具，按下空运行开关，在自动运行状态下运行程序，即进行机床空运行。该功能用于检查机床的运动。

（3）单段运行模式　自动运行过程中，按单步键，进入单段运行方式。每执行一个程序段后暂停，按一下循环启动按钮，执行下一个程序段。这样通过一段一段地执行程序来检查程序运行结果。

（4）跳段执行　自动运行过程中，当按下跳段键，程序段前加“/”的程序段被跳过不执行；而当释放此按键后，“/”不起作用，则执行该程序段。

（5）选择停　自动运行过程中，按下选择停键，执行程序中遇到 M01 指令时，程序暂停，按下循环启动按钮，程序继续运行。该功能可用于工件测量和加工补偿。

（6）加工取消　加工过程中，若想退出，可按下系统操作面板上的复位键，退出程序执行，机床复位。

（7）紧急停止　出现误操作等紧急情况时，按下急停按钮。

**2. 自动运行**

自动运行就是机床自动运行编制好的零件加工程序。

1）在“编辑”模式下，调出已调试好的加工程序。

2）按自动运行模式键，机床进入自动运行方式。

3）将进给倍率旋钮和主轴倍率旋钮调整至合适的位置。试切削时，将其调整到较低位置。

4）确认无误后，按循环启动按钮☐，开始自动运行。

# 9.4　项目实训

## 9.4.1　实训任务

### 1. 实训内容

按下列给出的数控程序，在数控铣床上完成图9-23所示工件（平面凸轮廓零件）的加工。工件毛坯：80mm×100mm×30mm，材料20钢。该工序只加工凸台，上、下平面和四周边已加工完成。

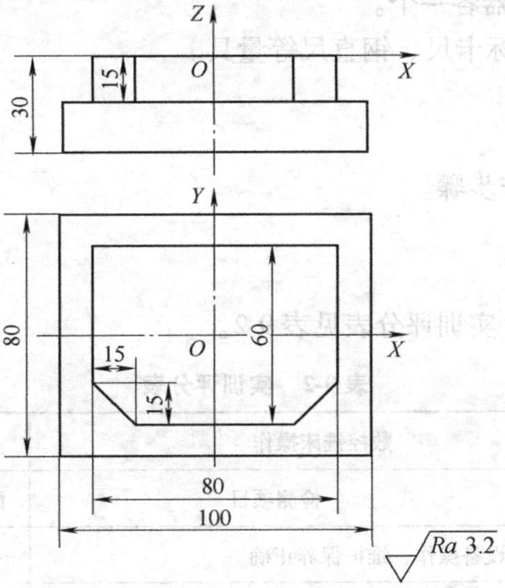


图9-23　实训零件图样

```
O0008;
G54  G90  G17  G00  X0  Y0;      （确定工件坐标系及加工平面）
M03  S2800;                      （主轴正转，转速为2800r/min）
G00  X-60.  Y-60.  Z2.;          （刀具定位到加工起点）
G01  Z-15.0  F250;               （刀具到达加工端面）
G41  G01  X-40.  Y-42.  D01;     （建立刀具半径补偿）
Y30.;                            （铣削边）
X40.;                            （铣削边）
Y-15.;                           （铣削边）
X25. Y-30.;                      （铣削斜边）
X-25.;                           （铣削边）
X-40. Y-15.;                     （铣削斜边）
```

```
Y -42. ;                      （铣刀退出）
G40  G00  X -60.  Y -60. ;    （取消刀具半径补偿）
G00  Z200. ;                  （主轴抬起）
M05 ;                         （主轴停）
M30 ;                         （程序结束）
```

**2. 实训目的**

1）熟悉数控铣床操作面板。

2）掌握数控铣床基本操作方法、数控铣床程序编辑方法。

3）掌握数控铣床对刀及其参数输入的方法。

**3. 实训准备**

1）数控铣床 1 台，4 切削刃的平底铣刀（直径 $\phi$12mm，刃长 50mm）一把。

2）尺寸为 80mm × 100mm × 30mm，材料 20 钢毛坯一块。

3）寻边器和 $Z$ 轴设定器各一个。

4）机用虎钳一个，游标卡尺、钢直尺等量具。

5）机床说明书。

**4. 实训报告内容**

（1）数控铣床基本操作步骤。

（2）对刀方法。

（3）实训体会。

（4）填写实训评分表　实训评分表见表 9-2。

**表 9-2　实训评分表**

| 项目名称 | | 数控铣床操作 | | 零件编号 | | 图 9-23 |
|---|---|---|---|---|---|---|
| 基本检查 | | 序号 | 检测项目 | 配分 | 学生自评 | 教师评分 |
| | 基本操作 | 1 | 设备操作、维护保养正确 | 10 | | |
| | | 2 | 安全、文明生产 | 10 | | |
| | | 3 | 加工准备工作完善 | 5 | | |
| | 加工操作 | 4 | 开机过程规范 | 5 | | |
| | | 5 | 回参考点操作正确 | 5 | | |
| | | 6 | 工件找正、安装正确、规范 | 5 | | |
| | | 7 | 程序的输入与调试 | 10 | | |
| | | 8 | 对刀操作正确 | 10 | | |
| | | 9 | 刀具选择与安装正确、规范 | 5 | | |
| | | 10 | 自动加工 | 5 | | |
| | | 11 | 工件检验方法正确熟练 | 5 | | |
| 工作态度 | | 12 | 行为规范、纪律表现好 | 5 | | |

（续）

| 项目名称 | 数控铣床操作 | | 零件编号 | 图 9-23 |
|---|---|---|---|---|
| 长度 | 15 | 60mm | 4 | |
| | 16 | 80mm | 4 | |
| | 17 | 15mm×15mm | 5 | |
| | 18 | 15mm | 4 | |
| 表面粗糙度 | 19 | $Ra3.2\mu m$ | 3 | |
| | | 综合得分 | 100 | |

## 9.4.2　实训指导

**1. 加工准备**

1）检查毛坯尺寸。

2）检查量具、工具。

**2. 开机与程序输入**

1）开机。合上机床电源总开关。按下数控系统电源按钮，数控系统上电。将急停按钮旋起。

2）回参考点。

3）装夹工件。将机用虎钳固定在机床工作台上，毛坯夹在机用虎钳上，工件要高出机用虎钳 17mm，将机用虎钳夹紧。如图 9-24 所示。

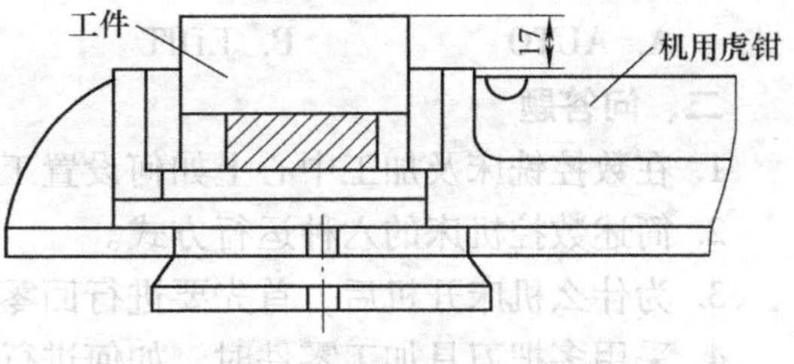

图 9-24　机用虎钳装夹工件

4）输入数控程序。

5）检查数控程序。调出加工程序，按下机床锁住开关，选择自动加工模式，运行加工程序，检查数控程序的正确性。

**3. 对刀与零件加工**

1）对刀。手动模式下，$X$、$Y$ 向使用寻边器（也可直接使用刀具）对刀，确定工件对称中心（工件坐标原点）在机床坐标系中的位置 $X$、$Y$；$Z$ 向使用 $Z$ 轴设定器（也可直接使用刀具）对刀，确定工件顶面（工件 $Z$ 坐标原点）在机床坐标系中的位置 $Z$。进入工件坐标系设定界面，将测得 $X$、$Y$、$Z$ 值输入到机床工件坐标系存储地址 G54 中。

2）装夹刀具。

3）自动加工。回参考点，在自动加工模式下，按循环启动按钮，机床完成自动加工。

4）检验工件。

**4. 关闭机床电源**

关闭数控系统电源，切断机床电源。

**5. 清理场地**

# 习　题

## 一、选择题

1. 在偏置值设置 G54 栏中的数值是（　　）。

   A. 工件坐标系的原点相对机床坐标系原点偏移值

   B. 刀具的长度偏差值

   C. 工件坐标系的原点

   D. 工件坐标系相对对刀点的偏移值

2. 数控机床在开机后，须进行回零操作，使 $X$、$Y$、$Z$ 各坐标轴运动回到（　　）。

   A. 机床参考点　B. 编程原点　C. 工件零点　D. 机床原点

3. 加工中心带有刀库和自动换刀装置，能自动更换刀具对工件进行（　　）加工。

   A. 多工序　B. 单工序　C. 多工艺　D. 单工艺

4. 在刀具补偿界面中，“形状（D）”对应的刀具补偿值可以是（　　）。

   A. 刀具半径　B. 刀具长度　C. 刀具直径　D. 刀具切削刃的长度

5. 在刀具补偿界面中，“形状（H）”对应的刀具补偿值可以是（　　）。

   A. 刀具半径　B. 刀具长度　C. 刀具直径　D. 刀具切削刃的长度

6. 若程序中主轴转速设为 1000r/min，当主轴转速修调开关打在 80 时，主轴实际转速为（　　）。

   A. 800r/min　B. 8000r/min　C. 80r/min　D. 1000r/min

7. 下列属于编辑菜单的是（　　）。

   A. AUTO　B. EDIT　C. BLANK　D. JOG

## 二、问答题

1. 在数控铣床及加工中心上如何设置工件坐标系？
2. 简述数控机床的六种运行方式。
3. 为什么机床开机后，首先要进行回零操作？
4. 采用多把刀具加工零件时，如何进行对刀？

## 三、判断题（请将判断结果填入括号中，正确的填“√”，错误的填“×”）

1. 数控机床加工过程中可以根据需要改变主轴速度和进给速度。（　　）
2. 在 G55 中设置的数值是刀具的长度偏差值。（　　）
3. 设置零点偏置（G54 ~ G59）是从程序段中输入。（　　）
4. 机床回零操作时，应先让 $Z$ 轴回零。（　　）
5. 在手动模式下可以手动录入数控程序。（　　）
6. 数控机床操作时，每启动一次只进给一个设定单位的控制称为单段操作。（　　）
7. 数控机床加工零件时，操作人员可通过倍率开关随意调节主轴或进给的倍率。（　　）

# 项目十　平面凸轮廓类零件的加工

**【知识目标】**

1. 了解平面凸轮廓类零件的结构特点和加工工艺特点。
2. 掌握平面凸轮廓类零件工艺分析方法和工艺编制方法。
3. 掌握数控系统的功能指令、坐标系设定指令、快速点定位指令、插补指令、平面选择指令、刀具补偿指令等的编程格式及应用。
4. 掌握平面凸轮廓类零件的手工编程方法。

**【能力目标】**

1. 能正确分析平面凸轮廓类零件的加工工艺，初步掌握数控铣床加工平面凸轮廓类零件的主要步骤和合理的工艺路径，并能对工件加工质量进行正确的分析处理。
2. 能正确选择加工设备、刀具、夹具及切削用量，能编制平面凸轮廓类零件的数控加工工艺文件。
3. 能使用数控系统的基本指令，正确编制平面凸轮廓类零件的数控加工程序。
4. 能正确运用数控系统仿真软件，校验编写的零件数控加工程序，并加工零件。

## 10.1　项目导入

图 10-1 所示为凸模板零件，已知材料为 45 钢，硬度 220HBW，毛坯为 120mm × 100mm × 20mm，其外轮廓和 $\phi$38mm 孔已经由前道工序加工，本工序的任务就是加工其凸轮廓。分析零件的加工工艺，填写工艺文件，编写零件的加工程序，最后进行零件的检验加工。

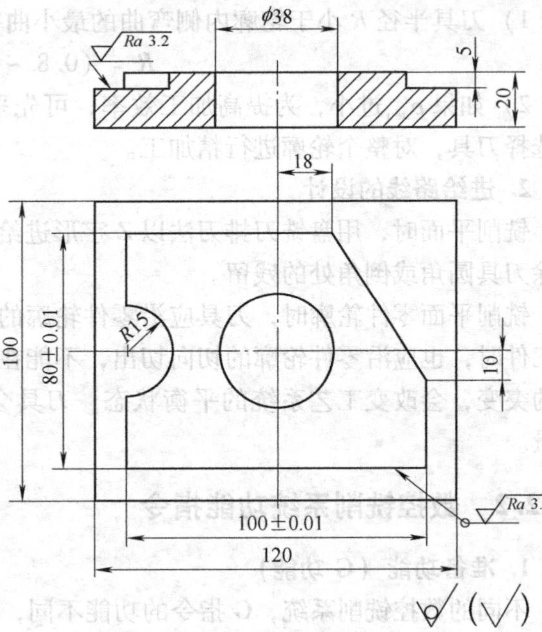


图 10-1　凸模板零件

平面凸轮廓类零件（含与底面垂直的侧壁外表面铣削加工）是数控铣削加工的典型零件，该类零件一般分平面和外轮廓的铣削加工。本项目以凸模板为例，说明如何制订平面凸轮廓类零件的数控加工工艺，编制其加工程序。首先，学习相关的数控铣削加工指令和工艺知识；其次，分析零件图样、加工工艺性，设计加工工艺方案，编制数控加工技术文件；再应用 G00、G01、G02、G03、G41、G42、G40、G90、G91 等指令编写数控加工程序，并进行零件虚拟加工和程序校验。

## 10.2 知识学习

### 10.2.1 平面铣削加工工艺

平面凸轮廓类零件包括平面铣削和侧壁外表面轮廓铣削。在铣床上铣削平面有两种方法，即周铣和端铣，其质量是用平面度和表面粗糙度来衡量的。侧壁外表面轮廓多由直线和圆弧或各种曲线构成，主要采用立铣刀加工。为保证加工面光滑，刀具应沿轮廓线切线切入与切出。粗铣的公差等级和表面粗糙度一般可达 IT11 ~ IT13 级和 $Ra6.3 \sim 25\mu m$；精铣的公差等级和表面粗糙度一般可达 IT8 ~ IT10 级和 $Ra1.6 \sim 6.3\mu m$。

**1. 刀具选择**

平面轮廓类零件加工常用刀具为面铣刀和立铣刀。铣削较大的平面用面铣刀加工，铣削周边轮廓和较小的台阶面一般采用立铣刀。

面铣刀直径的选择主要考虑刀具所需功率应在机床功率范围之内，也可将机床主轴直径作为选取的依据，按 $D = 1.5d$（$d$ 为主轴直径）选取。在批量生产时，也可按工件切削宽度的 1.6 倍选择刀具直径。粗铣时，铣刀直径要小些，因为粗铣切削力大，选小直径铣刀可减小切削扭矩。精铣时，铣刀直径要选大些，尽量包容工件整个加工宽度，以提高加工公差等级和效率，并减小相邻两次进给之间的接刀痕迹。

立铣刀直径的选择主要应考虑工件加工尺寸的要求，并保证刀具所需功率在机床额定功率范围以内。如系小直径立铣刀，则应主要考虑机床的最高转速能否达到刀具的最低切削速度（60m/min）。对于内凹的轮廓，还要考虑以下两个方面：

1）刀具半径 $R$ 小于轮廓内侧弯曲的最小曲率半径 $\rho_{min}$，一般可取

$$R = (0.8 \sim 0.9)\rho_{min}$$

2）如果 $\rho_{min}$ 过小，为提高加工效率，可先采用大直径刀进行粗加工，然后再按上述要求选择刀具，对整个轮廓进行精加工。

**2. 进给路线的设计**

铣削平面时，用盘铣刀排刀法以 Z 字形进给加工。刀具在径向上要有一定的重合度，以消除刀具圆角或倒角处的残留。

铣削平面零件轮廓时，刀具应沿零件轮廓的切向切入，避免沿零件轮廓的法线切入；切出工件时，也应沿零件轮廓的切向切出，不能在工件轮廓处直接退刀。因为切削力大小和方向的突变，会改变工艺系统的平衡状态，刀具会在零件轮廓上留下刀痕，影响零件的表面质量。

### 10.2.2 数控铣削系统功能指令

**1. 准备功能（G 功能）**

不同的数控铣削系统，G 指令的功能不同，编程时需要参考机床制造厂和数控系统的编程说明书。本书主要介绍 FANUC 0i　MC 系统的编程指令，适用于铣床和加工中心，其常用准备功能代码见表 10-1。

**表 10-1　准备功能代码表**

| G 代码 | 组别 | 功　能 | 备注 | G 代码 | 组别 | 功　能 | 备注 |
|---|---|---|---|---|---|---|---|
| * G00 | | 点定位 | | G57 | | 选择工件坐标系 4 | |
| G01 | 01 | 直线插补 | | G58 | 14 | 选择工件坐标系 5 | |
| G02 | | 顺时针圆弧插补 | | G59 | | 选择工件坐标系 6 | |
| G03 | | 逆时针圆弧插补 | | G65 | 00 | 宏程序调用 | 非模态 |
| G04 | 00 | 暂停 | 非模态 | G66 | 12 | 宏程序模态调用 | |
| G15 | 17 | 极坐标指令取消 | | * G67 | | 宏程序模态调用取消 | |
| G16 | | 极坐标指令 | | G68 | 16 | 坐标旋转有效 | |
| * G17 | | *XY* 面选择 | | * G69 | | 坐标旋转取消 | |
| G18 | 02 | *XZ* 面选择 | | G73 | | 高速深孔钻循环 | 非模态 |
| G19 | | *YZ* 面选择 | | G74 | | 左旋攻丝循环 | 非模态 |
| G20 | 06 | 英制（in）输入 | | G76 | | 精镗孔循环 | 非模态 |
| * G21 | | 米制（mm）输入 | | * G80 | | 取消固定循环 | |
| G27 | | 机床返回参考点检查 | 非模态 | G81 | | 钻孔循环 | |
| G28 | | 机床返回参考点 | 非模态 | G82 | | 钻孔循环或锪孔循环 | |
| G29 | 00 | 从参考点返回 | 非模态 | G83 | 09 | 深孔钻削循环 | |
| G30 | | 返回第 2、3、4 参考点 | 非模态 | G84 | | 攻丝循环 | |
| G31 | | 跳转功能 | 非模态 | G85 | | 镗孔循环 | |
| G33 | 01 | 螺纹切削 | | G86 | | 镗孔循环 | |
| * G40 | | 刀具半径补偿取消 | | G87 | | 背镗孔循环 | |
| G41 | | 刀具半径左补偿 | | G88 | | 镗孔循环 | |
| G42 | 07 | 刀具半径右补偿 | | G89 | | 镗孔循环 | |
| G43 | | 刀具长度正补偿 | | * G90 | 03 | 使用绝对坐标命令 | |
| G44 | | 刀具长度负补偿 | | G91 | | 使用增量坐标命令 | |
| * G49 | | 刀具长度补偿取消 | | G92 | 00 | 设置工件坐标系 | 非模态 |
| * G50 | 11 | 比例缩放取消 | | * G94 | 05 | 每分进给 | |
| G51 | | 比例缩放有效 | | G95 | | 每转进给 | |
| G52 | 00 | 局部坐标系设定 | 非模态 | * G96 | 13 | 恒周速控制方式 | |
| G53 | | 选择机床坐标系 | 非模态 | G97 | | 恒周速控制取消 | |
| G54 | | 选择工件坐标系 1 | | G98 | 10 | 固定循环返回起始点方式 | |
| G55 | 14 | 选择工件坐标系 2 | | * G99 | | 固定循环返回 R 点方式 | |
| G56 | | 选择工件坐标系 3 | | | | | |

注：①当机床电源接通时，标有“*”记号的 G 代码被激活，系统处于这个 G 代码状态。G00、G01 可由系统参数设定选择。

②G 代码按其功能的不同分为若干组。不同组的 G 代码在同一个程序段中可以指令多个，但如果在同一个程序段中指令了两个或两个以上属于同一组的 G 代码时，只有最后面那个 G 代码有效。

③00 组指令是一次性指令，为非模态指令，仅在所在的程序行内有效。

④在固定循环中，如果指令了 01 组的 G 代码，则固定循环被取消，即为 G80 的状态；但 01 组的 G 代码不受固定循环 G 代码的影响。

**2. 辅助功能（M 功能）**

数控铣床和加工中心的辅助功能与数控车床基本相同，同样是用地址 M 及两位数字表示，即表示机床操作时各种辅助动作及其状态。数控铣床和加工中心常用辅助功能代码及其功能见表 10-2。

表 10-2　辅助功能代码表

| 代　码 | 功能 | | 代　码 | 功能 | |
|---|---|---|---|---|---|
| M00 | 程序暂停 | A | M07 | 切削液开启（雾状） | W |
| M01 | 计划暂停 | A | M08 | 切削液开启 | W |
| M02 | 程序结束 | A | M09 | 切削液关闭 | A |
| M03 | 主轴正转 | W | M19 | 主轴准停 | A |
| M04 | 主轴反转 | W | M30 | 程序结束，返回开头 | A |
| M05 | 主轴旋转停止 | A | M98 | 调用子程序 | A |
| M06 | 自动换刀 | W | M99 | 子程序结束，返回主程序 | A |

M 代码分为前指令码（表中标 W）和后指令码（表中标 A）。前指令码和同一程序段中的移动指令同时执行，后指令码在同段的移动指令执行完后才执行。例如：

G00　X＿　Y＿　M03；　　（在快速定位的同时主轴正转）

G01　X＿　Y＿　M08；　　（切削液开，刀具靠近工件准备加工）

G01　X＿　Y＿　M09；　　（刀具离开工件后，切削液关）

G00　X＿　Y＿　M05；　　（刀具快速移动后，主轴停）

通常 M 功能除某些有通用性的标准码外，如 M03、M05、M08、M09、M30 等，也可以由制造厂商根据机械动作要求，设计不同的 M 指令，以控制不同的开、关动作，或预留 I/O（输入/输出）接点，作为用户自行连接其他外围设备使用。因此，对于某一台数控机床，必须根据机床说明书的规定进行编程。

**3. 进给功能（F 功能）、主轴速度（S 功能）、刀具功能（T 功能）**

F、S、T 代码后面指令一个数值，分别指定进给速度、主轴转速和所用刀具与刀补号。在一个程序段中，F、S、T 代码中只能有一个，并将接收的代码信号传送给机床。

（1）进给功能（F 功能）　进给功能表示刀具运动时的进给速度，由地址符 F 加几位数值组成，单位为 mm/min（公制）或英寸/min（英制）。编写程序时，第一次遇到直线（G01）或圆弧（G02/G03）插补指令时，必须编写 F 指令。如果没有编写 F 指令，数控系统采用 F0。当机床工作在快速定位方式（G00）时，机床以通过机床主轴参数设定的快速进给率移动，与编写的 F 指令无关。F 指令为模态指令，实际进给速度可以通过操作面板上的进给倍率开关在一定范围内调整。

（2）主轴功能（S 功能）主轴功能主要用来指定主轴转速，由地址符 S 加几位数值组成，单位为 r/min。主轴的实际转速常用机床操作面板上的主轴速度倍率开关调整。编程时总是假定倍率开关指在 100% 的位置。

（3）刀具功能（T 功能）　T 是刀具功能代码，后跟两位数字指定更换刀具的编号，即

T00～T99。因数控铣床无自动换刀系统（ATC），必须人工换刀，所以T功能只用于加工中心。

加工中心常用的刀库有圆盘式和链式两种，换刀方式分无机械手式和机械手式两种。

无机械手式换刀方式是刀库靠向主轴，先卸下主轴上的刀具，刀库再旋转至要换的刀具位置，上升装上主轴。此种刀库是固定刀号式（即1号刀必须插回1号刀套内），其换刀指令如下：

T03　M06；　　　（主轴上的刀具先装回刀库，刀库旋转至3号刀正对主轴并装上主轴）

有机械手式换刀大都配合链式刀库。当执行T代码时，被调用的刀具会转至准备换刀位置，称为选刀，但无换刀动作。因此，在执行换刀指令M06之前，先执行T指令——选刀，以节省换刀时等待刀具的时间。其换刀指令如下：

T01；　　　　　（1号刀转至换刀位）
…　　　　　　　（主轴上现有刀具工作）
M06　T02；　　　（1号刀换到主轴上，2号刀转至换刀位做换刀准备）
…　　　　　　　（1号刀工作）
M06　T03；　　　（2号刀换到主轴上，3号刀转至换刀位做换刀准备）
…　　　　　　　（2号刀工作）
M06；　　　　　（3号刀换到主轴上）

执行刀具交换时，并非刀具在任何位置均可交换，各制造厂商根据设计不同，均在一安全位置实施刀具交换动作，以避免与工作台、工件发生碰撞。*Z*轴的机床参考点位置是远离工件最远的安全位置，故一般用G28指令使*Z*轴先返回机床参考点后，才执行换刀动作。而有些制造厂商，除了*Z*轴先返回机床参考点外，还必须用G30指令返回第二参考点，才允许换刀，故加工中心的实际换刀程序有如下两种：

1）只需*Z*轴回机床参考点（无机械手式换刀）。

G28　Z0；　　　（*Z*轴回机床参考点）
M06　T03；　　　（3号刀换到主轴上）
G28　Z0；　　　（*Z*轴回机床参考点）
M06　T04；　　　（4号刀换到主轴上）

2）*Z*轴先返回机床参考点，且必须用G30返回第二参考点（机械手式换刀）。

T01；　　　　　（1号刀转至换刀位）
G28　Z0；　　　（*Z*轴回机床参考点）
G30　X0　Y0；　（返回第二参考点）
M06　T02；　　　（1号刀换到主轴上，2号刀转至换刀位做换刀准备）
…
G28　Z0；　　　（*Z*轴回机床参考点）
G30　X0　Y0；　（返回第二参考点）
M06　T03；　　　（2号刀换到主轴上，3号刀转至换刀位做换刀准备）

### 10.2.3　数控铣削基本编程指令

**1. 坐标系设定指令**

（1）工件坐标系设定指令G92

编程格式：G92　X__　Y__　Z__；

G92 指令是通过设定刀具起点相对于坐标原点的位置建立工件坐标系，一般放在一个零件程序的首段。执行 G92 指令时，机床不动作，即 *X*、*Y*、*Z* 轴均不移动。

例如，如图 10-2 所示，*O* 点为工件坐标系坐标原点，(25，15，10) 为起刀点在工件坐标系中的坐标值，即起刀点 *B* 相对于工件坐标系原点 *O* 的位置。设置工件坐标系的程序段如下：

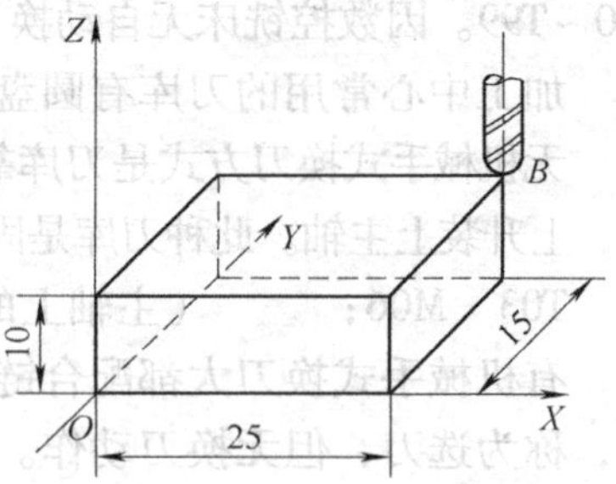

图 10-2　G92 设定工件坐标系

G92　X25.0　Y15.0　Z10.0；

执行该程序段后，系统内部即对起刀点 *B* (25.0，15.0，10.0) 进行记忆，并显示在显示器上，这就相当于在系统内部建立了一个以工件原点为坐标原点的工件坐标系。

显然，改变刀具的当前位置时，所设定出的工件坐标系的工件原点位置也不同。因此，在执行程序段"G92　X__　Y__　Z__"前，必须先对刀，通过调整机床，将刀尖放在程序所要求的起刀点位置上。

G92 指令指定的坐标系通常用于临时工件加工时的找正，不具有记忆功能，当机床关机后，设定的坐标系即消失。因操作步骤较多，新的系统大多不采用 G92 指令设定工件坐标系。

(2) 机床坐标系选择指令 G53

编程格式：G53　X__　Y__　Z__；

G53 指令是机床坐标系编程，使用该指令可使刀具快速定位到机床坐标系的指定位置。在含有 G53 的程序段中，应采用绝对坐标编程，且 X、Y、Z 均为负值。

如图 10-3 所示，*OXYZ* 为机床坐标系，执行如下程序段：

G53　X－100.0　Y－80.0　Z－10.0；

则刀具快速移动到 *B* 点。

(3) 加工坐标系选择指令 G54～G59　除了使用 G92 建立工件坐标系外，还可以在系统预定的 6 个工件坐标系 G54～G59 中选择当前的工件坐标系，这 6 个工件坐标系的原点在机床坐标系中的值可用 MDI 方式输入，系统自动记忆。

编程格式：

G54　G90 {G00 / G01}　X__　Y__　Z__　(F__)；

如图 10-4 所示，刀具从 *A* 点定位到 *B* 点，编程如下：

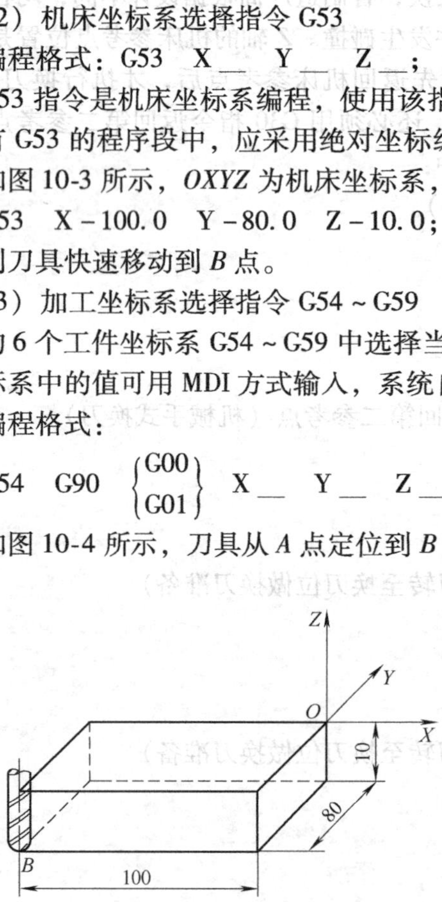

图 10-3　G53 选择机床坐标系

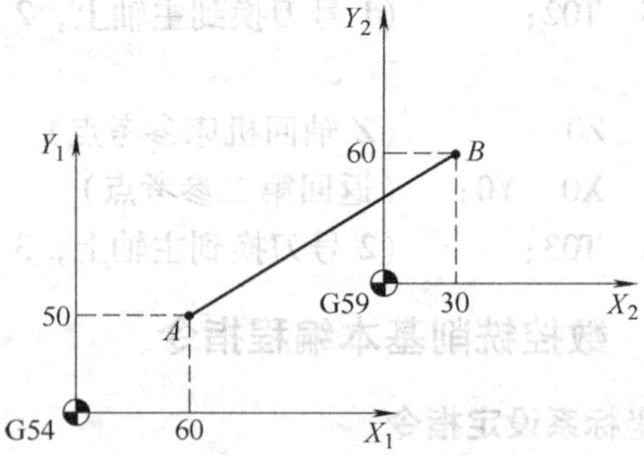

图 10-4　G54～G59 设置加工坐标系

N010　G54　G90　G00　X60.0　Y50.0；（刀具快速定位至G54坐标中A点处）

N020　G59；　（将G59设为当前工件坐标系）

N030　G00　X30.0　Y60.0；　（快速移至G59坐标中B点处）

指令使用说明：

1）使用G54～G59设定工件坐标系后，就没必要再使用G92，否则G54～G59设定的工件坐标系会被G92替代。

2）G54～G59指令是通过MDI在设置参数方式下设定工件加工坐标系的。一旦设定，加工坐标系原点在机床坐标系中的位置是不变的，它与刀具的当前位置无关，除非再通过MDI方式修改。

（4）局部坐标系指令G52　在工件坐标系中编程时，为了方便编程，可以设定工件坐标系的子坐标系，称为局部坐标系。

编程格式：G52　X__　Y__　Z__；（建立局部坐标系）

X、Y、Z为局部坐标系原点在原工件坐标系中的坐标值。

如图10-5所示，在当前坐标系G54中建立一个局部坐标系，原点位置是G54中的（20，30，40）点，编程如下：

G52　X20　Y30　Z40；

之后的数控程序坐标值都是以G54的（20，30，40）点为参考点的。

G52指令为非模态指令，仅在被指定的程序段中有效。撤销局部坐标系使用：

G52　X0　Y0　Z0；（或G52　P0；）

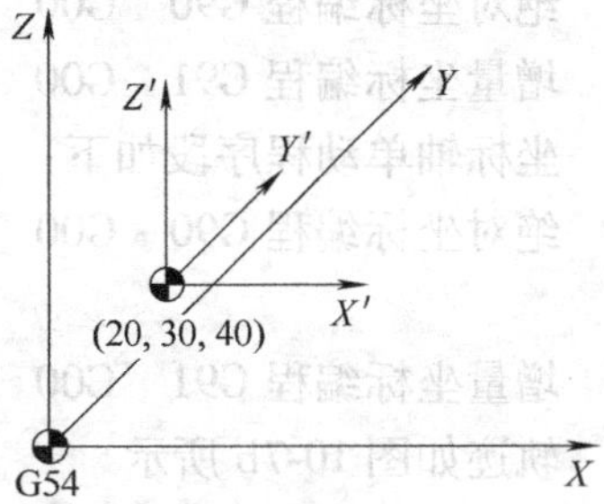


图10-5　局部坐标系的设定

**2. 输入单位设定指令（G21、G20）**

G21指令坐标尺寸以米制输入，G20指令坐标尺寸以英制输入。

G21、G20是两个互相取代的G代码。G21为参数缺省状态，用米制输入程序时可不再指定G21，但用英制输入程序时，在程序开始设定工件坐标系之前，必须指定G20。在同一个程序中，米制、英制可混合使用。另外，G21、G20指令在机床断电再接通后，仍保持其原有状态。

**3. 快速点定位指令（G00）**

G00指令用于控制刀具以点位控制方式，从刀具当前点快速移动到目标点。它只是快速定位，无运动轨迹要求。快速移动的速度由系统内部参数确定，进给速度指令F对G00指令无效，可用机床操作面板上的快速进给倍率开关调节。

（1）编程格式

G00　X__　Y__　Z__；

式中　X、Y、Z——刀具移动的目标点的坐标值，其值可以由G90或G91指定为绝对坐标值或增量坐标值。

1）G90表示程序段按绝对坐标编程，刀具（或机床）运动位置的坐标值，都是相对于编程原点给出的。

2）G91表示程序段按增量坐标编程，刀具运动位置的坐标值是相对于前一位置的。相对坐标与运动方向有关。

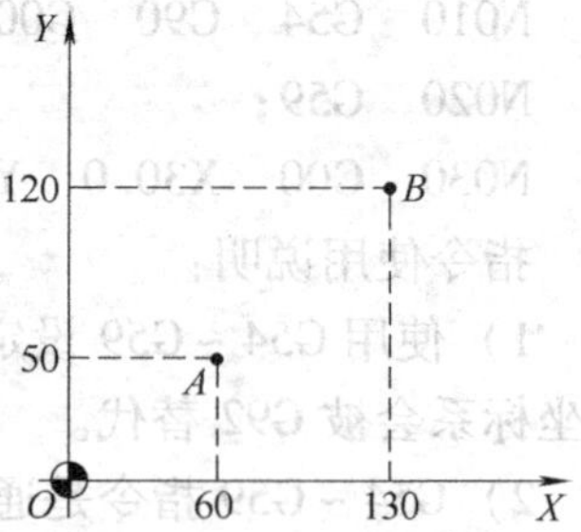

图 10-6　G90 和 G91 编程

如图 10-6 所示，刀具由 *A* 点移动到 *B* 点，分别用 G90、G91 编程，程序段如下：

G90　G01　X130. 0　Y120. 0　F300；

或　G91　G01　X70. 0　Y70. 0　F300；

（2）指令使用说明　在执行 G00 指令时，由于各轴以各自速度移动，不能保证各轴同时到达终点，因而联动直线轴的合成轨迹不一定是直线，因机床的数控系统而异。因此，编程人员应了解所使用的数控系统的刀具移动轨迹情况，要注意刀具是否与工件和夹具发生干涉。对不适合联动的场合，每轴可单动，以避免加工中可能出现的碰撞。

（3）应用举例　如图 10-7a 所示，刀具由 *A* 点快速移动到 *B* 点，分别用 G90、G91 编程。

坐标轴联动程序段如下：

绝对坐标编程 G90　G00　X60. 0　Y50. 0；

增量坐标编程 G91　G00　X－40. 0　Y－70. 0；

坐标轴单动程序段如下：

绝对坐标编程 G90　G00　X60. 0；

　　　　　　　　　　　　Y50. 0；

增量坐标编程 G91　G00　X－40. 0；

轨迹如图 10-7b 所示　　Y－70. 0；

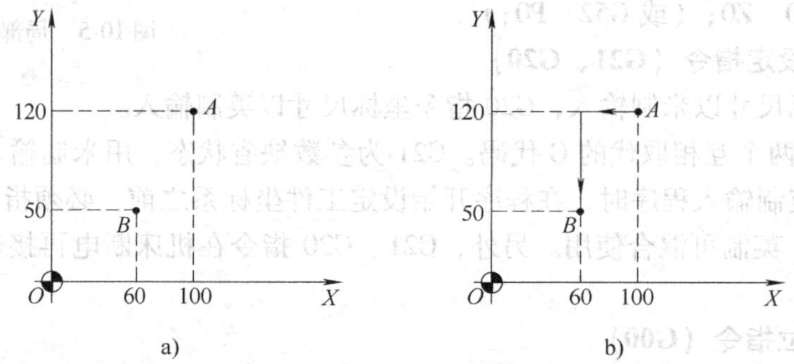

图 10-7　快速点定位刀具路径

a）同时到达终点　b）单向移动至终点

**4. 直线插补指令（G01）**

G01 用于切削任意斜率的直线轮廓和用直线段逼近的曲线轮廓。刀具以直线插补运算，移动速度由进给功能指令 F 设定。因此，执行该指令时在程序中必须出现 F 指令。

（1）编程格式

G01　X ＿ Y ＿ Z ＿ F ＿；

（2）指令使用说明

1）G01 指令后的坐标值可以由 G90 或 G91 分别指定绝对坐标方式或增量坐标方式。

2）F 指令是模态指令。它可以用 G00 指令取消。如果在 G01 之前的程序段没有 F 指令，而现在的 G01 程序段中也没有 F 指令，则机床不运动。

3）在选择了附加联动控制功能时，能用第四轴地址（*A*、*B* 或 *C*）来替换 *X*、*Y* 或 *Z*，这样可以实现包括第四轴的三轴联动控制。

（3）应用举例　如图 10-8 所示，刀具从 *A* 点开始直线插补运动到 *B* 点，进给速度为 200mm/min，应用 G01 指令编写程序，编程如下：

G90　G01　X130.0　Y120.0　F200；

或　G91　G01　X70.0　Y70.0　F200；

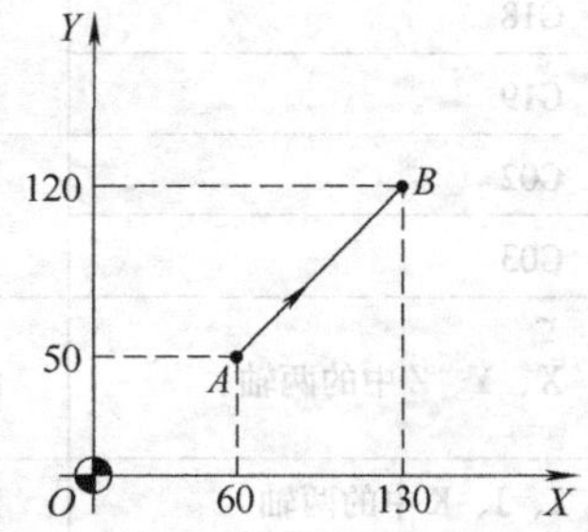

图 10-8　直线插补

**5. 暂停指令 G04**

G04 指令可使刀具做短时间的停顿，以获得圆整光滑的表面，暂停指令指定的时间后再继续执行下一程序段。

（1）编程格式

G04　X（P）__；

（2）指令使用说明　地址码 X 或 P 为暂停时间。其中，X 后面可用带小数点的数，单位为 s，如“G04　X5.0；”表示前面的程序执行完后，要经过 5s 的暂停，然后再执行下一程序段；地址 P 后面不允许用小数点，单位为 ms，如“G04　P5000；”表示暂停 5s。

**6. 平面选择指令 G17、G18、G19**

该组指令用于选择进行圆弧插补和刀具半径补偿的平面。

G17：选择 *XY* 平面。程序中用 *X*、*Y* 执行补偿计算，*Z* 轴坐标值不受补偿影响。

G18：选择 *ZX* 平面。程序中用 *Z*、*X* 执行补偿计算，*Y* 轴坐标值不受补偿影响。

G19：选择 *YZ* 平面。程序中用 *Y*、*Z* 执行补偿计算，*X* 轴坐标值不受补偿影响。

各坐标平面如图 10-9 所示。一般，数控铣床默认在 *XY* 平面内加工。

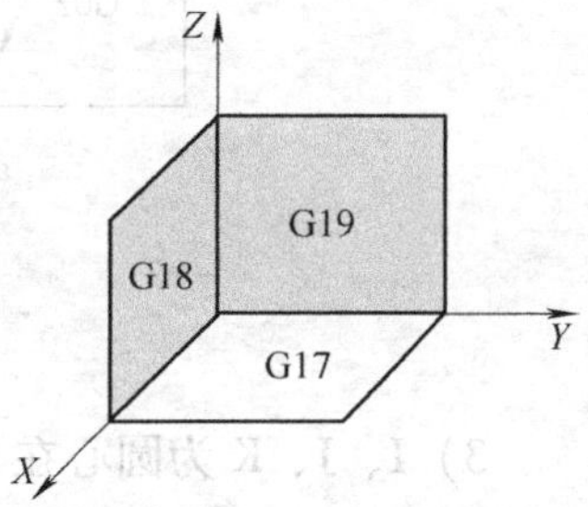

图 10-9　平面选择指令

**7. 圆弧插补指令（G02、G03）**

圆弧插补指令用于控制刀具在指定平面内按给定的进给速度（F 指定）作圆弧切削，加工出圆弧轮廓。

（1）编程格式　G02、G03 有两种编程格式。

$$\text{半径格式：}\begin{Bmatrix}\text{G17}\\\text{G18}\\\text{G19}\end{Bmatrix}\begin{Bmatrix}\text{G02}\\\text{G03}\end{Bmatrix}\begin{Bmatrix}\text{X\_\_}\quad\text{Y\_\_}\\\text{X\_\_}\quad\text{Z\_\_}\\\text{Y\_\_}\quad\text{Z\_\_}\end{Bmatrix}\ \text{R}\quad\text{F\_\_;}$$

$$\text{向量格式：}\begin{Bmatrix}\text{G17}\\\text{G18}\\\text{G19}\end{Bmatrix}\begin{Bmatrix}\text{G02}\\\text{G03}\end{Bmatrix}\begin{Bmatrix}\text{X\_\_}\quad\text{Y\_\_}\\\text{X\_\_}\quad\text{Z\_\_}\\\text{Y\_\_}\quad\text{Z\_\_}\end{Bmatrix}\begin{Bmatrix}\text{I\_\_}\quad\text{J\_\_}\\\text{I\_\_}\quad\text{K\_\_}\\\text{J\_\_}\quad\text{K\_\_}\end{Bmatrix}\ \text{F\_\_;}$$

（2）指令使用说明

1）与圆弧加工有关的指令说明见表 10-3。

**表 10-3　圆弧插补指令说明**

| 命　令 | 指定内容 | | 意　义 |
|---|---|---|---|
| G17 | 平面指定 | | *XY* 平面圆弧指定 |
| G18 | | | *XZ* 平面圆弧指定 |
| G19 | | | *YZ* 平面圆弧指定 |
| G02 | 回转方向 | | 顺时针圆弧插补 |
| G03 | | | 逆时针圆弧插补 |
| X、Y、Z 中的两轴 | 终点位置 | G90 方式 | 工件坐标系中的终点位置坐标 |
| | | G91 方式 | 终点相对起始点的位置坐标 |
| I、J、K 中的两轴 | 起始点到圆心的距离 | | 圆心相对圆弧起始点的位置坐标 |
| R | 圆弧半径 | | 圆弧半径 |
| F | 进给速度 | | 圆弧的切线速度 |

2）圆弧顺逆方向的判别：沿垂直于圆弧所在平面（如 *XY* 平面）的坐标轴（如 *Z* 轴）正方向往负方向看，顺时针方向为 G02，逆时针方向为 G03，如图 10-10 所示。

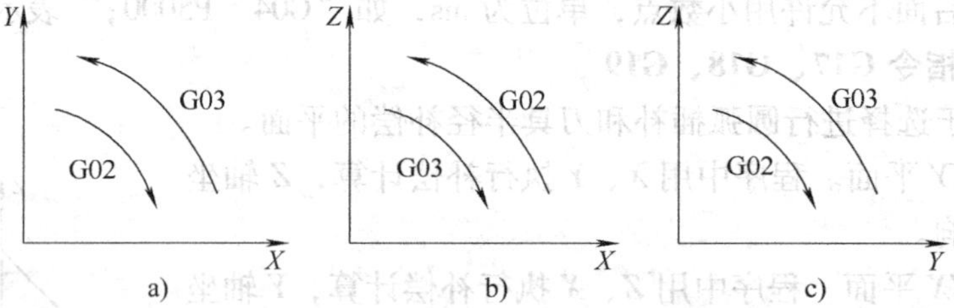


a)　　b)　　c)

图 10-10　圆弧顺、逆方向的判别

a）G17 指令　b）G18 指令　c）G19 指令

3）I、J、K 为圆心在 *X*、*Y*、*Z* 轴上相对圆弧起点的坐标增量，如图 10-11 所示。

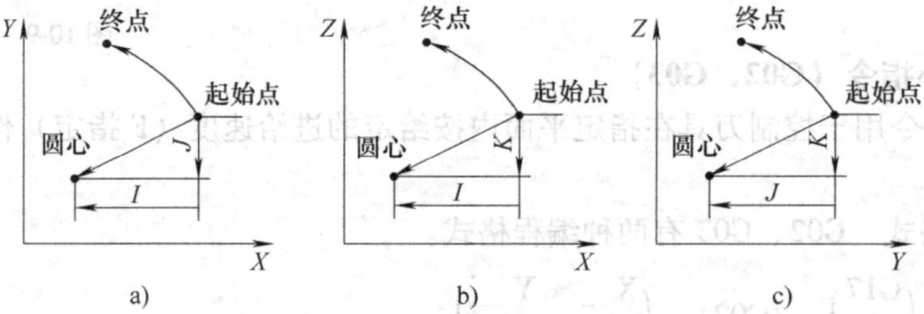


a)　　b)　　c)

图 10-11　I、J、K 的确定

a）G17 指令　b）G18 指令　c）G19 指令

4）对于圆弧半径 R，有如下规定：圆心角 $\alpha \leqslant 180°$时，用“$+R$”表示，如图 10-12 所示的圆弧 1；$\alpha > 180°$时，用“$-R$”表示，如图 10-12 中所示的圆弧 2。

5）整圆编程只能用向量格式，不能用半径格式。

（3）应用举例　如图 10-13 所示，刀具以 50mm/min 的切线速度切削，完成圆弧加工路径的程序编制（刀具现位于 $P_1$ 点上方，只进行轨迹运动）。程序如下：

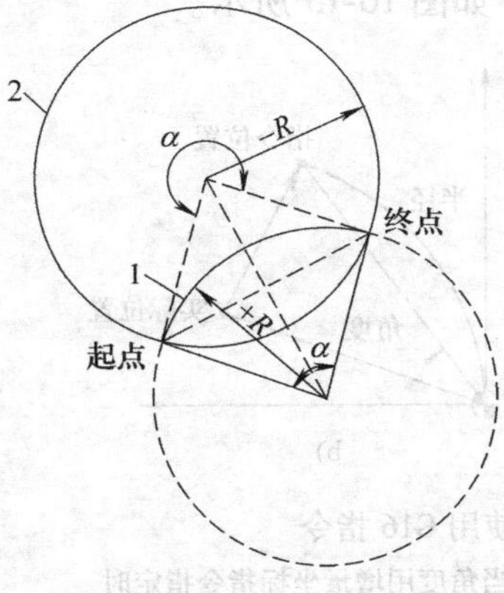


图 10-12　圆弧半径正、负的确定

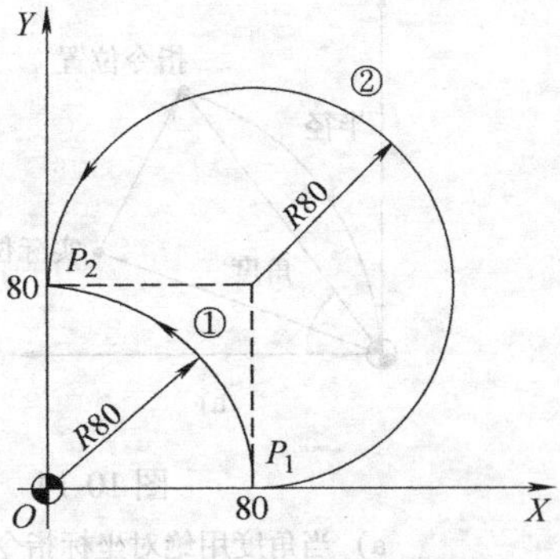


图 10-13　圆弧插补应用

O0001;
G90　G54　G00　X80.0　Y0;
G03　X0　Y80.0　I-80.0　J0　F50;　　（加工圆弧段①）
G02　X80.0　Y0　I80　J0.0;　　（加工圆弧段②）
或：
G03　X0　Y80.0　R80.0　F50;　　（加工圆弧段①）
G02　X80.0　Y0　-R80.0;　　（加工圆弧段②）

**8. 极坐标指令（G16/G15）**

G16 指令可以使坐标值用极坐标半径和角度形式输入，G15 则取消极坐标方式指令，使系统返回到用直角坐标输入。

（1）编程格式

$\begin{Bmatrix} G17 \\ G18 \\ G19 \end{Bmatrix}$ $\begin{Bmatrix} G90 \\ G91 \end{Bmatrix}$ G16;　　（开始极坐标指令）

G00　X__　Y__;　　（刀具快速定位到极坐标值指定的位置）

…

G15;　　（取消极坐标指令）

式中　X、Y——极坐标系下的极径和极角。

（2）指令使用说明

1）使用极坐标时，应明确当前所在平面。在 G18 平面中，用 *Z* 指定极径，*X* 指定极角；在 G19 平面中，用 *Y* 指定极径，*Z* 指定极角。但由于 *Z* 轴一般不需用极坐标，极坐标通常在 G17 平面内使用。

2）不可在坐标旋转、缩放方式下进行极坐标设置，否则系统报警。

3）不在指定平面的第三轴与极坐标无关。

4）角度的正向是所选平面的第一轴正向的逆时针转向，而负向是顺时针转向。

5）半径和角度两者都可以用绝对坐标指令 G90 或增量坐标指令 G91 指定。其中，G90 指定工件坐标系的原点作为极坐标系的原点，从该点测量半径，如图 10-14 所示；G91 指定当前位置作为极坐标系的原点，从该点测量半径，如图 10-15 所示。

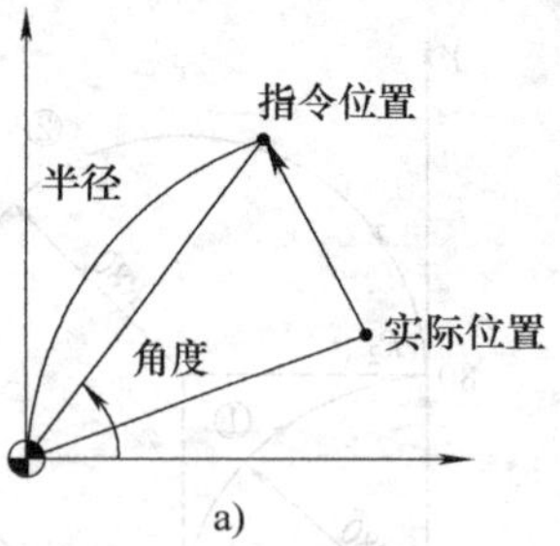


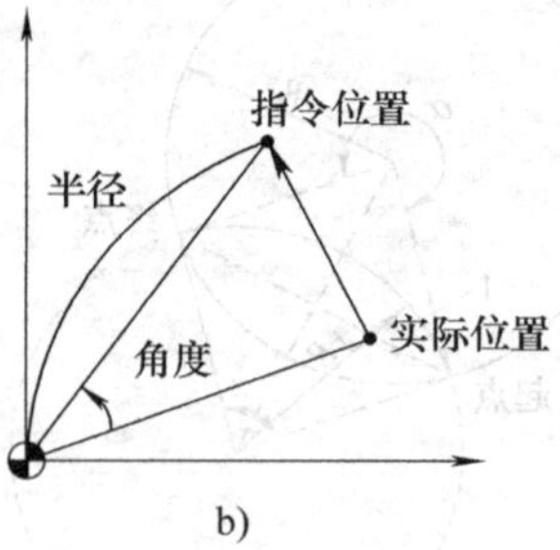


图 10-14　G90 方式下使用 G16 指令

a）当角度用绝对坐标指令指定时　b）当角度用增量坐标指令指定时

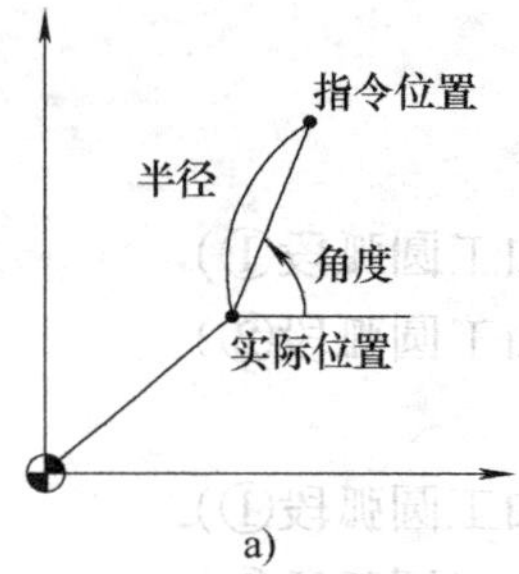


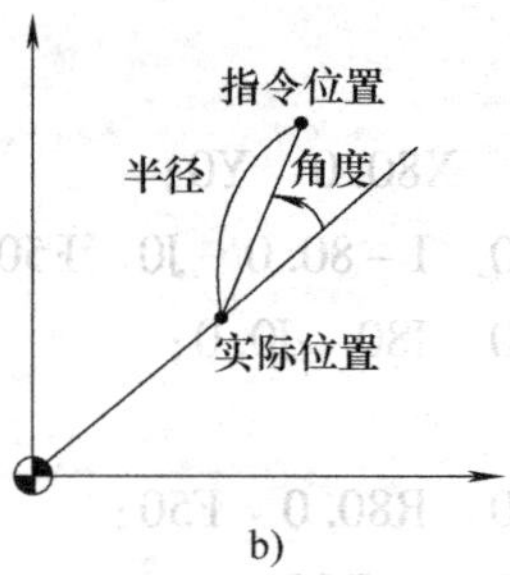


图 10-15　G91 方式下使用 G16 指令

a）当角度用绝对坐标指令指定时　b）当角度用增量坐标指令指定时

（3）应用举例　如图 10-16 所示，用 G15/G16 指令编程加工 3 个圆孔。

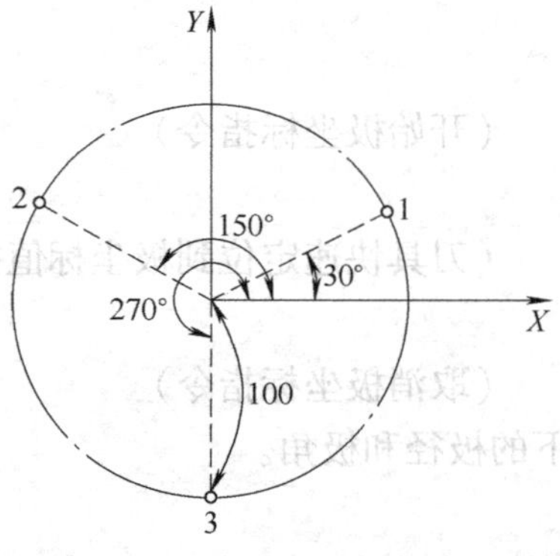


图 10-16　极坐标编程举例

1）用绝对值指令 G90 指定角度和半径，程序如下：

G17　G90　G16；（选择 XY 平面，指定极坐标指令）

G81　X100.0　Y30.0　Z－20.0　R－5.0　F120；（指定极径 100mm、极角 30°，加工孔 1）

Y150.0；（指定极径 100mm、极角 150°，加工孔 2）

Y270.0；（指定极径 100mm、极角 270°，加工孔 3）

G15　G80；（取消极坐标指令）

2）用绝对值指令 G90 指定极径，用增量值指令 G91 指定角度，程序如下：

G17　G90　G16；　（选择 *XY* 平面，指定极坐标指令）

G81　X100.0　Y30.0　Z－20.0　R－5.0　F120.0；（指定极径 100mm、极角 30°，加工孔 1）

G91　Y120.0；　（指定极径 100mm、增量角度 120°，加工孔 2）

Y120.0；　（指定极径 100mm、增量角度 120°，加工孔 3）

G15　G80；　（取消极坐标指令）

注：程序中 G81/G80 为钻孔循环指令/取消钻孔循环指令，R 为刀具工进起始点坐标（工件上表面为坐标原点）。

### 10.2.4　刀具补偿指令

零件数控加工程序假设的是刀具中心（或刀尖）相对于工件的运动。用铣刀铣削工件的轮廓时，由于刀具总有一定的半径，刀具中心的运动轨迹与所需加工零件的实际轮廓并不重合。如图 10-17 所示，粗实线为所需加工的零件轮廓，双点画线为刀具中心轨迹。如果直接采用刀具中心轨迹编程，则需要根据工件的轮廓尺寸及刀具半径计算出刀具中心轨迹，计算相当复杂，且刀具尺寸变化时必须重新计算，修改程序，使用很不方便。

为了简化零件的数控加工编程，使数控程序尽量与刀具的形状和尺寸无关，数控系统一般都具有刀具补偿功能。刀具的补偿通常有 3 种：刀具半径补偿、刀具长度补偿和刀具磨损补偿。

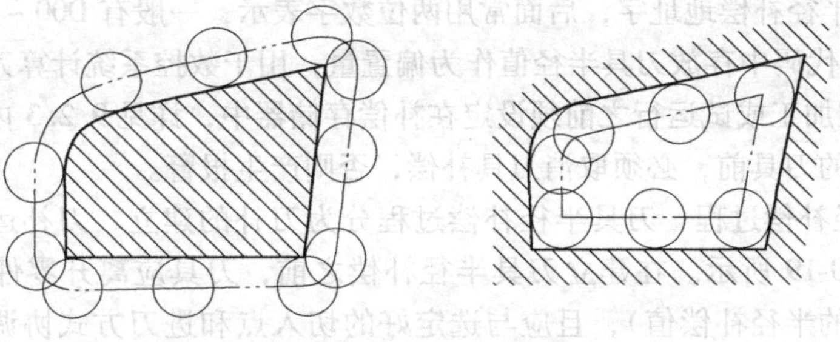

a)　　b)

图 10-17　刀具半径补偿

a）外轮廓补偿　b）内轮廓补偿

**1. 刀具半径补偿指令（G41/G42、G40）**

当数控系统具备刀具半径补偿功能时，刀具的半径存放在数控系统的补偿存储器中。数控编程只需按工件轮廓进行，数控系统自动计算刀具中心轨迹，使刀具偏离工件轮廓一个半径值，即进行刀具半径补偿。

（1）编程格式

执行刀补：$\begin{Bmatrix} G17 \\ G18 \\ G19 \end{Bmatrix} \begin{Bmatrix} G41 \\ G42 \end{Bmatrix} \begin{Bmatrix} G01 \\ G00 \end{Bmatrix} \begin{Bmatrix} X\_\_ \quad Y\_\_ \\ X\_\_ \quad Z\_\_ \\ Y\_\_ \quad Z\_\_ \end{Bmatrix}$ D__；

$$取消刀补：G40\begin{Bmatrix}G01\\G00\end{Bmatrix}\begin{Bmatrix}X\_\ \ Y\_\\X\_\ \ Z\_\\Y\_\ \ Z\_\end{Bmatrix};$$

（2）指令使用说明

1）G17、G18、G19 为补偿平面选择指令。在进行刀具半径补偿前，必须用 G17 或 G18、G19 指定刀具半径补偿的工作平面。平面选择指令的切换必须在补偿取消的方式下进行，若在补偿方式下进行，则产生报警。

2）G41 为刀具半径左补偿，沿着刀具前进方向看，刀具位于零件左侧进行补偿（左刀补），如图 10-18a 所示；G42 为刀具半径右补偿，沿着刀具前进方向看，刀具位于零件右侧进行补偿（右刀补），如图 10-18b 所示；G40 为取消刀具半径补偿，用于取消 G41、G42 指令。G40、G41、G42 是模态代码，可相互注销。

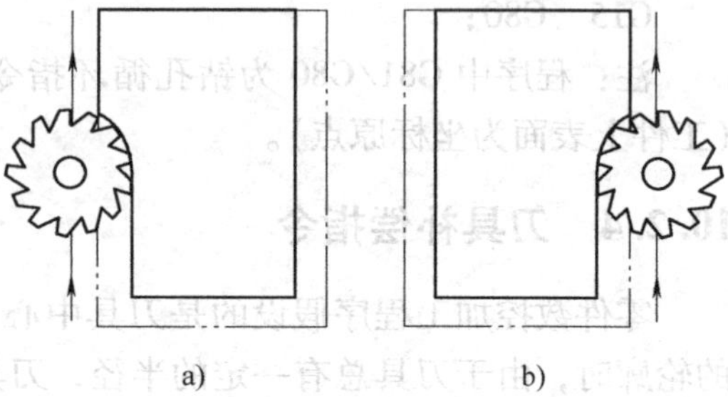

图 10-18　刀具半径补偿方向

a）左刀补　b）右刀补

3）G40、G41、G42 只能与 G01 或 G00 组合完成刀具半径补偿的建立和取消，不能使用圆弧插补指令 G02 或 G03。

4）X、Y（或 X、Z；Y、Z）是 G01、G00 运动的目标点坐标，即刀补建立或取消的终点。坐标轴必须与指定平面中的轴对应，在多轴联动控制中，投影到补偿平面上的刀具轨迹得到补偿。

5）D 为刀具半径补偿地址字，后面常用两位数字表示，一般有 D00 ~ D99。D00 意味着取消刀具补偿。D 代码中存放刀具半径值作为偏置量，用于数控系统计算刀具中心的运动轨迹。刀具补偿值在加工或试运行之前须设定在补偿存储器中，详见 9. 2. 3 内容。

6）在调用新的刀具前，必须取消刀具补偿，否则产生报警。

（3）刀具半径补偿过程　刀具半径补偿过程分为刀补的建立、刀补运行、刀补的取消三个阶段，如图 10-19 所示。在建立刀具半径补偿之前，刀具应离开零件轮廓适当的距离（一般要大于刀具的半径补偿值），且应与选定好的切入点和进刀方式协调，保证刀具半径补偿有效。刀具半径补偿取消的终点应放在刀具切出工件以后，否则会发生碰撞。图中 *OB* 段为刀补建立段，*OC* 段为刀补取消段。注意：

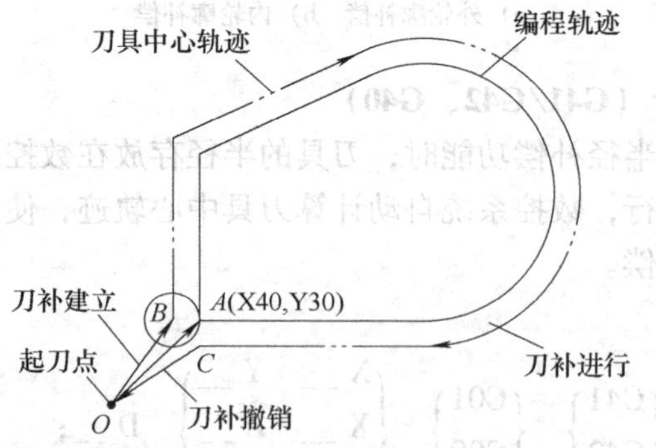

图 10-19　刀具半径补偿建立与取消

1）建立刀具半径补偿的程序段，应在切入工件之前完成；取消刀具半径补偿的程序段，应在切出工件之后完成，否则都会引起过切现象。

2）刀具半径补偿建立段和取消段直线长度应大于补偿值，否则在加工时系统会报警。

（4）应用举例　如图10-20所示，在*XY*平面内，使用半径补偿指令完成轮廓加工编程。编程如下：

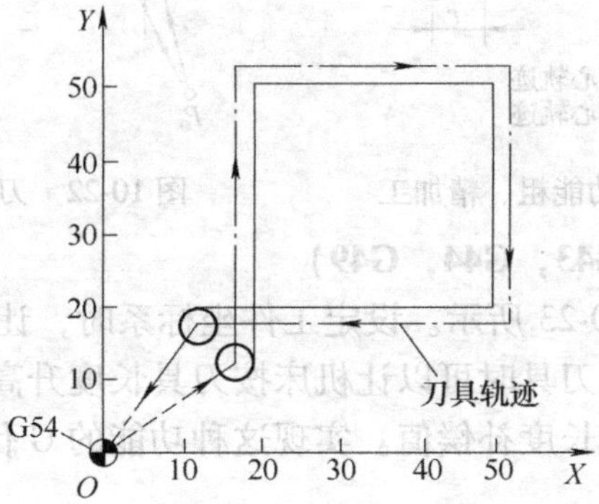


图10-20　刀具半径补偿举例

O0002；
…
N020　G90　G54　G00　X0　Y0　M03　S500　F50；
N030　G00　Z50.0；　（起始高度）
N040　Z10.0；　（安全高度）
N050　G41　X20.0　Y10.0　D01；　（刀具半径补偿）
N060　G01　Z－10.0；　（下刀，切削深度10mm）
N070　Y50.0；
N080　X50.0；
N090　Y20.0；
N100　X10.0；
N110　G00　Z50.0；　（抬刀到起始高度）
N120　G40　G01　X0　Y0　M05；　（取消刀具半径补偿）
N130　M30；

（5）刀具半径补偿的其他应用　刀具半径补偿除方便编程外，还可以有其他应用。

1）如图10-21所示，在实际加工中，利用刀具半径补偿功能，可以实现利用同一程序、同一尺寸刀具进行粗、精加工。即：

粗加工时，刀具半径补偿值＝刀具半径＋精加工余量；

精加工时，刀具半径补偿值＝刀具半径＋修正量。

2）刀具因磨损、重磨、换新刀而引起刀具直径改变后，不必修改程序，只需在刀具参数设置中输入变化后的刀具半径即可，如图10-22所示。

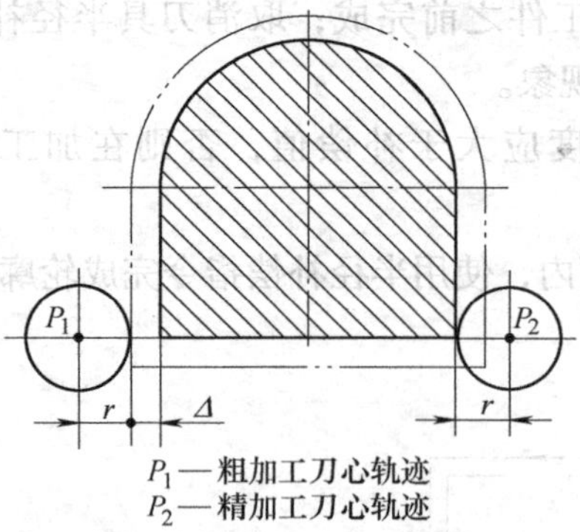


图 10-21　利用刀补功能粗、精加工

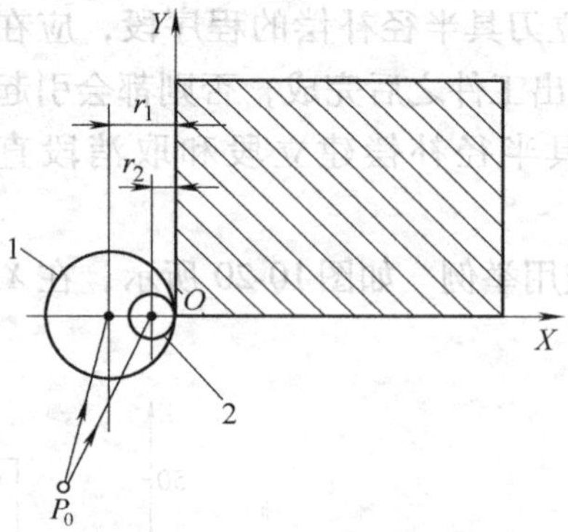


图 10-22　刀具磨损半径补偿

**2. 刀具长度补偿指令（G43，G44，G49）**

刀具长度补偿原理如图 10-23 所示。设定工件坐标系时，让主轴锥孔基准面与工件上的理论表面重合，在使用每一把刀具时可以让机床按刀具长度升高一段距离，使刀尖正好在工件表面上，这段高度就是刀具长度补偿值。实现这种功能的 G 代码是 G43、G44 和 G49。

（1）编程格式

执行刀补：$\begin{Bmatrix} G43 \\ G44 \end{Bmatrix} \begin{Bmatrix} G01 \\ G00 \end{Bmatrix}$ Z__　H__；

取消刀补：G49 $\begin{Bmatrix} G01 \\ G00 \end{Bmatrix}$ Z__；

（2）指令使用说明

1）G43 为刀具长度正补偿，即实现正向偏移；G44 为刀具长度负补偿，即实现负向偏移。如图 10-23 所示，钻头用 G43 命令正向补偿了 H01 值，铣刀用 G43 命令向上正向补偿了 H02 值。G49 为取消刀具长度正补偿指令 G43 和 G44。

2）Z 为补偿值的终点值，H 为刀具长度补偿量的存储器地址。

3）使用 G43、G44 指令时，无论是绝对坐标编程还是增量坐标编程，程序中指定的 $Z$ 轴移动的终点坐标值都要与 H 所指定寄存器中的偏移量进行运算：G43 时相加，G44 时相减。例如，H 代码指定的已存入存储器中的偏置值为 $a$，执行 G43 时，$Z_{实际值} = Z_{指令值} + a$；执行 G44 时，$Z_{实际值} = Z_{指令值} - a$。计算后的坐标值为终点坐标。刀具长度补偿应用如图 10-24 所示。

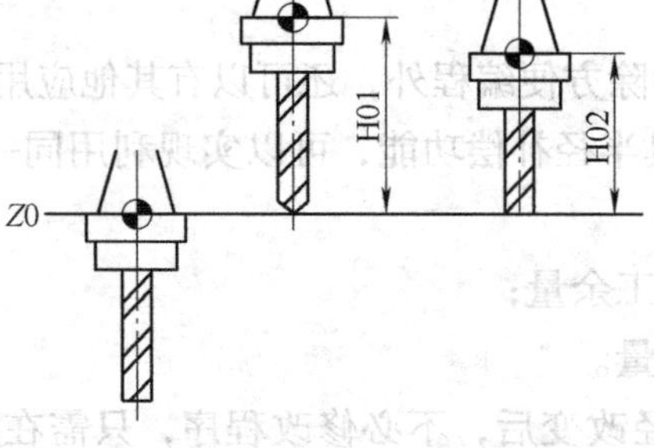


图 10-23　刀具长度补偿原理

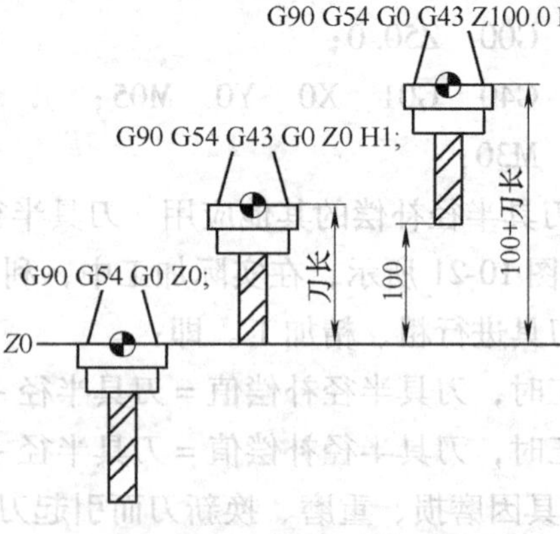


图 10-24　刀具长度补偿应用

4）G43、G44、G49 为模态代码，可以相互注销。

## 10.3　项目实施

### 10.3.1　工艺分析

**1. 工艺分析**

图10-1所示为一凸模板的零件图，毛坯120mm×100mm×20mm，该零件的加工面主要由平面及外轮廓组成，各加工面的表面粗糙度值均为 $Ra3.2\mu m$，要求较高；材料为45钢，切削加工性能较好。根据零件形状及加工公差等级要求，以底面为基准，一次装夹完成所有加工内容。

工艺过程：粗铣外轮廓→精铣外轮廓。

**2. 装夹方案**

零件毛坯外形为规则的长方形，选用机用虎钳装夹工件。

**3. 刀具及切削用量的选择**

（1）确定刀具　凸模板外轮廓的加工，选用大直径铣刀，以提高加工效率。圆弧轮廓半径为 $R15$mm，所选铣刀直径不得大于 $\phi30$mm。选用 $\phi16$mm 高速钢普通立铣刀分别进行粗、精加工，刀具卡见表10-4。

**表10-4　数控刀具卡**

| 产品名称或代号 | | | 零件名称 | 凸模板 | 零件图号 | 图10-1 |
|---|---|---|---|---|---|---|
| 序号 | 刀具号 | 刀具名称及规格 | 数量 | 刀长/mm | 加工表面 | 备注 |
| 1 | T0101 | $\phi16$mm 立铣刀 | 1 | | 平面、外轮廓 | $z=4$ |
| 编制 | | 审核 | 批准 | | 年　月　日 | 共　页　第　页 |

（2）确定切削用量　凸轮廓加工时留0.5mm精铣侧余量、0.2mm的底余量。确定主轴转速与进给速度时，先查表8-2、表8-3（或切削用量手册），确定每齿进给量与切削速度，然后利用式（8-1）计算进给速度，利用式（8-2）计算主轴转速 $n$。其切削用量见表10-5。

**表10-5　切削用量表**

| 加工内容 | 切削速度 /（m/min） | 主轴转速 /（r/min） | 每齿进给量 /（mm/z） | 进给速度 /（mm/min） | 侧吃刀量 /mm |
|---|---|---|---|---|---|
| 粗铣平面、外轮廓 | 15 | 300 | 0.1 | 120 | – |
| 精铣平面、外轮廓 | 25 | 500 | 0.05 | 100 | 0.5 |

**4. 编制数控加工工序卡**

加工工序卡见表10-6。

表 10-6　数控加工工序卡

| （加工工序图） | | | | | 产品名称 | | 零件名称 | | 零件图号 | |
|---|---|---|---|---|---|---|---|---|---|---|
| | | | | | | | 凸模板 | | 图 10-1 | |
| 工序号 | 程序编号 | | 夹具名称 | | 夹具编号 | | 使用设备 | | 车间 | |
| 001 | O1001 | | 机用虎钳 | | | | XK714 | | | |
| 工步号 | 工步内容 | | 切削用量 | | | | 刀具 | | 量具名称 | 备注 |
| | | | 主轴转速/(r/min) | 进给速度/(mm/min) | 背吃刀量/mm | | 编号 | 名称 | | |
| 1 | 粗铣外轮廓留侧余量 0.5mm，底余量 0.2mm | | 300 | 120 | 5 | | T01 | $\phi$16mm 立铣刀 | 游标卡尺 | 自动 |
| 2 | 精铣外轮廓达图样要求 | | 500 | 100 | 5 | | T01 | $\phi$16mm 立铣刀 | 千分尺 | 自动 |
| 3 | 检测、校核 | | | | | | | | | |
| 编制 | | 审核 | | 批准 | | | 年　月　日 | 共 1 页 | 第 1 页 | |

## 10.3.2　编制加工程序

编程原点设在工件上表面中心处，各点绝对坐标值如图 10-25 所示。数控加工程序 O1001 见表 10-7。表中是粗加工程序，刀具半径补偿值 D01 设为 8.5mm，保证外轮廓 0.5mm 的留侧余量；铣刀底面对刀 $Z=0$（工件表面），刀具长度补偿值 H01 设为 0.2mm，保证 0.2mm 的底余量。精加工基本不需改变源程序，只需将 D01 改设为 8.0mm，H01 改设为 0；并将主轴转速改为 S500，进给速度改为 F100。

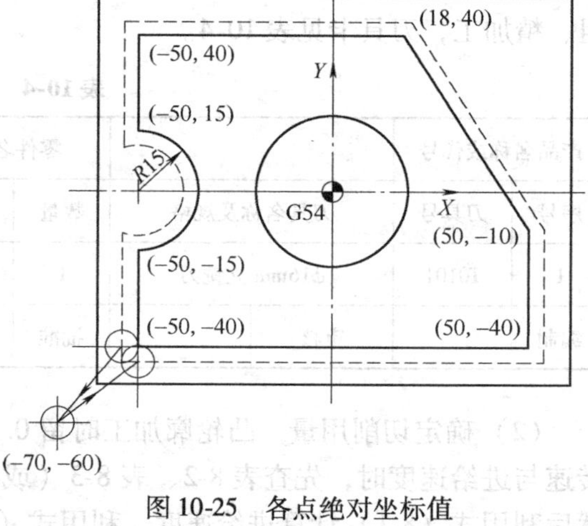


图 10-25　各点绝对坐标值

表 10-7　凸模板数控加工程序单

| 零件号 | | 零件名称 | 凸模板 | 编程原点 | 工件顶面中心处 |
|---|---|---|---|---|---|
| 程序号 | O1001 | 数控系统 | FANUC 0i　Mate-MC | 编制 | |
| 程序 | | | 说明 | | |
| O1001； | | | 程序名 | | |
| N010　G54　G90　G17　G00　X0　Y0； | | | 确定工作坐标系及加工平面 | | |
| N020　M03　S300； | | | 主轴正转，转速 300r/min | | |
| N030　G00　X－70.0　Y－60.0　Z2.0； | | | 定位到加工起点 | | |
| N040　G43　G01　Z－5.0　H01　F120； | | | 建立刀具长度正补偿 | | |
| N050　G42　G01　X－50.0　Y－40.0　D01； | | | 建立刀具半径右补偿 | | |

（续）

| 零件号 | | 零件名称 | 凸模板 | 编程原点 | 工件顶面中心处 |
|---|---|---|---|---|---|
| 程序号 | O1001 | 数控系统 | FANUC 0i　Mate-MC | 编制 | |
| 程序 | | | 说明 | | |
| N060　X50.0;<br>N070　Y-10.0;<br>N080　X18.0　Y40.0;<br>N090　X-50.0;<br>N100　Y15.0;<br>N110　G02　X-50.0　Y-15.0　R15.0;<br>N120　G01　Y-40.0; | | | 沿轮廓进行加工 | | |
| N130　G40　G01　X-70.0　Y-60.0; | | | 取消刀具半径补偿 | | |
| N140　G49　G00　Z200.; | | | 抬刀，取消刀具长度补偿 | | |
| N150　M05; | | | 主轴停 | | |
| N160　M30; | | | 程序结束 | | |

## 10.3.3　仿真加工

**1. 进入数控铣仿真软件**

**2. 选择机床、数控系统并开机**

1）从机床列表项中选择“控制系统”→FANUC 0i、“机床类型”__铣床（标准）等信息。

2）启动系统。

按下操作面板启动按钮，松开急停按钮。

**3. 机床各轴回参考点**

进入数控系统后首先应将 $Z$ 轴返回参考点，再将 $X$、$Y$ 轴返回参考点。

**4. 安装工件**

1）设定毛坯。

2）安装夹具。选取机用虎钳夹具并调整毛坯在夹具中的位置。

3）放置工件。将装上工件的机用虎钳放置在机床工作台上，并调整夹具在工作台中的位置。

**5. 对刀**

1）选择刚性靠棒或寻边器，进行 $X$、$Y$ 向对刀。

2）选取合适的刀具：$\phi$16mm 立铣刀，切削刃长 9mm。

3）采用加工刀具加塞尺进行 $Z$ 向对刀。

4）设置工件坐标系。将测得的工件坐标系原点在机床坐标系中的坐标值 $X$、$Y$、$Z$ 输入到机床工件坐标系存储地址 G54 中。

**6. 输入程序及加工与测量**

1）输入加工程序，并检查调试。

2）手动移动刀具退到距离工件较远处。如果进行了一次空运行操作，应当让机床各轴回参考点。

3）自动加工。

4）测量工件。

## 10.4 项目实训

### 10.4.1 实训任务

**1. 实训内容**

零件如图 10-26 所示，按单件生产安排其数控加工工艺，编制数控加工程序，并在数控铣床上完成该零件的加工。毛坯已预先铣削加工至 100mm × 100mm × 25mm，材料为硬铝。

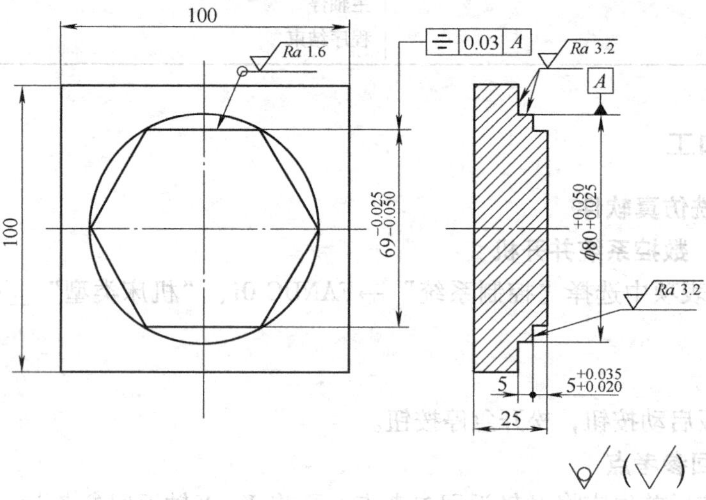


图 10-26 凸台零件图

**2. 实训目的**

1）掌握平面凸轮廓零件的工艺分析与数控编程。

2）掌握平面凸轮廓零件的数控加工。

**3. 实训准备**

1）数控铣床 1 台，4 个切削刃的平底铣刀（直径 $\phi$16mm，切削刃长 9mm）一把。

2）尺寸为 100mm × 100mm × 25mm，材料硬铝毛坯一块。

3）寻边器和 $Z$ 轴设定器各一个。

4）机用虎钳一个，游标卡尺、千分尺量具各一把。

5）机床说明书。

**4. 实训报告内容**

（1）工艺分析、工艺参数选择、工艺文件编制。

（2）数控程序编制。

（3）实训体会。

（4）填写实训评分表　实训评分表见表10-8。

**表10-8　实训评分表**

| 班级 | | 姓名 | | 学号 | | |
|---|---|---|---|---|---|---|
| 课题 | | 圆弧型面零件加工 | | 零件编号 | 图10-26 | |
| 基本检查 | | 序号 | 检测项目 | 配分 | 学生自评 | 教师评分 |
| 基本检查 | 编程 | | 切削工艺制订正确 | 5 | | |
| | | | 切削用量选择合理 | 5 | | |
| | | | 程序正确、简单、规范 | 5 | | |
| | 操作 | | 设备操作、维护保养正确 | 5 | | |
| | | | 安全、文明生产 | 5 | | |
| | | | 刀具选择、安装正确、规范 | 5 | | |
| | | | 工件找正、安装正确、规范 | 5 | | |
| 工作态度 | | | 行为规范、纪律表现好 | 5 | | |
| 外圆 | | | $\phi 80^{+0.050}_{+0.025}$mm | 10 | | |
| | | | 5mm | 5 | | |
| 凸台 | | | $69^{-0.025}_{-0.050}$mm | 15 | | |
| | | | $5^{+0.035}_{+0.020}$mm | 5 | | |
| 对称度公差 | | | 0.03mm | 10 | | |
| 表面粗糙度 | | | $Ra1.6\mu m$ | 10 | | |
| | | | $Ra3.2\mu m$ | 5 | | |
| | | 综合得分 | | 100 | | |

## 10.4.2　实训指导

**1. 技术要点**

1）选刀时，主要应考虑工件加工尺寸的要求，并保证刀具所需功率在机床额定功率范围以内。

2）首件加工初期，程序应在单段模式下运行，进给速度和快速倍率应设置较低挡。

**2. 实训步骤**

（1）工艺分析　选择刀具与工艺参数，填写数控加工刀具卡，确定装夹方式，填写数控工序卡。

（2）编写数控加工程序

（3）数控加工

1）加工准备。检查毛坯尺寸，数控系统开机、各轴回参考点，安装机用虎钳并装夹工件，调整好位置。

2）对刀、安装刀具。使用寻边器和 $Z$ 轴设定器对刀，设置工件坐标系，安装刀具。若没有寻边器和 $Z$ 轴设定器，使用刀具对刀。

3）输入程序及仿真。输入程序，并对输入的程序进行空运行或轨迹仿真，以检测程序是否正确。

4）零件自动加工及尺寸控制。打开程序，选择 AUTO 工作模式，调好进给倍率，按数控启动按钮进行自动加工。

精加工前要停机测量，进行补偿后再进行精加工。

5）测量。选用合适的量具进行检测，检测结果填入加工评分表。

6）加工结束，清理机床与场地。

## 习 题

**一、选择题**

1. 用来指定圆弧插补的平面和刀具补偿平面为 $XY$ 平面的指令（　　）。

A. G16　　B. G17　　C. G18　　D. G19

2. 刀具半径自动补偿指令包括（　　）。

A. G40、G41、G42　　B. G40、G43、G44

C. G41、G42、G43　　D. G42、G43、G44

3. 数控机床在进行 2 轴（或 3 轴）直线插补时，F 指令所指定的速度是（　　）。

A. 各进给轴的进给速度　　B. 2 轴（或 3 轴）合成进给速度

C. 位移量较大进给轴的进给速度　　D 不确定

4. 当铣削一整圆外形时，为保证不产生切入、切出的刀痕，刀具切入、切出时应采用(　　)。

A. 法向切入、切出方式　　B. 切向切入、切出方式

C. 任意方向切入、切出方式　　D. 切入、切出时应降低进给速度

5. 下列 G 代码中，非模态的 G 代码是（　　）。

A. G17　　B. G98　　C. G60　　D. G40

6. 利用刀具半径补偿功能，实现同一程序、同一尺寸刀具进行粗、精加工。粗加工时，在刀具补偿界面中“形状（D）”对应的刀具半径补偿值应是（　　）。

A. 刀具半径　　B. 刀具半径与精加工余量之差

C. 刀具半径与精加工余量之和

**二、问答题**

1. G54 ~ G59 指令的含意是什么？比较一下它们和 G92 之间的区别。如何预置 G54 ~ G59 的值？

2. 数控铣床的圆弧插补编程有什么特点？圆弧的顺逆应如何判断？

3. 数控铣床上的刀具补偿内容有哪些？

**三、实训题**

图 10-27 所示零件材料为 45 钢，毛坯尺寸：160mm × 120mm × 20mm，其外轮廓和 $\phi40^{+0.015}_{0}$mm 孔已经由前道工序加工，本工序的任务就是加工其凸轮廓。分析零件的加工工艺，填写工艺文件，编写零件的加工程序，最后进行零件的加工。

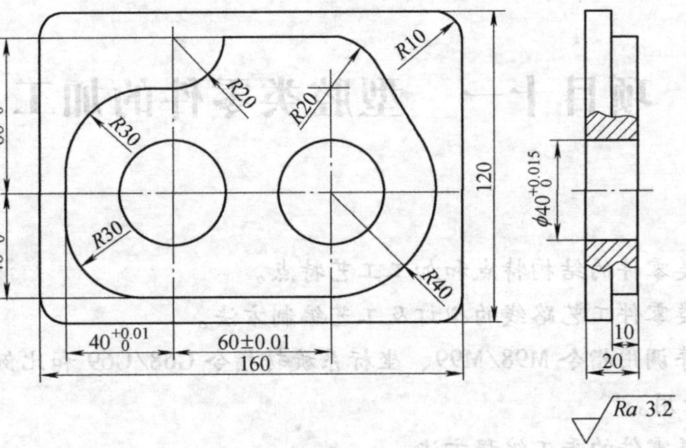


图 10-27　实训题图

# 项目十一　型腔类零件的加工

【知识目标】

1. 了解型腔类零件的结构特点和加工工艺特点。

2. 掌握型腔类零件工艺路线的拟订及工艺编制方法。

3. 掌握子程序调用指令 M98/M99、坐标系旋转指令 G68/G69 和比例缩放指令 G51/G50 等的编程格式及应用。

4. 掌握型腔类零件的手工编程方法。

【能力目标】

1. 能分析型腔类零件的加工特点，正确选择设备、刀具、夹具与切削用量，编制型腔类零件的数控加工工艺文件。

2. 能使用数控系统的基本指令正确编制型腔类零件的数控加工程序，对工件加工质量进行正确的分析处理。

3. 能正确运用数控系统仿真软件，校验编写的零件数控加工程序，并加工零件。

## 11.1　项目导入

**1. 凹模型腔零件加工**

如图 11-1 所示的凹模型腔零件，单件生产，材料为 45 钢，硬度 220HBW，毛坯尺寸 200mm×170mm×40mm。外表面已经过前道工序加工。要求分析零件的加工工艺，填写工艺文件，编写零件的加工程序。

**2. 偏心圆弧槽零件加工**

如图 11-2 所示的平底偏心圆弧槽零件，单件生产，材料为 35 钢，已经调质处理，硬度 220HBW。加工部位为工件上表面两平底偏心槽，槽深 10mm。毛坯尺寸 $\phi$110mm×35mm，外表面已经过车削加工，要求分析零件的加工工艺，填写工艺文件，编写零件的加工程序。

型腔的铣削加工主要指挖除由边界线确定的封闭区域内的材料，该区域由侧壁和底面围成。型腔内部可以全空，也可以包含不铣削的区域（也称岛屿）。

型腔的主要加工要求有：侧壁和底面的尺寸精度、表面粗糙度及二维平面内轮廓的尺寸精度等。本项目根据给定的凹模型腔零件图样，通过对零件的加工工艺性分析，设计加工工艺方案，编制工序卡、刀具卡等数控加工技术文件，应用 M98/M99、G68/G69、G51/G50 等指令编写数控加工程序，然后进行仿真加工操作，优化走刀路线和程序。

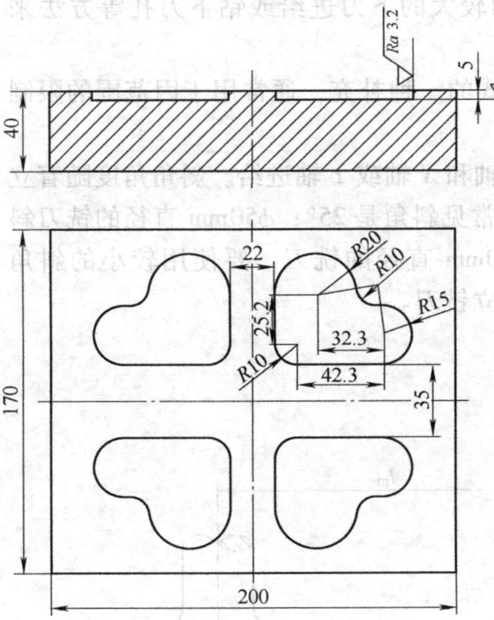


图 11-1　凹模型腔零件图

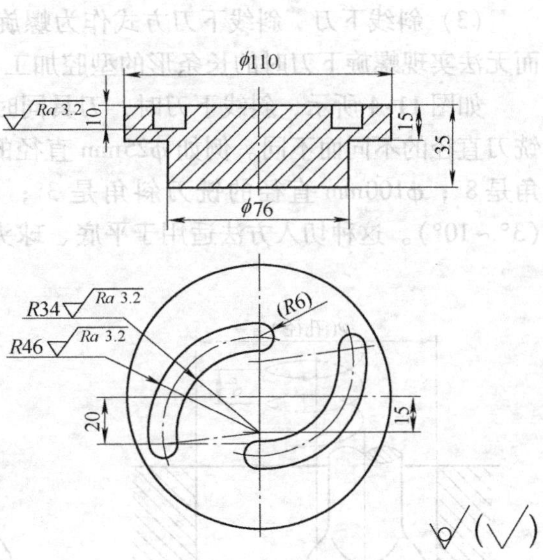


图 11-2　偏心圆弧槽零件图

# 11.2　知识学习

## 11.2.1　型腔铣削工艺

型腔铣削时有两个重要的工艺问题要考虑：①刀具切入工件的方法；②粗、精加工时刀具路径设计。

**1. 型腔铣削加工的下刀方式**

与外轮廓加工不同，加工封闭型腔零件时，要考虑刀具在 $Z$ 轴方向如何切入工件的问题。通常刀具在 $Z$ 轴方向下刀的方式有垂直下刀、螺旋下刀和斜线下刀三种。

（1）垂直下刀

1）加工较浅的型腔零件，使用键槽铣刀垂直切入工件，然后使用圆周刃进行径向切削。虽然键槽铣刀其端部切削刃通过铣刀中心，有垂直吃刀的能力，但由于其切削刃是向心内凹的，基本无定心功能，垂直下刀时会发生晃动，因而零件表面粗糙度值较大，通常只用于小面积切削或被加工零件表面质量要求不高的情况。

2）对于较深的内部型腔，在深度方向可分层铣削，常用的方法是预先钻削一个到所需深度的孔，然后再使用比孔径小的平底立铣刀从 $Z$ 向进入预定的深度将型腔扩大到所需的尺寸和形状。这种方法适用于零件表面质量要求较高的大面积切削。

（2）螺旋下刀　如图 11-3 所示，螺旋下刀是使刀具沿螺旋线朝深度方向渐进，从而达到进刀的目的。这种下刀方式可分散刀具受力，避免垂直进刀所造成的晃动，在现代数控加工中应用较为广泛，特别在模具加工中最为常见。

螺旋下刀也有其固有的弱点，如切削路线较长、在比较狭窄的型腔加工中往往因为切削范围过小无法实现螺旋下刀等，所以有时需采用较大的下刀进给或钻下刀孔等方法来弥补。

（3）斜线下刀　斜线下刀方式作为螺旋下刀方式的一种补充，通常用于因范围的限制而无法实现螺旋下刀时的长条形的型腔加工。

如图 11-4 所示，斜线下刀时，刀具同时使用 $Z$ 轴和 $X$ 轴或 $Y$ 轴进给。斜角角度随着立铣刀直径的不同而不同。例如 $\phi$25mm 直径的铣刀，常见斜角是 25°；$\phi$50mm 直径的铣刀斜角是 8°；$\phi$100mm 直径的铣刀斜角是 3°；小于 $\phi$20mm 直径的铣刀，要使用较小的斜角（3°～10°）。这种切入方法适用于平底、球头和 $R$ 形立铣刀。

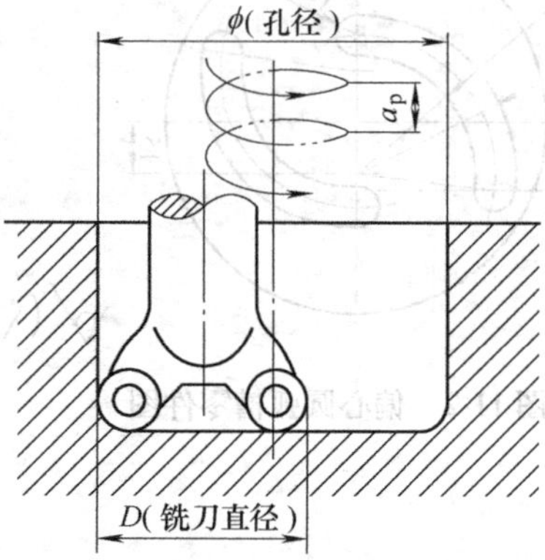


图 11-3　螺旋下刀方式

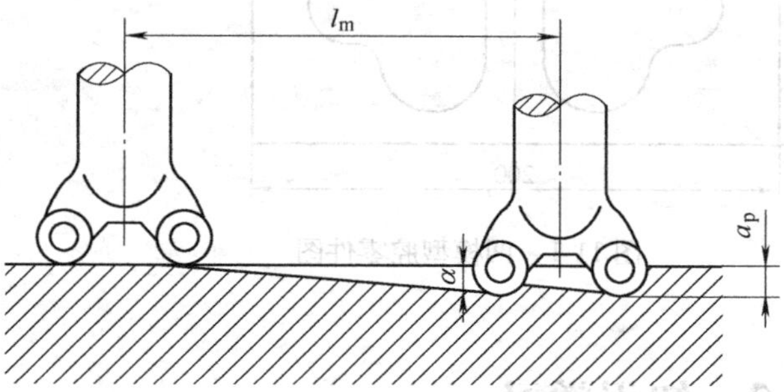


图 11-4　斜线下刀方式

**2. 进给路线**

型腔粗加工（也称挖腔）。挖腔加工一般从中心向四周扩展。

（1）圆腔挖腔　图 11-5 所示为圆腔挖腔粗加工。挖腔时，刀具快速定位到 $R$ 点，从 $R$ 点转入切削进给。先铣一层，切削深度为 $Q$。在一层中，刀具按宽度（行距）$H$ 进刀，按圆弧进给。$H$ 值的选取应小于刀具直径，以免留下残留。依次进刀，直至孔的尺寸。加工完一层后，刀具快速回到孔中心，再轴向进刀（层距），加工下一层，直至到达孔底尺寸 $Z$。最后，快速退刀，离开孔腔。

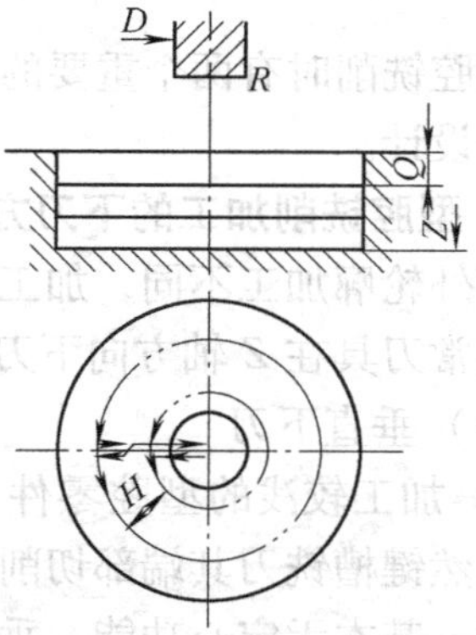


图 11-5　圆腔挖腔粗加工

（2）方腔挖腔　图 11-6 所示为方腔挖腔粗加工。方腔挖腔与圆腔挖腔相似，加工时也是从中心向四周扩展。

（3）不规则形状挖腔　如图 11-7 所示，对于不规则形状的挖腔，编程较规则形状的挖腔要复杂。为简化编程，可先将其沿内轮廓进行加工，再将剩余部分（图中细实线部分）作为无界平面进行铣削加工。由于所剩部分已远离边界，可用方格纸进行近似取值，只要不碰边界即可，这样可以简化编程。

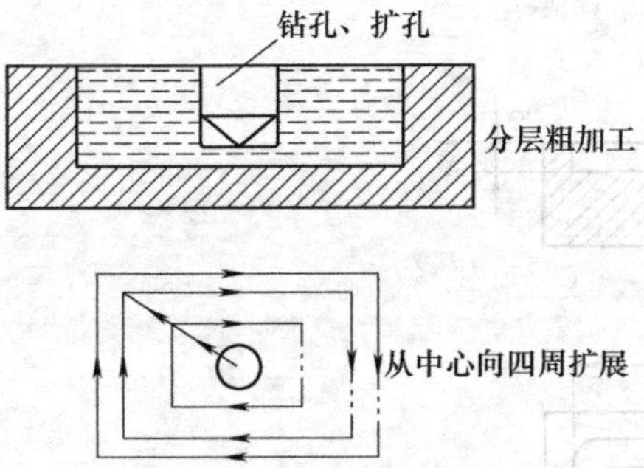


图 11-6　方腔挖腔粗加工

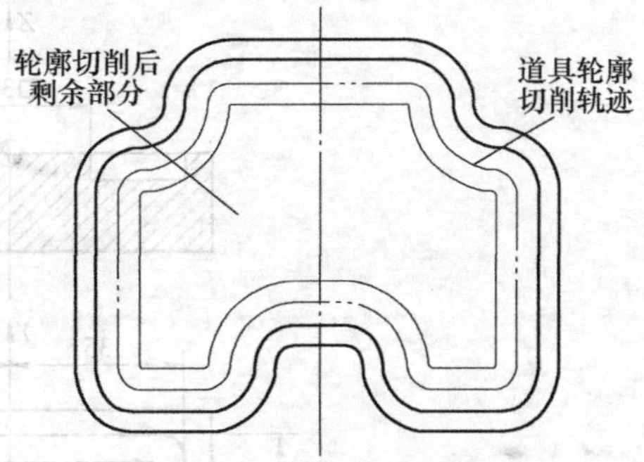


图 11-7　不规则型腔挖腔

（4）带孤岛的形状挖腔　如图 11-8 所示，带孤岛的零件挖腔加工，可将型腔按内轮廓进行加工，再将孤岛按外轮廓进行加工。加工时应注意下列问题：

1）刀具要足够小，尤其用改变刀具半径补偿的方法进行粗、精加工时，保证刀具不碰型腔内轮廓及孤岛外轮廓。

2）有时可能会在孤岛和边槽或两个孤岛之间出现残留，可用手动方法除去。

例如，编程加工图 11-8 所示带孤岛的型腔零件。因型腔内角为 $R5$mm，所以选择 $\phi10$mm 立铣刀。为走刀方便，下刀点选在 $A$ 点（20，－20）并预钻 $\phi10$mm 的孔。用刀具中心编程，铣削程序如下：

```
…
G90   G00   X20.0   Y-20.0;          (定位 A 点)
G00   Z3.0;
G01   Z-5.0   F100;
X30.0   F50
Y30.0;                               (开始铣腔内轮廓)
X-30.0;
Y-30.0;
X20.0;
Y20.0;                               (开始铣孤岛)
X-20.0;
Y-20.0;
X25.0;
Y25.0;                               (开始去残留)
X-25.0;
Y-25.0;
X18.0;
G00   Z200.0   M05;
…
```

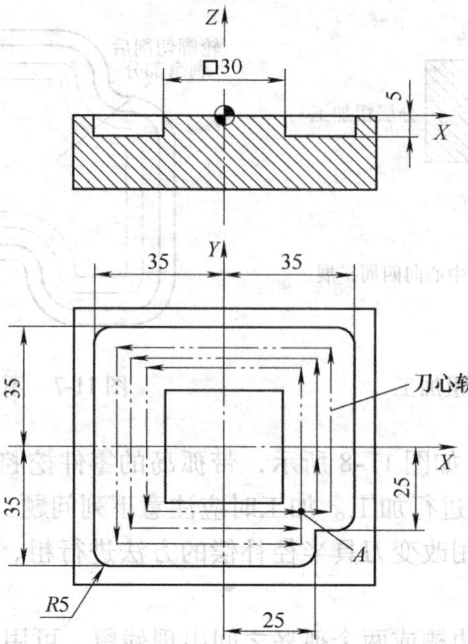


图 11-8　带孤岛的形状挖腔

有的系统已有上述型腔加工过程的宏指令功能，在编程时，可按程序格式指定相应参量，即可完成挖腔加工。也可利用 CAM 编程软件，辅助处理出加工程序。

## 11.2.2　数控系统的相关功能指令

### 1. 子程序调用指令（M98、M99）

有些被加工零件上有多个形状和尺寸都相同的部位，若按通常的编程方法，有些连续程序段在几处完全重复出现。此时，可将重复出现的程序段按一定格式编成子程序存储起来，由主程序调用，以简化编程。

（1）编程格式

1）子程序格式：

O××××；　　子程序号

…

M99；　　子程序结束

2）主程序格式（子程序的调用）：

O××××；　　主程序号

…

M98　P××××　L××××；　　子程序的调用

…

M30；程序结束

式中　M98——子程序的调用指令；

P——指定调用的子程序，后面的 4 位数字为子程序号；

M99——子程序结束指令；

L——用其后面的数字指定重复调用子程序次数，系统允许重复调用次数为9999。

（2）指令使用说明

1）主程序可以调用多个子程序，被调用的子程序也可以调用其他子程序。这种方式称为子程序嵌套。子程序的调用最多可以嵌套4级，如图11-9所示。

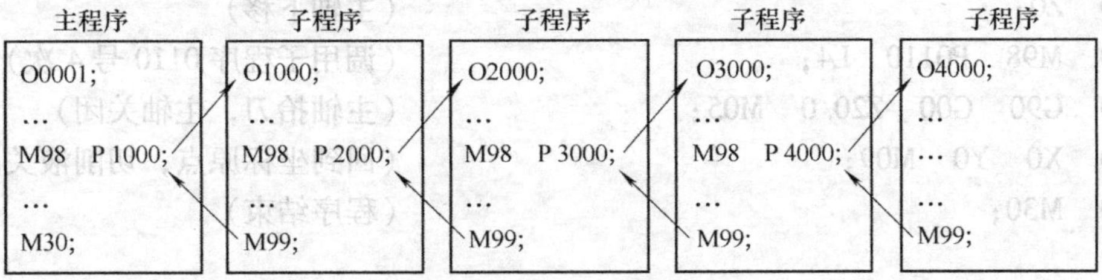


图11-9　子程序嵌套

2）M99不一定要单独使用一个程序段，如下所示也是允许的：

G00　X＿　Y＿　M99；

3）不同的系统中，子程序调用指令的具体格式各不相同。

4）子程序调用指令M98可以与移动指令放在一个程序段中，且如果只调用一次，L项可省略不写，如“G00　X100.0　M98　P0011；”。

（3）子程序的应用　子程序的应用主要有以下三个方面：

1）零件上有若干处相同的轮廓形状时，可以只编写一个轮廓形状的子程序，然后用主程序来调用该子程序。

2）被加工的零件从外形上看并无相同的轮廓，但需要刀具在某一区域分层或分行反复进给，进给路线具有相同的轨迹，采用子程序编程比较方便。此时，通常以增量坐标方式编程。

3）加工中心编写的程序往往包含许多独立的工序，有时工序之间的调整也是允许的。为了优化加工顺序，把每一个独立的工序编成一个子程序，主程序中只有换刀和调用子程序等指令，这是加工中心编程的一个特点。

（4）应用举例　零件如图11-10所示，用$\phi$8mm键槽铣刀加工10mm深的槽，每次$Z$轴下刀2.5mm，试利用子程序编写程序。

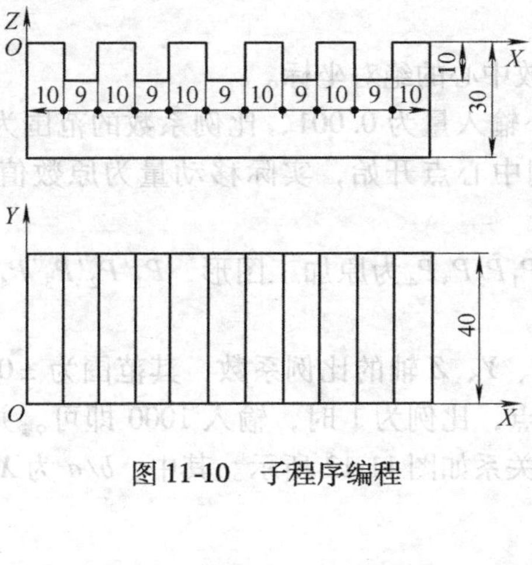


图11-10　子程序编程

程序如下：

```
O0009;                                   (主程序号)
N010  G92  X0  Y0  Z20.0;                (建立工件坐标系)
N020  M03  S800;                         (主轴起动)
N030  G90  G00  X-4.0  Y-5.0  M08;       (快速定位，切削液开)
N040  Z0;                                (主轴下移)
N050  M98  P0110  L4;                    (调用子程序0110号4次)
N060  G90  G00  Z20.0  M05;              (主轴抬刀，主轴关闭)
N070  X0  Y0  M09;                       (回到坐标原点，切削液关闭)
N080  M30;                               (程序结束)

O0110;                                   (子程序号)
G91  G00  Z-2.5;                         (下刀2.5mm)
M98  P0120  L5;                          (调用子程序0120号5次)
G00  X-95.0;                             (X向返回)
M99;                                     (子程序结束)

O0120;                                   (子程序号)
G91  G00  X18.0;                         (X向前进18mm)
G01  Y50.0  F100;                        (沿Y向切削50mm)
G01  X1.0                                (X向前进1mm)
G01  Y-50.0;                             (沿Y向反向切削50mm)
M99;                                     (子程序结束)
```

**2. 比例缩放指令（G50、G51）**

使用G50、G51指令，可使原编程尺寸按指定比例缩小或放大；也可让图形按指定规律产生镜像变换。G51为比例编程指令，G50为撤销比例编程指令。G50、G51均为模态代码。

（1）编程格式

各轴按相同比例缩放：G51 X__ Y__ Z__ P__；

各轴按不同比例缩放：G51 X__ Y__ Z__ I__ J__ K__；

缩放取消：G50。

1）X、Y、Z为比例缩放中心的绝对坐标。

2）P为比例系数，最小输入量为0.001，比例系数的范围为0.001～999.999；该指令以后的移动指令，均从比例中心点开始，实际移动量为原数值的P倍，P值对偏移量无影响。

例如，在图11-11中，$P_1P_2P_3P_4$为原加工图形，$P_1'P_2'P_3'P_4'$为比例编程的图形，$P_0$为比例中心。

3）I、J、K分别对应$X$、$Y$、$Z$轴的比例系数，其范围为±0.001～±9.999。本系统在设定I、J、K时不能带小数点，比例为1时，输入1000即可。并且I、J、K都要输入，不能省略。比例系数与图形的关系如图11-12所示。其中，$b/a$为$X$轴系数；$d/c$为$Y$轴系数；

$O_1$为比例中心。当给定的比例系数为-1时，可获得镜像加工功能。

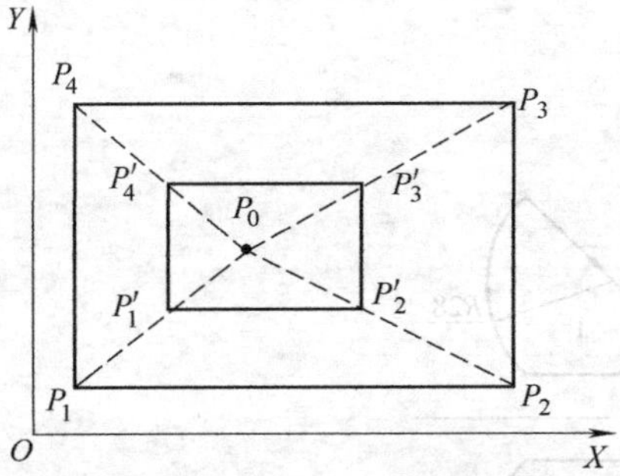


图11-11　各轴按相同比例缩放

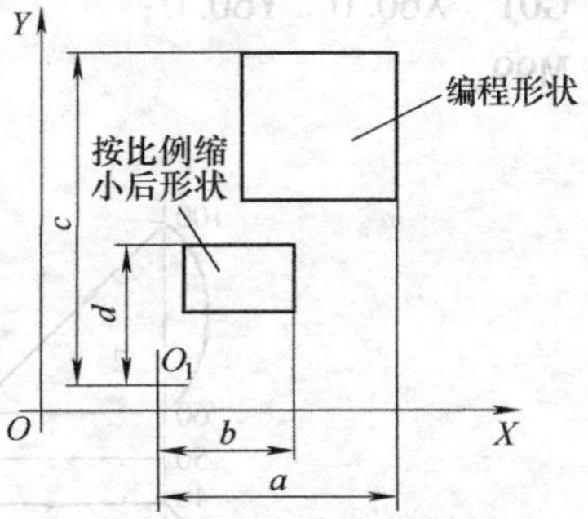


图11-12　各轴按不同比例编程

（2）指令使用说明

1）比例缩放对刀具半径补偿值、刀具长度补偿值和刀具偏置无效。

2）在缩放状态下，不能指定返回参考点的G代码（G27～G30等）和坐标系的G代码（G52～G59，G92等）。若必须指定这些G代码，应在取消缩放功能后指定。

3）位置显示的是比例缩放后的坐标值。

4）当在指定平面有一个轴执行镜像时，其结果是：圆弧指令的旋转方向反向、刀具半径补偿的偏置方向反向、坐标系旋转的旋转角反向。

5）在以下的固定循环中，$Z$轴的移动缩放无效：深孔钻循环（G83、G73）的切入值$Q$和返回值$d$；精镗循环（G76）、背镗循环（G87）中$X$轴和$Y$轴的偏移值$Q$。手动运行时，移动距离不能用缩放功能增减。

（3）应用举例　图11-13所示为镜像功能的应用实例。编程比例系数取为+1000或-1000，设刀具起始点在$O$点，参考程序如下。

主程序：

```
O0010;
N10  G00  G90  X0  Y0;
N20  M98  P9000;
N30  G51  X50.0  Y50.0  I-1000  J1000;
N40  M98  P9000;
N50  G51  X50.0  Y50.0  I-1000  J-1000;
N60  M98  P9000;
N70  G51  X50.0  Y50.0  I1000  J-1000;
N80  M98  P9000;
N90  G50;
N100  M30;
```

子程序：

```
O9000;
N10  G00  G90  X60.0  Y60.0;
N20  G01  X100.0  F100;
```

N30　G03　X100.0　Y100.0　R28；

N40　G01　X60.0　Y60.0；

N50　M99；

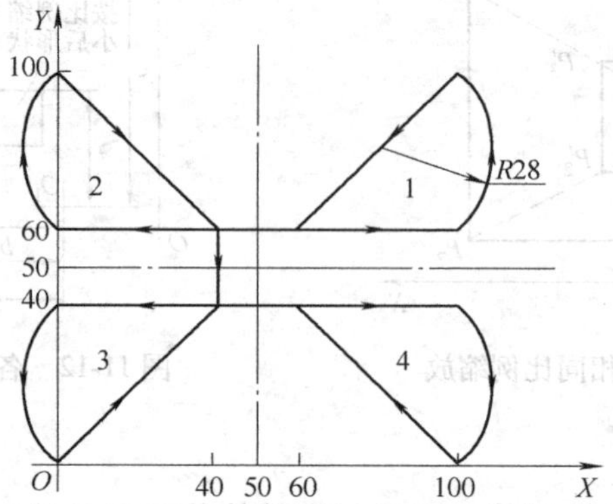


图 11-13　镜像功能实例

**3. 坐标系旋转指令（G68、G69）**

坐标系旋转指令可使编程图形按指定旋转中心及旋转方向旋转一定的角度。G68 表示开始坐标旋转，G69 用于撤销旋转功能。如果工件的形状由许多相同的图形旋转一定角度组成，则可将图形单元编成子程序，然后用主程序的旋转指令调用，这样可简化编程。

（1）编程格式

G68　X__　Y__　R__；　　（设定坐标系旋转）

G69；　　（取消坐标系旋转）

1）X、Y 为旋转中心的坐标值（坐标值可以是 X、Y、Z 中的任意两个，由平面选择指令 G17/G18/G19 确定）。当 X、Y 省略时，G68 指令以当前位置为旋转中心。

2）R 为旋转角度，逆时针旋转定义为正向，顺时针旋转定义为负向。旋转角度范围 −360°～360°，最小角度单位为 0.001°。当 R 省略时，按系统参数确定旋转角度。

（2）指令使用说明

1）当程序在绝对方式下时，G68 程序段后的第一个程序段必须使用绝对方式移动指令，才能确定旋转中心。如果这一程序段为增量方式移动指令，那么系统将以当前位置为旋转中心，按 G68 给定的角度旋转坐标。

以图 11-14 所示为例，应用旋转指令编写零件轮廓的加工程序如下：

N10　G92　X−5.0　Y−5.0；

N20　G68　G90　X7.0　Y3.0　R60.0；

N30　G90　G01　X0　Y0　F200；

N40　G91　X10.0；

N50　G02　Y10.0　R10.0；

N60　G03　X−10.0　I−5.0　J−5.0；

N70　G01　Y−10.0；

N80　G69　G90　X−5.0　Y−5.0；

N90　M02；

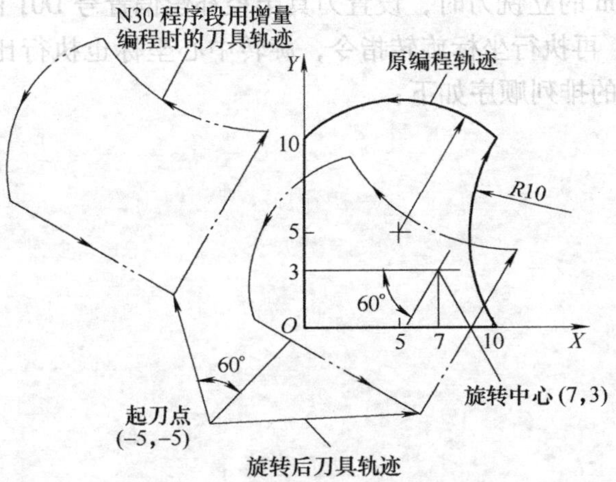


图 11-14　坐标系的旋转

2）坐标系旋转功能与其他功能的旋转平面一定要包含在刀具半径补偿平面内。

以图 11-15 所示为例，应用旋转指令并采用刀具半径补偿功能，编写所示零件轮廓的加工程序如下：

```
N10  G92  X0  Y0;
N20  G68  R-45.0;
N30  G42  G90  X10.0  Y10.0  F100  D01;
N40  G91  X30.0;
N50  G02  Y30.0  R30;
N60  G03  X-30.0  I-15.0  J-15.0;
N70  Y-30.0;
N80  G69  G40  G90  X0.  Y0.;
N90  M02;
```

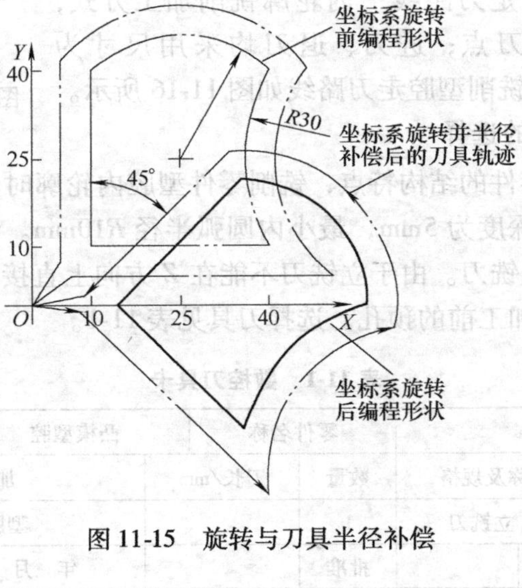


图 11-15　旋转与刀具半径补偿

当选用半径为 $R5$mm 的立铣刀时，设置刀具半径补偿偏置号 D01 的数值为 5。

3）在比例模式时，再执行坐标旋转指令，旋转中心坐标也执行比例操作，但旋转角度不受影响，这时各指令的排列顺序如下：

G51…

G68…

G41/G42…

G40…

G69…

G50…

# 11.3　项目实施

## 11.3.1　凹模型腔零件的工艺设计与编程

### 1. 工艺分析

（1）零件图分析　如图 11-1 所示，凹模型腔为四个对称的心形凹槽，可以考虑用镜像功能进行加工。45 钢加工性能较好，采取粗、精加工工序保证表面粗糙度要求。此零件图样标注尺寸齐全，型腔深度用深度游标卡尺测量，圆弧用半径规测量，表面质量用粗糙度对比块检测。

（2）选择加工设备　平面腔体零件的数控铣削加工一般选用两轴以上联动的数控铣床。选择加工设备时首先要考虑的是零件的外形尺寸和重量，使其在铣床的允许加工范围以内；其次要考虑数控铣床的精度能否满足腔体零件的设计要求。

（3）确定装夹方案　以工件底面定位，用百分表打表找正凹模板方向，使凹模板侧面与 $X$ 轴导轨方向平行，找正工件在工作台上的位置，用螺钉、压板把工件夹紧在工作台上。

（4）确定加工顺序及走刀路线　内轮廓铣削加工方式，$R20$mm 圆弧的圆心为下刀点；进刀、退刀均采用尺寸为 $R10$mm 的四分之一圆弧；铣削型腔走刀路线如图 11-16 所示。

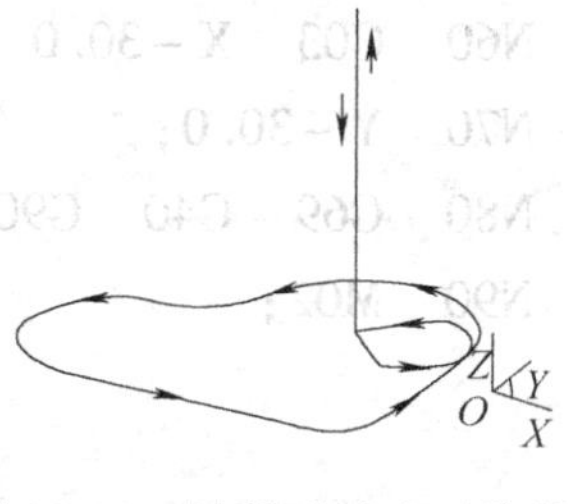

图 11-16　铣削型腔走刀路径

（5）刀具及切削用量的选择

1）确定刀具。根据零件的结构特点，铣削零件型腔内轮廓时，铣刀直径受型腔内圆角尺寸的限制，该工件型腔深度为 5mm，最小内圆弧半径 $R10$mm。综上所述，粗加工和精加工均选用 $\phi10$mm 高速钢立铣刀。由于立铣刀不能在 $Z$ 方向上直接下刀，所以铣削腔体之前要用键槽刀加工出立铣刀加工前的预孔。选择刀具见表 11-1。

表 11-1　数控刀具卡

| 产品名称或代号 | | | 零件名称 | | 凸模型腔 | | 零件图号 | 图 11-1 |
|---|---|---|---|---|---|---|---|---|
| 序号 | 刀具号 | 刀具名称及规格 | 数量 | 刀长/mm | 加工表面 | | | 备注 |
| 1 | T0101 | $\phi10$mm 立铣刀 | 1 | | 型腔内轮廓 | | | $z=4$ |
| 编制 | | 审核 | 批准 | | 年　月　日 | | 共　页 | 第　页 |

2）确定切削用量。型腔加工时留0.3mm精铣余量、0.2mm底余量。确定主轴转速与进给速度时，先查表8-2、表8-3（或切削用量手册），确定每齿进给量与切削速度，然后利用式（8-1）计算进给速度，利用式（8-2）计算主轴转速 $n$。其切削用量见表11-2。

**表11-2　切削用量表**

| 加工内容 | 切削速度/（m/min） | 主轴转速/（r/min） | 每齿进给量/（mm/z） | 进给速度/（mm/min） | 侧吃刀量/mm |
|---|---|---|---|---|---|
| 粗铣内腔、腔底面 | 15 | 480 | 0.1 | 190 | |
| 精铣内腔、腔底面 | 25 | 800 | 0.05 | 160 | 0.3 |

（6）编制数控加工工序卡　加工工序卡见表11-3。

**表11-3　数控加工工序卡**

<table>
<tr><td colspan="4" rowspan="2">（加工工序图）</td><td colspan="2">产品名称</td><td colspan="2">零件名称</td><td>零件图号</td></tr>
<tr><td colspan="2"></td><td colspan="2">凹模型腔</td><td>图11-1</td></tr>
<tr><td>工序号</td><td>程序编号</td><td colspan="2">夹具名称</td><td colspan="2">夹具编号</td><td colspan="2">使用设备</td><td>车间</td></tr>
<tr><td>001</td><td>O1101</td><td colspan="2"></td><td colspan="2"></td><td colspan="2"></td><td>×××</td></tr>
<tr><td rowspan="2">工步号</td><td rowspan="2">工步内容</td><td colspan="3">切削用量</td><td colspan="2">刀具</td><td rowspan="2">量具名称</td><td rowspan="2">备注</td></tr>
<tr><td>主轴转速/（r/min）</td><td>进给速度/（mm/min）</td><td>背吃刀量/mm</td><td>编号</td><td>名称</td></tr>
<tr><td>1</td><td>粗铣内轮廓留侧余量0.3mm，底余量0.2mm</td><td>480</td><td>190</td><td>5</td><td>T01</td><td>ϕ10mm立铣刀</td><td>深度游标尺、半径规</td><td>自动</td></tr>
<tr><td>2</td><td>精铣内轮廓达图样要求</td><td>800</td><td>160</td><td>5</td><td>T01</td><td>ϕ10mm立铣刀</td><td>深度游标尺、半径规</td><td>自动</td></tr>
<tr><td>3</td><td>检测、校核</td><td></td><td></td><td></td><td></td><td></td><td></td><td></td></tr>
<tr><td>编制</td><td>审核</td><td></td><td>批准</td><td></td><td></td><td>年　月　日</td><td>共1页</td><td>第1页</td></tr>
</table>

**2. 编制加工程序**

运用镜像、调用子程序、半径补偿等功能进行程序编制。工件坐标如图11-17所示，$Z$ 向零点在工件上表面上。通过几何计算（略）可得图中各基点的坐标为：1（11，52.7），2（50.753，55.836），3（61.702，47.415），4（63.3，17.5），5（21，17.5），6（11，27.5）。

数控加工程序O1101见表11-4。表中是粗加工程序，刀具半径补偿值D01设为5.3mm，保证内轮廓0.3mm的留侧余量；铣刀底面对刀 $Z=0$（工件表面），刀具长度补偿值H01设为0.2mm，保证0.2mm的底余量。精加工基本不需改变源程序，只需将D01改设为5.0mm，H01改设为0；并将主轴转速改为S800，进给速度改为F160。

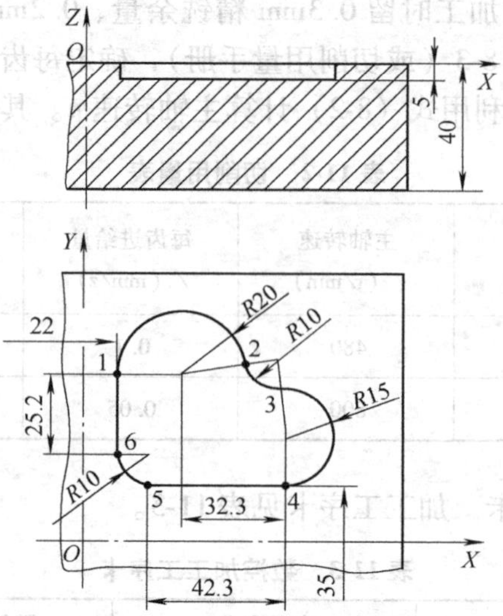


图 11-17　凹模板编程基点

**表 11-4　凹模型腔数控加工程序单**

| 零件号 | | 零件名称 | 凹模型腔 | 编程原点 | 工件顶面中心 |
|---|---|---|---|---|---|
| 程序号 | O1101 | 数控系统 | FANUC 0i　Mate – MC | 编制 | |

| 程序 | 说明 |
|---|---|
| O1101; | 主程序 |
| N010　G90　G54　G00　Z50. 0; | 设定工件坐标系，快速到安全高度 |
| N020　M03　S480; | 起动主轴 |
| N030　M98　P0001; | 调用子程序 O0001 执行一次，切削上右型腔 |
| N040　G51　X0.　Y0.　I –1000　J1000; | Y 轴镜像 |
| N050　M98　P0001; | 调用子程序 O0001 执行一次，切削上左型腔 |
| N060　G51　X0.　Y0.　I –1000　J –1000; | X/Y 轴镜像 |
| N070　M98　P0001; | 调用子程序 O0001 执行一次，切削下左型腔 |
| N080　G51　X0.　Y0.　I1000　J –1000; | X 轴镜像 |
| N090　M98　P0001; | 调用子程序 O0001 执行一次，切削下右型腔 |
| N100　G90　G00　Z60. 0; | 快速移动到初始平面 |
| N110　G50; | 结束镜像 |
| N120　X0.　Y0.; | 刀具回到起始点 |
| N130　M05; | 主轴停转 |
| N140　M30; | 程序结束 |
| O0001; | 子程序 |
| N010　G00　X31. 0　Y52. 7; | 快速到下刀点（R20mm 圆心）， |
| N020　G43　Z2. 0　H01; | 快速移动到 R 面，刀具长度正补偿 |
| N030　G01　Z –5.　F190; | 切削下刀至底，进给速度为 190mm/min |
| N040　G42　X21. 0　Y42. 7　D01; | 建立刀具半径右补偿 |
| N050　G02　X11. 0　Y52. 7　R10. 0; | 沿四分之一顺圆弧轨迹进刀，入型腔到达 1 点 |
| N060　G02　X50. 753　Y55. 836　R20. 0; | 圆弧切削（1 点—2 点） |

（续）

| 零件号 | | 零件名称 | 凹模型腔 | 编程原点 | 工件顶面中心 |
|---|---|---|---|---|---|
| 程序号 | O1101 | 数控系统 | FANUC 0i　Mate－MC | 编制 | |
| 程序 | | | 说明 | | |
| N070　G03　X61.702　Y47.415　R10.0； | | | 逆圆，切削（2点—3点） | | |
| N080　G02　X63.3　Y17.5　R15.0； | | | 顺圆（3点—4点） | | |
| N090　G01　X21.0； | | | 直线切削（4点—5点） | | |
| N100　G02　X11.0　Y27.5　R10.0； | | | 顺圆插补（5点—6点） | | |
| N110　G01　Y52.7； | | | 直线切削（6点—1点） | | |
| N120　G02　X21.0　Y62.7　R10.0； | | | 沿四分之一顺圆弧轨迹退刀，切出型腔立面 | | |
| N130　G40　G01　X31.0　Y52.7； | | | 取消半径补偿，在*XY*面回到下刀点位置 | | |
| N140　G49　Z2.0； | | | 回到R面，取消长度补偿 | | |
| N150　G00　Z50.； | | | 快速回到安全高度 | | |
| N160　M99； | | | 子程序结束，返回到主程序 | | |

## 11.3.2　偏心圆弧槽零件的工艺设计与编程

### 1. 加工工艺分析

（1）零件图工艺分析　如图11-2所示的平底偏心圆弧槽零件，两圆弧槽位置交角180°，可以考虑用坐标系旋转功能进行编程加工。

（2）确定装夹方案　采用自定心卡盘装夹工件。

（3）确定加工顺序及进给路线　采用内廓分层环切方式，每层切削深度为1mm。

（4）刀具及切削用量的选择

1）确定刀具。选用$\phi$12mm高速钢键槽铣刀。选择刀具见表11-5。

**表11-5　数控刀具卡**

| 产品名称或代号 | | | | 零件名称 | | 平底偏心圆弧槽 | 零件图号 | | 图11-2 |
|---|---|---|---|---|---|---|---|---|---|
| 序号 | 刀具号 | 刀具名称及规格 | | 数量 | 刀长/mm | 加工表面 | | | 备注 |
| 1 | T0101 | $\phi$12mm立铣刀 | | 1 | | 偏心圆弧槽 | | | $z=4$ |
| 编制 | | 审核 | | 批准 | | 年　月　日 | | 共　页 | 第　页 |

2）确定切削用量。圆弧槽加工公差等级和表面粗糙度要求不高，可用键槽铣刀一次加工完成。确定主轴转速与进给速度时，先查表8-2、表8-3（或切削用量手册），确定每齿进给量与切削速度，然后利用式（8-1）计算进给速度，利用式（8-2）计算主轴转速$n$。其切削用量见表11-6。

**表11-6　切削用量表**

| 加工内容 | 切削速度/（m/min） | 主轴转速/（r/min） | 每齿进给量/（mm/z） | 进给速度/（mm/min） | 背吃刀量/mm |
|---|---|---|---|---|---|
| 铣圆弧槽 | 15 | 400 | 0.1 | 160 | 1 |

（5）工艺文件的编制　加工工序卡见表 11-7。

**表 11-7　数控加工工序卡**

| | | | | | | | | |
|---|---|---|---|---|---|---|---|---|
| （加工工序图） | | | 产品名称 | | 零件名称 | | 零件图号 | |
| | | | | | 平底编心圆弧槽 | | 图 11-2 | |
| 工序号 | 程序编号 | 夹具名称 | | 夹具编号 | 使用设备 | | 车间 | |
| 001 | O1102 | | | | | | | |
| 工步号 | 工步内容 | 切削用量 | | | 刀具 | | 量具名称 | 备注 |
| | | 主轴转速 /（r/min） | 进给速度 /（mm/min） | 背吃刀量 /mm | 编号 | 规格 | | |
| 1 | 铣偏心圆弧槽达图样要求 | 400 | 160 | 1 | T01 | $\phi$12mm 高速钢键槽铣刀 | 游标卡尺、深度游标尺 | 自动 |
| 2 | 检测、校核 | | | | | | | |
| 编制 | | 审核 | | 批准 | | 年　月　日 | 共 1 页 | 第 1 页 |

**2. 编制加工程序**

工件坐标如图 11-18 所示，*Z* 向零点在工件上表面上。通过几何计算（略）可得图中基点的坐标为：1（0，25），2（－39.686，－20）。运用坐标系旋转、调用子程序方式进行加工程序编制。数控加工程序 O1102 见表 11-8。

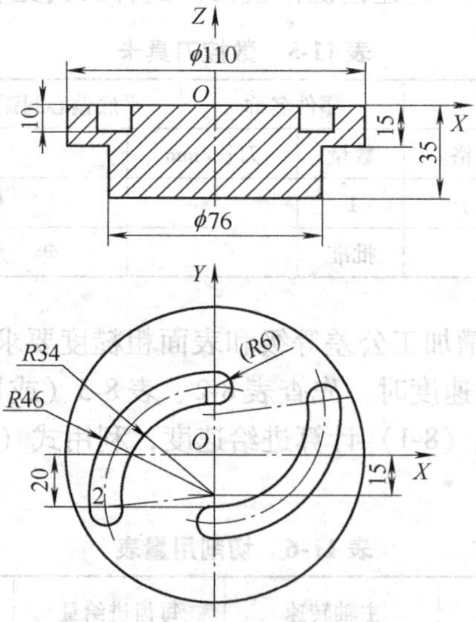


图 11-18　偏心圆弧槽工件坐标

表 11-8　偏心圆弧槽数控加工程序单

| 零件号 | | 零件名称 | 平底偏心圆弧槽 | 编程原点 | 工件顶面几何中心 |
|---|---|---|---|---|---|
| 程序号 | O1102 | 数控系统 | FANUC 0i　Mate - MC | 编制 | |

| 程序 | 说明 |
|---|---|
| O1102; | 主程序名 |
| N10　G54　G90　G17　G00　Z60.　M03　S400; | 设定工件坐标系，快速移动到初始平面，起动主轴 |
| N20　G98　P0001; | 调子程序 O0001，执行一次 |
| N30　G90　G68　X0.　Y0.　R180.; | 坐标系旋转，旋转中心（0，0），角度位移（180°） |
| N40　M98　P0001; | 调子程序 O0001，执行一次 |
| N50　G69　G00　X0　Y0　Z60.; | 取消坐标系旋转，快速回到起始点 |
| N60　M05; | 主轴停 |
| N70　M30; | 程序结束 |
| O0001; | 子程序名 |
| N10　G90　G00　X0.　Y25.; | 在初始平面上快速定位于（0，25） |
| N20　Z2.; | 快速下刀，到 R 面 |
| N30　G01　Z0.　F160; | 切削到工件上表面 |
| N40　M98　P0002　L5; | 调子程序 O0002，执行 5 次 |
| N50　G90　G01　Z60.; | 退到初始平面 |
| N55　G00　Z60; | 回到起始点 |
| N60　X0.　Y0.; | |
| N70　M99; | 子程序结束，返回到主程序 |
| O0002; | 子程序名 |
| N10　G91　G01　Z-1.0　F50; | 增量坐标编程，切入工件 1mm，进给速度 50mm/min |
| N20　G90　G03　X-39.686　Y-20.　R40.　F160; | 切削圆弧槽 |
| N30　G91　G01　Z-1.0　F50; | 增量坐标编程，切入工件 1mm |
| N40　G90　G02　X0.　Y25.　R40.　F160; | 切削圆弧槽 |
| N50　M99; | 子程序结束 |

## 11.4　项目实训

### 11.4.1　实训任务

**1. 实训内容**

如图 11-19 所示的凹模型腔零件，单件生产，材料为 45 钢，毛坯尺寸 $\phi$125mm × 30mm，外表面已经过车削加工。要求分析零件的加工工艺，填写工艺文件，编写零件的加工程序，并在数控铣床上完成该零件的加工。

**2. 实训目的**

1）掌握型腔零件的工艺分析与数控编程。

2）掌握型腔零件的数控加工。

**3. 实训准备**

1）数控铣床 1 台，4 个切削刃的平底铣刀（直径 $\phi$16mm，切削刃长 9mm）一把。

2）尺寸为 $\phi$125mm×30mm，材料硬铝毛坯一块。

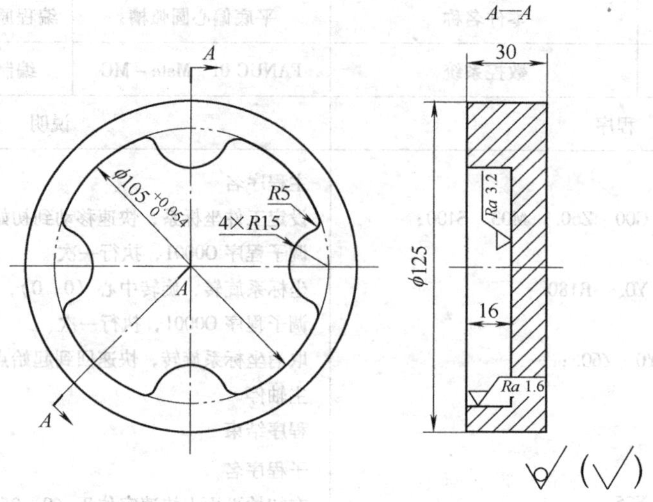


图 11-19　凹模型腔零件图

3）寻边器和 Z 轴设定器各一个。

4）自定心卡盘一个，游标卡尺、内径千分尺量具各一把。

5）机床说明书。

**4. 实训报告内容**

（1）工艺分析、工艺参数选择、工艺文件编制。

（2）数控程序编制。

（3）实训体会。

（4）填写实训评分表　实训评分表见表 11-9。

**表 11-9　实训评分表**

| 班级 | | 姓名 | | 学号 | | |
|---|---|---|---|---|---|---|
| 课题 | | 凹模型腔零件加工 | | 零件编号 | | 图 11-19 |
| 基本检查 | | 序号 | 检测项目 | 配分 | 学生自评 | 教师评分 |
| | 编程 | 1 | 切削工艺制订正确 | 5 | | |
| | | 2 | 切削用量选择合理 | 5 | | |
| | | 3 | 程序正确、简单、规范 | 5 | | |
| | 操作 | 4 | 设备操作、维护保养正确 | 5 | | |
| | | 5 | 安全、文明生产 | 5 | | |
| | | 6 | 刀具选择、安装正确、规范 | 5 | | |
| | | 7 | 工件找正、安装正确、规范 | 5 | | |
| 工作态度 | | 8 | 行为规范、纪律表现好 | 5 | | |
| 型腔 | | 9 | $\phi105^{+0.054}_{0}$mm | 15 | | |
| | | 10 | 16mm | 10 | | |

（续）

| 班级 | | 姓名 | | 学号 | |
|---|---|---|---|---|---|
| 课题 | | 凹模型腔零件加工 | 零件编号 | | 图 11-19 |
| 圆角 | 11 | $R15$mm | 10 | | |
| | 12 | $R5$mm | 10 | | |
| 表面粗糙度 | 13 | $Ra1.6\mu m$（周边） | 10 | | |
| | 14 | $Ra3.2\mu m$（底面） | 5 | | |
| 综合得分 | | | 100 | | |

## 11.4.2 实训指导

**1. 技术要点**

1）由于工件几何图形对称于坐标轴，可以将第一象限的图形加工编制成子程序，然后主程序采用坐标系旋转功能或镜像功能调用子程序。

2）由于工件尺寸精度和表面粗糙度要求较高，所以要分粗、精加工工序。精加工余量靠刀具半径补偿和刀具长度补偿控制。必要时，可以在粗加工后，测量工件余量，调整补偿值，以满足加工公差等级要求。

**2. 实训步骤**

1）工艺分析。选择刀具与工艺参数，填写数控加工刀具卡，确定装夹方式，填写数控工序卡。

2）编写数控加工程序。

3）数控加工。

①加工准备。检查毛坯尺寸。数控系统开机，各轴回参考点。安装自定心卡盘并装夹工件，调整好位置。

②对刀、安装刀具。确定编程坐标系原点。用寻边器寻找工件 $\phi125$mm 外圆轴线，使主轴与 $\phi125$mm 外圆轴线重合，在界面上显示出 $XY$ 面工件原点相对机床原点的偏移值，再用 $Z$ 轴设定器确定 $Z$ 向原点位置，测出 $Z$ 向工件原点相对机床原点的偏移值。将工件原点偏置值输入到坐标系存储地址 G54 中。

③输入程序及仿真。输入程序，并对输入的程序进行空运行或轨迹仿真，以检测程序是否正确。

④零件自动加工及尺寸控制。零件自动加工：打开程序，选择 AUTO 工作模式，调好进给倍率，按数控启动按钮进行自动加工。

精加工前要停机测量，补偿后再进行精加工。

4）测量。选用合适的量具进行检测。检测结果填入实训评分表 11-9。

5）加工结束，清理机床与场地。

## 习 题

**一、选择题**

1. 有些零件需要在不同的位置重复加工同样的轮廓形状，应采用（　　）

A. 比例加工功能　　B. 镜像加工功能
C. 旋转功能　　D. 子程序调用功能

2. 数控铣床的 G41/G42 指令是对（　　）进行补偿。
A. 刀尖圆弧半径　　B. 刀具半径
C. 刀具长度　　D. 刀具角度

3. 铣削凹模型腔平面封闭内轮廓时，刀具只能沿轮廓曲线的法向切入或切出，刀具的切入切出点应选在（　　）。
A. 圆弧位置　　B. 直线位置
C. 两几何元素交点位置　　D. 不确定

4. 铣削型腔时一般选用（　　）。
A. 钻头　　B. 立铣刀
C. 键槽铣刀　　D. 球头刀

5. 铣削平面零件的外表面轮廓时，常采用沿零件轮廓曲线的延长线切向切入和切出零件表面，以便（　　）。
A. 提高效率　　B. 减少刀具磨损
C. 提高精度　　D. 保证零件轮廓光滑

## 二、问答题

1. 型腔铣削加工有哪些下刀方式？它们各有什么特点？
2. 带孤岛的型腔零件如何进行挖腔加工？加工时应注意哪些问题？
3. 一般在什么情况下使用子程序？

## 三、实训题

1. 如图 11-20 所示，要求分析 B 字槽零件的加工工艺，编制零件的数控加工程序，并完成零件的加工。已知毛坯为 70mm × 70mm × 10mm 板材，材料为 45 钢，6 个外表面已加工。

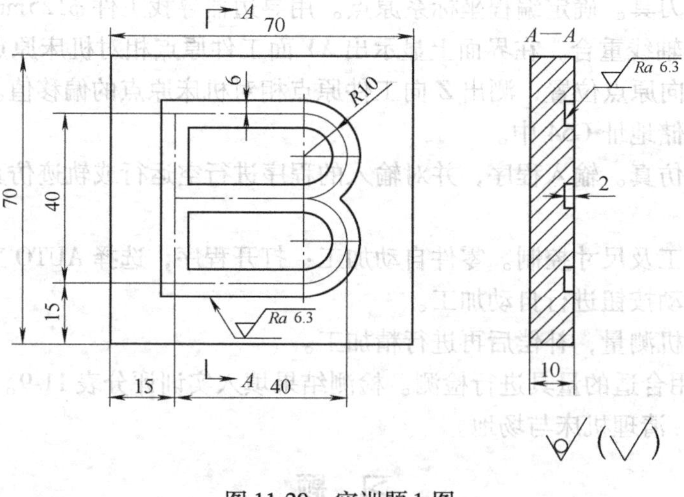


图 11-20　实训题 1 图

2. 图 11-21 所示零件，已知毛坯为 80mm × 80mm × 20mm，材料为 45 钢，6 个外表面已加工。试分析零件的加工工艺，编写数控铣削加工程序，并完成零件的加工。

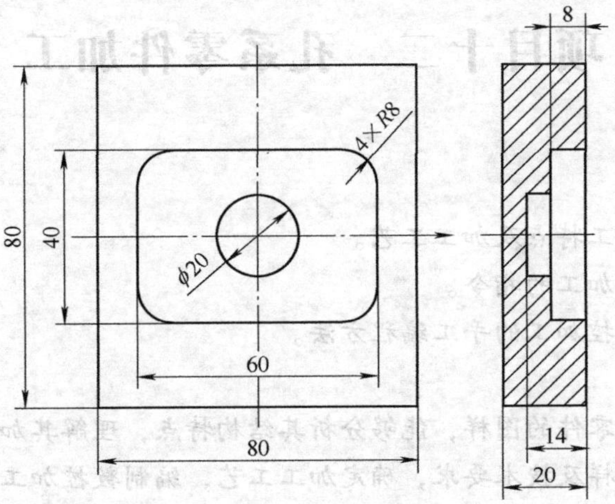


图 11-21　实训题 2 图

# 项目十二　孔系零件加工

【知识目标】

1. 掌握零件孔的加工特点及加工工艺。
2. 掌握数控铣床孔加工的指令。
3. 掌握孔系零件数控加工的手工编程方法。

【能力目标】

1. 根据待加工孔系零件的图样，能够分析其结构特点，理解其加工技术要求。
2. 能够根据零件图样及技术要求，确定加工工艺，编制数控加工工艺文件。
3. 能够正确运用数控加工指令，编制出加工程序。能正确运用数控系统仿真软件校验编写的数控加工程序，并加工零件。

## 12.1　项目导入

图 12-1 所示为一端盖零件。零件毛坯为砂型铸件，材料为 HT200（铸铁），硬度为 180HBW。

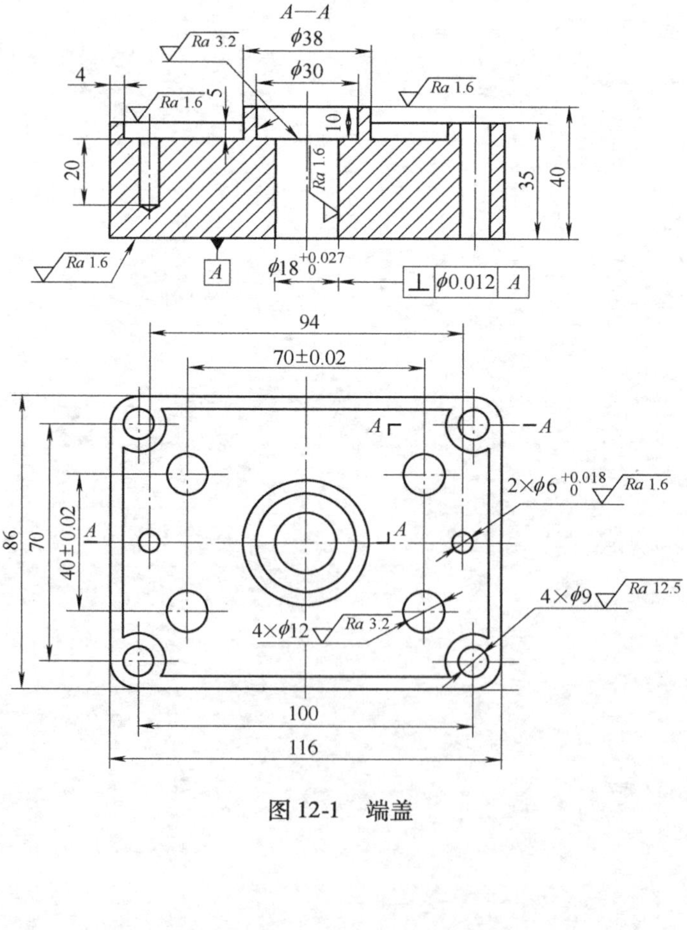


图 12-1　端盖

前道工序已完成零件的外形加工，本工序只需加工零件上的孔。要求分析零件的加工工艺，编制零件的数控加工工艺文件和数控加工程序。

数控铣床能快速定位平面内的点位，所以利用数控铣床加工零件上的孔系是一种非常好的选择。数控系统设置有进行孔加工的固定循环指令，可以完成钻孔、镗孔、深孔钻削及攻螺纹孔等不同工艺的加工。通过本项目的学习，掌握孔加工固定循环指令用法，掌握零件孔系的加工工艺和编程方法。

## 12.2　知识学习

### 12.2.1　孔加工工艺

在机械加工中，孔的加工工艺较多，如钻孔、镗孔、铰孔、攻螺纹孔及深孔加工等，可以选择不同的机床来完成这些加工任务。数控铣床或加工中心是常被用来进行孔加工的机床。从机床的工艺适应性方面来看，数控铣床也很适合作为零件的孔加工机床。

**1. 孔加工常用刀具**

（1）钻孔刀具　钻孔一般作为扩孔、铰孔前的粗加工或螺纹底孔加工，数控铣床或加工中心常用的钻孔刀具是麻花钻、中心孔钻、可转位浅孔钻和扩孔钻等。

1）麻花钻。麻花钻的加工公差等级一般在 IT12 左右，表面粗糙度值一般为 $Ra12.5\mu m$。麻花钻按钻头的柄部分类有莫氏锥柄麻花钻和直柄麻花钻，如图 12-2 所示。其中，直柄一般用于小直径的钻头，锥柄用于大直径的钻头。按刀具材料分类，麻花钻头有高速钢钻头和硬质合金钢钻头。

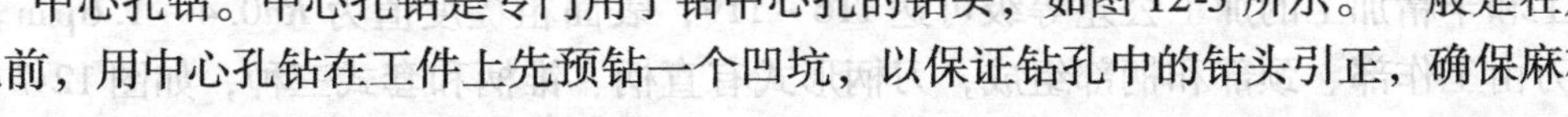

a)　　b)

图 12-2　麻花钻

a）直柄麻花钻　b）莫氏锥柄麻花钻

2）中心孔钻。中心孔钻是专门用于钻中心孔的钻头，如图 12-3 所示。一般是在用麻花钻钻孔前，用中心孔钻在工件上先预钻一个凹坑，以保证钻孔中的钻头引正，确保麻花钻的定位。

3）可转位浅孔钻。可转位浅孔钻的刀体头部装有一组可转位的硬质合金刀片，如图 12-4所示，刀体上有内冷却通道及排屑槽。其直径一般为 $\phi20\sim60mm$，可加工长径比小于 3 的孔。这种钻头的切削效率和加工质量都比麻花钻好，最适合箱体零件的钻孔加工。



图 12-3　中心孔钻

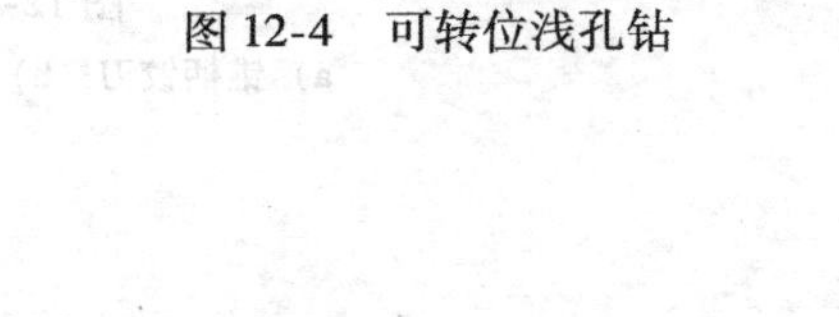

图 12-4　可转位浅孔钻

4）扩孔钻。扩孔钻用于在已有孔的基础上进行扩孔加工。扩孔钻具有较多的切削刃，一般有3~4个切削刃，如图12-5所示。由于切削刃多，因此具有较好的加工导向性，对预置孔的形状误差和轴线歪斜有一定的修正能力。扩孔的加工公差等级可达IT10，表面粗糙度值可达*Ra*3.2~6.3μm。

a)　　b)

图12-5　扩孔钻

a）直柄扩孔钻　b）锥柄扩孔钻

（2）镗孔刀具　镗孔是使用镗孔刀具对已成形的孔进一步加工的方法，可以镗通孔、不通孔、阶梯孔，可加工平行孔系、同轴孔系。粗加工公差等级可达到IT11~IT13，表面粗糙度值为*Ra*6.3~12.5μm；半精镗的精度可达IT9~IT10，表面粗糙度值为*Ra*1.6~3.2μm；精镗的精度可达到IT6，表面粗糙度值为*Ra*0.1~0.4μm。

镗孔刀具一般有单刃镗刀、双刃镗刀和微调镗刀，如图12-6所示。单刃镗刀结构简单，通用性好，但刚性较差，易发生振动；双刃镗刀在其镗杆上安装有一对对称的切削刃，增加了镗刀的刚性，调刀也方便，但切削刃小，刃磨次数有限；微调镗刀具有可精确调整刀片径向位置的调整机构。

a)　　b)

图12-6　镗刀

a）双刃镗刀　b）微调镗刀（单刃）

（3）铰孔刀具　铰孔是使用铰刀对已加工孔进行微量切削，其加工公差等级较高，一般精加工和半精加工的加工公差等级可达IT6~IT9，表面粗糙度值为*Ra*0.4~1.6μm。标准机用铰刀由工作部、颈部和柄部组成，刀柄形式有直柄、锥柄和套式三种，如图12-7所示。

a)　b)　c)

图12-7　机用铰刀

a）锥柄铰刀　b）直柄铰刀　c）套式铰刀

铰孔的加工公差等级较高，常用于孔的半精加工和精加工，铰孔余量不宜留得过大，对于不同孔径的铰孔余量参见表12-1。

表12-1　孔径与铰孔余量（直径值）

| 孔径/mm | <$\phi$8 | $\phi$8~21 | $\phi$21~32 | $\phi$32~50 | $\phi$51~70 |
|---|---|---|---|---|---|
| 铰孔余量/mm | 0.1~0.2 | 0.15~0.25 | 0.2~0.3 | 0.25~0.35 | 0.25~0.35 |

使用铰刀进行加工时，要合理选择切削液，在钢材上铰孔宜选择乳化液冷却，在铸铁件上铰孔用煤油冷却效果较好。

（4）丝锥　丝锥是用于加工各种中、小尺寸内螺纹的刀具，有机用和手用之分。数控机床采用机用丝锥加工螺纹孔，如图12-8所示。丝锥分直槽丝锥、螺旋槽丝锥和螺尖丝锥。其中，直槽丝锥加工公差等级稍低，切削速度较慢；螺旋槽丝锥加工公差等级高，排屑较好，对中性好，切削速度较快；螺尖丝锥就是先端丝锥，适用于通孔螺纹加工，向下排屑。

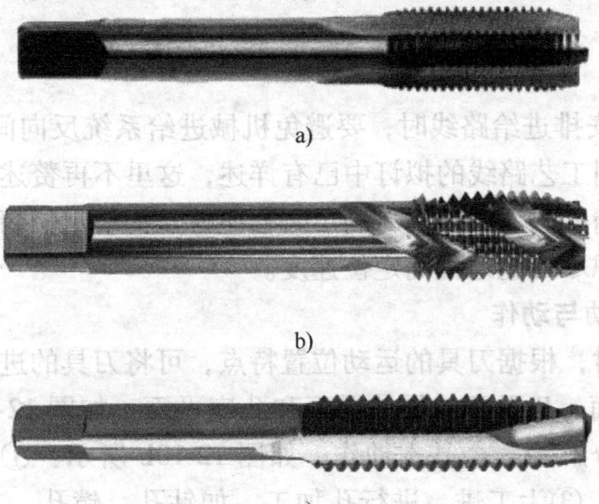

a)

b)

c)

图12-8　机用丝锥

a）直槽丝锥　b）螺旋槽丝锥　c）螺尖丝锥

**2. 孔加工的常用方法**

（1）大直径孔的加工　大直径孔可采用圆弧插补方式进行铣削加工，孔径较大的可采用立铣刀粗铣→精铣加工方案。对于直径大于$\phi$30mm的已铸出或锻出的毛坯孔加工，一般采用粗镗→半精镗→孔口倒角→精镗的加工方案。

孔中有空刀槽时，可用锯片铣刀在孔半精镗之后、精镗之前铣削完成，也可用镗刀进行单刀镗削，但单刀镗削效率较低。

（2）小直径孔的加工　对于直径小于$\phi$30mm无底孔的孔加工，通常采用锪平端面→钻中心孔→钻孔→扩孔→孔口倒角→铰孔的加工方案。对有同轴度要求的小孔，需采用锪平端面→钻中心孔→钻孔→半精镗→孔口倒角→精镗（或铰）加工方案。

**3. 孔加工定位路线的确定**

孔加工时，一般是首先将刀具在$XY$平面内快速定位运动到孔中心线的位置上，然后刀具再沿$Z$向（轴向）运动进行加工。确定孔加工的定位路线，要求定位迅速、准确。

（1）定位要迅速　在刀具不与工件、夹具和机床碰撞的前提下空行程时间尽可能短。此内容在 8.2.3 数控铣削工艺路线的拟订中已有叙述，此处再举一例。例如，加工图 12-9a 所示工件上的孔。按图 12-9b 所示的进给路线进给比按图 12-9c 所示的进给路线进给节省定位时间。因为图 12-9b 所示进给路线中，$X$、$Y$ 两轴同时运动的路线较多，且沿两轴方向的移动距离都比较接近，所以定位过程较迅速。两个孔的分布圆半径越接近，其效果越明显。

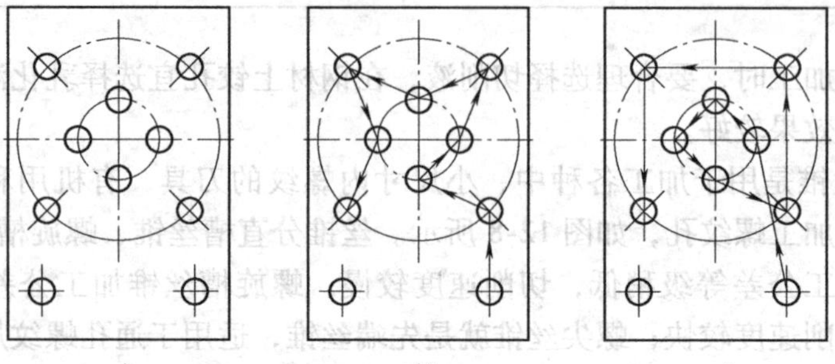


图 12-9　最短进给路线设计

（2）定位要准确　安排进给路线时，要避免机械进给系统反向间隙对孔位精度的影响。此内容在 8.2.3 数控铣削工艺路线的拟订中已有详述，这里不再赘述。

若定位迅速和定位精度两者难以同时满足时，应首先保证定位精度，即应取能保证定位准确的路线，然后再考虑尽可能地提高定位速度。

**4. 孔加工的刀具运动与动作**

对工件进行孔加工时，根据刀具的运动位置特点，可将刀具的进给路径分为四层，通常称为四个平面：初始平面、$R$ 平面、零件平面和孔底平面，如图 12-10a 所示。孔的加工过程中，刀具的运动可以分解为六个基本动作，如图 12-10b 所示：①为 $X$、$Y$ 坐标的快速定位；②为快进到 $R$ 平面；③为工进，进行孔加工，如钻孔、镗孔、攻螺纹等；④为孔底动作，如进给暂停、刀具偏移、主轴准停、主轴反转等；⑤为返回到 $R$ 平面；⑥为返回到初始点。

对于多孔加工，为减少刀具空行程进给时间，加工后续孔时，如果中间无障碍，刀具只要退回到 $R$ 平面即可，如图 12-10c 所示。

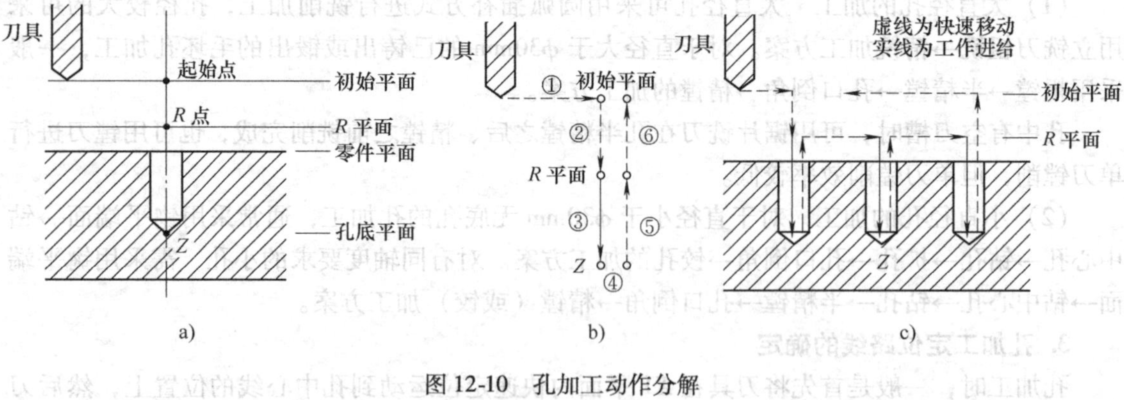


图 12-10　孔加工动作分解

(1) 初始平面　初始平面是为安全操作而设定的定位刀具的平面。初始平面到零件表面的距离可以任意设定在一个安全的高度上。

(2) *R* 平面　*R* 平面又称为 *R* 参考平面，表示刀具从快进方式转为工进方式的转折位置。*R* 平面距工件表面的距离（切入距离）主要考虑工件表面形状的变化，一般可取 2～5mm。

(3) 孔底平面　*Z* 表示孔底平面的位置。加工通孔时刀具应伸出工件孔底平面一段距离（切出距离），以保证通孔全部加工到位。而加工不通孔时，应考虑钻头的刀尖对孔深的影响。

切入距离与切出距离的大小与工件表面状况和加工方式有关，可查表 12-2 选取。

**表 12-2　刀具切入切出距离参考值**　（单位：mm）

| 加工类型（切入） | 已加工表面 | 毛坯表面 | 加工类型（切出） | 已加工表面 | 毛坯表面 |
|---|---|---|---|---|---|
| 钻孔 | 2～3 | 5～8 | 钻孔 | 3～5 | 5～8 |
| 扩孔 | 3～5 | 5～8 | 扩孔 | 3～5 | 5～10 |
| 镗孔 | 3～5 | 5～8 | 镗孔 | 5～10 | 5～10 |

**5. 加工余量的确定**

加工余量的大小对于零件的加工质量、生产效率都有较大的影响。加工余量过小，会由于上道工序与加工中心工序的安装找正误差不能保证切去金属表面的缺陷层，导致工件报废。有时会使刀具处于恶劣的工作状态。例如，切削很硬的夹砂外皮，会导致刀具迅速磨损等。如果加工余量过大，则造成材料和工时浪费，增加工具损耗。

确定加工余量的基本原则是在保证加工质量的前提下，尽量减少加工余量。最小加工余量应能保证将具有各种缺陷和误差的金属层切去，从而提高加工面的质量和精度。表 12-3 和表 12-4 列出了 IT7、IT8 级孔的加工方法及其工序间的加工余量，供参考。

**表 12-3　实体材料上孔加工方式及加工余量**　（单位：mm）

| 加工孔的直径 | 工序间加工孔的直径 | | | | | | |
|---|---|---|---|---|---|---|---|
| | 钻 | 粗加工 | | 半精加工 | | 精加工（H7、H8） | |
| | | 粗镗 | 扩孔 | 粗铰 | 半精镗 | 精铰 | 精镗 |
| 3 | 2.9 | | | | | 3 | |
| 4 | 3.9 | | | | | 4 | |
| 5 | 4.8 | | | | | 5 | |
| 6 | 5.0 | | 5.85 | | | 6 | |
| 8 | 7.0 | | 7.85 | | | 8 | |
| 10 | 9.0 | | 9.85 | | | 10 | |
| 12 | 11.0 | | 11.85 | 11.95 | | 12 | |
| 13 | 12.0 | | 12.85 | 12.95 | | 13 | |
| 14 | 13.0 | | 13.85 | 13.95 | | 14 | |
| 15 | 14.0 | | 14.85 | 14.95 | | 15 | |

（续）

| 加工孔的直径 | 工序间加工孔的直径 | | | | | | |
|---|---|---|---|---|---|---|---|
| | 钻 | 粗加工 | | 半精加工 | | 精加工（H7、H8） | |
| | | 粗镗 | 扩孔 | 粗铰 | 半精镗 | 精铰 | 精镗 |
| 16 | 15.0 | | 15.85 | 15.95 | | 16 | |
| 18 | 16.0 | | 17.85 | 17.95 | | 18 | |
| 20 | 18.0 | 19.8 | 19.8 | 19.95 | 19.90 | 20 | 20 |
| 22 | 20.0 | 21.8 | 21.8 | 21.95 | 21.90 | 22 | 22 |
| 24 | 22.0 | 23.8 | 23.8 | 23.95 | 23.90 | 24 | 24 |
| 25 | 23.0 | 24.8 | 24.8 | 24.95 | 24.90 | 25 | 25 |
| 26 | 24.0 | 25.8 | 25.8 | 25.95 | 25.90 | 26 | 26 |
| 28 | 26.0 | 27.8 | 27.8 | 27.95 | 27.90 | 28 | 28 |
| 30 | 28.0 | 29.8 | 29.8 | 29.95 | 29.90 | 30 | 30 |
| 32 | 30.0 | 31.7 | 31.75 | 31.93 | 31.90 | 32 | 32 |
| 35 | 33.0 | 34.7 | 34.75 | 34.93 | 34.90 | 35 | 35 |
| 38 | 36.0 | 37.7 | 37.75 | 37.93 | 37.90 | 38 | 38 |
| 40 | 38.0 | 39.7 | 39.75 | 39.93 | 39.90 | 40 | 40 |
| 42 | 40.0 | 41.7 | 41.75 | 41.93 | 41.90 | 42 | 42 |
| 45 | 43.0 | 44.7 | 44.75 | 44.93 | 44.90 | 45 | 45 |
| 48 | 46.0 | 47.7 | 47.75 | 47.93 | 47.90 | 48 | 48 |
| 50 | 48.0 | 49.7 | 49.75 | 49.93 | 49.90 | 50 | 50 |

**表 12-4　已铸出或锻出的毛坯孔的工序间加工余量**　（单位：mm）

| 加工孔的直径 | 工序间加工孔的直径 | | | | | 加工孔的直径 | 工序间加工孔的直径 | | | | |
|---|---|---|---|---|---|---|---|---|---|---|---|
| | 粗镗 | | 半精镗 | 粗铰或二次半精镗 | 精铰精镗（H7、H8） | | 粗镗 | | 半精镗 | 粗铰或二次半精镗 | 精铰精镗（H7、H8） |
| | 第1次 | 第2次 | | | | | 第1次 | 第2次 | | | |
| 30 | | 28.0 | 29.8 | 29.93 | 30 | 58 | 54 | 56.0 | 57.5 | 57.92 | 58 |
| 32 | | 30.0 | 31.7 | 31.93 | 32 | 60 | 56 | 58.0 | 59.5 | 59.92 | 60 |
| 35 | | 33.0 | 34.7 | 34.93 | 35 | 62 | 58 | 60.0 | 61.5 | 61.92 | 62 |
| 38 | | 36.0 | 37.7 | 37.93 | 38 | 65 | 61 | 63.0 | 64.5 | 64.92 | 65 |
| 40 | | 38.0 | 39.7 | 39.93 | 40 | 68 | 64 | 66.0 | 67.5 | 67.90 | 68 |
| 42 | | 40.0 | 41.7 | 41.93 | 42 | 70 | 66 | 68.0 | 69.5 | 69.90 | 70 |
| 45 | | 43.0 | 44.7 | 44.93 | 45 | 72 | 68 | 70.0 | 71.5 | 71.90 | 72 |
| 48 | | 46.0 | 47.7 | 47.93 | 48 | 75 | 71 | 73.0 | 74.5 | 74.90 | 75 |
| 50 | 45 | 48.0 | 49.7 | 49.93 | 50 | 78 | 74 | 76.0 | 77.5 | 77.90 | 78 |
| 52 | 47 | 50.0 | 51.5 | 51.93 | 52 | 80 | 75 | 78.0 | 79.5 | 79.90 | 80 |
| 55 | 51 | 53.0 | 54.5 | 54.93 | 55 | 82 | 77 | 80.0 | 81.3 | 81.85 | 82 |

（续）

| 加工孔的直径 | 工序间加工孔的直径 | | | | | 加工孔的直径 | 工序间加工孔的直径 | | | | |
|---|---|---|---|---|---|---|---|---|---|---|---|
| | 粗镗 | | 半精镗 | 粗铰或二次半精镗 | 精铰精镗（H7、H8） | | 粗镗 | | 半精镗 | 粗铰或二次半精镗 | 精铰精镗（H7、H8） |
| | 第1次 | 第2次 | | | | | 第1次 | 第2次 | | | |
| 85 | 80 | 83.0 | 84.3 | 84.85 | 85 | 115 | 110 | 113.0 | 114.3 | 114.8 | 115 |
| 88 | 83 | 86.0 | 87.3 | 87.85 | 88 | 120 | 115 | 118.0 | 119.3 | 119.8 | 120 |
| 90 | 85 | 88.0 | 89.3 | 89.85 | 90 | 125 | 120 | 123.0 | 124.3 | 124.8 | 125 |
| 92 | 87 | 90.0 | 91.3 | 91.85 | 92 | 130 | 125 | 128.0 | 129.3 | 129.8 | 130 |
| 95 | 90 | 93.0 | 94.3 | 94.85 | 95 | 135 | 130 | 133.0 | 134.3 | 134.8 | 135 |
| 98 | 93 | 96.0 | 97.3 | 97.85 | 98 | 140 | 135 | 138.0 | 139.3 | 139.8 | 140 |
| 100 | 95 | 98.0 | 99.3 | 99.85 | 100 | 145 | 140 | 143.0 | 144.3 | 144.8 | 145 |
| 105 | 100 | 103.0 | 104.3 | 104.8 | 105 | 150 | 145 | 148.0 | 149.3 | 149.8 | 150 |
| 110 | 105 | 108.0 | 109.3 | 109.8 | 110 | 155 | 150 | 153.0 | 154.3 | 154.8 | 155 |

### 6. 孔加工切削用量的选择

表12-5～表12-9中列出了部分孔加工的切削用量，供选择参考。孔加工主轴转速 $n$（r/min）可根据切削速度 $v_c$（m/min）和加工直径或刀具直径 $D$（mm）按式（8-2）计算。

攻螺纹时，按下式计算

$$n \leqslant \frac{1000 v_c}{P_h} - k \tag{12-1}$$

式中　$P_h$——工件螺纹的导程（mm）；

$k$——保险系数，一般取80。

**表12-5　高速钢钻头加工铸铁件的切削用量**

| 钻头直径/mm | 160～200HBW | | 200～400HBW | | 360～400HBW | |
|---|---|---|---|---|---|---|
| | $v_c$/（m/min） | $f$/（mm/r） | $v_c$/（m/min） | $f$/（mm/r） | $v_c$/（m/min） | $f$/（mm/r） |
| 1～6 | 16～24 | 0.07～0.12 | 10～18 | 0.05～0.1 | 5～12 | 0.03～0.08 |
| 6～12 | 16～24 | 0.12～0.2 | 10～18 | 0.1～0.18 | 5～12 | 0.08～0.15 |
| 12～22 | 16～24 | 0.2～0.4 | 10～18 | 0.18～0.25 | 5～12 | 0.15～0.2 |
| 22～50 | 16～24 | 0.4～0.6 | 10～18 | 0.25～0.4 | 5～12 | 0.2～0.3 |

**表12-6　高速钢钻头加工钢件的切削用量**

| 钻头直径/mm | $\sigma_b$=520～700MPa（45钢） | | $\sigma_b$=700～900MPa（20Cr） | | $\sigma_b$=1000～1100MPa（合金钢） | |
|---|---|---|---|---|---|---|
| | $v_c$/（m/min） | $f$/（mm/r） | $v_c$/（m/min） | $f$/（mm/r） | $v_c$/（m/min） | $f$/（mm/r） |
| 1～6 | 8～25 | 0.05～0.1 | 12～30 | 0.05～0.1 | 8～15 | 0.03～0.08 |
| 6～12 | 8～25 | 0.1～0.2 | 12～30 | 0.1～0.2 | 8～15 | 0.08～0.15 |
| 12～22 | 8～25 | 0.2～0.3 | 12～30 | 0.2～0.3 | 8～15 | 0.15～0.25 |
| 22～50 | 8～25 | 0.3～0.45 | 12～30 | 0.3～0.45 | 8～15 | 0.25～0.35 |

**表 12-7　高速钢铰刀铰孔的切削用量**

| 铰刀直径/mm | 铸铁 | | 钢及合金钢 | | 铝铜及其合金 | |
|---|---|---|---|---|---|---|
| | $v_c$/（m/min） | $f$/（mm/r） | $v_c$/（m/min） | $f$/（mm/r） | $v_c$/（m/min） | $f$/（mm/r） |
| 1～6 | 2～6 | 0.3～0.5 | 1.2～5 | 0.3～0.4 | 8～12 | 0.3～0.5 |
| 6～15 | 2～6 | 0.5～1 | 1.2～5 | 0.4～0.5 | 8～12 | 0.5～1 |
| 15～25 | 2～6 | 0.8～1.5 | 1.2～5 | 0.5～0.6 | 8～12 | 0.8～1.5 |
| 25～40 | 2～6 | 0.8～1.5 | 1.2～5 | 0.4～0.6 | 8～12 | 0.8～1.5 |
| 40～60 | 2～6 | 1.5～2 | 1.2～5 | 0.5～0.6 | 8～12 | 1.5～2 |

**表 12-8　镗孔的切削用量**

| 加工方法 | 刀具材料 | 铸铁 | | 钢及合金钢 | | 铝铜及其合金 | |
|---|---|---|---|---|---|---|---|
| | | $v_c$/（m/min） | $f$/（mm/r） | $v_c$/（m/min） | $f$/（mm/r） | $v_c$/（m/min） | $f$/（mm/r） |
| 粗镗 | 高速钢<br>硬质合金 | 20～25<br>35～50 | 0.4～1.5 | 15～30<br>50～70 | 0.35～0.7 | 100～150<br>100～250 | 0.5～1.5 |
| 半精镗 | 高速钢<br>硬质合金 | 20～35<br>50～70 | 0.15～0.45 | 15～50<br>95～135 | 0.15～0.45 | 100～200 | 0.2～0.5 |
| 精镗 | 高速钢<br>硬质合金 | 70～90 | <0.08<br>0.12～0.15 | 100～135 | 0.12～0.15 | 150～400 | 0.06～0.1 |

**表 12-9　攻螺纹的切削用量**

| 加工材料 | 铸铁 | 钢及合金 | 铝铜及其合金 |
|---|---|---|---|
| $v_c$/（m/min） | 2.5～5 | 1.5～5 | 5～15 |

## 12.2.2　孔加工固定循环指令概述

在数控铣床加工编程中，孔的加工编程常常使用孔加工固定循环指令。为叙述方便，将以下孔加工固定循环示意图中的符号作如下约定：

① - - - - - -→ 快速移动；

② ————→ 切削进给（工进）；

③ ∼∼→ 手动进给；

④　OSS　主轴定向停止；

⑤ ⇒ 平移；

⑥　P　停顿。

**1. 孔加工固定循环指令的功能**

在进行零件的孔加工时，由于选择的加工工艺与方法不同，加工要求不同，孔加工各段的基本动作也有所不同。有些孔加工，要求刀具加工到孔底后立即返回，不在孔底停留；有些需要刀具在孔底停留再返回等。因此，编程时根据不同的动作要求选择适合孔加工的固定循环功能指令。表 12-10 为固定循环指令表。

表 12-10　固定循环指令表

| G 代码 | 孔加工行程（$-Z$） | 孔底动作 | 返回行程（$+Z$） | 用途 |
|---|---|---|---|---|
| G73 | 间歇进给 | – | 快速退刀 | 高速深孔往复排屑钻 |
| G74 | 切削进给 | 暂停—主轴正转 | 切削速度退刀 | 攻左旋螺纹 |
| G76 | 切削进给 | 主轴定向停—刀具移动 | 快速退刀 | 精镗孔（不刮伤表面） |
| G80 | – | – | – | 取消固定循环 |
| G81 | 切削进给 | – | 快速退刀 | 钻孔循环 |
| G82 | 切削进给 | 在孔底暂停 | 快速退刀 | 锪孔镗阶梯孔 |
| G83 | 间歇进给 | – | 快速（每次回起） | 深孔往复排屑钻 |
| G84 | 切削进给 | 暂停—主轴反转 | 反转进给速度退回 | 攻右旋螺纹 |
| G85 | 切削进给 | | 进给速度退回 | 精密镗孔 |
| G86 | 切削进给 | 主轴停止 | 快速退回 | 镗孔（易刮伤一直线） |
| G87 | 主轴快速定位至孔底 | 主轴位移后正转 | 切削进给反镗孔 | 反镗孔 |
| G88 | 切削进给 | 暂停—主轴停止 | 手动操作 | 镗孔（手动操作返回） |
| G89 | 切削进给 | 暂停 | 进给速度退回 | 精镗阶梯孔 |

**2. 孔加工固定循环指令基本格式**

（1）编程格式

G90（G91）G98（G99）G□□　X_　Y_　Z_　R_　Q_　P_　F_　K_；

1）G□□是指 G73、G74、G76 和 G80 ~ G89，它们都是模态指令。

2）X、Y 为指定孔在 *XY* 平面内的坐标位置。

3）Z 为指定孔的孔底坐标值。当使用增量坐标（G91）编程时，Z 表示的是由 *R* 点到孔底的距离；在使用绝对坐标（G90）编程时，表示的是孔底的 *Z* 轴绝对坐标值。

4）R 表示 *R* 平面的位置，当使用 G91 编程时，它是指起始点到 *R* 点的增量；而使用 G90 编程时，表示 *R* 点的 *Z* 轴坐标值。

5）Q 在 G73、G83 中指定每次进刀的深度；在 G76、G87 中指定刀具的位移量。

6）P 为进给暂停时间，最小单位 1ms。

7）F 为进给速度，单位为 mm/min。

8）K 为固定循环的次数。只执行一次可以不写；若是 K0，则机床不会动作。

注：固定循环指令中的参数（Z、R、Q、P、F）是模态的。如果中间使用了 G80 或 01 组的 G 指令（G00、G01、G02、G03），则这些参数都将失效，需重新指定。

（2）指令使用说明　G98、G99 指令决定刀具返回时到达的平面。如果使用 G98 指令，表示刀具返回时回到初始平面；如果是 G99 指令，表示刀具应返回到 *R* 平面（*R* 点所在平面，后同）。在多孔加工且零件平面无障碍时，应使刀具回到 *R* 平面以缩短加工时间；当孔间存在障碍需要跳跃或全部孔加工完成时，用 G98 指令使刀具返回到初始平面。

（3）应用举例　图 12-11 所示的孔加工，选择 G90 方式编程为：

N10　G90　G81　G98　Z－15.0　R3.0　F100；

选择 G91 方式编程为：

N10　G91　G81　G98　Z－18.0　R－7.0　F100；

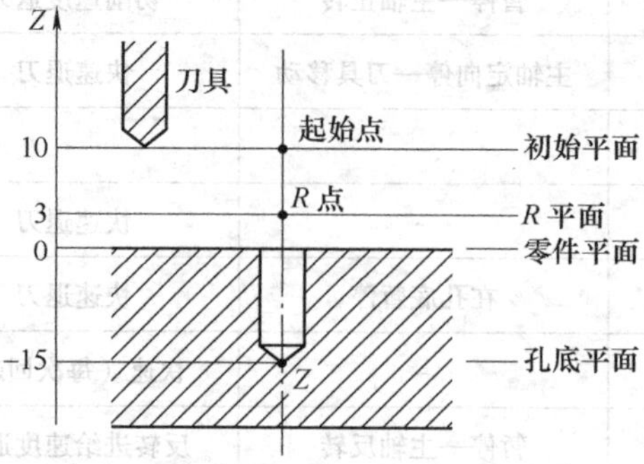


图 12-11　单孔加工示意图

## 12.2.3　孔加工固定循环指令格式及应用

### 1. 钻孔循环指令

（1）编程格式

1）正常钻孔循环指令（G81、G82）：

G81　X__　Y__　Z__　R__　F__　K__；

G82　X__　Y__　Z__　R__　P__　F__　K__；

2）深孔往复排屑钻循环指令（G73、G83）：

G73　X__　Y__　Z__　R__　Q__　F__　K__；

G83　X__　Y__　Z__　R__　Q__　F__　K__；

孔的深度大于三倍孔径的孔被称为深孔。从便于排屑的角度考虑，有时孔的深度并未达到上述比例，也采用深孔加工指令。

（2）指令执行过程　G81 用于正常钻孔。根据 *X*、*Y* 坐标快速定位，刀具快进到 *R* 平面，然后工进钻孔直达孔底，刀具快速退回到指定平面。指令执行过程如图 12-12 所示。

G82 与 G81 功能基本相同，只是比 G81 指令多了一个孔底暂停动作。因此，它可改善孔底的表面粗糙度和加工公差等级。指令执行过程如图 12-13 所示。

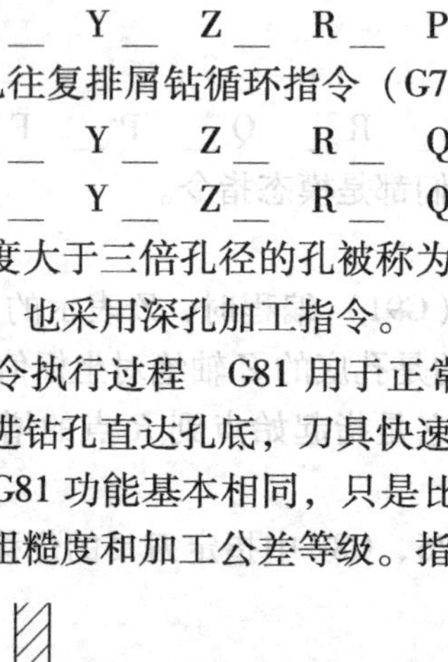


图 12-12　G81 动作示意图

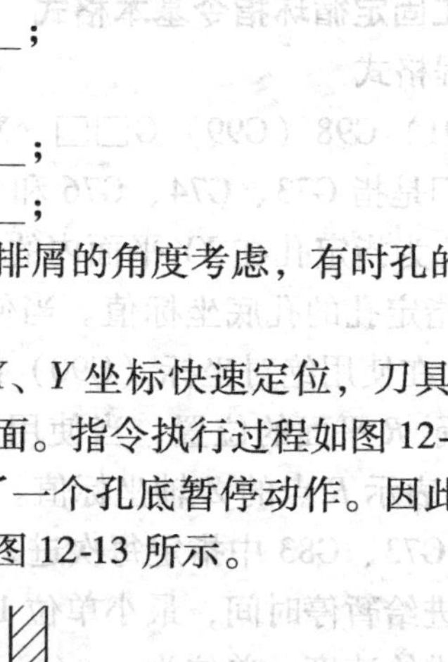


图 12-13　G82 动作示意图

G73 钻孔方式，又称啄进式钻孔，有利于断屑排屑。如图 12-14 所示，刀具从 $R$ 点开始，切削进给（工进）到一个 $Q$ 值深度后，快速提刀一个回移量 $d$（$d$ 值的大小是由系统参数设定的），同时从孔中排出切屑；然后再工进到 $Q+d$ 的深度，又快速提刀一个回移量 $d$；如此循环下去，直至加工到孔底；最后刀具快速返回到指定的平面。

G83 与 G73 指令的进给动作基本相同，功能也基本相同。不同的是刀具在工进 $Q$ 值后，快速返回到 $R$ 平面；然后再次快进到距离上次钻孔终点位置上面的回移量 $d$ 后，再次工进；第二次及以后的工进的距离是 $Q+d$ 值。如此循环，直至加工到孔底，然后刀具快速返回到指定平面，如图 12-15 所示。G83 指令比 G73 指令排屑更好一些。

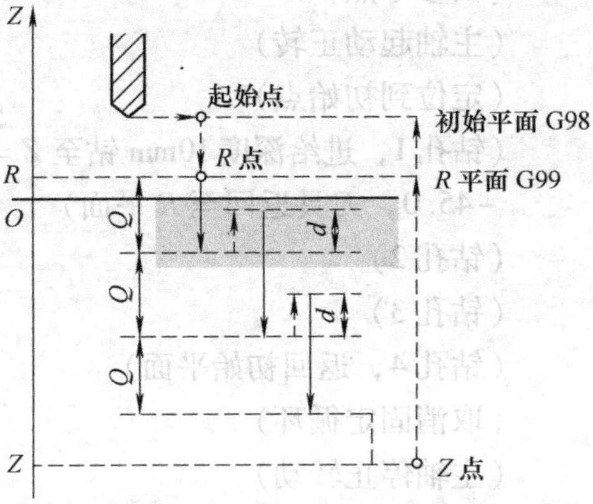


图 12-14　G73 动作示意图

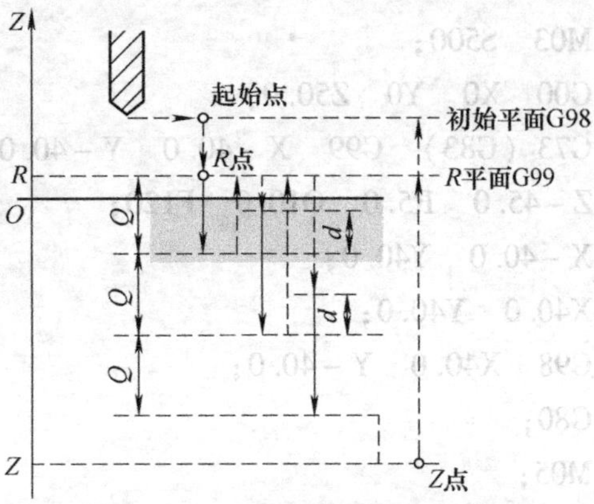


图 12-15　G83 动作示意图

（3）应用举例　编制程序钻削加工图 12-16 所示工件的四个螺纹孔 M12 的底孔（孔序号分别为 1、2、3、4），底孔为直径 $\phi$10mm 通孔。编程原点为工件表面 $\phi$40mm 圆心。

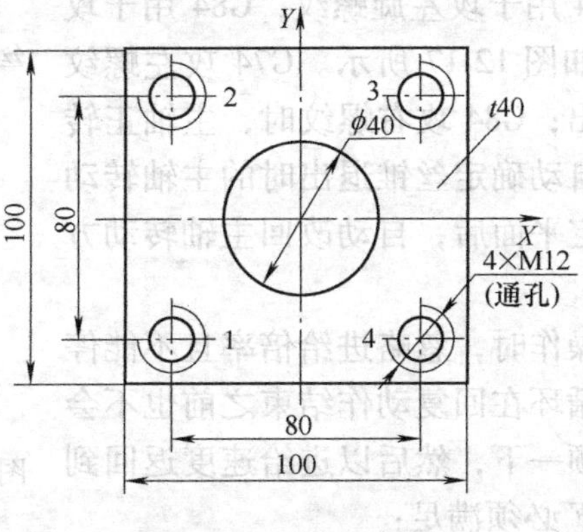


图 12-16　模具底板

1）用 G81（G82）指令编程，程序如下：

```
G90  G54  G28  Z0;                    (回参考点)
M03  S300;                            (主轴旋转)
G00  X0  Y0  Z50.0;                   (定位到初始点)
```

G99 G81 X-40.0 Y-40.0 Z-45.0 (定位，钻孔，回 *R* 平面)
R5.0 F120.0;
X-40.0 Y40.0; (定位，钻孔，回 *R* 平面)
X40.0 Y40.0; (定位，钻孔，回 *R* 平面)
G98 X40.0 Y-40.0; (定位，钻孔，回初始平面)
G80; (取消固定循环，回参考点)
M05; (主轴停止转动)

2）用 G73（G83）指令编程，程序如下：

G90 G54 G28 Z0; (回参考点)
M03 S500; (主轴起动正转)
G00 X0 Y0 Z50.0; (定位到初始点)
G73（G83） G99 X-40.0 Y-40.0 (钻孔 1，进给深度 10mm 钻至 *Z* =
Z-45.0 R5.0 Q10.0 F120; -45.0，刀具返回至 *R* 平面)
X-40.0 Y40.0; (钻孔 2)
X40.0 Y40.0; (钻孔 3)
G98 X40.0 Y-40.0; (钻孔 4，返回初始平面)
G80; (取消固定循环)
M05; (主轴停止转动)

**2. 攻螺纹循环指令（G74、G84）**

（1）编程格式

G74 X__ Y__ Z__ R__ P__ F__ K__;
G84 X__ Y__ Z__ R__ P__ F__ K__;

（2）指令执行过程 G74 用于攻左旋螺纹，G84 用于攻右旋螺纹。攻螺纹加工动作如图 12-17 所示。G74 攻左螺纹时，主轴反转攻进，正转退出；G84 攻右螺纹时，主轴正转攻进，反转退出。数控系统自动确定丝锥退出时的主轴转动方向，并且在丝锥退回到指定平面后，自动改回主轴转动方向，准备加工下一个螺孔。

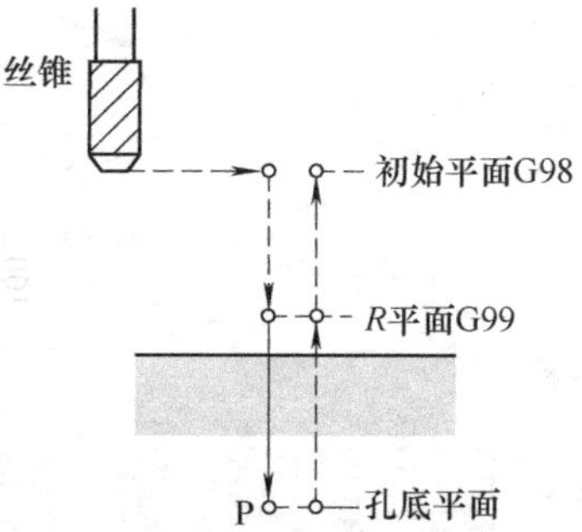

图 12-17 G74、G84 动作示意图

数控机床在进行攻螺纹操作时，忽略进给倍率且不能停机，即使按下进给保持键，循环在回复动作结束之前也不会停止。丝锥到达孔底后要停顿一下，然后以进给速度返回到指定平面。指令中进给速度 *F* 必须满足：

$$F = 主轴转速 \times 导程$$

如果 P 值不给出，意味着丝锥在孔底不暂停，立即返回。

（3）应用举例 攻制图 12-16 所示工件上的四个 M12 螺纹孔，螺距 1.75mm。此前螺纹底孔已经加工完成。加工程序（*R* 平面在零件上表面 5mm 处，孔底 *Z* 轴坐标为 -45.0）：

G90 G54 G28 Z0; (定位到换刀点)
M03 S400; (主轴正转，S=400r/min)

```
G00  X0  Y0  Z50.0;                        (定位到初始点)
G99  G84  X-40.0  Y-40.0  Z-45.0           (攻左旋螺纹，F=400×
R5.0  F700;                                1.75mm/min=700mm/min)
X-40.0  Y40.0;                             (按孔1的加工动作完成孔2的加工)
X40.0  Y40.0;                              (按孔1的加工动作完成孔3的加工)
G98  X40.0  Y-40.0;                        (加工孔4，返回初始平面)
G80  G28  Z0;                              (取消固定循环，回参考点)
M05;                                       (主轴停转)
```

G74的应用与G84是一样的，但要注意G74反转攻进，正转退出，所以要用M04反转起动主轴。

G84指令和G74指令可以在标准方式和刚性攻螺纹方式中执行。

在标准方式中，为执行攻螺纹，使用辅助功能M03、M04、M05使主轴反转、正转和停止并沿着攻螺纹轴移动。在标准模式中，为补偿主轴和进给在加减速期间的不匹配，要使用轴向可伸缩的浮动丝锥夹头。刚性攻螺纹时，主轴每转一周沿攻螺纹轴产生一定的进给螺纹导程，即使在加减速期间这个比例也不变化，可实现高速度、高精度攻螺纹。刚性方式不用标准方式中使用的浮动丝锥卡头，这样可以得到较快和较精确的攻螺纹。

用下列任何一种方式可以指定刚性攻螺纹方式：

①在攻螺纹指令段之前用“M29 S __;”指定。

②在包含攻螺纹指令的程序段中用“M29 S __;”指定。

③指定G84刚性攻螺纹指令参数NO. 5200#0（G84）设为1。

例如，主轴转速为200r/min，螺纹导程为1.5mm，$Z$轴进给速度为300mm/min。

每分钟进给的编程：

```
G94;                                          (指定每分钟进给)
M29  S300;                                    (指定刚性攻螺纹方式)
G84  X5.0  Y50.0  Z-20.0  R10.0  F300;        (刚性攻螺纹)
```

每转进给的编程：

```
G95;                                          (指定每转进给)
M29  S300;                                    (指定刚性攻螺纹方式)
G84  X5.0  Y50.0  Z-20.0  R10.0  F1.5;        (刚性攻螺纹)
```

**3. 镗孔循环指令（G85、G86、G89、G88、G76、G87）**

（1）编程格式

```
G85  X__  Y__  Z__  R__  F__  K__;
G86  X__  Y__  Z__  R__  F__  K__;
G89  X__  Y__  Z__  R__  P__  F__  K__;
G88  X__  Y__  Z__  R__  P__  F__  K__;
G76  X__  Y__  Z__  R__  Q__  P__  F__  K__;
G87  X__  Y__  Z__  R__  Q__  P__  F__  K__;
```

（2）指令执行过程　G85指令主要用于精镗孔加工，其动作特点是：刀具工进镗孔至孔底后，刀具退回时，刀具自孔底至 $R$ 平面间是以进给加工方式退回的。其指令执行过程如图 12-18 所示。

G86 指令与 G85 指令的区别是：刀具镗孔工进至孔底后，主轴停止转动，并快速退回指定平面。G86 指令只能用于镗孔粗加工，其指令执行过程如图 12-19 所示。

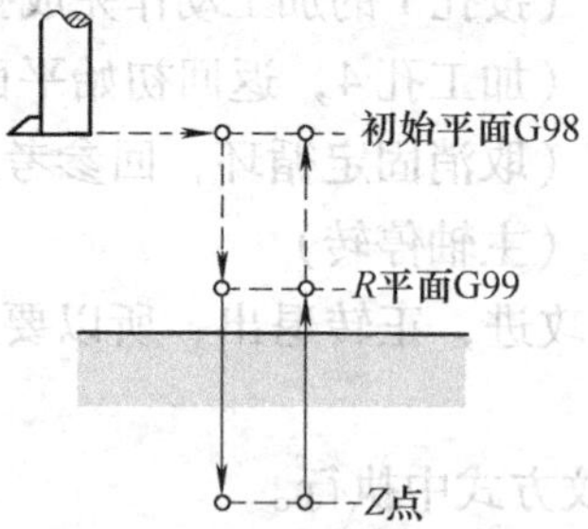

图 12-18　G85 动作示意图

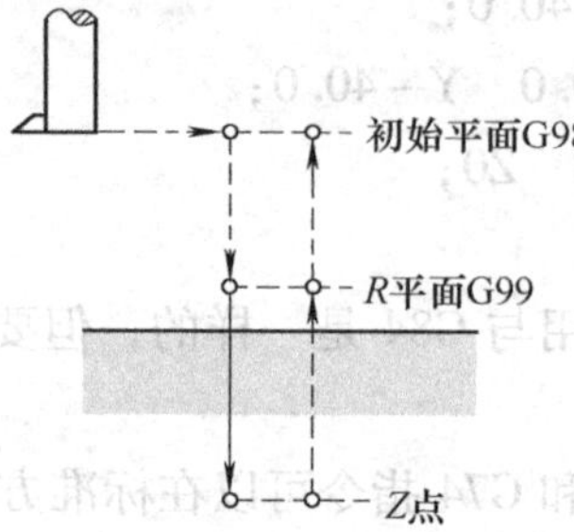

图 12-19　G86 动作示意图

G89 指令加工动作与 G85 指令基本相同，只是在孔底有一个停顿动作，这样能保证阶梯孔的端面加工公差等级。其指令执行过程如图 12-20 所示。

G88 指令的动作是：刀具工进至孔底，暂停；主轴停止转动，刀具需手动返回至 $R$ 平面；在 $R$ 平面，主轴又重新起动；若程序段中指定返回的是初始平面，则刀具由 $R$ 平面快速返回至初始平面。其指令执行过程如图 12-21 所示。

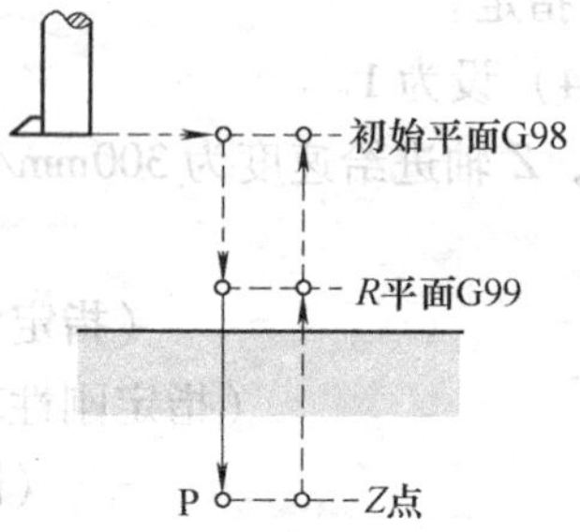

图 12-20　G89 动作示意图

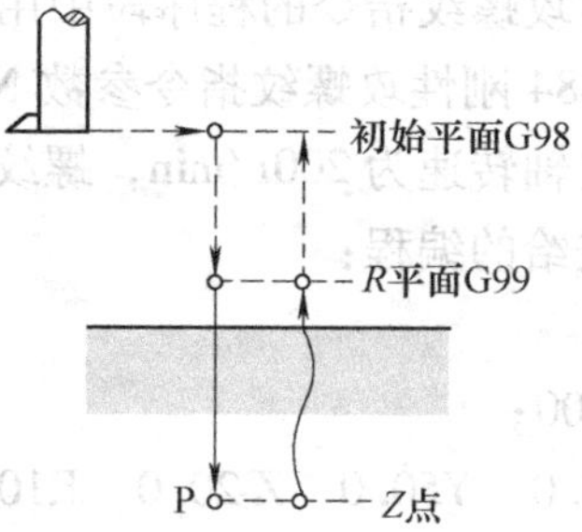

图 12-21　G88 动作示意图

G76 指令执行过程如图 12-22a 所示。机床执行 G76 指令时，首先主轴快速定位到孔的中心位置同时主轴旋转，再快进至 $R$ 平面；从 $R$ 平面开始工进，到达孔底后主轴准停；主轴沿刀尖相反方向平移一个 $Q$ 值，如图 12-22b 所示，使镗刀脱离工件表面；然后刀具快速回到指定平面，主轴再移一个 $Q$ 值回到原来的主轴位置，同时主轴恢复转动。由于 $Q$ 值是固定循环中的一个模态值，编程时一定要在本程序段指定 $Q$ 值，以免错用其他程序段（G73 和 G83）内的 $Q$ 值而发生碰刀事故。主轴准停在什么旋转位置，取决于系统参数的设定。不能在同一程序段中指定 01 组的 G 指令，否则，G76 将被取消。

G87 为反镗孔循环指令，又称为背镗孔循环。它是由下往上加工，$R$ 平面选在低于零件底面的一定距离上，并低于孔底表面（$Z$ 点所在平面）。因此刀具只能返回到初始平面（即 G98），而不能返回到 $R$ 平面（即 G99）。其指令执行过程如图 12-23 所示。该指令的循环过程中，进入切削和退出切削需要两次准停，四次平移（移动量 $Q$）。程序段中参数 $Q$ 指定为正值，且一定要指定，否则可能会出问题。

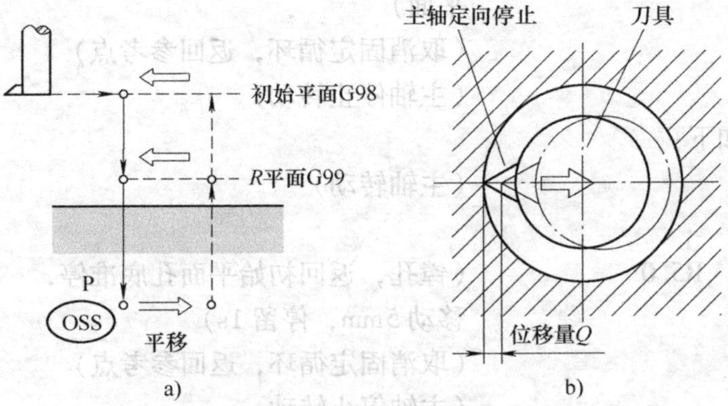


图 12-22　G76 循环
a）G76 动作示意图　b）刀具定向与偏移

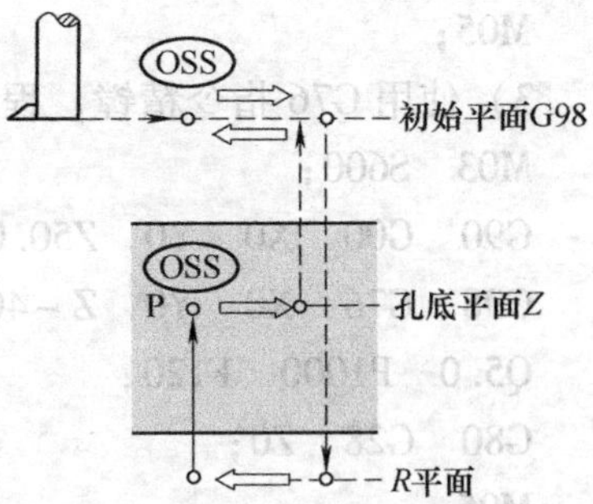


图 12-23　G87 动作示意图

（3）应用举例　镗削图 12-24 工件 $\phi$50mm 的台阶孔。已加工完成 $\phi$40mm 通孔，编程原点为工件上表面 $\phi$40mm 圆心处。

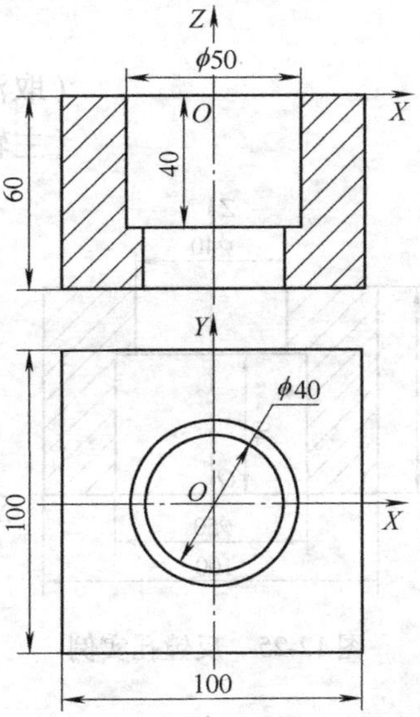


图 12-24　镗孔实例

1）使用 G85 指令精镗，程序如下：

```
M03  S600;                                  （主轴转动）
G90  G00  X0  Y0  Z50.0;
G98  G85  X0  Y0  Z-40.0  R5.0  F120;       （镗孔，返回初始平面）
G80  G28  Z0;                               （取消固定循环，返回参考点）
M05;                                        （主轴停止转动）
```

2）使用 G88 指令镗削，程序如下：

```
M03  S1000;                                 （主轴起动旋转）
```

G90　G99　G88　X0　Y0　Z－40.0　R5.0　P1000　F120；　（定位，镗孔，暂停 1s，手动返回 *R* 平面）

G80　G28　Z0；　（取消固定循环，返回参考点）

M05；　（主轴停止转动）

3）使用 G76 指令精镗，程序如下：

M03　S600；　（主轴转动）

G90　G00　X0　Y0　Z50.0；

G98　G76　X0　Y0　Z－40.0　R5.0　Q5.0　P1000　F120；　（镗孔，返回初始平面孔底准停，移动 5mm，停留 1s）

G80　G28　Z0；　（取消固定循环，返回参考点）

M05；　（主轴停止转动）

4）使用 G87 指令反镗。如图 12-25 所示，编程原点为工件下表面 $\phi$40mm 圆心处，程序如下：

G90　G28　Z0；　（回参考点）

M03　S1000；　（主轴起动）

G98　G87　X0　Y0　Z40.0　R－5.0　Q5.0　P1000　F120；　（偏移 6mm，暂停 1s，反镗孔）

G80　G28　Z0；　（取消固定循环，回参考点）

M05；　（主轴停止）

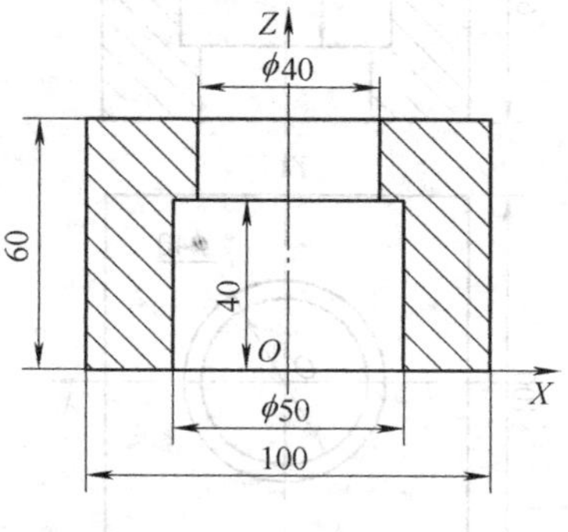


图 12-25　反镗孔实例

**4. 孔加工固定循环指令使用要点**

使用孔加工固定循环指令编程时，要注意以下几点：

1）在固定循环指令前，应先用 M 指令使主轴旋转，格式如下：

M03（M04）　S500；　（主轴正转（反转））

…

G73（G74、G76、G81～G89）…；（固定循环）

…

M05；　（主轴停止）

2）使用 G74、G84 和 G86 指令时，由于主轴旋转方向和转速在变化，如果各孔位置靠得很近，或起始点到 *R* 平面的距离很短，主轴可能达不到正常转速就开始加工下一个孔。

因此有必要在各孔加工动作间插入暂停指令（G04），等待主轴转速正常。

3）在孔加工固定循环程序段中，必须包含 $X$、$Y$、$Z$ 和 $R$ 这四个基本信息，否则这个程序段将不会产生加工动作。

4）在使用固定循环指令进行孔加工时，刀具半径补偿无效，而刀具长度补偿（G43、G44、G49）有效，且在刀具由起始点移动到 $R$ 点时建立刀补。

5）循环次数 $K$。有些数控机床没有这个功能，使用时应参考具体机床手册。

**5. 孔加工固定循环综合举例**

编程加工图 12-26 所示轴套零件上的四个 $\phi$10mm 的螺栓孔和 $\phi$56mm 的轴孔。$\phi$56mm 的轴孔已有 $\phi$50mm 的预制孔，工件材料是铸铁。

（1）编程原点：选择工件上表面 $\phi$56mm 孔的圆心为坐标原点。

（2）刀具　T01：$\phi$5mm 中心钻，刀具补偿 H01。
　　　　　T02：$\phi$10mm 麻花钻，刀具补偿 H02。
　　　　　T03：$\phi$56mm 精镗刀，刀具补偿 H03。

（3）螺栓孔坐标　（45，0），（0，45），（−45，0），（0，−45）。

（4）加工顺序　点孔→钻 $\phi$10mm 螺栓孔→加工 $\phi$56mm 轴孔。

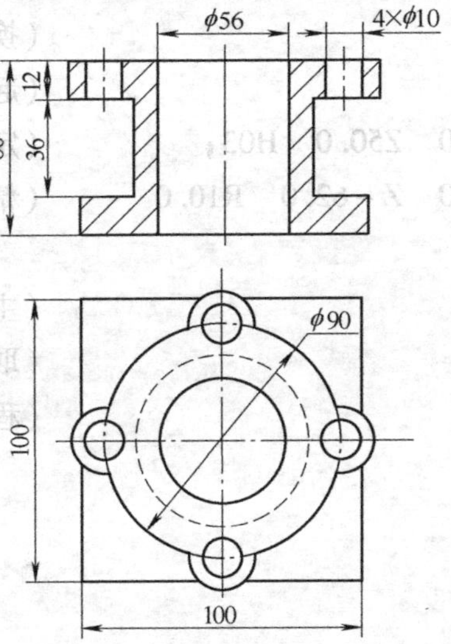


图 12-26　轴套

（5）刀具补偿　以 T01 刀为基准，设定 T02、T03 的刀具长度补偿值 H02、H03。注：对于无刀库的数控铣床，换刀时在换刀点先用 M00 指令暂停程序执行，手动换刀后再按循环启动按钮，继续执行程序。

（6）加工程序

```
O0011;
N005  G90  G54  G28  Z0;                        (建立工件坐标系，回参考点)
N010  T01  M06;                                 (换1#刀中心钻))
N015  G00  X0  Y0  Z50.0  M03  S500;            (起动主轴，定位初始平面)
N020  G81  G99  X45.0  Z-5.0  R10.0  F30.       (点钻第一孔)
```

```
N025  X0  Y45.0;                                    (点钻第二孔)
N030  X-45.0  Y0;                                   (点钻第三孔)
N035  X0  Y-45.0;                                   (点钻第四孔)
N040  M05;                                          (主轴停止)
N045  G80  G28  Z0;                                 (取消固定循环，回参考点)
N050  T02  M06;                                     (换2#刀麻花钻)
N055  M03  S300;                                    (主轴起动)
N060  G43  G00  X0  Y0  Z50.0  H02;                 (定位初始平面并2#刀补)
N065  G73  G99  X45.0  Z-15.0  R10.0                (钻第一孔)
Q8.0  F40.;
N070  X-45.0;                                       (钻第二孔)
N075  X0  Y45.0;                                    (钻第三孔)
N080  Y-45.0;                                       (钻第四孔)
N085  M05;                                          (主轴停止)
N090  G80  G28  Z0;                                 (取消固定循环，回参考点)
N095  T03  M06;                                     (换3#刀单刃镗刀)
N100  M03  S300;                                    (起动主轴)
N105  G43  G00  X0  Y0  Z50.0  H03;                 (定位初始平面并建立3#刀补)
N110  G76  G99  X0  Y0  Z-62.0  R10.0               (精镗轴套孔)
Q3.0  F25.;
N115  M05;                                          (主轴停止)
N120  G80  G28  Z0;                                 (取消固定循环，回参考点)
N125  M30;                                          (程序结束)
```

## 12.3 项目实施

### 12.3.1 加工工艺分析

**1. 零件图工艺分析**

由图 12-1 可知，待加工零件上的孔有 $\phi 6^{+0.018}_{0}$ mm 不通孔 2 个，表面粗糙度值为 $Ra1.6\mu m$，精度和表面粗糙度要求都较高，加工时采取钻、铰加工工序，安排粗、精加工以保证尺寸精度和表面粗糙度。$\phi$9mm 通孔 4 个，尺寸精度和表面粗糙度要求不高，可安排钻加工工序。$\phi$12mm 通孔 4 个，这 4 个孔的位置精度较高，可通过走刀路线的选择和精确对刀来保证，表面粗糙度值为 $Ra3.2\mu m$，应安排钻、铰加工工序。$\phi 18^{+0.027}_{0}$ mm 孔尺寸精度要求较高，孔壁表面粗糙度值为 $Ra1.6\mu m$，与零件底面 $A$ 有垂直度要求，用钻、铰加工工序并采取粗、精加工以保证尺寸精度和表面粗糙度，通过提高零件装夹刚度以保证孔的垂直度。$\phi$30mm 孔表面粗糙度值为 $Ra3.2\mu m$，该孔与 $\phi 18^{+0.027}_{0}$ mm 孔同轴，可在 $\phi 18^{+0.027}_{0}$ mm 的底孔基础上，采取镗的方法加工该孔，为保证表面粗糙度，要分粗、精加工。这两个孔的加工顺序可考虑先钻 $\phi18^{+0.027}_{0}$mm 的底孔，再镗 $\phi30$mm 的孔，最后铰 $\phi18^{+0.027}_{0}$mm 的孔。

工艺过程为：使用数控铣削加工中心（VDL－800），通过一次装夹零件，按照 $\phi3$mm 中心钻点孔→钻 $\phi18^{+0.027}_{0}$mm 底孔→钻 $\phi6^{+0.018}_{0}$mm 底孔→钻 $\phi12$mm 底孔→钻 $\phi9$mm 孔→扩 $\phi30$mm 孔→镗 $\phi30$mm 孔→铰 $\phi18^{+0.027}_{0}$mm 孔→铰 $\phi12$mm 孔→铰 $\phi6^{+0.018}_{0}$mm 孔顺序加工。

**2. 装夹方案**

前道工序已经加工好零件的外形，本工序装夹时主要考虑孔加工公差等级与加工操作方便性。零件的安装基准选择底面 $A$，用平行垫铁垫高底面 $A$，工件顶部高出机用虎钳上平面 5mm，留出通孔钻头下行空间，用机用虎钳夹紧。零件装夹方向如图 12-27 所示，用百分表找正工件。

**3. 刀具及切削用量的选择**

（1）确定刀具　根据工艺分析，参考表 12-3 选择刀具，刀具参数见表 12-11。

**表 12-11　数控加工刀具卡**

| 产品名称或代号 | | | 零件名称 | | 端盖 | 零件图号 | 图 12-1 |
|---|---|---|---|---|---|---|---|
| 序号 | 刀具号 | 刀具名称及规格 | 数量 | 刀长/mm | 加工表面 | | 备注 |
| 1 | T01 | $\phi3$mm 中心钻 | 1 | | 钻中心孔 | | |
| 2 | T02 | $\phi17.8$mm 钻头 | 1 | | 钻 $\phi18$mm 的底孔 | | |
| 3 | T03 | $\phi5.8$mm 钻头 | 1 | | 钻 $\phi6$mm 的底孔 | | |
| 4 | T04 | $\phi11.8$mm 钻头 | 1 | | 钻 $\phi12$mm 的底孔 | | |
| 5 | T05 | $\phi9$mm 钻头 | 1 | | 钻 $\phi9$mm 孔 | | |
| 6 | T06 | $\phi29.6$mm 扩孔钻 | 1 | | 锪 $\phi30$mm 底孔 | | |
| 7 | T07 | 内孔镗刀 | 1 | | 镗 $\phi30$mm 孔 | | |
| 8 | T08 | $\phi18$mm 铰刀 | 1 | | 铰 $\phi18$mm 孔 | | |
| 9 | T09 | $\phi12$mm 铰刀 | 1 | | 铰 $\phi12$mm 孔 | | |
| 10 | T10 | $\phi6$mm 铰刀 | 1 | | 铰 $\phi6$mm 孔 | | |
| 编制 | | 审核 | 批准 | | 年　月　日 | 共　页 | 第　页 |

（2）确定切削用量　表 12-5～表 12-9 列出了部分孔加工的切削用量，供选择参考。孔加工主轴转速 $n$（r/min）可根据切削速度 $v_c$（m/min）和刀具直径 $D$（mm）按式（8-2）计算。其主轴转速、进给速度见表 12-12。

**表 12-12　切削用量表**

| 加工内容 | 切削速度/（m/min） | 主轴转速/（r/min） | 进给量/（mm/r） | 进给速度/（mm/min） |
|---|---|---|---|---|
| 钻中心孔 | 16 | 1700 | 0.1 | 170 |
| 钻 $\phi18$mm 的底孔 | 20 | 350 | 0.3 | 105 |

（续）

| 加工内容 | 切削速度/（m/min） | 主轴转速/（r/min） | 进给量/（mm/r） | 进给速度/（mm/min） |
|---|---|---|---|---|
| 钻 $\phi$6mm 的底孔 | 22 | 1100 | 0.12 | 130 |
| 钻 $\phi$12mm 的底孔 | 24 | 640 | 0.2 | 125 |
| 钻 $\phi$9mm 孔 | 20 | 710 | 0.16 | 110 |
| 锪 $\phi$30mm 底孔 | 18 | 190 | 0.5 | 95 |
| 镗 $\phi$30mm 孔 | 60 | 640 | 0.4 | 250 |
| 粗铰 $\phi$18mm 孔 | 2 | 35 | 1.5 | 50 |
| 精铰 $\phi$18mm 孔 | 6 | 100 | 0.8 | 80 |
| 铰 $\phi$12mm 孔 | 5 | 130 | 0.7 | 90 |
| 粗铰 $\phi$6mm 孔 | 2 | 110 | 0.5 | 55 |
| 精铰 $\phi$6mm 孔 | 6 | 310 | 0.3 | 90 |

（3）编制数控加工工序卡　加工工序卡见表 12-13。

**表 12-13　数控加工工序卡**

<table>
<tr><td colspan="3" rowspan="2">（加工工序图）</td><td colspan="2">产品名称</td><td colspan="2">零件名称</td><td colspan="2">零件图号</td></tr>
<tr><td colspan="2"></td><td colspan="2">端盖</td><td colspan="2">图 12-1</td></tr>
<tr><td>工序号</td><td>程序编号</td><td>夹具名称</td><td colspan="2">夹具编号</td><td colspan="2">使用设备</td><td colspan="2">车间</td></tr>
<tr><td>001</td><td>O1201</td><td>机用虎钳</td><td colspan="2"></td><td colspan="2"></td><td colspan="2">×××</td></tr>
<tr><td rowspan="2">工步号</td><td rowspan="2">工步内容</td><td colspan="3">切削用量</td><td colspan="2">刀具</td><td rowspan="2">量具名称</td><td rowspan="2">备注</td></tr>
<tr><td>主轴转速/（r/min）</td><td>进给速度/（mm/min）</td><td>背吃刀量/mm</td><td>编号</td><td>名称</td></tr>
<tr><td>1</td><td>钻所有中心孔</td><td>1700</td><td>170</td><td>1.5</td><td>T01</td><td>$\phi$3mm 中心钻</td><td></td><td></td></tr>
<tr><td>2</td><td>钻 $\phi$18mm 的底孔 $\phi$17.8mm</td><td>350</td><td>105</td><td>8.9</td><td>T02</td><td>$\phi$17.8mm 钻头</td><td>游标卡尺</td><td></td></tr>
<tr><td>3</td><td>钻 $\phi$6mm 的底孔 $\phi$5.8mm</td><td>1100</td><td>130</td><td>2.9</td><td>T03</td><td>$\phi$5.8mm 钻头</td><td>游标卡尺</td><td></td></tr>
<tr><td>4</td><td>钻 $\phi$12mm 的底孔 $\phi$11.8mm</td><td>640</td><td>125</td><td>5.9</td><td>T04</td><td>$\phi$11.8mm 钻头</td><td>游标卡尺</td><td></td></tr>
<tr><td>5</td><td>钻 $\phi$9mm 孔</td><td>710</td><td>110</td><td>4.5</td><td>T05</td><td>$\phi$9mm 钻头</td><td>游标卡尺</td><td></td></tr>
</table>

（续）

| (加工工序图) | | | 产品名称 | | 零件名称 | | 零件图号 | |
|---|---|---|---|---|---|---|---|---|
| | | | | | 端盖 | | 图 12-1 | |
| 工序号 | 程序编号 | 夹具名称 | 夹具编号 | | 使用设备 | | 车间 | |
| 001 | O1201 | 机用虎钳 | | | | | ××× | |
| 6 | 扩 $\phi$30mm 孔至 $\phi$29.6mm | 190 | 95 | 5.9 | T06 | $\phi$29.6mm 扩孔钻 | 游标卡尺 | |
| 7 | 镗 $\phi$30mm 孔 | 640 | 250 | 0.2 | T07 | 内孔镗刀 | 游标卡尺 | |
| 8 | 粗铰 $\phi18^{+0.027}_{0}$mm | 35 | 50 | 0.1 | T08 | $\phi$18mm 铰刀 | 游标卡尺 | |
| 9 | 精铰 $\phi18^{+0.027}_{0}$mm | 100 | 80 | | T08 | $\phi$18mm 铰刀 | 游标卡尺 | |
| 10 | 铰 $\phi$12mm 孔 | 130 | 90 | 0.1 | T9 | $\phi$12mm 铰刀 | 游标卡尺 | |
| 11 | 粗铰 $\phi6^{+0.018}_{0}$mm 孔 | 110 | 55 | 0.1 | T10 | $\phi$6mm 铰刀 | 游标卡尺 | |
| 12 | 精铰 $\phi6^{+0.018}_{0}$mm 孔 | 310 | 90 | | T10 | $\phi$6mm 铰刀 | 游标卡尺 | |
| 编制 | | 审核 | | 批准 | | 年　月　日 | 共 1 页 | 第 1 页 |

**4. 坐标计算**

工件编程坐标如图 12-27 所示，$Z$ 向坐标原点在工件上表面。

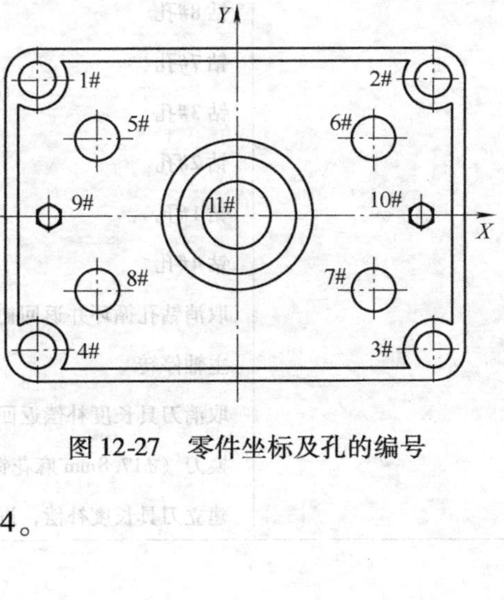


图 12-27　零件坐标及孔的编号

各孔的坐标值见表 12-14。

**表 12-14　孔坐标值表**

| 编号 | 孔径/mm | 坐标 | 编号 | 孔径/mm | 坐标 | 编号 | 孔径/mm | 坐标 |
|---|---|---|---|---|---|---|---|---|
| 1# | $\phi9$ | (-50, 35) | 5# | $\phi12$ | (-35, 20) | 9# | $\phi6$ | (-47, 0) |
| 2# | | (50, 35) | 6# | | (35, 20) | 10# | | (47, 0) |
| 3# | | (50, -35) | 7# | | (35, -20) | 11# | $\phi18/\phi30$ | (0, 0) |
| 4# | | (-50, -35) | 8# | | (-35, -20) | – | – | – |

## 12.3.2　编制加工程序

端盖零件数控加工程序 O1201，见表 12-15。

**表 12-15　端盖零件数控加工程序单**

| 零件号 | | 零件名称 | 端盖 | 编程原点 | 工件顶面中心 |
|---|---|---|---|---|---|
| 程序号 | O1201 | 数控系统 | FANUC 0i　Mate - MC | 编制 | |

| 程序 | 说明 |
|---|---|
| O1201； | 程序名 |
| N10　G90　G54　G17　G28　Z0； | |
| N20　T01　M06； | 中心钻 |
| N30　G43　G00　Z50.0　H01； | 建立长度补偿并移到初始平面 |
| N40　M03　S1700； | 主轴正转，转速 1700r/min |
| N50　G99　G81　X0　Y0　Z-5.0　R10.0　F170.0； | 钻 11#孔 |
| N60 X-47.0 ； | 钻 9#孔 |
| N70　X47.0； | 钻 10#孔 |
| N80　X35.0　Y20.0； | 钻 6#孔 |
| N90　X-35.0； | 钻 5#孔 |
| N100　Y-20.0； | 钻 8#孔 |
| N110　X35.0； | 钻 7#孔 |
| N120　X50.0　Y-35.0； | 钻 3#孔 |
| N130　Y35.0； | 钻 2#孔 |
| N140　X-50.0； | 钻 1#孔 |
| N150　Y-35.0； | 钻 4#孔 |
| N160　G80　G00　Z50.0； | 取消钻孔循环并返回初始平面 |
| N170　M05； | 主轴停转 |
| N180　G49　G28　Z0； | 取消刀具长度补偿返回换刀点 |
| N190　T02　M06； | 换刀（$\phi17.8$mm 麻花钻） |
| N200　G43　G00　Z50.0　H02； | 建立刀具长度补偿，进到初始平面 |

（续）

| 零件号 | | 零件名称 | 端盖 | 编程原点 | 工件顶面中心 |
|---|---|---|---|---|---|
| 程序号 | O1201 | 数控系统 | FANUC 0i　Mate－MC | 编制 | |

| 程序 | 说明 |
|---|---|
| N210　M03　S350； | 主轴正转，转速350r/min |
| N220　G99　G83　X0　Y0　Z－45．0　R10．0　Q10．0　F105．； | 啄钻11#孔（通孔） |
| N230　M05； | |
| N240　G49　G28　Z0； | 取消刀补，返回换刀点 |
| N250　T03　M06； | 换刀（$\phi$5．8mm麻花钻） |
| N260　G43　G00　Z50．0　H03； | |
| N270　M03　S1100； | |
| N280　G99　G82　X－47．0　Y0　Z－35．0　R10．0　P1000　F130. | 啄钻9#不通孔，钻头在底部停留1s |
| N290　X47．0； | 啄钻10#不通孔 |
| N300　M05； | 主轴停止转动 |
| N310　G49　G28　Z0； | 取消刀补，返回换刀点 |
| N320　T04　M06； | 换刀（$\phi$11．8mm麻花钻） |
| N330　G43　G00　Z50．0　H04； | |
| N340　M03　S640； | |
| N350　G99　G73　X－35．　Y20．　Z－45．　R10．　Q10．　F125．； | 啄钻5#孔（$\phi$12mm通孔） |
| N360　X35．0； | 钻6#孔 |
| N370　Y－20．0； | 钻7#孔 |
| N380　X－35．0； | 钻8#孔 |
| N390　M05； | |
| N400　G49　G28　Z0； | |
| N410　T05　M06； | 换刀（$\phi$9mm麻花钻） |
| N420　G43　G00　Z50．0　H05； | |
| N430　M03　S710； | |
| N440　G99　G73　X－50．　Y35．　Z－45．　R10．　Q10．　F110．； | 啄钻1#孔（$\phi$9mm通孔） |
| N450　X50．0； | 钻2#孔 |
| N460　Y－35．0； | 钻3#孔 |
| N470　X－50．0； | 钻4#孔 |
| N480　M05； | |

（续）

| 零件号 | | 零件名称 | 端盖 | 编程原点 | 工件顶面中心 |
|---|---|---|---|---|---|
| 程序号 | O1201 | 数控系统 | FANUC 0i Mate-MC | 编制 | |

| 程序 | 说明 |
|---|---|
| N490 G49 G28 Z0; | |
| N500 T06 M06; | 换刀（扩孔钻） |
| N510 G43 G00 Z50. 0 H06; | |
| N520 M03 S190; | |
| N530 G99 G81 X0 Y0 Z-10. 0 R10. 0 F95. 0 | 锪 $\phi$30mm 的底孔 |
| N540 M05; | |
| N550 G49 G28 Z0; | （孔的粗加工都已完成，可暂停进行测量） |
| N560 T07 M06; | 换内孔镗刀 |
| N570 G43 G00 Z50. 0 H07; | |
| N580 M03 S640; | |
| N590 G99 G89 X0 Y0 Z-10. 0 R10. 0 P1000 F250. 0; | 精镗 $\phi$30mm 的台阶孔，孔底停留 1s |
| N600 M05; | |
| N610 G49 G28 Z0; | |
| N620 T08 M06; | 换 $\phi$18mm 铰刀 |
| N630 G43 G00 Z50. 0 H08; | |
| N640 M03 S35; | |
| N650 G99 G85 X0 Y0 Z-45. 0 R10. 0 F50. 0; | 粗铰 $\phi$18mm 孔 |
| N655 M03 S100; | |
| N660 X0 Y0 F80. 0; | 精铰 |
| N670 M05; | |
| N680 G49 G28 Z0; | |
| N690 T09 M06; | 换 $\phi$12mm 铰刀 |
| N700 G43 G00 Z50. 0 H09; | |
| N710 M03 S130; | |
| N720 G99 G85 X35. 0 Y20. 0 Z-45. 0 R10. 0 F90. 0; | 铰 6#孔（$\phi$12mm 孔） |
| N730 X-35. 0; | 铰 5#孔 |
| N740 Y-20. 0; | 铰 8#孔 |
| N750 X35. 0; | 铰 7#孔 |
| N760 M05; | |

（续）

| 零件号 | | 零件名称 | 端盖 | 编程原点 | 工件顶面中心 |
|---|---|---|---|---|---|
| 程序号 | O1201 | 数控系统 | FANUC 0i Mate - MC | 编制 | |
| 程序 | | | 说明 | | |
| N770 G49 G28 Z0; | | | | | |
| N780 T10 M06; | | | 换 $\phi$6mm 铰刀 | | |
| N790 G43 G00 Z50. 0 H10; | | | | | |
| N800 M03 S110; | | | | | |
| N810 G99 G85 X47. 0 Y0 Z-30. 0 R10. 0 F55. 0; | | | 粗铰 10#孔（$\phi$6mm） | | |
| N815 M03 S310; | | | | | |
| N820 X47. 0 F90. 0; | | | 精铰 | | |
| N825 M03 S110; | | | | | |
| N830 X-47. 0 F55. 0; | | | 粗铰 9#孔（$\phi$6mm） | | |
| N835 M03 S310; | | | | | |
| N840 X-47. 0 F55. 0; | | | 精铰 | | |
| N850 M05; | | | | | |
| N860 G49 G28 Z0; | | | | | |
| N870 M30; | | | 程序结束 | | |

# 12.4 项目实训

## 12.4.1 实训任务

**1. 实训内容**

完成图 12-28 所示齿轮泵端盖零件孔系加工。零件毛坯材料为 HT200（铸铁），硬度为 180HBW。零件外形和需配钻孔不加工。

**2. 实训目的**

1）掌握孔系零件的数控加工工艺分析和编程方法。

2）掌握孔系零件的数控加工。

**3. 实训准备**

1）立式数控铣床（或加工中心）一台。

2）钻头（刃长 20mm）：$\phi$7mm、$\phi$12.6mm、$\phi$4mm 各一把，$\phi$12mm 锪孔钻一把，$\phi$13mm 机用铰刀一把。

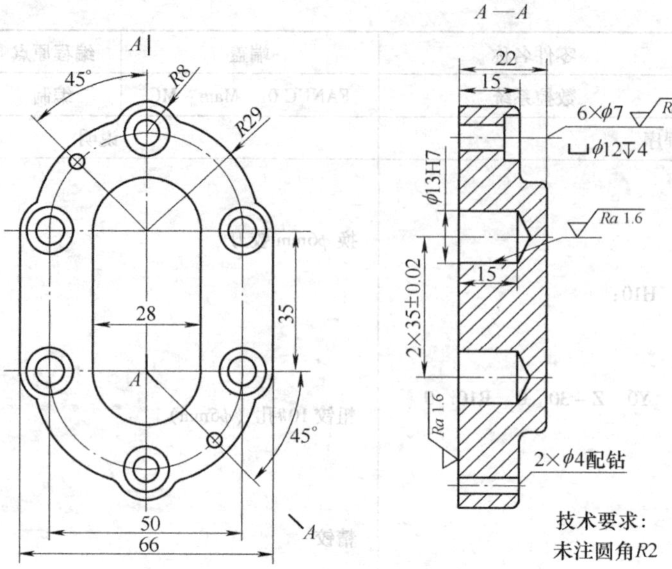


图 12-28　齿轮泵端盖

3）毛坯一块。

4）杠杆百分表、游标卡尺、内径百分表各一套。

5）机用虎钳一台，垫铁若干。

**4. 实训报告内容**

（1）工艺分析、工艺参数选择、工艺文件编制。

（2）数控程序编制。

（3）实训体会。

（4）填写实训评分表　实训评分表见表12-6。

**表 12-16　实训评分表**

| 班级 | | 姓名 | | | 学号 | |
|---|---|---|---|---|---|---|
| 课题 | | | 齿轮泵端盖 | 零件编号 | | 图 12-28 |
| 基本检查 | 编程 | 序号 | 检测项目 | 配分 | 学生自评 | 教师评分 |
| | | 1 | 加工工艺制订正确 | 8 | | |
| | | 2 | 程序正确、简单、规范 | 5 | | |
| | 操作 | 3 | 设备操作、维护保养正确 | 5 | | |
| | | 4 | 安全、文明生产 | 5 | | |
| | | 5 | 刀具选择、安装正确、规范 | 5 | | |
| | | 6 | 工件找正、安装正确、规范 | 10 | | |
| 工作态度 | | 7 | 行为规范、纪律表现好 | 5 | | |

（续）

| 班级 | | 姓名 | | 学号 | |
|---|---|---|---|---|---|
| 课题 | | 齿轮泵端盖 | | 零件编号 | 图 12-28 |
| 孔 | 8 | 孔间距 50mm，35mm，$\phi$50mm 均布 | 12 | | |
| | 9 | $\phi$7mm | 6 | | |
| | 10 | $\phi$12mm | 3 | | |
| | 11 | 深度 4mm | 6 | | |
| $\phi$13h7 | 12 | 孔间距 35 ±0.02 | 10 | | |
| | 13 | $\phi$13h7 | 10 | | |
| | 14 | $Ra$1.6μm | 10 | | |
| 综合得分 | | | 100 | | |

## 12.4.2　实训指导

**1. 技术要点**

1）毛坯安装。毛坯安装时，要找正，保证各处余量均匀。若使用方料做毛坯，先手动铣削毛坯的四侧边（注意尺寸余量），使毛坯外形规则，然后安装，找正，夹紧。

2）对刀。该零件两面都有孔需加工，所以需经两次装夹，因此也需对刀两次。

3）$\phi$13H7 孔表面粗糙度要求较高，需要铰，但因为是不通孔，故应注意加工深度。

**2. 实训步骤**

1）工艺分析。选择刀具与工艺参数，填写数控加工刀具卡，确定装夹方式，填写数控工序卡。

2）编写数控加工程序。

3）数控加工。

4）测量。选用合适的量具进行检测。检测结果填入实训评分表 12-16。

5）加工结束，清洁机床与场地。

# 习　题

**一、选择题**

1. FANUC 系统返回 $Z$ 向参考点指令“G91　G28　Z0；”中的“Z0”是指（　　）。

A. $Z$ 向参考点　　　　B. 工件坐标系 $Z$0 点

C. $Z$ 向机床原点　　　　D. 当前刀具的刀位点

2. 用固定循环进行孔系加工时，采用（　　）指令使刀具返回到初始平面。

A. G99　　　　B. G98

C. G90　　　　D. G91

3. 工件需要锪孔或加工台阶孔时，通常使用的指令是（　　）。

A. G80　　B. G82

C. G88　　D. G74

4. FANUC 系统中，G80 指令是指（　　）。

A. 镗孔循环　　B. 钻孔循环

C. 取消固定循环　　D. 啄钻循环

5. “G90　G99　G83　X＿　Y＿　Z＿　R＿　Q＿　F＿;”中的“Q＿”代表（　　）。

A. 退刀高度　　B. 孔加工循环次数

C. 孔底暂停时间　　D. 刀具每次进给深度

6. 精镗固定循环指令为（　　）。

A. G85　　B. G86

C. G75　　D. G40

7. 固定循环指令“G90　G98　G73　X＿　Y＿　Z＿　R＿　Q＿　F＿;”中，Q 表示（　　）。

A. *R* 平面 *Z* 坐标　　B. 每次进刀深度

C. 孔深　　D. 让刀量

8. 深孔加工中，效率较高的为（　　）。

A. G73　　B. G83

C. G81　　D. G82

**二、填空题**

1. *R* 平面又称为＿＿＿＿＿＿，是刀具 *Z* 向进给时，自＿＿＿＿＿＿转为＿＿＿＿＿＿的高度平面。

2. 刀具在＿＿＿＿＿＿的任意移动将不会与夹具、工件凸台等发生干涉。

3. ＿＿＿＿＿＿循环指令为攻左旋螺纹指令，执行该循环指令时，主轴需＿＿＿＿＿＿。

4. 用钻孔固定循环指令编程时，在 G91 方式中，*R* 值是指从＿＿＿＿＿＿到＿＿＿＿＿＿的增量值，而 *Z* 值是指从＿＿＿＿＿＿到＿＿＿＿＿＿的增量值。

5. 利用 G81 循环指令钻孔，当采用 G98 方式时，刀具首先在＿＿＿＿＿＿快速定位到指令中指定的＿＿＿＿＿＿的位置，再＿＿＿＿＿＿*R* 平面，然后＿＿＿＿＿＿到孔底平面，最后刀具＿＿＿＿＿＿，进行下一个孔的加工。

**三、实训题**

如图 12-29 所示，已知毛坯尺寸为 100mm × 70mm × 20mm，零件毛坯材料为 HT200，硬度为 200HBW，试编写其数控加工程序。

要求：1. 设计合理的加工工艺。

2. 利用孔加工固定循环指令编制加工程序。

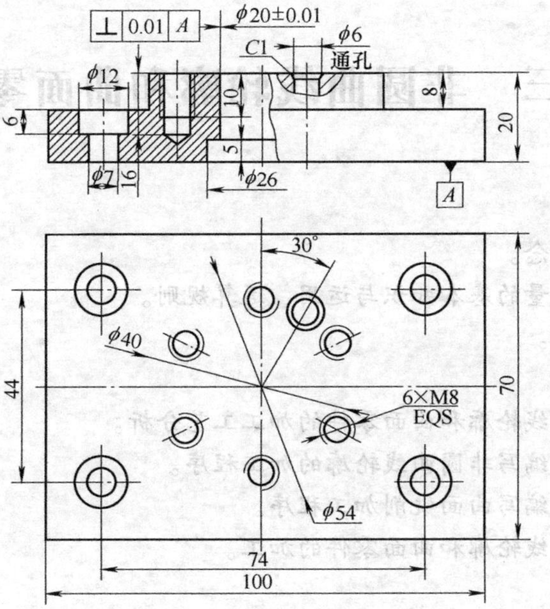

⊥ 0.01 A
φ20±0.01
C1
φ6
通孔
φ12
6
10
8
20
5
φ7
16
φ26
A
30°
φ40
44
70
6×M8
EQS
φ54
74
100


图 12-29　实训题图

# 项目十三　非圆曲线轮廓和曲面零件加工

【知识目标】

1. 了解宏程序的概念。
2. 掌握宏程序中变量的基本知识与运用、运算规则。
3. 掌握宏控制指令。

【能力目标】

1. 能够进行非圆曲线轮廓和曲面零件的加工工艺分析。
2. 能够运用宏指令编写非圆曲线轮廓的加工程序。
3. 能够运用宏指令编写曲面铣削加工程序。
4. 能够进行非圆曲线轮廓和曲面零件的加工。

## 13.1　项目导入

图 13-1 所示为一旋钮手柄凹模，属于型腔类零件，材料为 45 钢，硬度 220HBW，采用数控铣床加工。本项目只进行旋钮型腔内轮廓的加工。

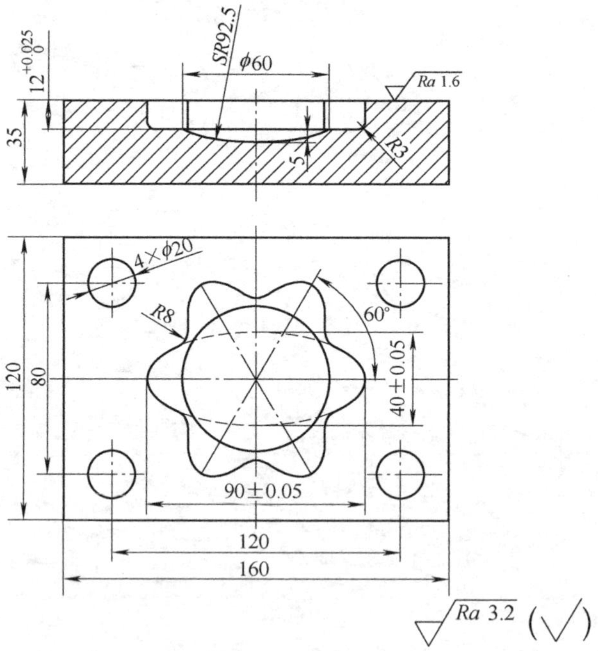


图 13-1　旋钮手柄凹模

## 13.2　宏程序的应用

由图 13-1 可知，该型腔内轮廓线由椭圆弧和圆弧共同组成。一般数控系统中只设置了直线插补和圆弧插补的加工指令，难以直接运用这些数控指令编写非圆曲线的加工程序。对于本项目由椭圆曲线这类有规则的非圆曲线轮廓，可以利用数控系统提供的宏程序进行编程。

用户宏程序允许使用变量算术、逻辑运算以及条件转移等指令，使得编制一些加工程序，如曲面加工程序，与普通方法相比显得方便和简单。

由于可以使用变量代替具体数值，因而在加工同一类的工件时，只需将实际的数值赋予变量即可，而不需对每一个零件都编一个程序。

关于宏程序的基本知识，如变量、表达式、程序控制指令、宏程序的调用等基本概念及其使用方法，在 7.2 中已详细介绍。这里仅举例说明宏程序在铣削加工编程中的应用。

### 13.2.1　非圆曲线轮廓宏程序编程

**1. 椭圆轮廓加工编程**

用 $\phi$10mm 的键槽铣刀加工图 13-2 所示高度为 2mm 的椭圆凸轮廓。

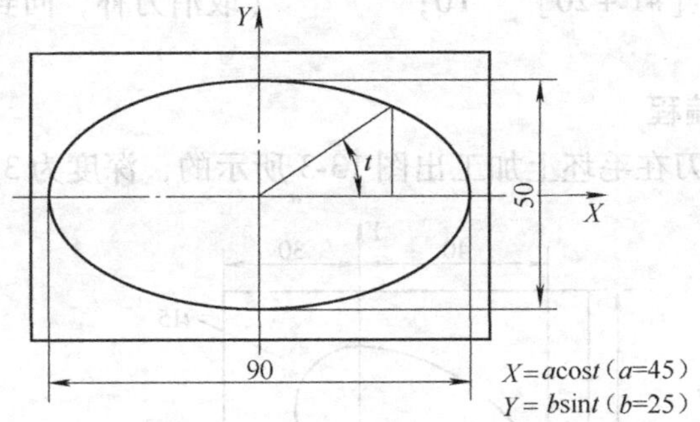


图 13-2　椭圆轮廓

椭圆曲线的函数式采用参数方程式表示

$$x = a\cos t$$
$$y = b\sin t$$

参数为转角 $t$。$t$ 的步长为 1°，初值为 0°，终值为 360°，采用直线逼近方式进行加工。宏程序变量定义见表 13-1。

表 13-1　变量定义表

| 赋值地址 | A | B | C | I | J | K | | |
|---|---|---|---|---|---|---|---|---|
| 变量号码 | #1 | #2 | #3 | #4 | #5 | #6 | #100 | #101 |
| 变量含义 | 椭圆长半轴 | 椭圆短半轴 | 转角步长 | 参数转角 | 转角终值 | Z 向切削深度 | X 坐标值 | Y 坐标值 |

程序如下：

```
O0012;
N10  G90  G54  G00  X0  Y0  Z100.;        （定位于 G54 上方安全高度）
N20  S1000  M03;                          （主轴旋转）
N30  G65  P2000  A45.  B25.  C1.  I0      （调用宏程序，对应变量赋值）
J360.  K-2.;
N40  G00  Z100.  M05;                     （快速抬刀至安全高度）
N50  M30;                                 （程序结束）

O2000;                                    （宏程序）
N10  G90  G00  X[#1+20]  Y0;              （定位于（65，0，100）上方）
N20  G01  Z#6  F1000;                     （下刀至切削深度）
N30  #100=#1*COS[#4];                     （计算 X 坐标值）
N40  #101=#2*SIN[#4];                     （计算 Y 坐标值）
N50  G01  G42  X#100  Y#101               （运行一个步长）
D02  F500.;
N60  #4=#4+#3;                            （增加一个角度步长）
N70  IF  [#4  LE  #5]  GOTO  30;          （判断参数 t 是否小于或等于 360）
N80  G01  G40  X[#1+20]  Y0;              （取消刀补，回到（65，0））
N90  M99;
```

**2. 心形线轮廓加工编程**

用 $\phi$10mm 的键槽铣刀在毛坯上加工出图 13-3 所示的，深度为 3mm 的心形曲线型腔。

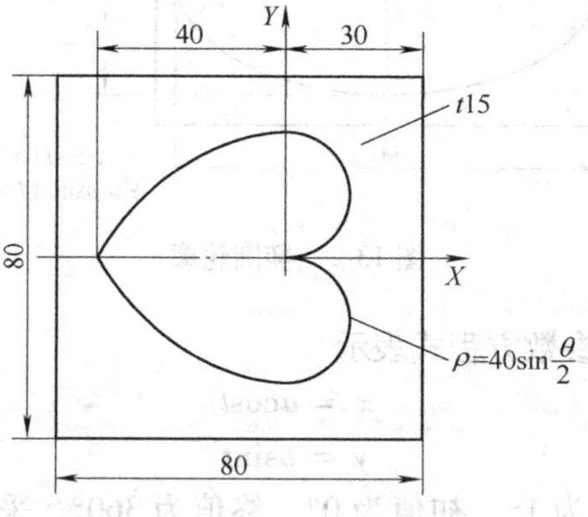


图 13-3　心形线

心形曲线的函数式用极坐标方式表示，$\rho=40\sin\frac{\theta}{2}$。由于心形曲线是非圆曲线，利用宏指令计算心形曲线上各点的坐标，采用直线逼近方式进行加工。

程序如下：

```
O0013;
N10  G90  G54  G00  X-20.0  Y0;           （建立工件坐标系，定位于（-20，0）
```

```
N20  G17  G16;                          (指定工作平面，使用极坐标)
N30  M03  S800;
N40  G00  Z10.0;
N50  G01  Z-3.0  F30;
N60  #1=0;                              (变量#1 赋初值)
N70  WHILE [#1  LE  360]  DO  1;        (#1 小于等于 360 时，执行循环体)
N80  #2=40*SIN [#1/2];                  (变量#2 为极径值ρ，变量#1 为极角θ)
N90  G41  G01  X#2  Y#1  F50;           (直线插补工进)
N100  #1=#1+0.25;                       (变量#1 累加 0.25°)
N110  END  1;                           (循环结束)
N120  G40  G01  X-20.0  Y0;             (取消刀补，回到(-20，0))
N130  G01  Z10.0;
N140  G28  Z0  M05;
N150  M30;
```

## 13.2.2 曲面加工宏程序编程

**1. 抛物形凹面加工编程**

加工图 13-4 所示的抛物反射面，坯料尺寸为 100mm×100mm×30mm，材料为 45 钢。只要求加工抛物形凹面。

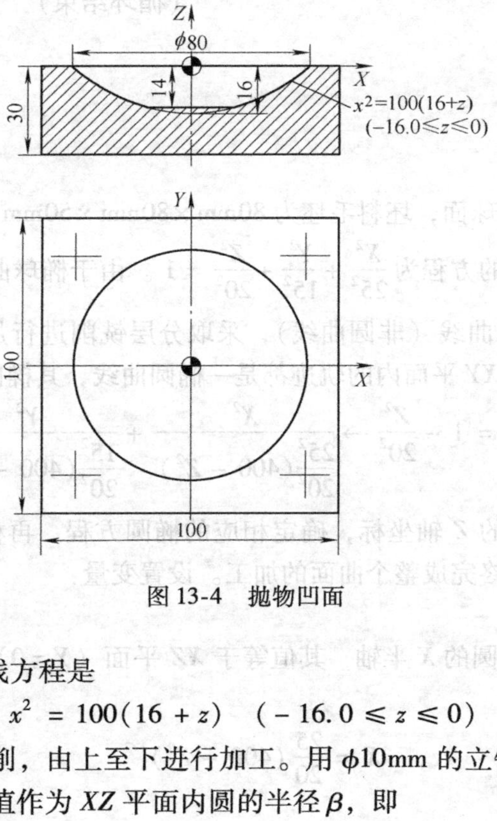


图 13-4 抛物凹面

在 $XZ$ 平面内，抛物线方程是

$$x^2 = 100(16+z) \quad (-16.0 \leqslant z \leqslant 0)$$

采取分层圆弧插补铣削，由上至下进行加工。用 $\phi$10mm 的立铣刀，在每一铣削层，根据抛物线方程计算出 $x$ 的值作为 $XZ$ 平面内圆的半径 $\beta$，即

$$\beta = 10(16 + z)^{1/2} \quad (-16.0 \leqslant z \leqslant 0)$$
$$x^2 + y^2 = \beta^2 \quad (\text{圆方程})$$

程序如下：

```
O0014;
G17   G90   G54   G00   Z10.0;
M03   S800;
G00   X0   Y0;                       (定位至起刀点)
G43   G00   Z5.0   H01   M08;        (建立1号刀具长度补偿，切削液开)
G01   Z0   F50;
#1 = 0;                              (设Z方向进给为自变量#1，置初值0)
WHILE  [#1  LT  14.0]  DO  1;        (循环)
#1 = #1 + 0.2;                       (#1增加一个层切步长0.2mm)
G01   Z#1   F30;                     (Z轴进刀)
#2 = 10 * SQRT [16.0 - #1];          (计算XY平面内对应圆弧的半径)
G41   G01   X#2   Y0   D01   F80;    (建立刀具半径补偿，并工进至加工圆
                                      弧的起始点)
G03   I - #2   F30;                  (圆弧插补)
G91   G01   Z3.0;                    (提刀)
G90   G40   G00   X0   Y0;           (取消半径补偿)
END1;                                (循环结束)
G00   Z10.0   M09;
M05;
M30;
```

**2. 椭球曲面加工编程**

加工图 13-5 所示的椭球面，坯料毛坯为 80mm×80mm×50mm。立铣刀直径为 10mm。

根据图示，椭球曲面的方程为 $\frac{X^2}{25^2}+\frac{Y^2}{15^2}+\frac{Z^2}{20^2}=1$。由于椭球曲面在 $XZ$ 平面、$XY$ 平面、$YZ$ 平面内的投影都是椭圆曲线（非圆曲线），采取分层铣削进行加工，即沿 $Z$ 轴向下一层一层铣削。每一层刀头在 $XY$ 平面内的轨迹都是一椭圆曲线，其椭圆方程为

$$\frac{X^2}{25^2}+\frac{Y^2}{15^2}=1-\frac{Z^2}{20^2} \rightarrow \frac{X^2}{\frac{25^2}{20^2}(400-Z^2)}+\frac{Y^2}{\frac{15^2}{20^2}(400-Z^2)}=1$$

编程时只需根据不同的 $Z$ 轴坐标，确定相应的椭圆方程，再根据已知的椭圆方程控制刀具的运动进行铣削，最终完成整个曲面的加工。设置变量：

#1 为 $Z$ 轴坐标；

#2 为某一铣削平面椭圆的 $X$ 半轴，其值等于 $XZ$ 平面（$Y=0$）内，该切削高度 $Z$ 相应的 $X$ 坐标

$$X=\frac{25}{20}(400-Z^2)^{1/2}$$

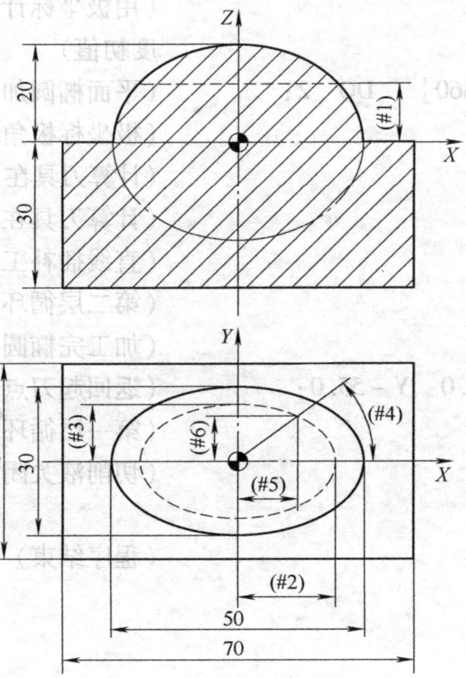


图 13-5　椭球面

#3 为该平面椭圆的 $Y$ 半轴，其值等于 $YZ$ 平面（$X=0$）内，该切削高度 $Z$ 相应的 $Y$ 坐标

$$Y=\frac{15}{20}(400-Z^2)^{1/2}$$

#4 为刀具在铣削平面（$XY$）的极坐标角度值（0°~360°）。

#5（=#2 * COS［#4］）为刀具在铣削平面（$XY$）的 $X$ 轴坐标。

#6（=#3 * SIN［#4］）为刀具在铣削平面（$XY$）的 $Y$ 轴坐标。

程序如下：

```
O0015;
G90  G17  G54  G28  Z0;
G00  X55.0  Y-55.0;                       (定位起刀点)
M03  S800;                                (主轴正转)
G43  G00  Z25.0  H01;                     (建立 1 号刀具长度补偿)
G01  Z20.0  F50  M08;
#1=20;                                    (变量 Z 置初值 (起点))
WHILE  [#1  GT  0]  DO  1;                (第一层循环 (Z 方向切深循环) 开始)
#1=#1-0.2;                                (Z 方向每次切削深度为 0.2mm)
#2=(25/20)*SQRT[400.0-#1*#1];             (计算 XZ 平面内 X 轴坐标)
#3=(15/20)*SQRT[400.0-#1*#1];             (计算 YZ 平面内 Y 轴坐标)
G01  Z#1  F50;                            (Z 轴工进)
G42  G01  X#2  Y0  D01;                   (建立 XY 平面内刀具半径补偿并至加工
                                           起点)
```

```
#4 = 0;                                  (用极坐标计算 X、Y 坐标，置极坐标角
                                          度初值)
WHILE  [#4  LE  360]  DO  2;             (平面椭圆加工循环开始)
#4 = #4 + 0.5;                           (极坐标极角增量 0.5°)
#5 = #2 * COS [#4];                      (计算刀具在 XY 平面内椭圆 X 轴坐标)
#6 = #3 * SIN [#4];                      (计算刀具在 XY 平面内椭圆 Y 轴坐标)
G01  X#5  Y#6;                           (直线插补工进至目标点)
END  2;                                  (第二层循环结束)
G91  G00  Z3.0;                          (加工完椭圆一周后抬起刀)
G90  G40  G00  X55.0  Y -55.0;           (返回起刀点并取消刀具半径补偿)
END  1;                                  (第一层循环结束)
M09;                                     (切削液关闭)
M05;
M30;                                     (程序结束)
```

## 13.3 项目实施

### 13.3.1 工艺分析

**1. 零件图工艺分析**

根据图 13-1，零件为旋钮手柄的凹模，型腔轮廓由椭圆曲线和圆弧曲线构成，型腔底部还有一个球形凹面。材料为 45 钢，加工性能较好。模具外形与 4 个 $\phi20$mm 孔已加工好，本工序只需完成旋钮型腔的加工。确定采用立式 VDL－800A 型数控铣床加工。

尺寸精度：型腔尺寸要求较严格，型腔表面粗糙度值为 $Ra3.2$mm，可通过刚性装夹及精确对刀来确保尺寸精度，需安排粗、精加工。一次装夹完成所有加工内容。

工艺过程：共分 5 步加工，即余量切除，粗、精铣型腔，粗、精铣腔底球形凹面。切除余量时，为提高功效，可采取钻孔和锪孔的方法。本例采取铣削方法将型腔中心的余量切除。由于型腔较深，采取分层加工。

**2. 装夹方案**

坯料外形已加工，尺寸为 160mm × 120mm × 35mm，用机用虎钳垫平夹紧，工件上端面高出机用虎钳上平面少许。

**3. 刀具及切削用量的选择**

（1）确定刀具　刀具选择见表 13-2。

表 13-2　数控加工刀具卡

<table>
<tr><td colspan="3">产品名称或代号</td><td colspan="2">零件名称</td><td>旋钮手柄凹模　零件图号</td><td>图 13-1</td></tr>
<tr><td>序号</td><td>刀具号</td><td>刀具名称及规格</td><td>数量</td><td>刀长/mm</td><td>加工表面</td><td>备注</td></tr>
<tr><td>1</td><td>T01</td><td>$\phi20$mm 键槽铣刀</td><td>1</td><td>100</td><td>切除余量</td><td>$z=4$</td></tr>
<tr><td>2</td><td>T02</td><td>$\phi10$mm R3 立铣刀</td><td>1</td><td>100</td><td>旋钮型腔</td><td>$z=5$</td></tr>
</table>

（续）

| 产品名称或代号 | | | 零件名称 | | 旋钮手柄凹模 | 零件图号 | 图 13-1 |
|---|---|---|---|---|---|---|---|
| 序号 | 刀具号 | 刀具名称及规格 | 数量 | 刀长/mm | 加工表面 | | 备注 |
| 3 | T03 | $\phi$8mm 球形铣刀 | 1 | 100 | 型腔底部球形凹面 | | $z=5$ |
| 编制 | | 审核 | 批准 | | 年　月　日 | 共　页 | 第　页 |

（2）确定切削用量　型腔加工时留 0.5mm 精铣侧余量、0.2mm 的底余量。确定主轴转速与进给速度时，先查表 8-2、表 8-3（或切削用量手册），确定每齿进给量与切削速度，然后利用式（8-1）计算进给速度，利用式（8-2）计算主轴转速 $n$。其切削用量见表 13-3。

**表 13-3　切削用量表**

| 加工内容 | 切削速度 /（m/min） | 主轴转速 /（r/min） | 每齿进给量 /（mm/z） | 进给速度 /（mm/min） | 侧吃刀量 /mm |
|---|---|---|---|---|---|
| 去余量 | 36 | 570 | 0.15 | 340 | 5 |
| 粗铣旋钮型腔 | 15 | 480 | 0.15 | 360 | – |
| 精铣旋钮型腔 | 30 | 960 | 0.05 | 240 | 0.2 |
| 粗铣腔底凹面 | 15 | 600 | 0.15 | 450 | – |
| 精铣腔底凹面 | 30 | 1200 | 0.05 | 300 | 0.2 |

## 4. 编制数控加工工序卡

加工工序卡见表 13-4。

**表 13-4　数控加工工序卡**

| （加工工序图） | | | 产品名称 | | 零件名称 | | 零件图号 | |
|---|---|---|---|---|---|---|---|---|
| | | | | | 旋钮手柄凹模 | | 图 13-1 | |
| 工序号 | 程序编号 | 夹具名称 | 夹具编号 | | 使用设备 | | 车间 | |
| 001 | O1301 | 机用虎钳 | | | VDL－800A | | | |
| 工步号 | 工步内容 | 切削用量 主轴转速 /（r/min） | 切削用量 进给速度 /（mm/min） | 切削用量 背吃刀量 /mm | 刀具 编号 | 刀具 名称 | 量具名称 | 备注 |
| 1 | 去余量 | 570 | 340 | 12 | T01 | $\phi$20mm 键槽铣刀 | 游标卡尺 | |
| 2 | 粗铣旋钮型腔 | 480 | 360 | 3 | T02 | $\phi$10mm 立铣刀 | 游标卡尺 | |
| 3 | 精铣旋钮型腔 | 960 | 240 | 12 | T02 | $\phi$10mm 立铣刀 | 游标卡尺 | |
| 4 | 粗铣腔底凹面 | 600 | 450 | 5 | T03 | $\phi$8mm 球形铣刀 | | |
| 5 | 精铣腔底凹面 | 1200 | 300 | 0.2 | T03 | $\phi$8mm 球形铣刀 | | |
| 6 | 检测、校核 | | | | | | | |
| 编制 | 审核 | | 批准 | | 年　月　日 | | 共 1 页 | 第 1 页 |

**5. 走刀路线与数据处理**

工件编程坐标如图 13-6 所示。在 $XZ$ 平面内，刀具沿 $Z$ 轴向下分 4 次层铣加工，背吃刀量为 3mm。$XY$ 平面，刀具由坐标原点工进至 $A$ 点，直线插补（逼近法）加工至 $B$ 点，圆弧插补加工至 $C$ 点。通过坐标旋转 5 次，重复上述加工 5 次完成型腔内壁一周的加工。

通过 AutoCAD 软件作图，求得 $A$、$B$ 和 $C$ 三点坐标分别为

A 点，(33. 122， -13. 539)；

B 点，(33. 122，13. 539)；

C 点，(28. 286，21. 915)。

底部球形凹面使用直径为 8mm 的球形铣刀加工，分层铣削。编程时采用球心编程，走刀路线和节点坐标如下。

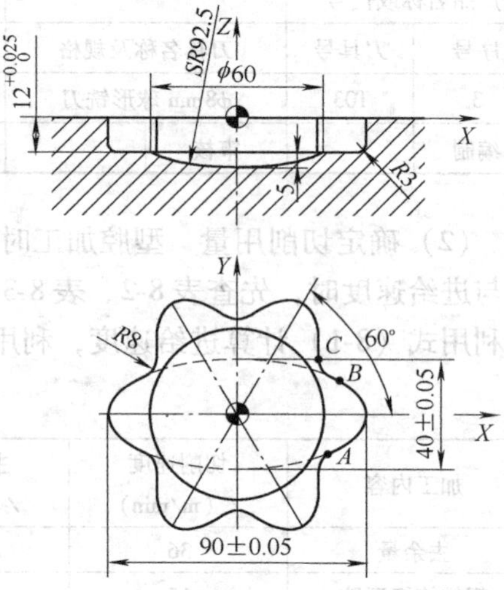

图 13-6　零件坐标原点设定

如图 13-7 所示，刀具由 $D$ 点沿半径为 88. 5mm 的圆弧分层铣削至 $E$ 点。

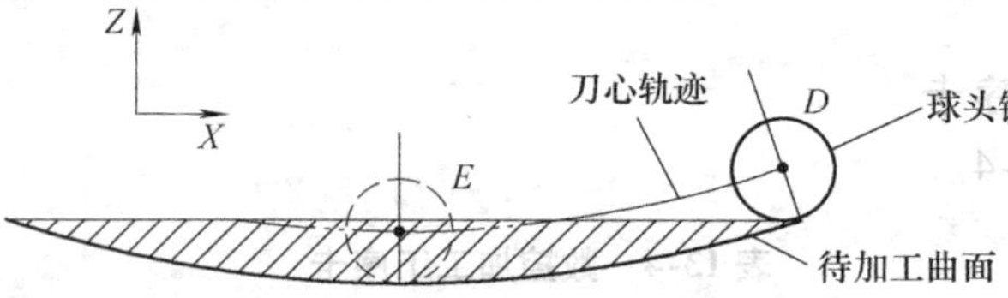

图 13-7　球形凹面加工走刀图

$D$ 点坐标：(28. 703， -8. 216)，$E$ 点坐标：(0， -13)。

$XZ$ 平面内，球头铣刀球心圆弧轨迹方程

$$X^2 + (75.5 - Z)^2 = 88.5^2$$

由于采取层切加工方式，可用上式计算与每层的 $Z$ 轴坐标相应的 $X$ 轴坐标值，这个 $X$ 值也是该层平面（$XY$ 平面）内刀具轨迹的圆弧半径。

## 13. 3. 2　编制加工程序

椭圆和圆弧型腔的去余量，粗、精加工用一个主程序和一个子程序共同完成，通过调整刀具半径补偿来达到粗、精加工之目的。

宏程序变量定义：

地址 A 给变量#1 赋刀具半径补偿代码。

地址 J 给变量#5 赋进给速度值。

地址 K 给变量#6 赋刀具 $Z$ 方向切削深度。

椭圆和圆弧型腔数控加工程序 O1301 见表 13-5。

由于加工精度不高，腔底球形凹面的粗、精加工，可通过改变球头铣刀的长度补偿来实现。数控加工程序 O1302 见表 13-6。注意：精加工时，切削用量要随之改变。

**表 13-5　旋钮手柄凹模椭圆型腔数控加工程序单**

| 零件号 | | 零件名称 | 旋钮手柄凹模 | 编程原点 | 工件顶面几何中心 |
|---|---|---|---|---|---|
| 程序号 | O1301 | 数控系统 | FANUC 0i　Mate - MC | 编制 | |

| 程序 | 说明 |
|---|---|
| O1301; | 程序 1（主程序）：椭圆和圆弧型腔加工程序 |
| G90　G17　G54　G28　Z0; | |
| T01　M06; | 换 1#刀，切除余量 |
| G00　X0　Y0; | |
| G00　G43　Z5. 0　H01; | |
| M03　S570; | |
| G01　Z-12.　F340　M08; | 工进至起刀点 |
| G41　X30.　D01; | |
| G03　I-30.; | |
| G40　X0　Y0; | |
| G28　Z0; | |
| T02　M06; | 换 2#刀，粗加工椭圆和圆弧曲线型腔 |
| G00　X0　Y0; | |
| G00　G43　Z0　H02; | |
| M03　S480; | |
| M65　P40010　A2　J360　K-3; | 调用宏程序 0010 四次，进行粗加工 |
| G00　Z0; | |
| M03　S960; | |
| G65　P10010　A3　J240　K-12; | 调用宏程序 0010 一次，进行精加工 |
| G00　Z0; | |
| M05; | |
| M09; | |
| G28 Z0; | |
| M30; | |
| O0010; | 子程序名 |
| G91　G01　Z#6　F100; | |
| G90　G41　G01　Y-13. 539　D#1　F#5; | 弧加工起点，建立刀具半径补偿 |

（续）

| 零件号 | | 零件名称 | 旋钮手柄凹模 | 编程原点 | 工件顶面几何中心 |
|---|---|---|---|---|---|
| 程序号 | O1301 | 数控系统 | FANUC 0i　Mate－MC | 编制 | |
| 程序 | | | 说明 | | |
| X33.122； | | | | | |
| #4＝6； | | | #4 变量代表坐标旋转次数 | | |
| WHILE　［#4 GT 0］　DO 1； | | | | | |
| #2＝33.122； | | | X 轴加工起点 | | |
| WHILE　［#2 LT 45］　DO 2 | | | 第一段椭圆弧循环开始，至 X＝45mm 止 | | |
| #2＝#2＋0.11； | | | X 轴坐标增加一个步长 | | |
| #3＝20＊SQRT［45＊45－#2＊#2］/45； | | | 计算对应 Y 轴坐标值 | | |
| G90　G01　X#2　Y－#3； | | | 工进 | | |
| END　2； | | | | | |
| WHILE［#2 GT 33.122］DO 2； | | | 第二段椭圆弧加工开始 | | |
| #2＝#2－0.11； | | | X 轴坐标回退一个步长 | | |
| #3＝20＊SQRT［45＊45－#2＊#2］/45； | | | 计算对应 Y 轴坐标值 | | |
| G01　X#2　Y#3； | | | 工进 | | |
| END　2； | | | | | |
| G02　X28.29　Y21.92　R8.0； | | | 铣削 R8mm 圆弧 | | |
| G68　X0　Y0　G91　R60.0； | | | 坐标旋转 | | |
| #4＝#4－1； | | | 坐标旋转次数减 1 | | |
| END 1； | | | | | |
| G40　G01　X0　Y0； | | | | | |
| M99； | | | 返回 | | |

**表 13-6　旋钮手柄凹模腔底球形凹面数控加工程序单**

| 零件号 | | 零件名称 | 旋钮手柄凹模 | 编程原点 | 工件顶面几何中心 |
|---|---|---|---|---|---|
| 程序号 | O1302 | 数控系统 | FANUC 0i　Mate－MC | 编制 | |
| 程序 | | | 说明 | | |
| O1302； | | | 程序 2：腔底球形凹面加工程序 | | |
| G90　G17　G54　G28　Z0； | | | | | |
| T03　M06； | | | 换 3#刀 | | |
| G00　X0　Y0； | | | | | |
| G00　G43　Z0　H03； | | | 建立 3#刀具长度补偿 | | |
| M03　S600； | | | | | |
| G01　Z－7.0　F450； | | | 工进至起刀点 | | |
| M08； | | | | | |
| #1＝8.216； | | | #1 代表 Z 轴坐标值 | | |

（续）

| 零件号 | | 零件名称 | 旋钮手柄凹模 | 编程原点 | 工件顶面几何中心 |
|---|---|---|---|---|---|
| 程序号 | O1302 | 数控系统 | FANUC 0i　Mate－MC | 编制 | |

| 程序 | 说明 |
|---|---|
| #2＝28.703； | #2 代表 *X* 轴坐标值 |
| WHILE　［#1 LT 13.0］　DO 1； | |
| #3＝75.5＋#1； | 设置中间变量#3 |
| #4＝#3＊#3； | 设置中间变量#4 |
| #2＝SQRT［88.5＊88.5－#4］； | 计算 *X* 轴坐标 |
| G01　X#2； | *X* 轴工进 |
| Z－#1； | *Z* 轴工进 |
| G03　I－#2； | *XY* 平面内圆弧插补 |
| #1＝#1＋0.191； | *Z* 轴增加一个步长 |
| END 1； | |
| G01　X0； | |
| Z－13.0； | |
| M09； | |
| G28　Z0； | |
| M05； | |
| M30； | |

# 13.4　项目实训

## 13.4.1　实训任务

**1. 实训内容**

按单件生产编制图 13-8 所示零件的数控加工工艺，编制数控加工程序，并完成零件的加工。毛坯：160mm×160mm×80mm，材料为硬铝。

**2. 实训目的**

1）掌握非圆曲线轮廓和曲面零件的数控加工工艺分析和编程。

2）掌握非圆曲线轮廓和曲面零件的数控铣削加工。

**3. 实训准备**

1）立式数控铣床一台。

2）$\phi$15mm 左右球头铣刀和立式铣刀各一把。

3）毛坯：160mm×160mm×80mm 材料硬铝。

4）游标卡尺、百分表、半径样板、椭圆样板（自制）各一套。

5）机用虎钳一台。

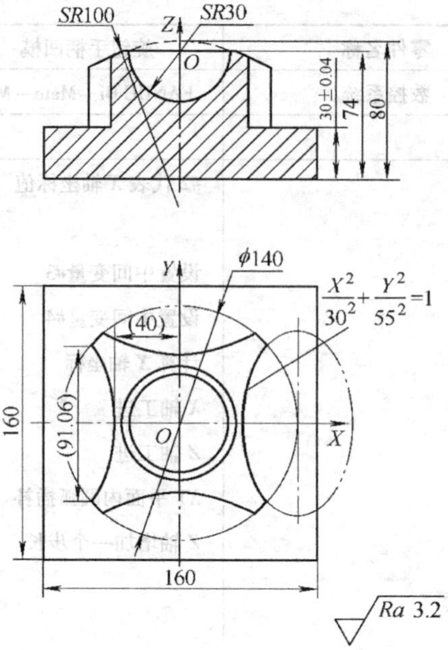


图 13-8　球面零件

**4. 实训报告内容**

（1）工艺分析、工艺参数选择、工艺文件编制。

（2）数控程序编制。

（3）实训体会。

（4）填写实训评分表　实训评分表见表 13-7。

**表 13-7　实训评分表**

| 班级 | | | 姓名 | | 学号 | |
|---|---|---|---|---|---|---|
| 课题 | | | 圆弧型面零件加工 | 零件编号 | | 图 13-8 |
| 基本检查 | | 序号 | 检测项目 | 配分 | 学生自评 | 教师评分 |
| | 编程 | 1 | 切削工艺制订正确 | 5 | | |
| | | 2 | 切削用量选择合理 | 5 | | |
| | | 3 | 程序正确、简单、规范 | 5 | | |
| | 操作 | 4 | 设备操作、维护保养正确 | 5 | | |
| | | 5 | 安全、文明生产 | 5 | | |
| | | 6 | 刀具选择、安装正确、规范 | 5 | | |
| | | 7 | 工件找正、安装正确、规范 | 5 | | |
| 工作态度 | | 8 | 行为规范、纪律表现好 | 5 | | |
| 外圆 | | 9 | $\phi$140mm | 5 | | |
| 台阶高度 | | 10 | 30 ±0. 04mm | 5 | | |
| 厚度 | | 11 | 74mm | 10 | | |

（续）

| 班级 | | 姓名 | | 学号 | |
|---|---|---|---|---|---|
| 课题 | | 圆弧型面零件加工 | 零件编号 | | 图 13-8 |
| 椭圆开口 | 12 | 91.06mm，40mm | 10 | | |
| 球形凹面 | 13 | *SR*30mm | 10 | | |
| 球形曲面 | 14 | *SR*100mm | 10 | | |
| 表面粗糙度 | 15 | *Ra*3.2μm | 10 | | |
| 综合得分 | | | 100 | | |

## 13.4.2　实训指导

**1. 技术要点**

1）选用球头铣刀加工外球面和球形凹面，为减少刀具数量选用一种型号的球头铣刀。去余量加工和四个椭圆的开口选用一把立铣刀。

2）由于只有两把铣刀，可分别对刀，将刀具参数输入相应存储器。

3）由于零件台阶高度尺寸要求较高，加工时用刀具长度补偿控制其尺寸精度。

4）四个椭圆的开口最后加工，防止加工其他表面时，产生断续加工和振动。

**2. 实训步骤**

（1）工艺分析　选择刀具与工艺参数、填写数控加工刀具卡、确定装夹方式、填写数控工序卡。

（2）编写数控加工程序。

（3）数控加工

1）加工准备。

①检查毛坯尺寸，可先用车床将毛坯加工至零件外形尺寸。

②起动机床，输入程序，空运行检查程序。

③装夹工件。把坯料装入机用虎钳垫平夹紧，伸出约 52mm，用百分表找正并夹紧。

④安装刀具。按工序正确安装的刀具。

2）对刀。

3）加工。精加工前要停机测量，进行补偿后再进行精加工。

（4）测量　圆弧面形状用半径样板检测，椭圆开口用椭圆样板检测；其他尺寸用相应的量具进行检测。检测结果填入实训评分表 13-7。

（5）加工结束，清理机床与场地。

# 习　题

## 一、选择题

1. 用户宏程序就是（　　）。

A. 由准备功能指令编写的子程序，主程序需要时可使用呼叫子程序的方式调用。

B. 使用宏指令编写的程序，程序中除使用常用的准备功能指令外，还使用用户宏指令实现变量运算、判断、转移等功能。

C. 工件加工源程序，通过数控装置运算、判断处理后，转变成工件的加工程序，由主程序随时调用。

D. 一种循环程序，可以反复使用许多次。

2. 下列不是数控加工宏程序变量的是（　　）。

A. #［#2 - #3 + #7］　　B. #189

C. #A　　D. #［#7］

3. 变量引用错误的是（　　）。

A. #1 = #1 * #5 + #1　　B. N#1　G00　X0　Y0

C. T#6　　D. M#9

4. 错误的宏语句是（　　）。

A. GOTO　#2;

B. WHILE　［#3　GE　#1］　DO　5;

…

END　5;

C. IF　［<条件表达式>］　THEN　#2 = #1 + 10;

D. N2　G00　X0　Y0;

…

N100　IF　［#2　GT　10］　GOTO　2;

5. 通常用球头刀加工曲面时，表面质量不会很高，这是因为（　　）造成的。

A. 行距不够密　　B. 步距太小

C. 球刀切削刃不太锋利　　D. 以上三者都不是

**二、填空题**

1. 变量由符号______和______组成，它可分为________、________和________三种。

2. “G65　P0020　B10.0　S20.0　F40.0;”经赋值后，______ = 10.0，______ = 20.0，______ = 40.0。

3. 若#11 = 10，#22 = 20，则#［#11 + #22 - 5］表示__________。

4. 宏程序可用指令__________和__________调用。

5. 指令“IF　［#100　LT　0］　GOTO　200;”表示当__________时，程序跳转到N200程序段执行，如果条件不成立，则程序执行下一程序段。

**三、请用宏程序编写弹道曲线的加工程序，弹道曲线方程是**

$$\begin{cases} x = v_0 t\cos\alpha \\ y = v_0 t\sin\alpha - gt^2/2 \end{cases}$$

式中　$v_0$——弹头初速度，$v_0 = 10$；

$\alpha$——仰角，$\alpha = 60°$；

$g$——重力加速度，$g = 9.8\text{m/s}^2$。

使用 $\phi$10mm 球头刀，深度 2mm。

**四、实训题**

图 13-9 所示零件材料为 45 钢，毛坯为 160mm × 160mm × 70mm，其外轮廓已经由前

道工序加工。分析零件的加工工艺，填写工艺文件，编写零件的加工程序，最后进行零件的加工。

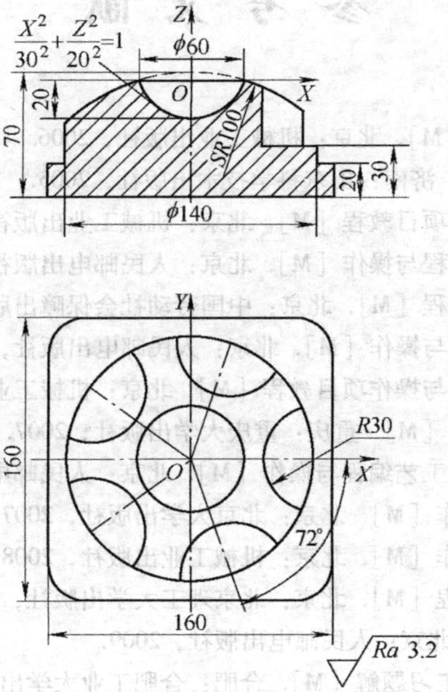


图 13-9　实训题图

# 参 考 文 献


[1] 王爱玲．数控机床加工工艺［M］．北京：机械工业出版社，2006.

[2] 崔姚华．数控加工工艺［M］．济南：山东科学技术出版社，2005.

[3] 朱明松．数控车床编程与操作项目教程［M］．北京：机械工业出版社，2008.

[4] 霍苏萍．数控车削加工工艺编程与操作［M］．北京：人民邮电出版社，2009.

[5] 杨琳．数控车床加工工艺与编程［M］．北京：中国劳动社会保障出版社，2008.

[6] 顾晔，楼章华．数控加工编程与操作［M］．北京：人民邮电出版社，2009.

[7] 朱明松，王翔．数控铣床编程与操作项目教程［M］．北京：机械工业出版社，2008.

[8] 杨刚．数控铣及加工中心编程［M］．重庆：重庆大学出版社，2007.

[9] 翟苏萍，刘岩．数控铣削加工工艺编程与操作［M］．北京：人民邮电出版社，2009.

[10] 钱东东．实用数控编程与操作［M］．北京：北京大学出版社，2007.

[11] 穆国岩．数控机床编程与操作［M］．北京：机械工业出版社，2008.

[12] 杨建明．数控加工工艺与编程［M］．北京：北京理工大学出版社，2006.

[13] 周虹．数控机床操作［M］．北京：人民邮电出版社，2009.

[14] 郑盛新．数控机床与编程加工习题解［M］．合肥：合肥工业大学出版社，2005.

[15] 艾兴，肖诗纲．切削用量简明手册［M］．北京：机械工业出版社，1995.

[16] 邹积德．机械制造工艺与夹具应用［M］．北京：化学工业出版社，2010.

[17] 吴新佳．数控加工工艺与编程［M］．北京：人民邮电出版社，2009.